Fliegende Legenden

Alfred Price

Fliegende Legenden

Mensch und Maschine in den Luftkämpfen des Jahrhunderts

Bechtermünz Verlag

Erstveröffentlichung in Großbritannien durch Arms and Armour
Arms and Armour ist ein Imprintverlag von Cassel plc, London
Originaltitel: Sky Battles – Sky Warriors

Deutsche Erstausgabe

Produktion der deutschen Ausgabe:
Neumann & Nürnberger, Leipzig
Übersetzung: Uwe Wiesemann, Leipzig
Satzherstellung: XYZ-Satzstudio, Naumburg
Umschlaggestaltung: Georg Lehmacher, Friedberg
Umschlagmotive: Focke-Wulf Fw 190 m/AKG, Berlin (Hauptmotiv);
Feindberührung einer ME 109 E.7 mit einer englischen Spitfire/
Bildarchiv Preußischer Kulturbesitz, Berlin (oben links);
Auftanken einer Ju 52 auf Behelfsflugplatz,
Winter 1941/42/Foto: Hanns Hubmann, Bildarchiv
Preußischer Kulturbesitz, Berlin (oben rechts);
Bild oben Mitte aus Buchinnenteil
Gesamtherstellung: Wiener Verlag, Himberg
Printed in Austria
ISBN 3-8289-5326-3

INHALT

TEIL I

Einleitung 7

1. Über den Schlachtfeldern in Frankreich 11
2. Aufstieg und Untergang der Stukas 21
3. Nur einer kehrte heim 31
4. Tieffliegerangriff 35
5. Kampf gegen die Nachtbomber 45
6. Schlacht in der Korallensee 53
7. U-Boot-Jagd in der Biskaya 63
8. Angriff auf Regensburg 71
9. Luftaufklärung über Berlin 81
10. Desaster von Nürnberg 87
11. Tag der Sturmgruppe 95
12. Einsatz der Düsenjäger 101
13. Luftkampf über Hai Duong 113
14. Heroischer Einsatz über Falkland 123
15. Helikopter „Bravo November“ 135
16. Präzisionsangriff bei Nacht 141
17. Abschuß am Valentinstag 149

Finale 155

Glossar zu Teil I 157

Index zu Teil I 159

TEIL II

Einleitung 7

1. Per Zeppelin nach Afrika 15
2. Tag der Luftschlacht um England: 15. September 1940 27
3. Präventivschlag 42
4. Fernlenkraketen geben ihre Visitenkarte ab (1) 52
5. Fernlenkraketen geben ihre Visitenkarte ab (2) 58
6. Bombenhagel auf Berlin 68
7. Kampfeinsatz gegen die japanische Flotte 82
8. Luftaufklärung über der Normandie 92
9. Bomber gegen die „Tirpitz“ 98
10. Stören und Zerstören 108
11. Neujahrstagparty 117
12. Hanoi im Visier 124
13. Operation „Schwarzer Bock“ 138
14. Countdown zum „Wüstensturm“ 149
15. Tornado-Spionageflugzeuge ziehen in den Krieg 162

Finale 169

Glossar zu Teil II 171

Index zu Teil II 173

Einleitung

Mit diesem Buch möchte ich die Wirklichkeit des Luftkrieges während der letzten acht Jahrzehnte anhand einer Reihe ausführlicher Berichte über Luftkämpfe aus dieser Zeit illustrieren. Zur Darstellung der vielgestaltigen Natur der Luftwaffe beinhalten die folgenden Geschichten Beschreibungen der einzelnen Hauptfunktionen, in denen Flugzeuge in Kriegszeiten zum Einsatz kommen.

Kapitel 1 „Über den Schlachtfeldern in Frankreich" bietet einen seltenen Einblick in die Luftkampfoperationen über der Westfront während des letzten Jahres des I. Weltkrieges. Major William Sholto Douglas kommandierte die mit S.E.5A-Jägern ausgerüstete No 84 Squadron, und der Bericht basiert auf einer von ihm verfaßten taktischen Schrift sowie auf dem Kriegstagebuch seiner Einheit. Nach den schmerzlichen Erfahrungen der Squadron zu Kampfbeginn erarbeitete ihr Kommandeur seine taktische Doktrin fast von Grund auf. Douglas selbst war nicht sehr erfolgreich im Kampf, doch dank seiner taktischen Führung wurde seine Squadron eine der wirkungsvollsten Luftkampfeinheiten jener Zeit. Seine kampftaktischen Prinzipien ermöglichten anderen, besonders Captain Andrew Beauchamp Proctor, Träger des Viktoriakreuzes, hohe Abschußzahlen zu erreichen und gleichzeitig die Gefahren zu umgehen, die so viele erfolgreiche Piloten das Leben kostete. No 84 Squadron war in den letzten zwölf Monaten des Krieges ständig im Einsatz über einem der aktivsten Frontabschnitte. Doch abgesehen von den ersten drei Wochen hatte die Einheit relativ wenige Verluste zu beklagen.

Der im September 1939 beginnende II. Weltkrieg war der erste Konflikt, bei dem es die Luftüberlegenheit der einen Seite erlaubte, den gegnerischen Land- und Seestreitkräften größere Zwänge aufzuerlegen. Kapitel 2 „Aufstieg und Untergang der Stukas", beschreibt bei Luftüberlegenheit relativ einfach durchzuführende Kampfhandlungen, die aber große Gefahren in sich bergen, wenn diese Überlegenheit verloren gegangen ist. Während der anfänglichen Blitzkriegsfeldzüge in Polen, Norwegen, Belgien, Holland und Frankreich griffen die Junkers Ju 87 Stukas zur Unterstützung des deutschen Vormarsches Ziele mit Präzisionsgenauigkeit an. Doch als die Stukas versuchten, im Sommer 1940 während der Luftschlacht um England ihren Erfolg zu wiederholen, beschädigten sie ihre Ziele zwar schwer, erlitten aber dabei schwere Verluste. Gegen Kriegsschiffe im offenen Meer blieben die Sturzkampfbomber dennoch eine starke Bedrohung, bis erstere über eine angemessene Luftabwehr verfügten, die solche Angriffe unproduktiv machten.

Gelegentlich geht ein Luftangriff völlig daneben, und die Angreifer zahlen einen schrecklichen Preis. Die Kapitel 3 und 4 „Nur einer kehrte heim" und „Tieffliegerangriff" geben Beispiele für zwei Kampfhandlungen, bei denen die Angreifer fast völlig vernichtet wurden.

Im Herbst 1940 erkannte die deutsche Luftwaffe, daß sie Luftangriffe auf strategische Ziele in Großbritannien nur fortsetzen konnte, wenn sie die Bomber im

Schutz der Dunkelheit schickte. Kapitel 5 „Kampf gegen die Nachtbomber" beschreibt das erste großangelegte Nachtbombardement in der Geschichte. Anfangs erlitten die Angreifer nur minimale Verluste, doch die Nachtabwehr verbesserte sich langsam, und am Ende dieser Zeit brachten sie dem Gegner immer stärkere Verluste bei.

Auf See bestand eine bemerkenswerte Entwicklung während des II. Weltkrieges in der Ablösung des Schlachtschiffs als Hauptinstrument der Flotte durch Flugzeugträger. Wenn gegnerische Flugzeugträger gegeneinander antraten, kam es zu einem komplizierten Zusammenspiel von Luft- und Seestreitkräften, und die erste Begegnung dieser Art im Mai 1942 wird in Kapitel 6 „Schlacht in der Korallensee" beschrieben.

Eine weitere einmalige Luftkriegsepisode findet sich in Kapitel 7 „U-Boot-Jagd in der Biskaya". Dort standen sich U-Boot-Jagdflugzeuge der RAF und deutsche U-Boote gegenüber. Während dieses Feldzuges verbrachten die Piloten unendlich viele Stunden in der Luft, bekamen jedoch ihren Feind nur sehr selten zu Gesicht. Parallel zum Luft-See-Kampf verlief ein gleichermaßen wichtiger Kampf zwischen den Technikern der gegnerischen Seiten; jede Seite versuchte, die andere zu übertrumpfen. Im Sommer 1943 trat die strategische Bombardierung von Zielen in Deutschland durch schwere US-Bomber in eine entscheidende Phase ein, worüber Kapitel 8 „Angriff auf Regensburg" berichtet. Damals wurde offensichtlich, daß die Verteidigungsfeuerkraft der Formationen der schwer bewaffneten „Fliegenden Festungen" nicht zur Abschreckung von entschlossenen und gut ausgerüsteten Jagdflugzeugen ausreichte. Die Antwort bestand in der forcierten Entwicklung von Begleitjägern mit großer Reichweite, von denen in den folgenden Kapiteln die Rede sein wird.

Die Luftaufklärung stellt einen wichtigen Aspekt des Luftkrieges dar. Da sie jedoch nur einzelne Flugzeuge betrifft, die Kampfhandlungen möglichst vermeiden, wird dieses Thema weniger beachtet, als es verdient. Ohne effektive Luftaufklärung vor dem Angriff fehlen dem Einsatzkommandeur dringend benötigte Informationen für den wirkungsvollen Einsatz seiner Kräfte. Und wenn es keine sofortige Aufklärung nach dem Angriff gibt, kann er nicht entscheiden, ob seine Attacke von Erfolg gekrönt war. Kapitel 9 „Luftaufklärung über Berlin" verdeutlicht die besonderen Fähigkeiten und den benötigten Mut für den einsamen Flug mit einem unbewaffneten Flugzeug tief ins feindliche Gebiet.

Der deutsche „Blitz" gegen Großbritannien 1940 und 1941 war der erste großangelegte Nachtbomberfeldzug überhaupt. Doch dieser Feldzug wurde bald vom Einsatz der britischen Nachtbomber gegen Ziele in Deutschland übertroffen. Der Mantel der Dunkelheit schützte die Bomber zwar gewöhnlich vor der Wucht der deutschen Nachtjäger und Luftabwehr, am 30./31. März 1944 jedoch ließ eine Kette von Umständen diesen Schutz verschwinden. Dieser Fehlschlag steht im Mittelpunkt des Kapitel 10 „Das Desaster von Nürnberg".

Im Frühjahr 1944 genossen die schweren amerikanischen Bomber den ständigen Schutz starker Begleitjägerverbände auf dem Weg zu den Zielen und zurück zu ihren Basen. Im Ergebnis dieser Angriffe kam es zur Zerstörung bedeutender Teile der deutschen Kriegswirtschaft und insbesondere der synthetischen Ölindustrie. Kampfeinheiten der Reichsluftverteidigung sahen sich einem aussichtslosen Zermürbungskrieg mit amerikanischen Jägern gegenüber, bei dem sie schwere Verluste an Flugzeugen und Piloten erlitten. Die Geschichte der Kriegsführung kennt viele Beispiele, wo wenige mutige Männer einen zahlenmäßig überlegenen Gegner besiegten. Die Luftwaffe verfolgte eben dieses Ziel, als sie neuartige Angriffsmethoden einführte, die in Kapitel 11 „Tag der Sturmgruppe“, dargelegt werden.

Das erste Eingreifen der Messerschmitt-Düsenjäger Me 262 in die Kampfhandlungen im Herbst 1944 brachte im Vergleich zum damaligen Stand einen deutlichen Fortschritt in Kampfverhalten und Feuerkraft. Diese wichtigen Eigenschaften von Kampfflugzeugen reichen jedoch nicht aus, um einen gut ausgestatteten und hervorragend ausgebildeten Feind zu schlagen. Kapitel 12 „Einsatz der Düsenjäger“, analysiert die Probleme, den revolutionären Messerschmitt-Jäger Me 262 in ausreichender Zahl zu produzieren.

Ende der 30er Jahre galt als gesichert, daß die Zeit des Manöverluftkampfes zwischen Jagdflugzeugen der Vergangenheit angehörte. Die Ausgabe des RAF vom „Handbuch der Lufttaktik“ von 1938 verkündet feierlich, „Manöver bei hohen Geschwindigkeiten im Luftkampf [sind] jetzt nicht mehr praktikabel, weil der Schwerkrafteffekt auf den menschlichen Körper eine kurzzeitige Bewußtlosigkeit verursacht, Seitenabweichungsschießen schwierig wird und Zielgenauigkeit schwer zu erreichen ist.“ Abgesehen vom ersten Punkt treffen die anderen noch immer zu. Bei Hochgeschwindigkeitsmanövern verursacht die Schwerkraft tatsächlich zeitweilige Bewußtlosigkeit, Seitenabweichungsschießen wird schwierig, und Genauigkeit ist demzufolge schwer zu erreichen. Als diese Weisheit jedoch im II. Weltkrieg auf die Probe gestellt wurde, erwies sich bald, daß Seitenabweichungsschießen zwar „schwierig“ und Zielgenauigkeit „schwer zu erreichen“ waren, diese jedoch keine unüberwindlichen Hindernisse darstellten. Die schweren Luftkampfmanöver ermüdeten zwar, mit Entschlossenheit ließen sie sich aber gewiß bewältigen.

Nach der Einführung der Düsenjäger mit Deltaflügeln, mit denen Ende der 40er Jahre im Sturzflug Überschallgeschwindigkeit erreicht wurde, kam es erneut in Mode, die Totenglocke für Kämpfe zwischen Jagdflugzeugen zu läuten – bis der Koreakrieg alle eines Besseren belehrte. Die Vorstellung kam ein Jahrzehnt mit den mit Luft-Luft-Raketen bestückten Mach-2-Jägern wieder auf – bis der Luftkrieg über Nordvietnam dieses besondere Gespenst ein für allemal ad acta legte. Die größte Luftkampfhandlung dieser Zeit findet in Kapitel 13 „Luftkampf über Hai Duong“ seine Würdigung.

Hai Duong zeigte, daß Kampfpiloten manchmal gezwungen sind, unter ganz anderen Bedingungen zu kämpfen, als es ihre Ausbildung in Friedenszeiten vorsah. Ein weiteres Beispiel dafür bietet der Falkland-Konflikt 1982, als Sea-Harrier-Piloten die Landeoperation bei San Carlos gegen die Angriffe einer weit größeren argentinischen Luftwaffe und Marine verteidigten. Kapitel 14 „Heroischer Einsatz über Falkland“ schildert den Tag der schwersten Luftgefechte während dieses Konflikts.

Lufttransport ist ein weiterer Aspekt des Luftkriegs, der sich nur durchführen läßt, wenn der Gegner über das Operationsgebiet keine Luftüberlegenheit hat. Im Kapitel 15 Helikopter „Bravo November“ verdeutlicht der Falkland-Krieg an einem Beispiel, wie ein einziger großer Kampfhubschrauber, der mit Geschick und Entschlossenheit geführt wird, beträchtliche Auswirkungen auf einen Landfeldzug haben kann.

Der Vietnamkrieg brachte zwei Kategorien von Luft-Boden-Waffen hervor, die zu einmaliger Präzision bei Angriffen auf Landziele führten: die Laserlenkbombe und die elektro-optisch gelenkte Bombe. Während der letzten Jahre des Kalten

Krieges perfektionierte der mit F-111-Jägern ausgerüstete 48th Tactical Fighter Wing der US-Luftwaffe die Techniken zum Einsatz dieser Waffen. Kapitel 15 „Präzisionsangriff bei Nacht“ beleuchtet die Kampfhandlungen dieser Einheit während des jüngsten Golfkonflikts.

Ein Abschuß ist zu jeder Zeit ein traumatisches Erlebnis, wenn sich das Flugzeug plötzlich nicht mehr in der Luft halten kann. Kapitel 16 „Abschuß am Valentinstag“ beschreibt ein solches Beispiel während einer der jüngsten Angriffe auf den Irak.

Diese Reihe von Berichten soll dem Leser einen breit gefächerten Überblick über verschiedene Aspekte des Luftkriegs vermitteln. Manche der gewonnenen Eindrücke mögen vielleicht nicht recht in den Rahmen der vorhandenen Vorstellungen zu diesem komplizierten Thema passen. Ich wollte nicht bewußt eine kontroverse Darstellung bieten, andererseits habe ich auch nicht einige der beruhigenden und bequemen Behauptungen der „konventionellen Weisheit“ wiederholt, die meiner Meinung nach keinen Bestand haben. Bei meiner Präsentation der Tatsachen vertraue ich darauf, daß der Leser künftig diese Dinge kritischer und nüchterner betrachten kann.

Anmerkung des Autors

Bei Zeitangaben handelt es sich um Ortszeit für das betreffende Gebiet. Waffenkaliber werden in den für die Waffengattung typischen Einheiten angegeben, z. B. Oerlikon 20-mm-Kanone. Wird die Nutzlast eines Flugzeugs bei Kampfeinsätzen angegeben, dann handelt es sich um die normale Last für den jeweiligen Flugzeugtyp während einer Kampfhandlung und nicht um die größere Maximallast, die in den Prospekten der Hersteller und in den meisten Büchern mit Flugzeugdaten zu finden ist.

Danksagung

Ich danke meinem Freund Martin Middlebrook für seine freundliche Genehmigung, in den Kapiteln 8 und 10 die Zitate in der Ich-Form aus seinen Büchern *The Schweinfurt-Regensburg Mission* und *The Nuremberg Raid* zu nutzen.

Alfred Price
Uppingham, Rutland

KAPITEL EINS

Über den Schlachtfeldern in Frankreich

Die Geschichte der No 84 Squadron des Royal Flying Corps, die im Herbst 1917 über Frankreich in den Kampf geschickt wurde, und ihres Kommandanten Major W. Sholto Douglas, einer der führenden Luftkampftaktiker seiner Zeit.

Der Luftkampf nahm während des I. Weltkriegs über der Westfront seinen Anfang, nachdem Aufklärungsflugzeuge mit Maschinengewehren bestückt wurden, um ihre Gegenspieler im Falle eines Zusammentreffens zu bekämpfen. Im Sommer 1915 führten die deutschen Luftstreitkräfte den Fokker-Eindecker ein, das erste echte Kampfflugzeug überhaupt. Als Einsitzer brachte die Fokker eine Leistung, bei der kein Zweisitzer der damaligen Zeit mithalten konnte. Noch wichtiger war die Tatsache, daß ihr Maschinengewehr nach vorn durch den Propeller feuerte und über ein Unterbrechersystem verfügte, das ein Auftreffen der Geschosse auf die Propellerflügel verhinderte. Mit dem Einsatz des Fokker-Eindeckers in geringer Zahl erreichten die deutschen Piloten die Luftüberlegenheit, doch sie erwies sich als nur vorübergehend, da der Feind sehr bald deren Merkmale kopierte.

Ab dieser Zeit rang jede Seite darum, dem Gegner die Luftüberlegenheit abzunehmen oder sie selbst zu behalten. Dies führte zur beschleunigten Entwicklung aller Aspekte des Flugwesens und insbesondere des Jägers. Die Kriegsgegner brachten eine Reihe von neuen Typen mit ständig leistungsfähigeren Motoren zum Einsatz, die schneller und höher fliegen, aber auch schneller aufsteigen konnten. Die Konstruktionen wurden schwerer und beträchtlich robuster, und die Bewaffnung der Flugzeuge todbringender.

Mit dem Besserwerden der Maschinen gelang es talentierten Piloten, beträchtliche Abschußzahlen zu erreichen und ihre Namen als Vertreter einer neuen Form von Kriegsfuhrung zu etablieren: Deutsche wie Max Immelmann, Oswald Boelke und Manfred von Richthofen, Franzosen wie Georges Guynemer, Charles Nungesser und René Fonck und Briten wie „Mick" Mannock, Albert Ball und James McCudden. Jedes Land braucht seine Helden zu Kriegszeiten, und fast über Nacht wurden die Flieger-Asse zu nationalen Berühmtheiten.

Wenngleich diese Männer bereit waren, gegeneinander bis zum Tod zu kämpfen und dies manchmal auch taten, so hatten sie viel gemeinsam. Sie verfügten über ausgezeichnete Augen, was ihnen gestattete, ihren Feind auf große Entfernung zu sehen, und gewöhnlich noch bevor sie selbst gesehen wurden. Sie nutzten die Sonne oder eine Wolkendecke, um sich an den Feind ungesehen heranzupirschen, konnten die taktische Lage auf einem Blick erfassen und einschätzen, wie sie am schnellsten in eine günstige Feuerposition gelangen konnten. Einige von ihnen waren außergewöhnlich gute Schützen, während andere dies dadurch kompensierten, daß sie auf Nahdistanz herankamen, um dem Kontrahenten den Todesstoß zu versetzen. Die meisten Opfer wurden überrascht und sahen den Angreifer erst, als ihre Maschine getroffen wurde. Im Gegensatz zur allgemeinen Annahme erreichten die Fliegerasse relativ wenig Abschüsse in Einzelkämpfen oder in packenden Zweikämpfen in der Luft. Wer lang genug überlebte, um diesen Status zu erlangen, wußte, daß die eingegangenen Risiken in dieser Art von Kämpfen zu groß und die Erfolgschancen zu gering erschienen. Ende 1917 waren die Tage des einsamen Luftjägers, der allein auf Feindsuche ging, gezählt. Nur wenige konnten auf diese Weise erfolgreich operieren, und die Piloten mit durchschnittlichen Fähigkeiten erreichten viel mehr, wenn sie als Teil eines gut geführten Verbands flogen, als das im Alleingang der Fall gewesen wäre. Luftkampf hatte sich zu einer Mannschaftsangelegenheit entwickelt, und genau wie im Fußball errang das gut organisierte Team den Sieg über einen Haufen talentierter, aber undisziplinierter Individualisten.

* * *

Der 1893 gebürtige William Sholto Douglas kam 1914 zum Royal Flying Corps. Anfang des Folgejahres flog er seine ersten Kampfmissionen mit der Staffel No 2. Im April 1916 kommandierte er die mit Sopwith 1½-Strutter ausgerüstete No 43 Squadron und führte diese Einheit in den Kampf. Im August 1917 übernahm Douglas das Kommando über No 84 Squadron, die zu dieser Zeit gerade in Lilbourne bei Rugby mit 18 S.E.5A-Jägern gebildet wurde. Von den 24 Piloten dieser Einheit verfügten nur Douglas und drei Flugkommandeure über frühere Luftkampferfahrung.

Im September wurde No 84 Squadron nach Liettres in Nordfrankreich verlegt, zehn Meilen hinter der Frontlinie, und durchlief eine kurze Kampfausbildung. Ihr erster Kampfeinsatz über Feindgebiet kam am 15. Oktober, als sie sechs Bomber von Typ de Havilland 4 bei deren Angriff auf ein Munitionsdepot begleitete. Während einer Auseinandersetzung mit feindlichen Kräften gelang Lieutenant Edmund Krohn der Abschuß eines Albatros-Jägers, der erste Sieg der Kampfeinheit. Doch der Jubel darüber hielt nicht lange vor, denn Lieutenant Lord wurde abgeschossen und gefangengenommen.

Obwohl die S.E.5A Leistungsvorteile gegenüber der Albatros D V, dem deutschen Hauptgegner im Gefecht, besaß, erlitt die Squadron schmerzhafte Verluste während ihrer Feuertaufe. Zu dieser Zeit tobte die Schlacht von Passchendaele, und die Einheit beklagte während ihrer fast täglichen Einsätze schwere Verluste. Im Verlauf einer besonders harten Mission am 31. Oktober führte Captain Leask eine Formation aus sechs Flugzeugen zum Sinkflugangriff auf vier feindliche Maschinen unter ihnen. Doch da tauchten plötzlich zwölf Albatros-Jäger über ihnen auf, und die vermeintlichen Jäger verwandelten sich zu Gejagten. Zwei S.E.5A wurden abgeschossen und ihre Piloten getötet, während die Squadron ihrerseits die Zerstörung zweier Feindflugzeuge vermeldete.

In den ersten 16 Tagen ihres Einsatzes verlor No 84 Squadron neun Piloten, die getötet oder gefangengenommen wurden, und mehr als ein Drittel ihrer Maschinen. Auf der Habenseite standen in dieser Zeit fünf Feindflugzeuge. Später kommentierte Douglas diesen unheilträchtigen Start so:

> Es war eine harte Schule für eine neue und nicht kampferprobte Squadron, und wegen der Unerfahrenheit der Piloten hatten wir Opfer zu beklagen. Doch bittere Erfahrung ist ein schneller Lehrmeister …

Im November ging die Schlacht von Passchendaele auf ihr Ende zu, und die Bodenkämpfe ließen nach. Dies führte zusammen mit einer allgemeinen Verschlechterung des Wetters zu einer spürbaren Verringerung der Flugaktivitäten. Neue Kräfte kamen, um die Lücken in den Reihen zu schließen. Die Piloten, die die schlimme Feuertaufe überlebt hatten, gewannen einen besseren Einblick in die Wirklichkeit des Luftkampfes. Jetzt erhielt die Einheit eine Atempause zum Überdenken gemachter Fehler und zur Ausweitung der hart erstrittenen Kampferfahrung. Nach einigen Verlegungen landete die Einheit zum Jahresende in der Basis Flez nahe St. Quentin.

Douglas erwies sich schnell als ein gerissener Taktiker und weitblickender Kommandeur. Seine eigene Abschußquote sollte zwar nie beeindruckende Größe erreichen, doch er entwickelte praktikable Taktiken und sorgte dafür, daß seine Piloten sich daran hielten. Die Lektion der blutigen Feuerprobe ließ No 84 Squadron zu einer kampfstarken Einheit werden, die auf ihre Fähigkeiten vertraute und eine hohe Abschußquote bei niedrigen Eigenverlusten erzielte.

Nach dem Krieg schrieb Douglas einen langen Bericht über seine Erfahrungen als Jagdfliegerkommandeur, in dem er die Techniken niederlegte, die zum Erfolg oder Mißerfolg im Luftkampf führten. Er erfaßte schnell die grundlegende Lektion, die noch heute einen Teil der Kampfphilosophie jedes erfolgreichen Kampfpiloten darstellt:

> Wir hatten schnell begriffen, daß es Umstände gibt, wo es falsch ist, den Kampf anzunehmen, daß man immer versuchen muß, den Feind anzugreifen, wenn er sich in einer nachteiligen Position befindet. Analog darf man sich selbst nicht in einer nachteiligen Situation zum Kampf stellen, was oft ein absichtliches Ausweichen und Rückzug erfordert, damit der Vorteil des Feindes aufgehoben wird. Wenn dessen Vorteil in Höhe besteht, dann sollte man sich zurückziehen, schnell an Höhe gewinnen, umkehren und den Feind aus gleicher oder noch größerer Höhe zum Kampf stellen. Es gibt natürlich auch Fälle, wo man den Kampf trotz Nachteil annehmen muß – wenn z. B. eine andere britische Staffel von zahlenmäßig überlegenen Feinden attackiert wird, dann muß man den Kampf ungeachtet der Siegchancen annehmen. Doch normalerweise sollte man dem Feind den Kampf aufzwingen, statt den Kampf aufgezwungen zu bekommen.

Douglas kannte die Stärken und Schwächen der S.E.5A im Vergleich zu den Feindflugzeugen, auf die seine Einheit im Kampf traf. Neben ausgezeichneter Geschwindigkeit und hervorragender Steig- und Sinkflugleistung im Vergleich zu ihren Gegnern hatte die S.E.5A weitere nützliche Merkmale. Sie war eine robuste Maschine, die eine Menge aushalten konnte, und der Kommandeur hielt dies für besonders wichtig:

> Die S.E. war robust in Design und Konstruktion, und sie brach bei großer Belastung nicht in der Luft auseinander, wie das auf andere Typen zutraf. *Nichts untergräbt das Vertrauen eines Piloten in seine Maschine so sehr wie Zweifel an ihrer Festigkeit* [Betonung des Autors].

Der Pilot hatte eine höhere Meinung von der S.E.5A als von den meisten anderen Doppeldecker-Jägertypen jener Zeit – ein wichtiges Kriterium bei einem Luftkampf, bei der die Seite, die als erste den Gegner entdeckte, die Initiative ergriff. Das Flugzeug war auch eine stabile Feuerplattform, besonders im Sinkflug, und dies war ein weiterer, ein von Douglas nützlich angesehener Faktor:

> Beim schnellen Sinken war sie sehr ruhig; der Pilot konnte daher genau zielen, wenn er zum Angriff abtaucht (und neun von zehn Angriffen erfolgen beim Abtauchen). Das ist ein Vorteil aller stabiler Maschinen – je schneller das Abtauchen, desto ruhiger wird die eigene Feuerplattform. Eine instabile Maschine wie eine Camel oder eine Sopwith Dolphin neigt beim Abtauchen mit hoher Geschwindigkeit zum „Jagen“, d. h. sie ändert von Zeit zu Zeit ihren Abtauchwinkel trotz bester Bemühungen des Piloten, dies zu verhindern ... Gute Schießleistungen unter diesen Umständen erweisen sich als sehr schwierig.

Wenn ein S.E.5A-Pilot im Kampf in die Defensive gedrängt wurde, konnte er im Sturzflug schnell Tempo gewinnen und von seinem Gegner wegziehen, selbst wenn dieser im Horizontalflug schneller war. Dies stellte eine hilfreiche Methode dar, aus dem Kampf auszuscheren, wenn ein Pilot in Bedrängnis geriet, wenn seine Bordwaffen Ladehemmung hatten oder wenn ihm die Munition ausging.

Die S.E.5A ließ sich weniger gut manövrieren als viele andere Jägertypen dieser Zeit, doch Douglas spielte die Bedeutung dieses Umstands im Kampf herunter:

> Oft wurde die S.E. kritisiert, sie sei für einen Einsitzer ungenügend manövrierfähig. Als der Luftkampf noch eine Reihe von Kämpfen zwischen Einzelpersonen war, spielte die Manövrierfähigkeit der individuellen Maschine tatsächlich eine äußerst wichtige Rolle. 1918 bildete jedoch nicht mehr der einzelne Pilot, sondern die in enger Formation fliegende Kette die Kampfeinheit; und dieser Unterschied wird meines Erachtens in künftigen Kriegen noch deutlicher werden. Beim gegenwärtigen Entwicklungsstand des Luftkampfes ist es *die Kette, die als eine Einheit kämpft* [Betonung des Autors]. Deshalb zählt die Manövrierfähigkeit der Kette und nicht die der einzelnen Maschine. Wenn daher eine Maschine handhabbar genug ist (wie das für die S.E. zutrifft), um ihren Platz in der Formation bei einem Flugmanöver zu behalten, dann ist es weniger wichtig, ob diese Maschine individuell hohe Manövrierfähigkeit besitzt oder nicht.
>
> Schnelles Manövrieren war fast immer eine Defensivhandlung; der angegriffene Pilot entzog sich der unmittelbaren Konsequenzen durch ein schnelles Manöver. Der Angriff andererseits wurde gewöhnlich von einer Flugformation im Sinkflug mit hoher Geschwindigkeit vorgetragen, so daß bei einem Angriff die Manövrierfähigkeit der Kette zählte. Hat man also eine Maschine mit höherer Leistung als die feindlicher Flugzeuge (wie die S.E. bis Herbst 1918) und gut geführte Patrouillen, sollte man nur selten angegriffen oder in die Defensive gedrängt werden. Statt dessen sollte man seine Formation so manövrieren können, daß man stets dank der höheren Geschwindigkeit und Steigfähigkeit selbst der Angreifer ist; was uns zur Schlußfolgerung führt, daß Manövrierfähigkeit nur von untergeordneter Bedeutung ist, wenn die Maschinen leistungsfähiger sind als die des Feindes.

Durch Ausprobieren kam Douglas zu seiner Meinung nach einer optimalen Kampfeinheit: eine Fünferformation in V-förmiger Fluganordnung, von vorn nach hinten stufenweise ansteigend. Ohne Funkkontakt flogen die Flugzeuge in der Nähe ihres Führers, um dessen Handzeichen zu beobachten. Der Führer konnte auch durch Manöver kommunizieren, obwohl es nur wenige leicht zu verstehende Botschaften gab, die auf diese Weise übermittelt wurden. So bedeutete z. B. eine leichte Neigung zur einen Seite und dann zur anderen „kommt näher“; ein wellenförmiger Flug bedeutete „geht auf Abstand“; seine Wendeabsicht signalisierte der Führer durch ein zweifaches Tragflächensenken in die gewünschte Richtung und begann danach das Wendemanöver; und „Feind in Sicht“ wurde durch mehrmaliges tiefes seitliches Wackeln des Flugzeuges angezeigt.

S.E.5A

Typ: Jagdeinsitzer
Triebwerk: ein Wolseley Viper 8-Zylinder-Motor mit 200 PS beim Start (andere Motorentypen wurden ebenfalls eingebaut, doch der Vipermotor war Standard bei den Flugzeugen der No 84 Squadron von März 1918 bis zum Kriegsende)
Bewaffnung: ein Vickers 7,7mm-Maschinengewehr, synchronisiert zum Feuern durch den Propeller; ein Lewis 7,7-mm-Maschinengewehr auf der oberen Tragfläche zum Feuern über den Propeller. Es gab Vorrichtungen zum Mitführen von vier 11-kg-Bomben an Bombenträgern unter dem Rumpf.
Leistung: Höchstgeschwindigkeit im Horizontalflug 206 km/h in 1980 m Höhe; Steigzeit auf 3050 m: 10 Minuten 50 Sekunden; Steigzeit auf 4570 m: 20 Minuten 50 Sekunden
Normale Startmasse bei Kampfeinsätzen: 900 kg (ohne Bomben)
Abmessungen: Spannweite 8,11 m; Länge 6,38 m; Tragflügelfläche 22,84 m^2
Datum der Indienststellung von S.E.5A: Mai 1917

Douglas wies an, das Kettenführer alle taktischen Entscheidungen treffen, und die übrigen Piloten in der Kette mußten sich auf das Einhalten der Position in der Formation und das Befolgen der Anweisungen konzentrieren. Die Technik der koordinierten Suche, wobei jeder Pilot in der Formation in einen Abschnitt des Himmels nach Feinden Ausschau hält, war unbekannt. Angesichts der schlechten Ausbildung und geringen Erfahrung des durchschnittlichen Staffelpiloten wäre dies wahrscheinlich auch nicht praktikabel gewesen.

Zu diesem Zeitpunkt flogen die deutschen Jägereinheiten gewöhnlich in Formationen von zwölf oder mehr. Sie wagten sich nur selten über die Landkriegszone und verwickelten lieber den Feind über ihrem eigenen Territorium in Kämpfe. Lieutenant-Colonel Holt, der Kommandeur des 22nd Wing, zu dem No 84 Squadron gehörte, schickte Formationen aus mehreren Staffeln über Feindgebiet mit dem Versuch, die deutschen Patrouillen zu Kampfhandlungen zu zwingen. Gewöhnlich bestand eine solche Formation aus einer Staffel von Sopwith Camel in 4575 m, einer Staffel von S.E.5A in 4875 m und einer Staffel Bristol-Jäger in 5500 m Höhe. Diese Taktik schlug völlig fehl. Der Kampfverband war aus mehreren Meilen Entfernung zu sehen, und jede deutsche Kampfpatrouille zog sich bei ihrem Anblick schnell nach Osten zurück. Als die Formation dann nach erfolgloser Suche an einem leeren Himmel zum Rückflug wendete, griffen die feindlichen Jäger von den Seiten und Flanken an und versuchten, abgesprengte Flugzeuge anzugreifen.

Douglas nahm an einigen dieser Jagdzüge teil und kritisierte sie schonungslos. Er vertrat die Meinung, daß eine Offensivpatrouille in Staffelgröße als ein Mittel der Feindbekämpfung viel mehr Erfolg versprach. Er hielt dies für die größte Kampfeinheit, die von einem Mann effektiv ins Gefecht geführt werden konnte. Er entwickelte eine Technik, bei der drei Ketten in einiger Entfernung, aber doch in Abstimmung, flogen und jede eine feste Rolle hatte. In einer typischen Patrouille dieses Typs flog Kette „A“ bei 4575 m voran, und ihr Kommandeur befehligte die gesamte Formation. Kette „B“ hielt etwa einen knappen Kilometer dahinter eine Position zur Unterstützung und flog gestaffelt etwa 150 m höher. Kette „C“ flog in Unterstützung noch weiter hinter „A“, gestaffelt auf der anderen Seite zu Kette „B“ und in 5500 m Höhe. Bei der Beschreibung der taktischen Aufstellung dieses Kampfverbands kommentierte Douglas:

> Die Aufgabe von Kette „B" besteht darin, den Bewegungen der Kette „A" direkt zu folgen. Sie greift nicht auf Eigeninitiative an – die Initiative liegt absolut in den Händen des Patrouillenführers der Staffel, d. h. dem Führer der Kette „A". Dieser etwas strenge Formalismus erwies sich als angebracht wegen der Neigung der folgenden Ketten, sich in Nebengefechten ablenken zu lassen und damit den Staffelführer der Unterstützung zu berauben. Wenn dieser angreift, macht Kette „B" eines von zwei Dingen: entweder verstärkt sie Kette „A", wenn der Feind zahlreich genug ist, damit sich dies lohnt; oder sie fliegt direkt über Kette „A" und schützt „A" vor Feindmaschinen, die von oben angreifen. Die dritte Kette (Kette „C") deckt die übrigen: sie fliegt so hoch wie möglich und etwa zwei bis drei Meilen seitlich hinter Kette „A". Ihr Führer folgt Kette „A" in einiger Entfernung und hat den Befehl, nie zur Hilfe für Ketten „A" und „B" nach unten zu stoßen, außer in äußersten Notfällen. Die bloße Tatsache, daß Kette „C" hoch über der Kampfzone kreist, reicht gewöhnlich aus, um alle, außer sehr starken Feindformationen, vor einem Angriff auf die zwei tieferen Ketten abzuschrecken.

Douglas vertrat die Meinung, daß die gut geführte und disziplinierte Flugformation das effektivste Mittel bildete, feindliche Flugzeuge mit minimalen Eigenverlusten zu zerstören, und im Kampf maß er der Aufrechterhaltung des Kettenzusammenhalts große Bedeutung bei:

> Bald stellte sich heraus, daß Verluste auftraten, sobald die Kette die Formation aufgab und sich aufspaltete. Ebenso, daß die Kette nicht zur Auflösung neigte, wenn sie angegriffen wurde, sondern eher, wenn [sie] angriff. Unter Attacke blieben die Piloten zum gegenseitigen Schutz zusammen; aber wenn sie angriffen, neigten die einzelnen Piloten dazu, eine besondere deutsche Maschine zu verfolgen, die sie sich als Opfer ausgesucht hatten. Sie wurden dann selbst von einer überlegenen Anzahl angegriffen und vernichtet, nachdem sie sich von der Kette getrennt hatten.
>
> Nach großer Diskussion und trotz des Widerstandes der Individualisten in der Staffel erließen wir schließlich einen strikten Befehl, daß *kein Pilot aus irgendeinem Grund die Formation verlassen durfte* [Betonung des Autors], selbst nicht, um eine augenscheinlich gute Gelegenheit zum Abschuß einer Feindmaschine wahrzunehmen. Die Initiative bei jeder Attacke lag vollkommen beim Kettenführer: wenn er zum Angriff abtauchte, tauchte die ganze Kette mit ihm ab; wenn er nach dem Angriff wegflog, selbst wenn er den angegriffenen Feind nicht abgeschossen hatte, flogen alle Piloten ihm nach und hielten die Formation ein. Das erwies sich als die einzige Methode, die Formation im Kampf zusammenzuhalten; sonst zerstreute sich die Kette beim ersten Anflug, und jeder Pilot verfolgte eine andere Feindmaschine und wurde auf sich gestellt selbst zum Opfer.
>
> Die natürliche Folge dieser Ordnung bestand darin, daß gewöhnlich der Kettenkommandeur die Feindmaschine abschoß. Doch als erfahrenster Pilot konnte er das am schnellsten und effektivsten. Darüber hinaus konnte er sich voll auf die Zerstörung der Feindmaschine konzentrieren, da seine Kette hinter ihm als Puffer gegen einen Angriff von hinten wirkte. Er brauchte nicht ständig aus Furcht vor einem Angriff über die Schulter zu sehen. Deshalb konnte er um so sorgfältiger und bewußter zielen und schießen.

Außer in unvermeidlichen Fällen ließ sich No 84 Squadron nicht in verbissene Luftkämpfe mit feindlichen Jägern verwickeln. Die Zweikämpfe in der Luft im I. Weltkrieg wurden häufig mit „einer Saloon-Schlägerei mit Waffen" verglichen. In der Hitze der Gefechte verloren die Kommandeure die Kontrolle über die Kampfhandlungen, und daher befahl Douglas seinen Piloten, sich aus ihnen herauszuhalten. Diese disziplinierte Kampftaktik erwies sich als sehr wirksam, besonders am

3. April 1918, als die Einheit einen großen Kampfverband von feindlichen Pfalz- und Albatros-Jägern über Pozières in einen Kampf verwickelte und sechs Feindflugzeuge ohne Eigenverluste abschoß. Einige Wochen später, am 25. April, bestritt No 84 Squadron einen weiteren erfolgreichen Einsatz, als sie nur eine S.E.5A verlor, aber neun Pfalz- und Albatros-Jäger zerstörte.

Von Zeit zu Zeit mußte die Squadron Geleitschutz für Bomberformationen bei deren Angriff von Zielen im Feindgebiet stellen. Douglas haßte diese Art von Einsatz, und verglich eine an eine Bomberformation gebundene Jägerstaffel mit einem Boxer, der mit einer auf den Rücken gebundenen Hand zum Kampf geht. Und weiter:

> ... eine Jägerstaffel mit Geleitschutzaufgaben kann die angetroffenen gegnerischen Formationen nicht angreifen, denn in diesem Fall wären die weiter Kurs haltenden Bomber bald außer Sichtweite und blieben so ungeschützt. Das Einzige, was die Jägerstaffel unternehmen kann, ist, feindliche Angriffe abzuwarten und dann den Schlag zu erwidern. Ganz abgesehen davon kann sich eine Bomberformation aus leistungsfähigen Maschinen mit Piloten in engem Formationsflug und mit guten Bordschützen sehr erfolgreich selbst gegen einen zahlenmäßig überlegenen Gegner verteidigen.

In den folgenden Jahrzehnten wiederholten Führer von Jägereinheiten fast aller Nationen die Ressentiments von Douglas.

Die Effektivität der Taktik der No 84 Squadron spiegelte sich schnell im Verhältnis von Siegen zu Verlusten wider. In den vier Monaten von Anfang Dezember 1917 gab die Einheit 68 zerstörte oder kampfunfähig gemachte Feindflugzeuge an. Wie bei den meisten Abschußzahlen im Krieg handelt es sich mit großer Wahrscheinlichkeit um eine Übertreibung, doch demgegenüber standen nur der Verlust von zwei im Kampf gefallenen, zwei gefangenen und einem verwundeten Piloten.

Am 1. April 1918 wurde das Royal Flying Corps in die neue Royal Air Force eingegliedert. Zu dieser Zeit stand No 84 Squadron ständig im Kampfeinsatz und bemerkte davon nichts. Es dauerte mehrere Monate, bis die Veränderung die gesamte Kommandostruktur durchlaufen hatte, und der Betrieb wie zuvor weiter lief.

Wie gesagt, Douglas selbst erreichte keine beeindruckende Abschußquote, doch mehrere seiner Piloten, besonders Lieutenant Andrew Beauchamp Proctor. Der nur

ALBATROS D V

(Der deutsche Jäger, auf den No 84 Squadron bis zum Frühjahr 1918 am häufigsten traf)

Typ: Jagdeinsitzer
Triebwerk: ein Mercedes DIII 6-Zylinder-Reihenmotor mit 160 PS beim Start
Bewaffnung: zwei Spandau 7,9-mm-Maschinengewehre, synchronisiert zum Feuern durch den Propeller
Leistung: Höchstgeschwindigkeit im Horizontalflug 165 km/h in 3000 m Höhe; Steigzeit auf 3000 m: 17 Minuten 9 Sekunden
Normale Startmasse bei Kampfeinsätzen: 914 kg
Abmessungen: Spannweite 9,05 m; Länge 7,33 m; Tragflügelfläche 20,45 m^2
Datum der Indienststellung von Albatros D V: Mai 1917

1,55 m große Südafrikaner, „Procky", war so klein, daß Klötze auf den Ruderpedalen seines Flugzeugs angebracht werden mußten, damit er sie erreichte. Seine Mitmenschen beschrieben ihn als äußerst aggressiv in der Luft; er verfügte über ein außergewöhnliches Sehvermögen und war ein ausgezeichneter Schütze. Als die Einheit erstmals in Aktion trat, hatte er noch keinerlei Erfahrungen, doch Ende März 1918 war er bereits Kettenführer. Im folgenden Monat wurde er zum Captain befördert und seine Abschußquote belief sich auf 51 Feindflugzeuge.

In den letzten drei Kriegsmonaten erwarb No 84 Squadron besondere Fähigkeiten bei der Spezialmethode der Zerstörung feindlicher Beobachtungsballons. Zu diesem Zeitpunkt machten die zahlreichen alliierten Patrouillen über der Kampffront das Leben für deutsche Flugzeuge, die Feuerstellungen orten sollten, besonders schwer. Daher verließen sich die deutschen Artilleristen auf Ballonbeobachter, die das Feuer gegen Bodenziele jenseits der Frontlinie dirigierten. Wenn diese Ballons zerstört oder auf den Boden gehalten werden konnten, verringerte sich die Effektivität der deutschen Artillerie beträchtlich, und das Leben für die britischen Infanteristen erleichterte sich spürbar – daher maß man der Bekämpfung dieser wurstförmigen Ziele große Bedeutung bei.

Mit hochexplosivem Wasserstoff gefüllt und ohne Verteidigungswaffen mögen die Ballons wie eine leichte Beute erscheinen. So mancher Jägerpilot entdeckte zu seinem Nachteil, daß dies nicht der Fall war. Wasserstoff in einem geschlossenen Behältnis – wie z. B. eine Ballonhülle – ist nicht brennbar. Wie Benzin wird er nur explosiv in der richtigen Mischung mit Sauerstoff. Um den Ballon in Brand zu stecken, mußte man zunächst seine Hülle durchlöchern, damit Gas entweicht und sich mit der umgebenden Luft mischt; danach konnte die Mischung mit Leuchtspurgeschossen entzündet werden. Das bedeutete, die Geschosse auf einen bestimmten Teil des Ballons zu konzentrieren und bis auf unter 45 m heranzufliegen, um den Angriff erfolgreich abzuschließen. Bei Regen oder feuchter Luft war es fast unmöglich, einen Ballon zu entzünden.

Normalerweise flogen die deutschen Beobachtungsballons in Höhen zwischen 450 und 1350 m; Maschinengewehrnester um sie herum sollten Jägerangriffe abschrecken. Beim Herannahen von feindlichen Jägern sprang der Beobachter mit Fallschirm ab, und der Ballon wurde so schnell wie möglich nach unten gezogen. Da die Ballons relativ tief flogen, mußte jeder Angreifer damit rechnen, selbst von feindlichen Jägern angegriffen zu werden. Douglas entwickelte deshalb eine sorgfältig geplante Methode zum Angriff auf Ballons, eine Variation der Taktik, die sich bei den Offensivstreifen der Squadron als erfolgreich erwiesen hatte. Die Squadron überquerte die Frontlinie in Formation in etwa 3000 m Höhe, wie bei einem normalen Patrouillenflug. Über den Ballons setzte die als Angreifer vorgesehene Kette zum Sinkflug an. Die Piloten scherten aus und suchten sich je einen Ballon als Ziel. Eine Kette ging als Rückendeckung auf 1500 m herunter, um die Angreifer vor feindlichen Jägern zu schützen, während die übrige Kette bei 3000 m verblieb, um Feindflugzeuge davor abzuschrecken, in Kampfesabsicht nach unten zu stoßen. Bei einem Angriff auf Ballons zählten Geschwindigkeit und der Überraschungseffekt.

Douglas bemerkte:

> Es war ... das Beste, etwa einen halben Kilometer vom Ballon entfernt steil auf einen Punkt bis auf gleiche Höhe mit ihm nach unten zu stoßen und dann unter Aus-

> nutzung der beim Sturzflug gewonnenen erhöhten Geschwindigkeit horizontal direkt auf den Ballon zuzufliegen. Bei knapp 200 m Entfernung gab man einen Anschuß mit dem Vickers-MG ab und bei knapp 50 m eröffnete man das Feuer mit dem Lewis-MG. Man flog unter ständigem Feuern weiter bis auf etwa 20 m an den Ballon heran, hüpfte über ihn hinweg und zog davon.

Diese Angriffe verliefen stets schnell ab; nicht mehr als zehn Minuten vergingen von der Zeit der Überquerung der Frontlinie bis das letzte Flugzeug wieder über Freundesland flog. Die Taktik wurde mehrfach erfolgreich eingesetzt und zu Kriegsende hatte die Squadron 50 Ballons zerstört. An ihrem besten Tag für Ballonangriffe, dem 24. September 1918, trat die Einheit gleich zweimal in Aktion. Am Morgen führte Beauchamp Proctor einen Angriff auf eine Reihe Ballons: er schoß einen ab und seine Kollegen zwei weitere. Am Nachmittag führte Captain Carl Falkenburg eine ähnliche Attacke auf eine Reihe von sechs Ballons, wobei vier zerstört wurden. In beiden Fällen verhinderten die Deckungsketten, daß feindliche Jägerstreifen bei den Operationen eingriffen. In seinem Bericht betonte Falkenburg, der Angriff

> ... überraschte den Feind, und wir hatten vier Ballons in Flammen, bevor er vom Boden aus das Feuer eröffnete. Bis das Flak- und MG-Feuer richtig in Gang kam, waren wir zurück in den Wolken und gelangten fast ohne Schaden zur Basis zurück. Die oberste Kette unter Führung von Lieutenant Nel hielt gut Wache und blieb genau über uns, als wir die Ballons angriffen. Dann eskortierten sie uns nach Hause.

Am Nachmittag des 8. Oktober griff Beauchamp Proctor ein Rumpler-Aufklärungsflugzeug nahe Maretz an und verfolgte es bis auf geringe Höhe, um es zu vernichten. Seine S.E.5A kam unter Beschuß vom Boden aus, und er wurde am Arm getroffen. Dennoch setzte er die Mission fort und unternahm einen erfolglosen Angriff auf einen Ballon, bevor er zur Basis zurückkehrte. Die Verwundung erwies sich schwerer als ursprünglich angenommen, und er verbrachte fast fünf Monate im Hospital. Zu dieser Zeit stand seine Abschußzahl bei 54, einschließlich 16 Beobachtungsballons. Auf nachdrückliche Empfehlung von Douglas und Befürwortung durch vier andere Piloten erhielt Beauchamp Proctor das Viktoriakreuz in Anerkennung seiner Tapferkeit und Entschlossenheit im Kampf.

* * *

Nach ihrer blutigen Feuertaufe, bei der in weniger als drei Wochen neun Piloten verloren wurden, lernten Douglas und die anderen Überlebenden schnell ihr Handwerk. In den 12 Monaten von Anfang November 1917 bis zum Waffenstillstand genau ein Jahr später befand sich No 84 Squadron ständig im Einsatz und nahm an einigen der heftigsten Kämpfe teil. Der Einheit gelangen 306 Abschüsse, einschließlich 50 Ballons. Ohne effektive Überprüfungsmethode wäre es erstaunlich, wenn diese Quote den Tatsachen entspräche; doch selbst wenn nur die Hälfte stimmt, beeindruckt die Erfolgsrate der Einheit noch immer.

Viele Einheiten erzielten hohe Abschußzahlen durch risikoreiche Taktiken, wobei hohe Eigenverluste erlitten wurden. Das war nicht Douglas' Art zu kämpfen. No 84 Squadron operierte als eine disziplinierte Einheit mit verhältnismäßig risikoarmen Taktiken, und dies schlug sich nieder in den relativ geringen Verlusten im Kampf – 25 Piloten getötet, 2 gefangengenommen und 18 verwundet. Nur wenige

Einheiten an der Westfront kamen in den anhaltenden schweren Kämpfen so glimpflich davon.

Nach dem Krieg wurde Douglas in der RAF schnell befördert; zu Beginn des II. Weltkrieges war er Stellvertretender Generalstabschef der RAF im Range eines Air Vice-Marshal. Im Herbst 1940 wurde er als Nachfolger von Sir Hugh Dowding zum Oberbefehlshaber RAF Middle East ernannt, und am Kriegsende war er Oberbefehlshaber Coastal Command. 1948 ging er als Marshal der RAF in den Ruhestand und wurde bald darauf als Lord Douglas of Kirtleside Vorstandsmitglied der BOAC und spielte eine wichtige Rolle bei der Entwicklung dieser Fluggesellschaft. 1969 starb er.

KAPITEL ZWEI

Aufstieg und Untergang der Stukas

Mit seiner kantigen Silhouette und heulenden Sirene wurde die steil nach unten stoßende Junkers Ju 87 – der „Stuka", zum Sinnbild der von der deutschen Wehrmacht in der ersten Hälfte des II. Weltkriegs so erfolgreich angewandten Blitzkriegstaktik der schnellen Bewegung und schweren Schläge. In diesem Kapitel untersuchen wir die Faktoren, die den Erfolg des Flugzeugs bewirkten, und die Gegenmaßnahmen, die seinen Untergang besiegelten.

Bis zur Entwicklung von gelenkten Waffen bestand die genaueste Methode, Bomben auf ein verteidigtes Ziel abzuwerfen, im Sturzflugangriff. Gegen kleine Ziele stellt die Treffsicherheit beim Bombardement einen äußerst wichtigen Faktor dar. Eine 500-kg-Bombe, die das Kernziel um wenige Dutzend Meter verfehlt, verursacht keinen ernsthaften Schaden. Es kann mathematisch bewiesen werden (der Autor widersteht aber der Versuchung), daß die Halbierung der Aufschlagsentfernung einer Bombe vom Ziel den Zerstörungseffekt vervierfacht. Verringert sich diese Distanz um drei Viertel, erhöht sich der Zerstörungseffekt *sechszehnfach.* Oder anders gesagt, die gleiche zerstörerische Wirkung kann mit einem *Sechszehntel* des Bombengewichts erzielt werden. Diese Zahlen erklären den Sinn der Stuka und ihres Operationskonzepts: eine geringe Menge an Explosivstoffen genau positioniert erweist sich als viel effektiver, als eine beträchtlich größere Masse, die weniger genau ans Ziel gebracht wird. (Heute rechtfertigt dieses Argument die höheren Kosten und größere Komplexität, aber auch weitaus bessere Zielgenauigkeit der „intelligenten" Waffen.)

* * *

„Stuka" ist die Abkürzung für „Sturzkampfflugzeug". Genaugenommen trifft diese Bezeichnung auf alle Flugzeuge zu, die diese Rolle übernehmen können, und nicht nur auf einen speziellen Typ. Doch durch den häufigen Gebrauch sind „Junkers 87" und „Stuka" zu Synonymen geworden, und so werden sie in diesem Bericht verwendet.

Die Junkers Ju 87 wurde kompromißlos als Sturzkampfbomber konstruiert; alles andere wurde diesem Ziel untergeordnet. Die „Berta", die Hauptserienversion bis Anfang 1941, die den Ruf des Typs begründete, war für eine Bombenlast von 1000 kg ausgelegt. Das feste Fahrgestell gab dem Flugzeug ein entschieden veraltetes Aussehen, und im Horizontalflug betrug die Höchstgeschwindigkeit nur 383 km/h. Doch in einem Sturzflugangriff war der Luftwiderstand des festen Fahrgestells ein positiver Faktor, wenn er mit den unter den Tragflächen ausgefahrenen Sturzflugbremsen kombiniert wurde: durch diese verlangsamt, erwies sich die Ju 87 als unglaublich stabil bei ihrem fast vertikalen Sturzflugangriff. Mit gedrosseltem Motor erreichte die Maschine eine Endgeschwindigkeit von nur 565 km/h (ein Flugzeug mit geringerem Luftwiderstand entwickelt eine viel höhere Endgeschwindigkeit beim Sturzflug; d. h., der Pilot könnte nicht so steil abtauchen oder müßte die Bomben aus größerer Höhe abwerfen und von dort auch mit dem Abfangen beginnen; beide Faktoren würden die Zielgenauigkeit verringern).

Nach dem Ausklinken der Bomben leitete ein besonders konstruierter Mechanismus ein hartes, aber reibungsloses Abfangen aus dem Sturzflug ein. Die robuste Struktur der Ju 87 war so ausgelegt, daß dieses Manöver mit einer Sicherheitsreserve zu überstehen war, falls – wie es gelegentlich vorkam – die Bomben sich nicht vom Flugzeug lösten. Das war eine wichtige Überlegung: während eines Abfangmanövers bedeuteten 1000 kg Bomben am Flugzeug, daß dessen Struktur mehr als drei Tonnen zusätzliche Last auszuhalten hatte.

Wie die Anforderungen des Sturzflugangriffs die Konstruktion der Ju 87 bestimmten, so bestimmten sie auch die Taktik der Flugzeugverwendung im Kampf. Die folgende Beschreibung schildert einen typischen, militärisch genau geplanten Sturzflug-Bombenangriff mit diesen Bombern.

Auf dem Weg zum Ziel flogen die Ju 87 gewöhnlich in etwa 3350 m Höhe, wo die Besatzung noch ohne Sauerstoffmasken auskam. Die Flugzeuge flogen in Ketten, einem V-förmigen Dreierverband, und je nach Größe und Bedeutung des Ziels flog eine Staffel (bis zu neun Flugzeuge) oder Gruppe (bis zu 30 Flugzeuge) mit den Ketten-Formationen in Reihe rückwärts mit einem Abstand von jeweils ca. 300 m.

Für einen treffsicheren Angriff war es wichtig, daß die Flugzeuge genau gegen den Wind flogen, wenn sie ihren Sturzflug einleiteten. Beim Zielanflug hielt der Formationsführer zur Bestimmung der Windrichtung Ausschau nach aufsteigendem Rauch und richtete den Angriffsflug entsprechend aus. Unmittelbar vor Beginn des Sturzflugs trimmte er seine Maschine neu für den Sinkflug und stellte die angewiesene Bombenabwurfhöhe (über dem Meerespiegel) auf dem Kontakthöhenmesser ein.

In den Boden des Cockpits war vor dem Pilotensitz ein Fenster eingelassen, durch das er das Ziel unter dem Flugzeug in Position kommen sah. Einige Sekunden vor Beginn des Sturzflugs drosselte er den Motor und bediente einen Hebel, um die Sturzflugbremsen auf maximalen Luftwiderstand zu stellen. Diese verursachten eine starke Trimmveränderung am Flugzeug. Um dies zu kompensieren, wurde automatisch eine an den Höhenrudern angebrachte Trimmklappe ausgefahren.

Wenn der Formationsführer zum Sturzflug ansetzte, folgten die übrigen Flugzeuge seinem Beispiel. Zu Angriffen auf Ziele mit kleiner horizontaler Ausdehnung, z. B. Brücken oder kleine Gebäude, flogen die Ju 87 gewöhnlich in Staffel-Formation an, „schälten sich" in den Sturzflug und griffen in Reihe an. Gegen größere oder besser verteidigte Ziele, z. B. Häfen oder Bahnhöfe, gingen sie gewöhnlich in Dreierketten-Formation in den Sturzflug über und griffen gemeinsam an, um das Abwehrfeuer zu spalten.

Wenn das Flugzeug in den 80-Grad-Sturzflug übergegangen war, bildete die Ju 87 eine stabile Plattform, und der Pilot konnte das Ziel leicht ins Visier nehmen und im Visier behalten. Die Geschwindigkeit erhöhte sich relativ langsam, und das Flugzeug brauchte 2500 m Sturzflug, um die Endgeschwindigkeit von 565 km/h zu erreichen. Diese Phase dauerte etwa 20 Sekunden, genügend Zeit also, um sich vor dem Ziel aufzureihen. Die Präzision des Angriffs hing vom Halten eines konstanten Fallwinkels ab, und dazu war ein Winkelmesser in das Glas auf beiden Seiten des Cockpitdaches geätzt, damit der Pilot den Winkel während des Sturzflugs ablesen konnte.

Wenn das Flugzeug einen Punkt 600 m über der vorher auf dem Kontakthöhenmesser eingestellten Bombenabwurfhöhe erreichte, ertönte im Cockpit ein Hupton. Kam das Flugzeug auf die eingestellte Bombenabwurfhöhe, meist 700 m über dem Boden, verstummte der Hupton. Das war das Signal zum Ausklinken der Bomben. Wie bereits gesagt, wurde vor Beginn des Sturzfluges automatisch eine an den Höhenrudern angebrachte Trimmklappe ausgefahren, um ein Hochreißen des Bugs durch Einstellung der Sturzflugbremsen auf maximalen Luftwiderstand zu kompensieren. Jetzt aktivierte der Bombenabwurfvorgang gleichzeitig eine starke Feder, die die Trimmklappe auf die neutrale Stellung zurückzog. Der Bug der Maschine wurde dadurch stark nach oben gezogen, wodurch das Flugzeug stabil und weich aus dem Sturzflug abgefangen wurde. Bei diesem vorbestimmten Manöver lag der niedrigste Punkt in der Flugbahn bei etwa 300 m über dem Ziel – hoch genug, um vor den explodierenden Bomben und feindlichen Handfeuerwaffen sicher zu sein. Wenn sich der Flugzeugbug wieder über den Horizont erhob, klappte der Pilot die Sturzflugbremsen wieder ein, gab Gas, trimmte das Flugzeug neu und schlug den angeordneten Fluchtkurs ein.

Nach Ausbildungsabschluß erwartete man von einem Stuka-Piloten, die Hälfte der Bombenlast innerhalb eines 25-m-Zielkreises landen zu lassen. (Zum Vergleich: die Zielabweichung bei einem Horizontalflugbomber, der die Bomben aus großer Höhe abwarf, war etwa dreimal so groß.) Im Kampfeinsatz verringerte sich unweigerlich die Zielgenauigkeit aufgrund der Unvertrautheit mit dem Ziel und der Ablenkung durch die feindliche Verteidigung weiter. Daher erhöhten sich die durchschnittliche Fehlerquote bei Bombardements gegenüber den Ergebnissen bei Trainingsflügen um das Doppelte oder Dreifache. Trotzdem hatte eine Staffel bestehend aus neun Ju 87 gute Chancen, gegen ein angenommenes rundes Ziel mit einem Radius von ca. 70 m, das über eine einigermaßen schwere Flakverteidigung verfügt, mit der Hälfte ihrer Bomben direkte Treffer zu landen. Gegen sehr kleine, harte Ziele wie Panzer aus dieser Zeit (mit typischen Abmessungen von ca. 7 m Länge und 3 m Breite), die nur durch direkte Treffer oder sehr knappe Zielverfehlung bekämpft werden konnten, blieben die Stukas relativ ineffektiv.

Durch die Kombination eines fast vertikalen Sturzfluges mit relativ geringem Sturzflugtempo und niedriger Bombenabwurfhöhe konnte die Ju 87 (ungelenkte) Bomben mit einer bis dahin kaum im Kampfeinsatz erreichten und auch seither selten erzielten Treffgenauigkeit abwerfen. Im II. Weltkrieg führten zwar auch andere Flugzeugtypen Sturzflugangriffe aus, doch diese warfen ihre Bomben aus größerer Höhe als die Ju 87 ab, und die Zielsicherheit verringerte sich dementsprechend.

* * *

Während des Polenfeldzuges im September 1939 sicherte sich die Ju 87 einen furchteinflößenden Ruf im Kampf. Diese Maschinen führten punktgenaue Angriffe auf Brücken, Bahnziele und Truppenkonzentrationen weit hinter der Frontlinie durch, also Kampfhandlungen, die man heute als strategische Vernichtungsschläge bezeichnen würde.

Die Angriffe auf Flugplätze brachten weniger Erfolg. Während der Zeit der Spannungen vor der Invasion verlegte die polnische Luftwaffe den größten Teil ihrer Kampfflugeinheiten auf gut getarnte Feldflugplätze. Deshalb gingen nur wenige Flugzeuge bei den Angriffen auf die größeren Flugplätze verloren, und bei den meisten davon handelte es sich nicht um Kampfmaschinen. Doch obwohl die polnische Luftwaffe den Anfangsüberfall weitgehend überlebte, war sie zu klein und die Ausrüstung zu veraltet, als daß sie eine ernsthafte Bedrohung für die deutschen Luftoperationen hätte sein können. Die polnischen Streitkräfte waren schlecht ausgerüstet mit Flugabwehrkanonen zum Schutz der Ziele, und ohne ernsthaften Widerstand schlugen die Ju-87-Einheiten hart und mit großer Präzision zu.

Trotz zahlreicher anderslautender Berichte kamen die Ju 87 über Polen nur selten zum Einsatz bei Kampfhandlungen des Heeres mit Luftunterstützung, z. B. gegen Ziele wenige hundert Meter von den eigenen Truppen entfernt. Die Ju 87 konnte nur gegen aus 3000 m Höhe klar erkennbare Ziele präzise Angriffe fliegen. Getarnte Truppenstellungen im Kampfgebiet ließen sich aus dieser Höhe kaum ausmachen und noch schwerer bekämpfen. Außerdem hat selbst der jüngste Golfkrieg gezeigt, daß eindeutige Identifizierung der Truppen im Einsatzgebiet eine anspruchsvolle Aufgabe ist, wobei immer die Gefahr besteht, Bomben auf die Truppen zu werfen, die eigentlich unterstützt werden sollen.

Der Sturzbomber war eine neue und effektive Waffe und vor allem eine *deutsche* Waffe. Unter diesen Umständen kann man der deutschen Propagandamaschine kaum Vorwürfe machen, wenn sie sämtliche Vorzüge dieses Flugzeugs betonte. Damit setzte sich unter Freund und Feind die Legende von der Unbesiegbarkeit der Stukas durch. Bemerkenswerterweise gab es jedoch zu keiner Zeit eine große Anzahl von Ju 87. Über Polen z. B. setzte die deutsche Luftwaffe sämtliche gefechtsbereiten Ju-87-Einheiten ein, dennoch handelte es sich dabei um nur etwa 370 Maschinen.

Am 10. Mai 1940 begann die Wehrmacht ihren Blitzkriegfeldzug im Westen, und von Anfang an wirkten die Stukas einsatzstark mit. In einem der zahllosen Angriffe der Sturzkampfbomber an jenem Tag führte Major Walter Hagen die 30 Maschinen der Trägergruppe 186 von Hannweiler bei Bad Kreuznach in den Kampf. (Träger steht für Flugzeugträger; die Einheit sollte nach Fertigstellung des Flugzeugträgers *Graf Zeppelin* von diesem aus operieren, flog in der Zwischenzeit jedoch als normale Gefechtseinheit.)

Das Ziel der Sturzkampfbomber hieß Frescaty, eine große französische Luftwaffenbasis nahe Metz in etwa 110 km Entfernung, und der Angriff sollte im Morgengrauen stattfinden. Die Stukas stiegen auf und versammelten sich in der Dunkelheit in Formation, jede bestückt mit einer 500-kg-Bombe unter dem Rumpf und vier 100-kg-Bomben an den Bombenträgern unter den Tragflächen. Die Sturzbomber hatten keinen Geleitschutz, doch eine Gruppe von Messerschmitts flog vorher, um feindliche Flugzeuge aus dem Luftraum zu vertreiben. Hauptmann Helmut Mahlke beschreibt das Geschehen von dem Zeitpunkt, als die Stukas im Zielgebiet eintrafen:

> Vor dem Abtauchen gingen wir in Reihe rückwärts, 30 Ju 87 hintereinander, zum Angriff. Als wir uns zum Sturzflug ausrichteten, begann die Flak auf uns zu feuern, aber sie schossen langsam und störten uns nur wenig. Das meiner Kette zugewiesene Ziel war der Flugschiffhangar, den ich deutlich sehen konnte. Als ich mit dem Angriff an der Reihe war, ging ich in die Querlage und dann zu einem 80-Grad-Sturzflug über. Bei 700 m klinkte ich meine Bomben in einer Salve aus und begann dann mit dem Rückzug. Dabei sah ich auf den Hangar, und erst schien es so, als ob nichts passierte. Dann wurde der Bau größer, so wie ein Spielzeugballon, der aufgeblasen wird. Und plötzlich brach die Konstruktion in einer Wolke von Rauch und Trümmern in sich zusammen.

Nach dem Angriff schlossen sich die Ju 87 wieder zur Formation zusammen und gingen ohne Verluste auf Heimatkurs.

In den folgenden sechs Wochen befand sich Mahlkes Einheit fast an jedem Tag, an dem es das Wetter erlaubte, im Einsatz, und die Besatzungen flogen bis zu vier Missionen pro Tag. Bis zur letzten Maiwoche wurden die alliierten Streitkräfte gnadenlos zur Küste gedrängt, und Operation „Dynamo" begann mit der Evakuierung der Truppen aus Dünkirchen und dem Küstenstreifen östlich davon. Am 1. Juni nahm Mahlke an einem Angriff auf den Hafen teil und hatte seine erste Begegnung mit einem RAF-Jäger:

> Er versuchte, mich abzuschießen, aber es ging ihm mit großer Wahrscheinlichkeit die Munition aus, bevor er es schaffte. Der Pilot wendete, schloß in Formation zu mir auf, begrüßte mich und flog heimwärts. So ein Akt der Ritterlichkeit wäre in Rußland nie vorgekommen …

Nach Ende der Evakuierung von Dünkirchen gruppierten sich die deutschen Bodentruppen neu und zogen gegen die französischen Streitkräfte, die den Aufbau einer Verteidigungslinie quer über Nordfrankreich versuchten. Die Stukas nahmen ihre Operationen zur Unterstützung der vorrückenden Wehrmachtseinheiten wieder auf, und während dieser Phase geschah ein Zwischenfall, der Mahlke die Risiken eines Angriffs auf Ziele in der Nähe der eigenen Truppen verdeutlichte. Am 17. Juni hatte er Befehl, seine Staffel gegen eine französische Stellung bei Châtillon-sur-Seine nahe Dijon zu führen, in einem Gebiet, das etwas vor den deutschen Bodentruppen lag und den Vormarsch aufzuhalten drohte. Der Anflug verlief ohne Zwischenfälle, und Mahlke begann seinen Sturzangriff, bemerkte dann aber vom Boden aufsteigende Leuchtpatronen und Männer, die hastig Erkennungszeichen ausbreiteten. Das Gebiet befand sich bereits in deutscher Hand! Mahlke brach den Sturzflug ab und befahl seinen Leuten, den Angriff abzubrechen. Es war eine knappe Sache: seine Einheit hätte fast fälschlicherweise die eigenen Truppen bombardiert. Später wurde bekannt, daß der französische Widerstand in diesem Gebiet zusammengebrochen war und der deutsche Vormarsch viel schneller als erwartet vorankam.

Während des Westfeldzuges flog die Trägergruppe 186 ungefähr 1500 Einsätze, dabei verlor sie 15 von ihren 40 Besatzungen. Die Gesamtverlustrate betrug etwa ein Prozent, keine hohe Zahl, doch der ansteigende Verlust in den sechs harten Kampfwochen machte 40 Prozent der Luftbesatzung aus. In diesem Kriegsstadium wurden die Kriegsverluste an Mannschaft und Maschinen fast sofort aus den Reserveeinheiten wettgemacht, doch es warf ein unangenehmes Licht auf Probleme, die in einem lang anhaltenden Feldzug auftreten würden.

Die Luftschlacht um England begann im Juli 1940, und großangelegte Bombenangriffe auf Ziele auf dem englischen Festland setzten am 12. August ein. An diesem Tag griffen Stukas die Radarstationen von Pevensey, Rye, Dover, Dunkirk (in Kent) und Ventnor an. Diese erwiesen sich jedoch als schwierige Ziele, denn es handelte sich um kleine Objekte, deren wichtige Teile durch Bombenschutzwälle gesichert waren. Die Radarantennen tragenden Metallgittertürme mögen zwar zerbrechlich aussehen, sie bieten aber dem Explosionsdruck oder Bombensplittern nur wenig Angriffsfläche; fast nur ein Volltreffer wirft sie um. Obwohl die meisten Radarstationen Schäden zu beklagen hatten, standen sie am folgenden Tag nach schnellen Reparaturen bis auf eine alle wieder im Dienst.

Der größte, jemals unternommene Angriffsflug der Stukas fand am 18. August 1940 statt, dem „härtesten Tag". 109 Ju 87 aus den Sturzkampfgeschwadern 3 und 77 flogen unter dem Begleitschutz von mehr als 150 Messerschmitt Bf 109 Angriffe auf die Flugplätze von Gosport, Ford und Thorney Island und die Radarstation in Poling. Britische Radaranlagen bemerkten die ankommenden Angreifer rechtzeitig, und die Jägereinsatzleitungen mobilisierten 68 Spitfire und Hurricane zum Alarmeinsatz gegen sie. Die Verteidigungskräfte stiegen noch auf Abfangposition, als die Stuka-Formationen die Küste überquerten und sich auf ihre Sturzangriffe vorbereiteten. Die Messerschmitt-Begleitjäger bei jeder Sturzbomber-Gruppe teilten sich jetzt in zwei Teile: die eine Hälfte blieb bei den Stukas in großer Höhe, während die andere auf 900 m herunterging, um die Ju 87 bei ihren Abfangmanövern aus dem Sturzflug, also an der verwundbarsten Stelle, zu schützen.

In diesem Augenblick, als der Begleitjägerschutz auf der oberen Ebene am schwächsten war, stießen 18 Hurricane der No 43 und No 601 Squadron in die Ju 87 Formation der I. Gruppe des Sturzkampfgeschwaders 77, als sie gerade mit dem Angriff auf den Flugplatz auf Thorney Island beginnen wollte. Oberleutnant Johannes Wilhelm, einer der Stuka-Piloten, hörte die Funkwarnung von nahenden Jägern, als er zum Sturzflug ansetzte. Hinter ihm blinzelte der Heckschütze, Unteroffizier Anton Woerner, in die Sonne und versuchte, den Feind auszumachen. Plötzlich tauchten die Hurricane aus allen Rohren feuernd wie aus dem Nichts auf und rasten mitten in die deutsche Formation hinein. Wilhelm sah drei oder vier britische Jäger in schneller Folge an seiner Maschine vorbeidonnern. Seitlich von ihm geriet ein Stuka in Brand und fiel aus der Formation heraus. Dann spürte Wilhelm Erschütterungen an seinem Flugzeug, und Maschinenöl strömte über seine Kabine. Das Cockpit füllte sich mit Rauch: das Flugzeug stand in Flammen! Wilhelm rollte den Sturzkampfbomber auf den Rücken und schrie: „Raus!". Beide Männer öffneten das Dach der Pilotenkanzel, lösten ihre Gurte und fielen aus der Unglücksmaschine.

Als die Stukas ihre Sturzangriffe begannen, folgten ihnen einzelne Hurricane nach unten und gaben Feuerstöße ab, wenn sie ein Ziel im Visier hatten. Doch im Gegensatz zu einigen anderslautenden Berichten war eine Ju 87 im Sturzflug *fast unverwundbar*. Flight Lieutenant Frank Carey von der No 43 Squadron, der Anführer des Hurricane-Angriffs an jenem Tag, kommentierte:

> Im Sturzflug waren sie sehr schwer zu treffen, weil beim angreifenden Jäger die Geschwindigkeit so schnell zunahm, daß man nur so an ihnen vorbeiraste. Aber sie konnten den Sturzflug ja nicht ewig ausdehnen ...

Oberleutnant Otto Schmidt klinkte seine Bombe über Thorney Island aus, und der Stuka wand sich gerade aus dem Sturzflug heraus, als er hinter sich etwas bemerkte – einen feindlichen Jäger, der immer größer wurde. Schmidts Heckschütze feuerte nicht zurück, und plötzlich bemerkte er den Grund dafür – der Unglückliche war leblos in seinem Sitz zusammengebrochen. Bei seiner Konzentration auf einen zielgenauen Angriff hatte der Pilot nicht wahrgenommen, daß seine eigene Maschine Treffer erhielt. Er trieb seinen Stuka in einen Seitenrutsch zur Verringerung der Geschwindigkeit, und der britische Jäger schoß an ihm vorbei.

Wenn die Sturzkampfbomber bei geringer Höhe von ihren Zielen wegzogen, flogen die führenden Ju 87 langsam, damit die nachfolgenden leicht aufschließen konnten. Die Maschinen flogen dabei in losen Schwärmen, und wenn eine von einem Jä-

JUNKERS JU 87B-1

Typ: zweisitziger Sturzkampfbomber
Triebwerk: ein Junkers Jumo 211 Da 12-Zylindermotor mit 1200 PS beim Start
Bewaffnung: Normale Bombenlast eine 250-kg-Bombe unter dem Rumpf und vier 50-kg-Bomben unter den Tragflächen; zwei 7,9-mm-Maschinengewehre MG 17 Rheinmetall Borsig starr in den Tragflächen; ein 7,9-mm-Maschinengewehr MG 15 Rheinmetall Borsig schwenkbar in der Heckkanzel
Leistung: (Ohne Bombenzuladung) Höchstgeschwindigkeit 383 km/h in 4000 m Höhe; maximale Marschgeschwindigkeit 336 km/h in 3700 m Höhe; maximale Reichweite 788 km; Dienstgipfelhöhe 7990 m
Normale Startmasse bei Kampfeinsätzen: 4330 kg
Abmessungen: Spannweite 13,80 m; Länge 11,50 m; Tragflügelfläche 31,90 m^2
Datum der Indienststellung von JU 87B-1: Mai 1938

ger angegriffen wurde, beschleunigte sie und zog an einer oder mehreren anderen vorbei. Falls der Jäger die Verfolgung aufnahm, mußte er sich dem Feuer der anderen Ju 87 im Schwarm aussetzen. Früher hatte diese Taktik manchmal Erfolg und zwang die Jäger zum Abbruch des Kampfes, doch jetzt drängten sich mehrere britische Staffeln ins Kampfgetümmel. Der 40-Kilometer-Küstenstreifen zwischen Bognor und Gosport wurde zu einem Gewimmel von über 300 Flugzeugen in verwirrenden Dreh- und Wendemanövern, um Waffen in Feuerstellung zu bringen oder um Treffer zu verhindern.

Flight Lieutenant Derek Boitel-Gill, der an der Spitze von elf Spitfire der No 152 Squadron aus dem Westen kommend über die Isle of Wight jagte, erblickte unter sich das Durcheinander. Er befahl die Einheit in Reihe rückwärts und tauchte ins dickste Kampfgewühl ein. Er schloß zu einem der Stukas auf, gab einen 4-Sekunden-Feuerstoß ab und sah den Feind direkt ins Meer abstürzen. Pilot Officer Eric Marrs folgte seinem Anführer und schrieb später:

> Wir tauchten ihnen nach und sie gingen auf 30 m über dem Wasser herunter. Danach kam eine Verfolgungsjagd über das Meer. Ihre Ausweichmanöver bestanden darin, den Motor zu drosseln und scharfe Wendungen nach rechts oder links vorzunehmen, so daß wir nicht folgen konnten und vorbeischossen. Es gab aber so viele von ihnen, daß, wenn man vom Heck des einen abgeschüttelt worden war, immer schon der nächste ins Blickfeld rückte.

Marrs feuerte auf mehrere der Sturzbomber und sah einen mit brennendem Benzin an der Backbordtragfläche ins Meer stürzen. Er setzte seine Angriffe fort, bis ihm die Munition ausging.

Die Stukas trafen ihre Ziele mit großer Genauigkeit, kaum eine Bombe fiel außerhalb des unmittelbaren Zielgebiets. Der Flugplatz Ford wurde mehrere Wochen außer Betrieb gesetzt, während Thorney Island und Gosport weiterhin den Flugbetrieb aufrechterhielten, wenngleich in geringerem Umfang. 21 Flugzeuge wurden am Boden zerstört. Die Radarstation in Poling erlitt schwere Schäden, war jedoch nach Reparaturen einige Tage später wieder in Betrieb.

Eine der beteiligten Stuka-Gruppen, die I. Gruppe des Sturzkampfgeschwaders 77, hatte besonders schwere Verluste zu beklagen: von den 28 am Angriff beteiligten Stukas wurden 10 abgeschossen, eine war nicht mehr zu reparieren und vier schwer beschädigt, d. h., mehr als die Hälfte der Maschinen der Einheit fielen aus. Der Kommandeur der Einheit, Hauptmann Herbert Meisel, gehörte zu den Gefallenen. Die anderen drei Gruppen verloren nur sechs abgeschossene und zwei beschädigte Flugzeuge. Insgesamt wurden 21 Prozent der Maschinen zerstört oder beschädigt – ein zu großer Verlust, um einfach wieder zur Tagesordnung überzugehen.

Der Kampfeinsatz am 18. August 1940 markierte den ersten ernsthaften Rückschlag für die Stukas, und er unterstrich eine Schwäche, die im weiteren Verlauf des Krieges immer wieder zutage trat: das Flugzeug stellte eine ausgezeichnete Offensivwaffe dar, doch nur, wenn es ohne Behinderung durch Feindjäger operieren konnte. Ohne sichere Luftüberlegenheit mußten die Sturzkampfbomber schwere Verluste einkalkulieren.

Die Stukas kamen als nächstes über dem Mittelmeer zum Einsatz, nachdem 150 von ihnen zur Unterstützung des italienischen Bombardements von Malta und der Konvois, die Nachschub zur belagerten Insel brachten, nach Sizilien verlegt wurden. Am 10. Januar 1941 offenbarten die Ju 87 ihre zerstörerische Wirkung gegen Großkampfschiffe der Royal Navy. Bei Angriffen auf in offenen Gewässern manövrierende Schiffe erwiesen sich Sturzflugbombardements als weitaus effektiver als Bombardements aus dem Horizontalflug heraus. Ein Sturzbomberpilot konnte dem Schiff während dessen Ausweichmanöver folgen, sein Visier neu einstellen und einen Zielpunkt im Meer unmittelbar vor dem Schiff vorsehen. Die Flugzeit der Bomben nach dem Ausklinken, etwa fünf Sekunden, ließ den Schiffen keine Zeit für Manöver.

An diesem Tag bestand das Ziel aus einem Flottenverband mit dem Flugzeugträger *Illustrious,* zwei Schlachtschiffen und acht Zerstörern, die einen Konvoi von Versorgungsschiffen auf dem Weg nach Malta und Griechenland begleiteten. Die Angriffseinheit umfaßte 43 Ju 87 aus der I. Gruppe des Sturzkampfgeschwaders 1 und der II. Gruppe des StG 2. Als die anfliegenden deutschen Flugzeuge erstmals auf dem Radar entdeckt wurden, flogen die vier Fulmar-Jäger in geringer Höhe und hatten nach Abwehr eines Angriffs italienischer Torpedobomber fast keine Munition mehr. Der Flugzeugträger drehte in den Wind und startete vier weitere Jagdflugzeuge, doch diese konnten nicht mehr nach oben steigen, um die Angreifer noch abzufangen. Die Ju 87 begannen ihren Sturzflug ohne Behinderung durch Feindjäger und konzentrierten ihren Angriff auf die *Illustrious.* Admiral Cunningham, der Kommandeur des Verbands der Royal Navy schrieb später über diese Episode:

> Es bestand kein Zweifel, daß wir absolute Experten beobachteten. Wir konnten das Geschick und die Präzision des Ganzen nur bewundern. Die Angriffe wurden bis in nächste Nähe vorgetragen, und als sie sich aus ihrem Sturzflug abfingen, konnte man einige unter der Höhe des Schornsteins der *Illustrious* das Flugdeck entlang fliegen sehen.

Die ganze Aktion dauerte nur sieben Minuten, in denen der Flugzeugträger sieben Volltreffer und einen Aufschlag in Zielnähe hinnehmen mußte:

Bombe Nr. 1 traf und zerstörte die Steuerbord S.2-Flak und tötete den größten Teil der Bedienungsmannschaft.

Bombe Nr. 2 durchschlug das vordere Ende des Flugdecks und explodierte beim Über-Bord-Gehen 3 m über der Wasserlinie. Das verursachte großen Splitterschaden an den Schotten nahe der Wasserlinie und löste ein Feuer aus.

Bombe Nr. 3 explodierte im Achteraufzug etwa 3 – 6 m unter dem Flugdeck, verursachte schwere Schäden an der Aufzugskonstruktion und der elektrischen Anlage und zerstörte einen Fulmar-Jäger auf dem Aufzug.

Bombe Nr. 4 durchschlug das armierte Flugdeck und explodierte knapp über dem Hangardeck. Das verursachte schwere Schäden am vorderen Aufzug und der umgebenden Hangardeck-Konstruktion. Die Explosion riß die Brandschutzvorhänge weg, kostete zahlreiche Opfer und löste ein ernsthaftes Feuer im Hangar aus. Mehrere Flugzeuge im Hangar wurden zerstört.

Bombe Nr. 5 traf das hintere Ende des Achteraufzugs und verstärkte die von Bombe Nr. 3 verursachten Schäden.

Bombe Nr. 6 durchschlug eine Flakgeschützplattform, ging durch das Schiff und dann über Bord, ohne zu explodieren. Auf zwei Messedecks brach Feuer aus.

Bombe Nr. 7 traf den Fahrkorb des Achteraufzugs, und das vollendete die Zerstörung der Aufzugskonstruktion.

Bombe Nr. 8 landete im Wasser nahe der Steuerbordseite, der geringen Schaden an der Struktur und leichtes Eindringen von Wasser verursachte.

Dazu stürzte eine abgeschossene Ju 87 auf das Flugdeck des Trägers nahe dem Fahrkorb des Achteraufzugs und löste in dieser übel zugerichteten Zone ein weiteres Feuer aus.

Durch den Angriff geriet der neueste Flugzeugträger der Royal Navy in arge Seenot, außer Kontrolle geratene Brände wüteten unter Deck und Flammenzungen schlugen auch aus dem Fahrkorb des Achteraufzugs. Die Steuerruder funktionierten nicht mehr, und der Träger nahm Kurs auf Malta, wobei Differentialumdrehungen der Hauptmotoren zur Kurskorrektur eingesetzt wurden. Die *Illustrious* konnte ihre Flugzeuge nicht mehr aufnehmen, und die in der Luft befindlichen wurden nach Malta beordert.

Im Folgeangriff am späten Nachmittag mit 15 Ju 87 landete ein weiterer Volltreffer nahe dem Achteraufzug und verschlimmerte die dortigen Schäden, zwei weitere Bomben verfehlten das Heck nur knapp. Am Abend erreichte der arg gebeutelte Flugzeugträger mit immer noch tobenden Feuersbrünsten im Rumpf Malta und machte im Hafen von Valetta fest. Bei den Angriffen starben 83 Besatzungsmitglieder, 100 wurden verwundet.

Während die *Illustrious* in Valetta repariert wurde, gab es neue Angriffe. Ein weiterer Volltreffer nahe dem Achteraufzug verursachte erneute Schäden an diesem Schiffsteil. Einschläge in unmittelbarer Nähe des Schiffs beschädigten Maschinenteile im Kesselraum. Trotz dieser Zwischenfälle vollendete man die wesentlichen Reparaturen in bemerkenswert kurzer Zeit. Am 23. Januar schlich der Flugzeugträger nach Einbruch der Dunkelheit aus Malta und nahm Kurs auf Alexandria. Mehr als ein Jahr verging bis zu seiner erneuten Einsatzbereitschaft. Diese Aktion machte die Gewässer innerhalb der Reichweite der sizilianischen Stuka-Basen von nun an praktisch zu Tabuzonen für Großkampfschiffe der Royal Navy.

Die Ju 87 sollten der Royal Navy während der Kreta-Invasion im Mai 1941 und der nachfolgenden Evakuierung der alliierten Streitkräfte weitere Verluste beibringen. Und sie demonstrierten erneut ihre Wirkungskraft beim Überfall der deutschen Wehrmacht auf die Sowjetunion im darauffolgenden Monat. Doch die goldenen Tage der Stukas neigten sich schnell ihrem Ende zu. Ab Anfang 1942 erkannte jeder Gegner Deutschlands die potentielle Bedrohung durch uneingeschränkt agierende Ju 87 und die lebenswichtige Notwendigkeit, dieser Gefahr zu begegnen. Die beste Anwort bestand natürlich darin, mit genügend Jägern Angriffe der Sturzbomber zu kostspielig erscheinen zu lassen. Diese Tatsache ließ sich zwar leicht betonen, aber schwer in die Praxis umsetzen. Da die deutsche Luftwaffe jetzt jedoch an jeder Kampffront zuviel zu tun bekam, wurde es für die Stukas viel schwerer, die feindlichen Jägerverteidigungen zu überwinden.

Das andere Kampfmittel gegen die Sturzbomber, das nun in immer größerer Zahl zur Verfügung stand, war die Schnellfeuerflak mittleren Kalibers. Zu den typischen Vertretern dieser Waffenklasse gehörten die 40 mm Bofor der britischen Streitkräfte und die 37 mm M 1939 der Sowjets. Diese Waffen feuerten etwa 120 Runden pro Minute, und eine Ju 87 konnte bloß mit Glück auch nur einen Treffer dieser Sprenggranaten überstehen. Als Zielscheibe schien eine Stuka im Sturzflugangriff fast ortsfest in der Luft zu hängen und verlangte nach einem Null-Seitenabweichungsschuß, und wenn die Kanoniere ihr Handwerk verstanden, hatte der Bomber keine Chance.

Mitte 1942 verfügten die meisten hochwertigen Ziele über wirkungsvolle Luftverteidigung, und die Stukas mußten ihre präzisen Sturzkampfangriffe aufgeben. Zunehmend kamen sie bei angedeuteten Sturzflugangriffen oder Bombenabwürfen aus geringer Höhe zum Einsatz, was weniger Risiko barg, aber auch nur weit weniger Wirkung zeigte. Die Verluste an erfahrenen Kampfpiloten stiegen rasch an und reduzierten die Effektivität der Gruppen mit diesem Flugzeugtyp. Im Herbst 1943 wurde das Sturzkampfgeschwader in Schlachtgeschwader umgetauft und bald darauf die Mehrzahl der Einheiten mit FW 190 Jagdbomber ausgerüstet. Die Zeit der Stukas war vorüber.

KAPITEL DREI

Nur einer kehrte heim

Als die Bristol Blenheim 1937 bei der Royal Air Force in den Dienst gestellt wurde, war der zweimotorige Bomber eines der schnellsten Kampfflugzeuge der Welt. In großen Stückzahlen produziert, bildete er ein Fundament des Umrüstungsprogramms der Royal Air Force. In jener Zeit gab es jedoch schnelle Fortschritte im Flugwesen, und die Messerschmitt Bf 109E, die Anfang 1939 in Dienst gestellt wurde, besaß einen Geschwindigkeitsvorteil von 110 km/h gegenüber der Blenheim. Im Frühjahr 1940 bildeten die Blenheim-Staffeln das Rückgrat der taktischen Bomberkräfte der RAF, und sie trugen die Hauptlast des Kampfes, als Deutschland seine Westoffensive begann. Alle eingesetzten Einheiten erlitten schwere Verluste, besonders No 82 Squadron beim Versuch, am Morgen des 17. Mai durch Belgien vorrückende Wehrmachtstruppen anzugreifen.

Zu Beginn der deutschen Offensive im Westen am 10. Mai war No 82 Squadron in Watton (Grafschaft Norfolk) stationiert und verfügte über 22 Blenheim IV Bomber. Die Einheit verbrachte die nächsten zwei Tage in Bereitschaft und wartete auf den Einsatzbefehl. Am Nachmittag des 12. Mai sandte sie neun Flugzeuge nach Belgien, um dort Straßen zu bombardieren und sie durch die Bombenkrater für feindlichen Verkehr unpassierbar zu machen. Nach einem weiteren Tag der Untätigkeit schickte die Squadron sechs Maschinen zum Angriff auf Bahn- und Straßenziele in Holland. Bei diesen Operationen traf Nr. 82 auf keinen ernsthaften Jägerwiderstand, und alle Flugzeuge kehrten sicher zur Basis zurück.

Andere Einheiten erlitten jedoch bei ihren Angriffsflügen schwere Verluste und lieferten einen bitteren Vorgeschmack darauf, was die langsamen Bomber erwartete, wenn sie von feindlichen Jägern abgefangen wurden. Am Nachmittag des 14. Mai flogen die taktischen Bomberstaffeln der RAF einen massiven Angriff auf Brücken über die Meuse (Maas) bei Sedan, über die deutsche Soldaten und Nachschublieferungen zur Unterstützung des Vorstoßes in Frankreich strömten. In diesem Gebiet patrouillierten viele Messerschmitts, und die Bomber erlitten erschreckende Verluste: von den 71 am Angriff beteiligten Flugzeugen wurden 40 abgeschossen. Nach dem Krieg würde die offizielle Geschichtsschreibung festhalten: „Es gab niemals eine höhere Verlustrate in einer RAF-Operation vergleichbarer Größe." Im Gegensatz dazu schien es, als ob ein Schutzengel auch weiterhin seine Hand über No 82 Squadron hält, denn als sie am 15. Mai zwölf Flugzeuge zur Bekämpfung von feindlichen Truppenkonzentrationen nahe Montherme einsetzte, kehrten wiederum alle Blenheim sicher zurück. Damit ging jedoch das Glück der Einheit zu Ende, und dies auf brutalste Weise.

Am 17. Mai wurde die Mannschaft geweckt und begab sich ins Einsatzsbesprechungszimmer. Die Einheit hatte Befehl, eine feindliche Truppenkolonne zwischen Namur und Gembloux in Belgien zu bombardieren; der Angriff sollte in der Morgendämmerung erfolgen. 4.50 Uhr war es noch dunkel, als Squadron Leader Miles Delap, der Kommandeur der Einheit, die erste Teileinheit von drei Bombern nach ihrem Start von der Grasrollbahn in Watton anführte. In bestimmten Abständen folgten die anderen Flugzeuge. In der Luft umkreiste Delap den Flugplatz mit eingeschalteter Beleuchtung, während sich die Maschinen hinter ihm gruppierten. Die Formation umfaßte zwei Gruppen von je sechs Bombern, wobei zwei Dreierketten in engem Verband hintereinander flogen. Jedes Flugzeug trug vier 115-kg-Bomben. Die Blenheim sollten sich unterwegs mit einer Hurricane-Staffel treffen und mit ihr zusammen zum Zielort fliegen, doch durch ein administratives Problem tauchten die Begleitjäger nicht auf. Die Blenheim erhielten die Anweisung, den Angriff allein durchzuführen.

In 2750 m Höhe näherten sich die Angreifer ihrem Ziel, als sie plötzlich von Flakgranaten durchgeschüttelt wurden, die rings um sie herum explodierten. Die Formation schwärmte aus, und die Flugzeuge flogen Schlangenlinie, um ein schwierigeres Ziel zu bieten. Für eine Blenheim kam das Ausweichmanöver aber zu spät, und die getroffene Maschine fiel mit einem Feuerschweif in steilem Sturzflug aus der Formation heraus.

So schnell die Kanonade begann, endete sie auch, doch dies war die Ruhe vor dem Sturm. Bevor die Bomber Zeit fanden, ihre frühere enge Formation wieder aufzubauen, wurden sie von etwa 15 Messerschmitt Bf 109 des Jagdgeschwader 3 angegriffen, die aus der Sonne abtauchten und mit Kanonen und Maschinengewehren das Feuer eröffneten. Die Bordschützen aller Blenheim feuerten lange Salven, um die Jäger zu vertreiben, aber die leichte Verteidigungsbewaffnung der Bomber war für diese Aufgabe bei weitem nicht ausreichend. Delap erinnerte sich später:

> Einige der Bomber tauchten weg, andere flogen Schlangenlinien als Ausweichmanöver. Bei meinem eigenen Flugzeug wurden beide Tragflächen durchschossen, und der Backbordmotor fing Feuer. Nur die Panzerung hinter meinem Sitz rettete mir das Leben. Dann explodierte eine Granate im Cockpit und löste einen Brand aus, der so viel Rauch produzierte, daß ich das Instrumentenbrett nicht mehr sehen konnte. Das gab den Ausschlag, und ich erteilte den Befehl zum Abspringen. Bei all dem Rauch hatte ich keine Hoffnung, die Bodenausstiegsluke zu erreichen, deshalb öffnete ich die Luke über meinem Kopf und kletterte auf meinen Sitz, mit Gesicht nach hinten und bereitete mich auf den Sprung vor. Das nächste, was ich weiß, war,

BRISTOL BLENHEIM Mk IV

Typ: dreisitziger leichter Bomber und Aufklärer
Triebwerk: zwei Bristol Mercury XV 9-Zylinder-Sternmotoren mit je 920 PS beim Start
Bewaffnung: normale Bombenzuladung 450 kg; ein starr vorwärtsfeuerndes Browning 7,7-mm-Maschinengewehr; zwei Browning 7,7-mm-Maschinengewehre im Rückenturm
Leistung: Höchstgeschwindigkeit 428 km/h in 3600 m Höhe; maximale Marschgeschwindigkeit 362 km/h in 4570 m Höhe
Normale Startmasse bei Kampfeinsätzen: 6570 kg
Abmessungen: Spannweite 17,17 m; Länge 13,20 m; Tragflügelfläche 43,57 m^2
Datum der Indienststellung von Blenheim Mk IV: Frühjahr 1939

daß mich die kühle Luft von außerhalb umgab. Nach der Hitze und dem Rauch im Cockpit war das eine ganz schöne Erleichterung. Zum Glück war ich gut geschützt, ich hatte nur versengte Wimpern davongetragen. Als ich weit genug vom Flugzeug entfernt war, dachte ich, die Zeit zum Ziehen der Reißleine sei gekommen. Ich griff danach, konnte sie aber nicht finden. Ich blickte nach unten, sah sie jedoch nicht. Ich geriet nicht in Panik, aber erinnere mich gedacht zu haben, „Wie merkwürdig!" Dann blickte ich nach oben und sah, daß der Fallschirm bereits offen war. Ich hatte das Bewußtsein nicht verloren und wußte, daß ich die Reißleine nicht gezogen hatte – das war wirklich sehr eigenartig.

Die Messerschmitts hatten ihre helle Freude und schossen eine Blenheim nach der anderen ab. Die Maschine von Sergeant „Jock" Morrison erhielt mehrere Treffer, ein Motor fiel aus, und das Flugzeug kam ins Trudeln. Wahrscheinlich nahm der deutsche Jägerpilot an, daß sie allen anderen nach unten folgen würde, und brach den Angriff ab. Morrison brachte jedoch das angeschlagene Flugzeug wieder unter Kontrolle, fing es kurz über dem Boden ab und nahm mit seinem verbliebenen Motor Kurs auf Watton. Sein Bomber blieb nach dem Kampf als einziger übrig.

Nach mehreren Minuten am Fallschirm landete Miles Delap sanft in einem Wald:

Mein Fallschirm verfing sich in einem Baum, deshalb öffnete ich das Gurtwerk und ließ mich am Stamm nach unten gleiten. In der Nähe fand ein Gefecht statt; ich konnte zwar nichts sehen, doch nicht weit entfernt von mir tauschten Handfeuerwaffen Schüsse aus. Ich wunderte mich, weil die Vögel fast genau so viel Lärm machten wie die Waffen; es war etwa 6 Uhr morgens und dies ihr Morgengesang. Meine Landung in der Nähe von Villiers erschien mir passend, da Villiers mein zweiter Vorname ist.

Bald nach seiner Landung wurde der Pilot von französischen Soldaten aufgegriffen, und er kehrte schließlich über Cherbourg nach England zurück.

Wie Delap schon wußte, hatte seine Truppe schwere Verluste erlitten, doch erst, als er ein paar Wochen nach den folgenschweren Ereignissen nach Watton kam, erfuhr er, daß nur eine Blenheim – Morrisons – von der Operation zurückgekehrt war. Und sie ließ sich nicht mehr reparieren. In Watton traf er auch seinen Navigator, Sergeant Frank Wyness, wieder, ebenfalls aus Frankreich zurückgekehrt. Letzterer konnte Delap auch über das merkwürdige Fehlen seiner Reißleine aufklären. Während der Pilot auf seinem Sitz stand und sich für den Sprung aus dem bren-

MESSERSCHMITT BF 109E-3

Typ: Jagdeinsitzer
Triebwerk: ein Daimler Benz DB 601 Aa 12-Zylindermotor mit 1175 PS beim Start
Bewaffnung: zwei MF/FF 20-mm-Kanonen in den Tragflächen; zwei 7,9-mm-Maschinengewehre
MG 17 über dem Motor, synchronisiert zum Feuern durch den Propeller
Leistung: Höchstgeschwindigkeit 560 km/h in 4440 m Höhe; Steigzeit auf 6000 m Höhe 6 Minuten 12 Sekunden
Normale Startmasse bei Kampfeinsätzen: 2660 kg
Abmessungen: Spannweite 9,86 m; Länge 8,65 m; Tragflügelfläche 16,40 m^2
Datum der Indienststellung von BF 109E-3: Februar 1939

nenden Flugzeug sammelte, glaubte Wyness, dieser habe das Bewußtsein verloren. Deshalb griff er mit einer Hand Delaps Reißleine und gab mit der anderen dem Piloten einen kräftigen Stoß. Danach folgte ihm Wyness ins Freie.

Morrison und seine Mannschaft, Delap, Wyness und die wenigen übrigen, die sich nach dem Absprung über Frankreich wieder in Watton einfanden, hatten noch Glück gehabt. Von den 36 an der gescheiterten Mission beteiligten Fliegern wurden fast alle getötet oder gefangengenommen. Keine der Bomben hatte ihr geplantes Ziel erreicht, ein schreckliches Beispiel für das Schicksal, das diejenigen erwartet, die veraltete Flugzeuge gegen einen Feind führen, der Luftüberlegenheit besitzt.

KAPITEL VIER

Tieffliegerangriff

Am Sonntag, den 18. August 1940, gab es einige der heftigsten Kämpfe in der Luftschlacht um England. An diesem Tag plante die Luftwaffe schwere Angriffe auf vier wichtige Jägerflugplätze in der Umgebung von London. Der erste von ihnen, Kenley, wurde am frühen Nachmittag vom fast kompletten Kampfgeschwader 76 attackiert.

Im Polen- und Frankreichfeldzug hatte das Kampfgeschwader 76 seine Fähigkeiten als Bombereinheit bewiesen, die schwere Schläge versetzen konnte. Am Anfang der Luftschlacht um England nahm das Geschwader seinen Standort auf drei nahe beieinander gelegenen Flugplätzen nördlich von Paris ein: Die I. und die III. Gruppe mit ihren Basen bei Beauvais und Cormeilles-en-Vexin, ausgerüstet mit Dornier Do 17, und die II. Gruppe mit ihrer Basis bei Creil, die kurz vorher mit Junkers Ju 88 umgerüstet wurden. Die meisten Besatzungen im Geschwader verfügten über Kampferfahrung, und sie besaßen eine hohe Kampfmoral.

Die 9. Staffel des Geschwaders, Teil der III. Gruppe, spezialisierte sich bei Tieffliegerangriffen auf Punktziele. Für diese Zwecke hielt man die Do 17 für den besten verfügbaren Typ unter den zweimotorigen deutschen Bombern. Der Typ war der einzige mit luftgekühlten Sternmotoren, die sich Kampfschäden gegenüber weit weniger anfällig zeigten als ihre flüssigkeitsgekühlten Pendants. Die Flugzeuge der 9. Staffel besaßen zusätzliche Panzerung zum Schutz der Besatzung, und zur Verstärkung der Feuerkraft zum Einsatz gegen Bodenziele diente je eine schwenkbare 20-mm-Oerlikon-Kanone im Bug.

Der Angriff auf Kenley sollte in drei Phasen stattfinden. Als erstes sah der Plan einen Präzisionsangriff mit Sturzflugbombern auf die Hangars und Flugplatzinstallationen durch ein Dutzend Junkers Ju 88 der II. Gruppe vor. Fünf Minuten später sollten 27 Dornier Do 17 der I. und III. Gruppe einen Horizontalflugbombenangriff aus 3660 m Höhe ausführen, um die Rollbahn unbrauchbar zu machen und die Bodenverteidigung auszuschalten. Die hoch fliegenden Ju 88 und Dornier sollten von Südosten aus unter vollem Jägerbegleitschutz angreifen. Und schließlich, fünf Minuten nach dem Horizontalflugbombenangriff, sollten neun Do 17 der 9. Staffel im Tiefflug von Süden kommend, noch stehengebliebene wichtige Gebäude zerstören. Ein wagemutiger und gut durchdachter Plan, doch wie so viele dieser Art in der Geschichte der Kriegführung war er nur teilweise von Erfolg gekrönt. Nur der Tieffliegerangriff verursachte ernsthafte Schäden, und dabei erlitt die 9. Staffel schwere Verluste. Der folgende Bericht stellt die Kampfhandlungen dieser Einheit in den Mittelpunkt.

Kurz vor Mittag stiegen die Dornier und Ju 88 zu ihrer Mission auf. Die Bomber bildeten eine Formation und begannen ihren langen, langsamen Steigflug auf die Angriffshöhe und nahmen Kurs auf Pas-de-Calais, wo sie sich mit den Begleitjägern zusammenfinden sollten. Unterwegs gerieten die Bomber in eine Wolkenwand, die

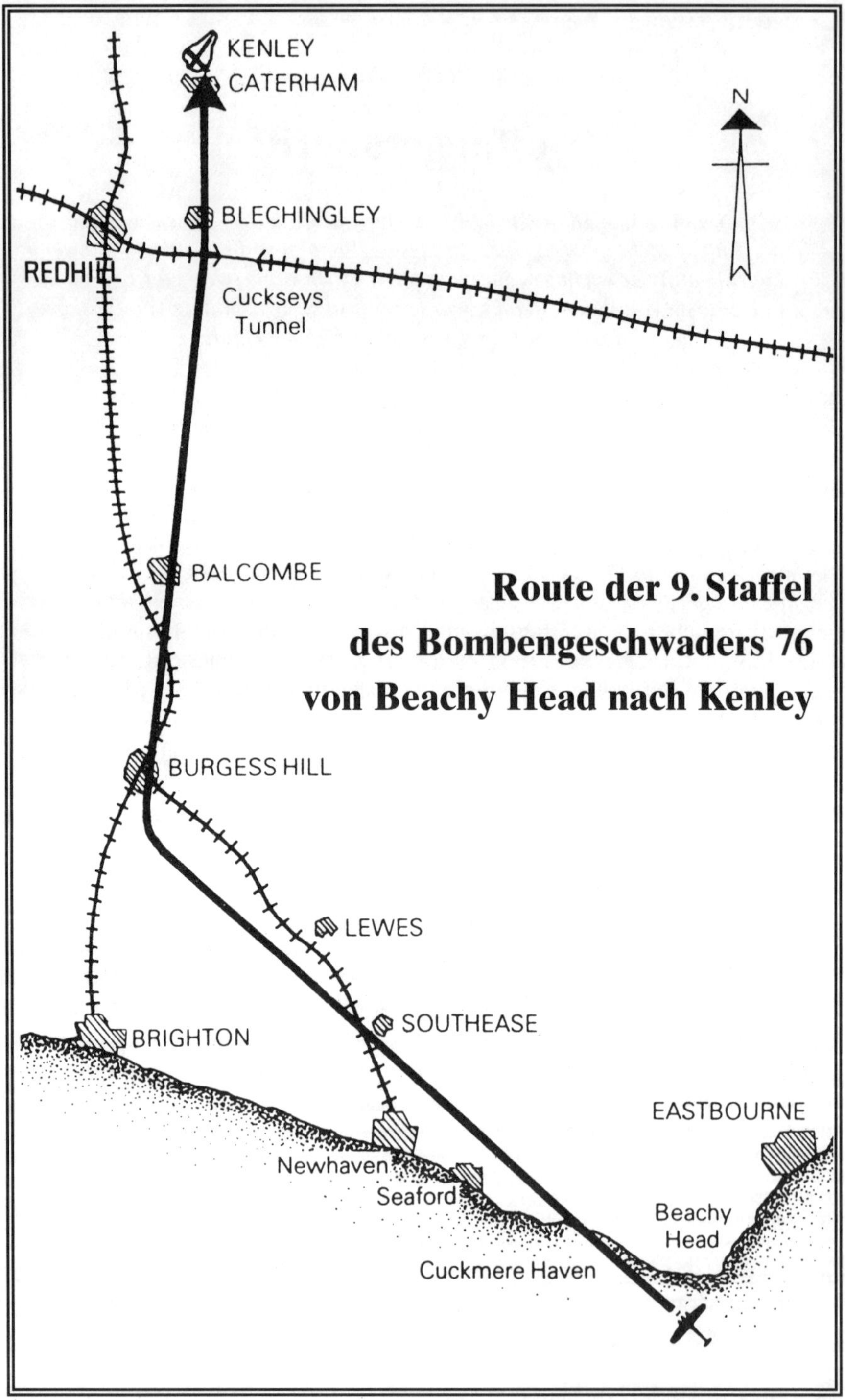

Route der 9. Staffel des Bombengeschwaders 76 von Beachy Head nach Kenley

sich als viel dicker als erwartet erwies, wodurch mehrere Flugzeuge nicht in der Formation bleiben konnten. Daher mußten die Führer mehrere Minuten über der Wolkendecke kreisen, damit sich die Formation wieder bilden konnte. Zu diesem Zeitpunkt ahnte es noch niemand, doch diese Verzögerung hatte schreckliche Folgen für die 9. Staffel bei ihrem Tieffliegerangriff.

Da sie eine viel direktere Route zum Ziel fliegen und während der gesamten Mission auf niedriger Höhe bleiben sollte, verließ die 9. Staffel Cormeilles-en-Vexin erst mehrere Minuten nach den anderen Bombern. Wie bei gefährlichen Angriffen üblich, flog der populäre Kommandeur der Einheit, Hauptmann Joachim Roth, als Navigator in der führenden Dornier mit. Über Nordfrankreich und dem Ärmelkanal blieb die Formation aus neun Flugzeugen in einer komfortablen Höhe von 150 m und ging beim Annähern an die Küste von Sussex auf knapp 20 m herunter, um unter dem britischen Radar zu bleiben.

In Küstennähe passierten die Bomber ein paar Patrouillenboote der Royal Navy, die ein wirkungsloses Feuer aus Maschinengewehren eröffneten. Keine der Dornier bekam einen Treffer, und die Schiffe blieben bald zurück. Kurz nach 13 Uhr überquerten die Angreifer die Küstenlinie westlich von Beachy Head.

Aufgrund der späteren Ereignisse nahmen viele Deutsche an, die zufällige Begegnung mit den Patrouillenbooten habe die Angreifer des Überraschungseffekts beraubt. Doch die britische Luftverteidigung basierte auf festeren Grundlagen. Beim Anflug der Bomber auf die Küste meldete der Posten des Observer Corps (Beobachterkorps) auf Beachy Head deren Sichtung an das Hauptquartier der Beobachtergruppe in Horsham: neun Dornier auf Höhe Null, Kurs Nordwest. Der Bericht wurde weitergeleitet an das Angriffsmeldenetz des britischen Jägereinsatzkommandos und ging an alle Gruppen- und Sektoren-Einsatzräume.

Hinter der Küste behielt Roth den Nordwestkurs bei und hielt auf Burgess Hill zu. Er hatte die kleine Marktstadt als Kursänderungpunkt gewählt, weil sie am Eisenbahnknoten der Strecken von Lewes und Brighton lag und er von dort aus der Bahnstrecke nach London folgen konnte; außerdem dienten die sieben hohen

DORNIER Do 17Z

Typ: viersitziger Bomber (mit einem Klappsitz für eine weitere Person)
Triebwerk: zwei Bramo 323 Fafnir 9-Zylinder-Sternmotoren mit je 1000 PS beim Start
Bewaffnung: normale Bombenzuladung von 1000 kg; sechs bewegliche Rheinmetall Borsig 7,9-mm-Maschinengewehre MG 15, zwei vorwärtsfeuernde, zwei heckwärtsfeuernde Maschinengewehre und je eins nach jeweils einer Seite der Kabine feuerndes Maschinengewehr; die Flugzeuge, die von der 9./KG 76 eingesetzt wurden, führten anstelle eines der nach vorwärtsfeuernden Maschinengewehre eine Oerlikon 20-mm-Kanone.
Leistung: Höchstgeschwindigkeit 410 km/h in 4000 m Höhe; normale Marschgeschwindigkeit in Formation 290 km/h in 4900 m Höhe; normale Marschgeschwindigkeit in Formation in geringer Höhe (9./KG 76) 282 km/h; Aktionsradius mit normaler Bombenzuladung 330 km
Normale Startmasse bei Kampfeinsätzen: 8575 kg
Abmessungen: Spannweite 18 m; Länge 15,80 m; Tragflügelfläche 55 m^2
Datum der Indienststellung von Do 17Z: Anfang 1939

FALLSCHIRM-UND-KABEL-SYSTEM

Diese unkonventionelle Waffe wurde in Neun-Runden-Salven von einer Startrampenreihe am Boden vertikal in den Weg von Tieffliegern geschossen. Die Waffe bestand aus einem 150 m langen Stahlkabel, das an einem Fallschirm hing, der sich automatisch öffnete, wenn die Startrakete ihren Scheitelpunkt bei ca. 185 m erreichte. Traf ein Flugzeug auf das Seil und begann es mitzuziehen, verursachte der Schlag beim Auftreffen auf das Kabel die Öffnung eines zweiten Schleppfallschirms am unteren Ende des Kabels. Verfing sich die Vorrichtung an der Tragfläche oder einem anderen Teil des Flugzeuges, dann bewirkte der kombinierte Luftwiderstand der beiden Fallschirme einen drastischen Geschwindigkeitsverlust, der gewöhnlich ausreichte, die Maschine so stark abzubremsen, daß sie nach einem unkontrollierbaren Sturzflug abstürzte.

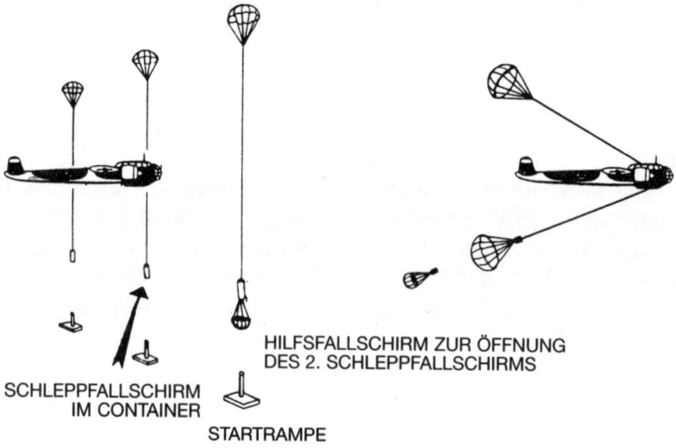

Schornsteine der Ziegelei der Stadt als unverwechselbares Erkennungszeichen für die Tiefflieger. Die Bomber fanden Burgess Hill ohne Schwierigkeiten und gingen nun auf Nordkurs. Bei ihrem tiefen Überflug über die Stadt standen viele der Bewohner im Freien und starrten auf den ungewohnten Anblick. Unteroffizier Günther Unger, Pilot einer der Dornier, erinnerte sich:

> Erst hielten sie uns nicht für den Feind, denn so tief erwarteten sie kein deutsches Flugzeug. Dann belehrten sie die großen Kreuze an unseren Tragflächen eines Besseren, und im nächsten Moment rannten sie in Deckung.

Hinter der Stadt jagten die Bomber nach Norden über hügeliges Gelände. Kriegskorrespondent und Fotograf Rolf von Pebal, der als Passagier in einer der Maschinen mitflog, schrieb später:

> Wir schossen wenige Meter über dem Boden durch die englische Landschaft. Jede Bodenerhöhung diente uns als Deckung, jeder Baum wurde als Versteck genutzt. Wir schlüpften über die Bäume, ständig in Schlangenlinie. Ein Zug fuhr unter uns vorüber. Ein paar Radfahrer sprangen zur Deckung in den Straßengraben.

Die Posten des Observer Corps entlang der Flugroute meldeten regelmäßig das Vorankommen der tieffliegenden Dornier. Im Sektoren-Einsatzraum in Kenley hatte der Stationskommandeur, Wing Commander Thomas Prickman, zugesehen, wie seine beiden Jägerstaffeln eingewiesen wurden, die aus Südost kommenden, hochfliegenden Angriffskräfte abzufangen. Als die 9. Staffel über Burgess Hill Nordkurs einschlug, wurde ihm klar, daß sein Flugplatz und die bei Croydon die Angriffsziele waren. Entsprechend gab Prickman allen flugtüchtigen Maschinen in Kenley die Anweisung, zu einem „Überlebenssofortstart" aufzusteigen und Kurs Nordwest zu wählen, bis die Bedrohung vorüber sei. Zudem befahl er die No 111 Squadron, die in Croydon mit zwölf Hurricane in Gefechtsbereitschaft stand, einen sofortigen Alarmstart auszuführen und über Kenley in 920 m Höhe Patrouillenflüge zu unternehmen.

Um 13.19 Uhr überflogen die Dornier die Bahnlinie Reigate-Tonbridge, einen der Navigationspunkte, der den Besatzungen bei der Einweisung mitgeteilt wurde. Joachim Roth hatte ein großes Werk der Tiefflugnavigation vollbracht. Nach einer 90-km-Meeresüberquerung und einem 40-Minuten-Flug über unbekanntes Feindgebiet hatte er seine Kampfeinheit bis auf drei Minuten vor das Ziel geführt, rechtzeitig und genau auf der geplanten Route. Doch wo waren die vom Ziel aufsteigenden Rauchsäulen, die anzeigten, daß das Sturzbombardement und die Horizontalflugangriffe die Verteidigungskräfte des Flugplatzes lahmgelegt hatten? Offensichtlich war etwas schiefgelaufen, aber Roth nahm mit gutem Grund an, seine Einheit hätte immer noch den Vorteil der Überraschung auf seiner Seite, und dachte nicht daran, unverrichteterdinge umzukehren.

In Kenley standen die Flak- und Raketenverteidigungskräfte an den Waffen in Gefechtsbereitschaft. Die Flugplatzverteidigung gegen Tiefflieger bestand aus vier 40-mm-Bofors-Kanonen, zwei veralteten 7,62-cm-Flakgeschützen und etwa zwanzig Lewis 7,7-mm-Maschinengewehren. Entlang des Nordrandes des Flugplatzes stand außerdem eine Reihe von Fallschirm-und-Kabel-Raketen, eine bislang noch nicht im Kampf genutzte, unkonventionelle „Geheimwaffe". Nun, mit den Bombern im Anflug, wurden die Waffen geladen und die Läufe erwartungsvoll auf Süd gedreht.

Im Einsatzraum in Kenley beobachtete Prickman, wie sich die Markierungen, die die feindlichen Angreifer repräsentierten, unerbittlich über die Karte auf seine Station zu bewegten. Jetzt befahl er einem seiner Offiziere, über die Lautsprecheranlage eine letzte Warnung zu geben: „Alarm! Luftangriff erfolgt in wenigen Minuten! Gesamtes Personal ohne Verteidigungsaufgaben sofort in die Schutzräume!"

Um 13.21 Uhr, ein paar Kilometer südlich des Zieles, gingen die Dornier der 9. Staffel 35 m nach oben, um über die letzte Anhöhe, die North Downs, zu setzen, und die Formation fächerte aus, während die Besatzungen die zugewiesenen Ziele aussuchten. Augenblicke später sichteten die Hurricane-Piloten der No 111 Squadron die Bomber und begannen, sich in Angriffsposition zu manövrieren, während die Heckschützen der deutschen Maschinen aus allen Rohren auf sie feuerten.

Inzwischen eröffnete die Bodenverteidigung von Kenley das Feuer mit allen verfügbaren Waffen. Das charakteristische Knallen der Bofor-Schnellfeuerkanonen bei ihren Salven von sechs oder acht Schuß mischte sich mit dem lauteren, maßvolleren Donnern der 7,62-cm-Geschütze. Darauf das Stottern von einem, dann zwei, dann mehreren Lewis-Maschinengewehren. Die Bordschützen in den Dornier blieben nichts schuldig und schossen mit Kanonen und Maschinengewehren zurück.

Als erstes stürzte die Hurricane von Flight Lieutenant Stanley Connors, dem Führer der No 111 Squadron, ab. Ob sein Jäger vom Gegenfeuer eines Bombers oder von dem der Bodenverteidigungskräfte, oder gar von beiden getroffen wurde, wird sich nie mehr mit Sicherheit feststellen lassen. Die Hurricane flog eine Seitenkurve und raste im Sturzflug in den Boden – mit dem Piloten noch im Cockpit. Die übrigen Jäger drehten schnell ab, um dem feurigen Inferno zu entkommen und orientierten sich auf die entferntere Seite des Flugplatzes, um die Bomber abzufangen, wenn sie aus der Zielzone herausflogen.

Günther Unger sah einen Hagel von Flak- und MG-Feuer an seinem Cockpit vorbeifliegen. Er zog noch tiefer und nahm sich sein Ziel vor, die Hangars linker Hand. Momente später schlugen Lewis-MG-Salven in seinen rechten Motor ein, was diesen in einer Qualmwolke verstummen ließ. Der Pilot brachte den Propeller auf Segelstellung und kämpfte, die Dornier gerade zu halten, als sein Navigator die Bomben wie an einem langen Faden ausklinkte.

Unteroffizier Schumacher am Steuerknüppel einer anderen Dornier beobachtete, wie die Bomben vom führenden Flugzeug in die Hangars einschlugen:

> Andere Bomben kullerten die Runway entlang wie Gummibälle. Die Hölle war los. Dann begannen die Bomben ihr Zerstörungswerk. Drei Hangars brachen wie Streichholzschachteln zusammen, eine Explosion folgte der anderen, Flammen schossen zum Himmel auf. Es schien, als ob mein Flugzeug von einem Riesen gepackt würde.

Feindsalven schlugen in den Bomber ein und hinterließen einen Geruch von Phosphor und schmorenden Kabeln. Mehrere Instrumente des Flugzeugs wurden zertrümmert und der linke Motor getroffen, spuckte Rauch und wurde schwächer. Als die führende Dornier der rechten Seite sich dem Ziel näherte, erwischte eine Lewis-MG-Salve den Piloten glatt in der Brust, und er sackte nach vorn zusammen. Der Navigator, Oberfeldwebel Wilhelm Ilg, beugte sich über den bewußtlosen Mann und griff sich den Steuerknüppel, um einen Absturz zu verhindern.

Nach dem Bombenabwurf auf die Gebäude der Südseite des Flugplatzes glitten die Bomber flach über die Landefläche, um sich auf die Flucht zu begeben. Neben der Reihe von Fallschirm-und-Kabel-Raketen sah der Bediener drei Feindbomber direkt auf sich zukommen. Als er sie in Reichweite glaubte, drückte er den Feuerknopf. Mit einem *Wumm!* schoß eine Salve von neun Raketen, jede einen Rauchstreifen nach sich ziehend, zum Himmel. Feldwebel Wilhelm Raab war am Steuer einer der Dornier, die auf die Rauchsäulen zuraste:

> Plötzlich stiegen rotglühende Bälle vom Boden vor mir auf. Jeder zog eine etwa 1 m dicke Rauchsäule hinter sich her, im Abstand von 10 bis 15 m zwischen jeder. MG- oder Flakfeuer hatte ich oft genug erlebt, doch das war etwas ganz Neues.

Feldwebel Raab hatte keine Ahnung, was das vor ihm sein könnte, aber offensichtlich war das Schauspiel nicht gerade zu seinem Wohl veranstaltet worden. Er nahm die Geschwindigkeit etwas zurück, drückte das Steuer nach rechts, um die rechte Tragfläche zu senken, damit er durch zwei der Rauchsäulen fliegen konnte:

> Alles schien in Ordnung zu sein – dann spürte ich plötzlich einen heftigen Ruck an meiner Maschine. Jetzt haben sie uns, dachte ich, wir stürzen ab.

HAWKER HURRICANE Mk I

Typ: Jagdeinsitzer
Triebwerk: ein Rolls-Royce Merlin III 12-Zylindermotor mit 1030 PS beim Start
Bewaffnung: acht Browning 7,7-mm-Maschinengewehre in den Tragflächen
Leistung: Höchstgeschwindigkeit 530 km/h in 6100 m Höhe; Steigzeit auf 6100 m Höhe 3 Minuten 30 Sekunden
Normale Startmasse bei Kampfeinsätzen: 2920 kg
Abmessungen: Spannweite 12,19 m; Länge 9,55 m; Tragflügelfläche 23,97 m^2
Datum der Indienststellung von Hurricane Mk I: Oktober 1937

Doch Raabs Geistesgegenwart hatte die Dornier vor dem Unglück bewahrt. Das Flugzeug befand sich in Querlage, als es auf das Kabel traf, und dieses rutschte an der Tragfläche entlang und fiel ab, bevor der untere Fallschirm Zeit zum Öffnen hatte. Hinter der Reihe von Rauchsäulen stabilisierte Raab die Maschine wieder und wackelte am Steuer; zu seiner großen Erleichterung reagierte das Flugzeug normal.

Eine andere Dornier hatte weniger Glück. Durch frühere Treffer schon in Brand, verfing sie sich fest in einem der herunterhängenden Kabel. Die Falle funktionierte so, wie es die Erfinder beabsichtigt hatten. Der kombinierte Widerstand von zwei Fallschirmen bremste den Bomber bis unter die kritische Geschwindigkeit ab, und die Dornier geriet außer Kontrolle. Direkt hinter der Flugplatzgrenze stürzte sie ab; alle fünf Besatzungsmitglieder an Bord kamen ums Leben.

Joachim Roth in der führenden Maschine bekam es auch mit den Kabeln zu tun. Er hatte die Bomben schon abgeworfen, als vor ihm die Raketen aufstiegen. Der Pilot, Oberleutnant Rudolf Lamberty, nahm die Geschwindigkeit etwas zurück, um mehr Platz zum Manövrieren zu haben, und umkurvte das Hindernis. Das gelang, und der Bomber nahm die Hürde mit Leichtigkeit. Doch unmittelbar darauf traf eine Bofors-Granate die linke Tragfläche neben dem Motor und riß ein gähnendes Loch. Benzin strömte aus dem geborstenen Treibstofftank und geriet in Brand, während Lamberty den Propeller des versagenden Motors in Segelstellung brachte und kämpfte, die Dornier in der Luft zu halten.

Lamberty überschritt die Grenze des Flugplatzes, und unmittelbar dahinter griffen ihn von oben zwei Hurricane an. Der deutsche Pilot sah Staubwolken vom Boden vor ihm aufsteigen, die die Fehlschüsse aufwirbelten. Die Treffer an seiner Maschine produzierten ein hohles Geräusch „wie eine Handvoll trockener Erbsen, die gegen eine Fensterscheibe geworfen werden“. Der erste Jäger schoß über das Ziel hinaus, worauf der zweite zum Angriff überging und weitere Treffer landete.

Die Dornier war jetzt eine fliegende Zeitbombe: es war nur eine Frage der Zeit, bevor sich das brennende Benzin durch den Hauptträger fraß und die ganze Tragflächenkonstruktion zusammenbrach. Die drei Mann Besatzung der hinteren Kabine sprangen ab, und zwei von ihnen brachen sich die Beine, weil sich bei ihrer Landung der Fallschirm noch nicht richtig geöffnet hatte. Lamberty machte eine Bruchlandung in einem Getreidefeld, und er und Roth erlitten während des fluchtartigen Verlassens der Maschine ernsthafte Verbrennungen.

Da sich die Formation aufgelöst hatte und die meisten Dornier von Jägern angegriffen wurden, mußte sich jede Bomberbesatzung selbst um die eigene Rettung kümmern. Soweit, so gut, doch die nun folgenden Kampfhandlungen erwiesen sich durchaus nicht als einseitige Angelegenheit. Die RAF-Piloten besaßen keine Erfahrung bei der Bekämpfung von Bombern, die in Bodennähe manövrierten, während sich die Dornier in diesem Umfeld wohl fühlten. Daher konnten die Bomberbesatzungen durchaus mit gleicher Münze zurückzahlen.

Sergeant Harry Newton brachte seine Hurricane in Feuerstellung hinter einem der Bomber und sah von seinem beabsichtigten Opfer Leuchtspurgeschosse auf sich zu kommen. Der deutsche Pilot, Günther Unger, drückte als Ausweichmanöver gegen den Angriff seine Dornier nach unten, doch mit nur noch einem Motor blieben ihm nur wenige Möglichkeiten. Newton eröffnete das Feuer und sah die Leuchtspurgeschosse über die Steuerbordtragfläche des Bombers gehen:

> Ich dachte mir, nur eine kleine Korrektur und ich habe ihn! Aber just in dem Moment hatte er mich, weil mein Cockpit in Flammen aufzugehen schien ... Doch ich war so sauer bei dem Gedanken, daß die Dornier wegkommen könnte, daß ich mit der Hand zurück in die Flammen fuhr, nach dem Knüppel tastete, meine Korrektur vornahm und dann eine lange Salve in die Richtung losließ, wo ich die Dornier vermutete.

Danach zog Newton seine Maschine so steil wie möglich nach oben, um vor dem Absprung noch Höhe zu gewinnen, und hielt die Augen zum Schutz vor den lodernden Flammen fest verschlossen. Die Geschwindigkeit des Jägers nahm rapide ab, und dann keuchte der Motor zum Stopp. Newton schmiß den Steuerknüppel nach vorn, sprang aus dem Cockpit und zog die Reißleine. Dabei öffnete er die Augen und sah das Heck seiner Hurricane etwa 30 cm an seinem rechten Ohr vorbeifliegen. Als nächstes merkte er, daß sich der Fallschirm geöffnet hatte, und der Boden ihn in Empfang nahm.

Die wilden Tiefflug-Verfolgungsjagden über die Landschaft von Sussex gingen weiter. Zusätzlich zu der zu Beginn abgeschossenen Hurricane und der von Harry Newton geflogenen erhielten weitere zwei Hurricane Treffer und Schäden durch die Feuererwiderung der Bomber.

In einem Luftkampf folgen die Ereignisse rasend schnell aufeinander. Alles, was in dieser Erzählung beschrieben wurde, von der Zeit, als die 9. Staffel zum Angriff auf Kenley ansetzte, bis zum Abbruch der Verfolgung durch die letzte Hurricane, geschah in einem Zeitraum von nur fünf Minuten – von 13.22 bis 13.27 Uhr an jenem schicksalsschweren Sonntagnachmittag.

Sieben der neun Dornier, die Kenley angegriffen hatten, passierten die Südküste Englands auf ihrem Rückweg, aber sie befanden sich in bedauernswertem Zustand. Zwei der Bomber flogen nur noch mit einem beschädigten Motor, und sie fielen in den Ärmelkanal. Zwei weitere Dornier mit schweren Schäden schafften es zwar noch zurück nach Frankreich, machten aber unweit der Küste eine Bruchlandung; eine wies nicht weniger als *zweihundert Einschüsse* von 7,7-mm-Geschossen auf, ein Beleg für die Robustheit ihrer Struktur. Weitere zwei Dornier landeten auf Flugplätzen nahe der Küste, die eine, um einem Verwundeten medizinische Hilfe zukommen zu lassen, die andere mit dem Navigator am Steuer, nachdem der Pilot tödlich verwundet worden war. Nur ein Bomber kehrte ohne größere Schäden oder Schwerverwundete zurück. Von den insgesamt 40 Mann an Bord der Maschinen fanden neun den Tod, drei wurden verwundet und fünf gefangengenommen. Alle fünf am Angriff beteiligten Offiziere wurden getötet, schwer verwundet oder gefangengenommen. Nie wieder versuchte die Luftwaffe mit einer Formation von zweimotorigen Bombern einen Tieffliegerangriff auf ein Ziel im englischen Hinterland.

Die Tieffliegerangriffe zerstörten drei der vier Hangars in Kenley und mehrere andere Gebäude. Der Horizontalflug-Bombenangriff wenige Minuten später verursachte relativ wenig Schaden, abgesehen von ein paar Bombenkratern auf der Landebahn. Die zwei Angriffe zerstörten vier Hurricane sowie einen Blenheim-Jäger am Boden und beschädigten zwei Hurricane und eine Spitfire. Der geplante Angriff der Ju 88-Sturzbomber kam nicht zustande. Diese verspäteten sich, sahen das Ziel von den früheren Angriffen in Rauchwolken gehüllt und bombardierten daher ihr Zweitziel am Flugplatz West Malling.

Trotz der schweren Schäden blieb Kenley nicht lange außer Betrieb. Relativ problemlos ließ sich das am wenigsten bombenzerpflügte Stück Gras von 450 m Länge und 45 m Breite finden; die Krater füllte man und glättete das Ganze mit einer Dampfwalze. In ein paar Stunden verfügte der Flugplatz wieder über eine nutzbare Runway und in eingeschränktem Maße nahmen Jäger ihre Operationen wieder auf; und binnen 24 Stunden nach dem Angriff gab es keine Beeinträchtigung mehr im Flugbetrieb für die in Kenley stationierten Jägerstaffeln.

* * *

Drei wichtige Lehren lassen sich aus dem Angriff vom 18. August 1940 auf Kenley ziehen. Die erste beinhaltet, daß Tiefflieger von der Bodenverteidigung verwundbar sind, wenn auf dem Weg zum Ziel das Überraschungselement verlorengeht. Diese Lehre ist heute genau so gültig wie 1940.

Die zweite Lehre ist, daß entschlossene und gut gerüstete Reparaturteams einen Flugplatz in bemerkenswert kurzer Zeit nach einem Angriff wiederherstellen können. Zerstörte oder beschädigte Ausrüstung läßt sich gewöhnlich ersetzen. Technische Arbeiten an Flugzeugen können auch im Freien erfolgen, besonders in den Sommermonaten.

Die dritte Lehre besagt, wenn es ein gut organisiertes Meldesystem gibt, ist es äußerst schwierig, durch Bombardements von Flugplätzen Jäger in größerer Zahl am Boden zu zerstören. Mit ausreichender Vorwarnzeit – und während der Luftschlacht um England traf dies gewöhnlich zu – waren die in hoher Gefechtsbereitschaft stehenden Jäger in der Luft und von ihren Basen entfernt, bevor es zum Kampf kam. Auf dem Boden verstreute Flugzeuge oder Maschinen in Flugzeugdeckungen waren nur schwer zu treffen. Die vier im Angriff auf Kenley am Boden zerstörten RAF-Jäger stellten einen außergewöhnlichen Erfolg für die deutschen Bombereinheiten dar: in dreieinhalb Wochen konzentrierter Angriffe auf Flugplätze des Fighter Command während der Luftschlacht um England wurden *weniger als zwanzig* Spitfire und Hurricane auf diesen Flugplätzen am Boden zerstört.

KAPITEL FÜNF

Kampf gegen die Nachtbomber

Im August 1940 begann die Luftwaffe mit Nachtangriffen auf Städte in Großbritannien, die parallel zu den Tagesangriffen auf Flugplätze während der Luftschlacht um Großbritannien liefen. So nahm der „Nachtblitzkrieg" seinen Anfang, der enormen Schaden verursachen und viele Opfer kosten sollte. Zunächst erwiesen sich die britischen Verteidigungsmaßnahmen gegen diesen ersten massiven Nachtbombardierungsfeldzug überhaupt als beklagenswert unzureichend, und die Angreifer erlitten nur minimale Verluste. Weit mehr deutsche Flugzeuge gingen bei Flugunglücken verloren als durch Abschüsse der britischen Luftverteidigung. In der Hitze des Gefechts mußte die RAF versuchen, ein wirksames Nachtluftverteidigungssystem zusammenzuzimmern. Am Ende des Feldzuges war ihr das gelungen.

Die Luftwaffe setzte am 28. August 1940 mit ihren massiven Nachtangriffen auf Ziele in Großbritannien ein, als eine Streitmacht von 160 Bombern zum Angriff auf Liverpool geschickt wurde. Die Angreifer kehrten in den folgenden drei Nächten in gleicher Stärke dahin zurück, und ebenso in den Nächten des 4., 5. und 6. September.

Am 7. September konzentrierte die Luftwaffe ihre Angriffe auf London und schickte an jenem Nachmittag eine Streitmacht von etwa 350 Bombern mit mehr als 600 Jägern Begleitschutz auf Ziele in der britischen Hauptstadt. Die Bomben lösten riesige Brände im Hafengebiet östlich des Stadtzentrums aus, die noch immer nicht gelöscht waren, als in der Nacht 318 Bomber einen mehr als sechsstündigen Folgeangriff vortrugen. Bei deutlich markierten Zielen warfen die Nachtangreifer ihre hochexplosiven Sprengsätze und Brandbomben mit verwüstender Genauigkeit ab. Bald nach Mitternacht wüteten neun Großbrände, die die offizielle Beschreibung als „Konflagration" (definiert als ein sich ausbreitender Großbrand, bei dem mehr als 100 Pumpen benötigt werden, um ihn unter Kontrolle zu bringen) verdienten. Eine dieser Feuersbrünste, in den Surrey Docks, entwickelte sich zum schlimmsten Einzelfeuer, das je in Großbritannien registriert wurde.

Die Feuerwehren verbrachten den ganzen 8. September bis zum Einbruch der Dunkelheit im verzweifelten Kampf mit den Flammen, doch mehrere Brände widerstanden ihren Löschbemühungen. Daher war genügend Licht für die 207 Bomber vorhanden, die nach Einbruch der Dunkelheit zur Stadt zurückkehrten. Die früheren Feuer entzündeten sich neu und neue kamen in Gang, und bei Tagesanbruch tobten zwölf Konflagrationen. Weitere 412 Menschen kamen um und 747 erlitten schwere Verwundungen. Die Bomber sollten in voller Stärke in der folgenden Nacht und, mit einer Ausnahme wegen schlechten Wetters, in jeder der nächsten 65 Nächte zurückkehren.

Anfangs konnten die Nachtbombardements über Großbritannien nach Belieben durchgeführt werden, und die Bomberbesatzungen hatten von der Luftverteidigung wenig zu befürchten. Unteroffizier Horst Goetz, ein Heinkel 111-Pilot bei der Kampfgruppe 100, erinnerte sich:

> Ich kann mich an keine besondere Einzeloperation erinnern. Es lief völlig routinemäßig ab, wie der Betrieb einer Buslinie. Die Londoner Flakabwehr inszenierte spektakuläre Aktionen – nachts gaben die explodierenden Granaten dem Ort das Aussehen einer brodelnden Erbsensuppe. Doch nur sehr wenige unserer Flugzeuge erhielten Treffer – ich selbst habe nie auch nur ein winziges Granatenstückchen abbekommen. Ganz selten entdeckte einer aus meiner Besatzung einen britischen Nachtjäger, aber anscheinend haben sie uns nie gesehen, und wir kamen nie unter Beschuß. Während des Rückflugs stellte der Bordfunker oft seinen Empfänger auf ein Musikprogramm ein, um uns die Langeweile zu vertreiben.

Die Flakbatterien und Suchscheinwerfer verließen sich hauptsächlich auf Geräuschortung zur Entdeckung der Bomber, damit konnte man jedoch nur eine ungefähre Angabe des Aufenthaltsortes eines Feindflugzeuges bekommen, und bei mehreren Flugzeugen im gleichen Gebiet waren die Ortungsgeräte überfordert. Nur wenige Flakbatterien verfügten über Feuerleitradar, und auch diese Ausrüstung der ersten Generation zeigte geringe Leistung und schlechte Zuverlässigkeit. Manchmal stellten sich die Suchscheinwerfer als wirkungsvoll beim Aufzeigen von Zielen für Geschütze und Nachtjäger heraus, den größten Teil der Zeit jedoch suchten sie ergebnislos den Himmel nach Bombern ab.

Unter starkem politischem Druck, bezüglich der Nachtangreifer „etwas zu tun", befahl General Frederick Pile, der Befehlshaber der Geschütz- und Suchscheinwerfereinheiten der Luftverteidigung, seinen Leuten, während der Nachtangriffe ständig zu feuern, selbst wenn es das Abfeuern von ungezielten Granaten bedeutete. Wenn die Kanoniere schon keine wirkungsvolle Verteidigung bieten konnten, so sollten sie wenigstens eine eindrucksvolle Geräuschkulisse liefern, die sich als solche anhörte. Von den Schutzräumen aus hatten die Einwohner Londons ohnehin keine Möglichkeit, das zu unterscheiden. Später schrieb Pile über diese Art von Kampfführung:

> Die umfangreiche Kanonade, die in der Öffentlichkeit als „Sperrfeuer" bezeichnet wurde, erwies sich eigentlich größtenteils als wilde und unkontrollierte Ballerei. Sie zeigte jedoch zwei wertvolle Ergebnisse: das Ausmaß der Kanonade hatte eine abschreckende Wirkung zumindest auf einige der deutschen Flugzeugbesatzungen … [und] bewirkte auch eine spürbare Verbesserung der Moral der Bevölkerung.

Im September 1940 verschossen die Kanoniere in den Nachtkämpfen eine Viertel Million Flugabwehrgranaten, die meisten davon einfach in die Luft. Sie schossen weniger als ein Dutzend Feindflugzeuge ab.

Die zur Verteidigung eingesetzten Jägerkräfte kamen mit den Nachtangreifern auch nicht besser zurecht. Ein paar zweimotorige Blenheim-Jäger verfügten über AI-Abfangradargeräte, doch diese waren anfangs primitiv und unzuverlässig, und die Bordbedienung mußte erst noch lernen, damit umzugehen. Überdies besaß die Blenheim kaum Geschwindigkeitsvorteile gegenüber den Feindflugzeugen, die sie jagen sollte. Die anderen, zu dieser Zeit eingesetzten einmotorigen Nachtjäger, die Spitfire, die Hurricane und die Defiant, entwickelten wohl die nötige Geschwindigkeit zur Jagd auf die Bomber, es fehlte ihnen jedoch der nötige Radar für die Suche.

Die Nachtjägerpatrouillen verbrachten viele ergebnislose Stunden in der Luft in der Hoffnung, in der Dunkelheit ein feindliches Flugzeug zu sichten. Es gab bis dahin noch kein brauchbares System für kontrollierte Abfangaktionen mit Bodenradarunterstützung. Die einzige Hilfe vom Boden kam von den Suchscheinwerfern, die gelegentlich ihr Opfer fanden. Doch selbst wenn der Bomber auf diese Weise im Leuchtkegel stand, war es immer noch schwierig für eine Jägerbesatzung, ihn zum Kampf zu stellen. Pilot Officer Dick Haine, ein Blenheim-Nachtabfangjägerpilot bei der No 600 Squadron, erklärte das Problem so:

> Es mag als einfach erscheinen für Nachtjägerbesatzungen, Bomber zu sehen, die von Suchscheinwerfern angestrahlt werden, aber das war nicht der Fall. Wenn die Angreifer an hellen Mondscheinnächten anrückten, was in dieser Zeit gewöhnlich geschah, dann waren die Strahlen der Suchscheinwerfer in Höhen von weit über 3000 m nicht mehr sichtbar. Wenn die Suchscheinwerfer wirklich den Feindbomber im Lichtkegel hatten, konnte dieser aus einiger Entfernung gesehen werden, doch nur, wenn sich der Jäger unterhalb des Bomber aufhielt und dessen beleuchtete Unterseite zu sehen bekam; befand sich der Jäger in größerer Höhe als der Bomber, blieb letzterer unsichtbar für den Jägerpiloten. Bei leichtem Nebel oder Wolken, die den Lichtstrahl zerstreuten, war kein klarer Schnittpunkt zu erkennen, selbst wenn zwei oder mehrere Suchscheinwerfer dem Ziel genau folgten.

Für die Zukunft setzte die Jägerleitstelle große Hoffnung auf den zweimotorigen Jäger Bristol Beaufighter, der kurz zuvor in den Dienst gestellt wurde. Er besaß Schnelligkeit und gutes Standvermögen, schwere Bewaffnung in Form von vier 20-mm-Kanonen und sechs Maschinengewehren und den neuesten Mk IV AI Radar. Der neue Jäger war sehr schnell in die Produktion überführt worden und hatte eine Reihe von Anfangsproblemen. Einige Monate würden verstreichen, bevor er in ausreichender Zahl zum Einsatz zur Verfügung stand und eine ernste Gefahr für die nächtlichen Angreifer darstellte.

In der Zwischenzeit gingen die Nachtangriffe auf London weiter. Der Angriff in der Nacht vom 15. zum 16. Oktober kann als typisch für die schwereren Bombardierungen angesehen werden. In dieser hellen Mondscheinnacht näherten sich etwa 400 Bomber der Stadt in einer Höhe von über 4880 m. Die Vorhut der Angreifer kam aus Richtung Holland, nachfolgende Flugzeuge von Holland und Belgien über

BRISTOL BLENHEIM Mk IF

Typ: zweisitziger Langstrecken- und Nachtjäger
Triebwerk: zwei Bristol Mercury XV 9-Zylinder-Sternmotoren mit je 840 PS beim Start
Bewaffnung: fünf vorwärtsfeuernde Browning 7,7-mm-Maschinengewehre; ein Vickers K 7,7-mm-Maschinengewehr im Rückenturm
Leistung: Höchstgeschwindigkeit 418 km/h in 3650 m Höhe; maximale Marschgeschwindigkeit 354 km/h in 4570 m Höhe; Steigzeit auf 4570 m Höhe 15 Minuten
Normale Startmasse bei Kampfeinsätzen: 6550 kg
Abmessungen: Spannweite 17,17 m; Länge 12,98 m; Tragflügelfläche 43,57 m^2
Datum der Indienststellung von Blenheim I: Februar 1937
Anmerkung: Im Sommer 1940 wurden etwa 30 dieser Flugzeuge mit dem Radar AI Mk III ausgerüstet.

die Themsemündung sowie von verschiedenen Punkten in Nordfrankreich über die Südküste Englands zwischen Bognor und Dungeness. Die ersten Bomben fielen 20.40 Uhr, und deutsche Besatzungen berichteten von heftigem Sperrfeuer über der Hauptstadt mit explodierenden Granaten in Höhen zwischen 4000 und 6000 m.

Unter den Angreifern befand sich auch Günther Unger, jetzt als Feldwebel, mit einer Do 17 des Kampfgeschwaders 76. Seine Besatzung war eine von mehreren, die in jeder Nacht zwei Angriffsflüge durchführten, eine am Abend des 15. und die andere am Morgen des 16. In beiden Fällen lag ihr Ziel im Hafenbereich der Stadt. Ungers Befehl lautete, über dem Ziel so lange wie möglich zu kreisen und im Abstand von einigen Minuten eine Bombe abzuwerfen, um am Boden über längere Zeit Störungen zu verursachen. Unbehelligt von Londons sogenanntem „Sperrfeuer" kreiste Unger bei jedem Einsatzflug etwa zwanzig Minuten über dem Zielgebiet.

Einundvierzig RAF-Jäger hoben ab zur Bekämpfung der Nachtangreifer, doch nur zwei führten Abfangaktionen aus. Eine Blenheim machte über Radar einen der Bomber aus, doch fehlte es ihr an Geschwindigkeit, in eine Feuerstellung zu gelangen, und nach einer längeren Verfolgungsjagd entkam der Bomber. Die andere Aktion, durch eine Defiant der No 264 Squadron, hatte mehr Erfolg. Pilot Officer Desmond Hughes war auf Patrouille östlich von London, als er den Feind zu Gesicht bekam:

> Es war eine helle Mondscheinnacht. Plötzlich sah ich aus dem Augenwinkel etwas sich über die Sterne zu meiner Linken bewegen. Beobachtet man den Nachthimmel, so ist er normalerweise die ganze Zeit völlig unverändert; bewegt sich etwas, dann fällt das auf. Das mußte einfach ein anderes Flugzeug sein. Ich befahl Fred [Sergeant Fred Gash, den Bordschützen] seinen Geschützturm darauf zu schwenken, und wir behielten beide die schwarze Form im Auge. Wir bewegten uns auf sie zu und sahen bald eine Reihe Auspuffrohre – eine zweimotorige Maschine. Ich schlich mich an, darunter und rechts von ihm, und schob mich langsam „unter seine Achselhöhle", während Fred die Waffen auf das Flugzeug gerichtet hielt. Dann sahen wir die charakteristische Silhouette von Tragflächen und Heck einer Heinkel – nicht zu verkennen. Ich ging auf Feuerstellung, etwa 50 m von ihrer Tragflächenspitze und leicht unter ihr, damit Fred seine Maschinengewehre für einen etwa 20 Grad nach oben gehenden Schuß ausrichten konnte. Augenscheinlich hatte die deutsche Besatzung uns nicht entdeckt – sie flogen weiter geradeaus.

BOULTON PAUL DEFIANT Mk I

Typ: zweisitziger Nachtjäger
Triebwerk: ein Rolls-Royce Merlin III 12-Zylindermotor mit 990 PS in 3730 m Höhe
Bewaffnung: vier Browning 7,7-mm-Maschinengewehre in einem hydraulisch angetriebenen Waffenturm hinter der Pilotenkanzel auf dem Rumpfrücken
Leistung: Höchstgeschwindigkeit 489 km/h in 5180 m Höhe; Steigzeit auf 4800 m Höhe 8 Minuten 30 Sekunden
Normale Startmasse bei Kampfeinsätzen: 3770 kg
Abmessungen: Spannweite 11,99 m; Länge 10,77 m; Tragflügelfläche 23,23 m^2
Datum der Indienststellung von Defiant Mk I: Juli 1939
Anmerkung: Einige Defiant wurden mit Radar AI ausgestattet, obwohl diese erst nach den hier beschriebenen Ereignissen zum Einsatz kamen.

> Fred feuerte direkt in den Steuerbordmotor. Jeder sechste Schuß war Leuchtspurmunition, doch uns zeigte das Aufblitzen der de Wilde (Brand-)Geschosse, die sich beim Aufschlag entzündeten, daß wir die Heinkel trafen. Fred feuerte, stellte das Ziel neu ein, feuerte wieder. Er gab zwei oder drei Feuerstöße ab. Der Bomber erwiderte das Feuer nicht – in der Tat hatte ich meine Zweifel, ob in unserer Position irgendwelche Waffen hätten auf uns abgefeuert werden können. Der Motor ging in Flammen auf, dann rollte sich die Heinkel auf den Rücken, fiel steil nach unten und schlug auf ein Feld nahe Brentwood auf.

Das Bombardement der britischen Hauptstadt dauerte bis 4.40 Uhr am 16. Oktober und verursachte schwere Schäden im Hafengebiet und an den Eisenbahnen. Eine Bombe riß ein großes Loch in die Kanalisierung des Fleet River, was zur Überflutung des Eisenbahntunnels zwischen den Bahnhöfen Farringdon Street und King's Cross führte. Treffer erhielten auch die Becton-Gaswerke, das Battersea-Elektrizitätswerk und der BBC-Hauptsitz in Portland Place, drei Wasserhauptleitungen brachen, und in den Wohnbezirken gab es verbreitet Schäden. Mehr als 900 Feuer wurden in der Hauptstadt gemeldet, sechs davon „größer" und neun „ernsthaft". In jener Nacht fielen nicht nur auf London Bomben: zwanzig Heinkel griffen Birmingham an, acht Dornier bombardierten weitere Ziele.

Die von Hughes und Gash abgeschossene Heinkel gehörte zur Kampfgruppe 126 und befand sich auf einer Minenlegemission über der Themsemündung. Zufällig betraf der einzige andere durch britische Verteidigungskräfte verursachte Absturz einer deutschen Maschine dieselbe Einheit: das Flugzeug legte gerade vor der Küste von Suffolk Minen, als es gegen ein Sperrballonkabel stieß und abstürzte. Die weiteren deutschen Verluste in jener Nacht gingen wahrscheinlich auf das Konto von Flugunfällen. Eine Do 17 stieß gegen eine Anhöhe in Wales, möglicherweise nach einem Navigationsfehler; eine weitere verirrte sich, und stürzte nahe Wells ab, nachdem ihr der Treibstoff ausgegangen war. Eine Ju 88 zerschellte bei Bishop's Stortford, doch es gibt keinen Zusammenhang mit irgendeiner Abschußerfolgsmeldung der Verteidigungskräfte. Außerdem kam es zu Abstürzen oder Bruchlandungen von sechs deutschen Bombern in Frankreich und Holland.

* * *

HEINKEL HE 111P-4

Typ: fünfsitziger mittlerer Bomber
Triebwerk: zwei Daimler Benz DB 601 A 12-Zylindermotor mit je 1100 PS beim Start
Bewaffnung: normale Bombenzuladung 1500 kg; fünf bewegliche Rheinmetall Borsig 7,9-mm-Maschinengewehre MG 15, ein vorwärtsfeuerndes, je ein heckwärtsfeuerndes über und unter dem Rumpf und je eins nach jeweils einer Seite des Rumpfes feuerndes Maschinengewehr; ein starres vorwärtsfeuerndes 7,9-mm-Maschinengewehr
Leistung: Höchstgeschwindigkeit 397 km/h in 5000 m Höhe; normale Marschgeschwindigkeit 306 km/h in 5000 m Höhe; ungefährer Aktionsradius (normale Bomben- und Treibstoffzuladung) 560 km
Normale Startmasse bei Kampfeinsätzen: 13 480 kg
Abmessungen: Spannweite 22,60 m; Länge 16,40 m; Tragflügelfläche 87,60 m^2
Datum der Indienststellung von HE 111P: Frühjahr 1939

Als dem britischen Fighter Command mehr Jäger des Typs Beaufighter geliefert und die Mängel an den Flugzeugen und seiner Ausrüstung langsam ausgemerzt wurden, forderte der neue Abfangjäger eine steigende Zahl von Opfern unter den Nachtbombern. Anfang 1941 nahmen auch die ersten Bodenabfangradars (GCI) ihren Dienst auf. Dieser Radar gebrauchte als erster die Rundsichtanzeige mit der heute noch gebräuchlichen rotierenden Zeitachse. Mit dieser Anlage konnte die Bodenkontrolle auf dem Radarschirm die jeweiligen Positionen des Nachtjägers und des Bombers sehen, und es erwies sich als relativ einfach, ersteren in eine Kampfposition gegen letzteren zu dirigieren. Allmählich bekam die Nachtabfangjagd geordnete Züge, Welten entfernt vom planlosen Suchen nach einer zufälligen Begegnung, die Hughes und sein Bordschütze genutzt hatten, als sie ihre Heinkel abschossen.

Zur Demonstration der von den RAF-Nachtjägern ab Frühjahr 1941 genutzten Operationsmethode wollen wir eine typische Abfangaktion aus dieser Zeit betrachten. Am 9. Juli um 2 Uhr morgens flogen Oberleutnant Hans-Georg Bätcher und seine Besatzung in einer Heinkel He 111 der Kampfgruppe 100 in 3500 m Höhe über Somerset auf ihr Ziel Birmingham zu. Als sich der Bomber dem Bristol Channel näherte, wurde er von der GCI-Radarstation in Huntspill bei Weston-super-Mare geortet. Über der Station kreiste ein Beaufighter der No 600 Squadron, bemannt von Flying Officer R. Woodward und sein Bordfunker Sergeant A. Lipscombe, und wartete auf „Arbeit".

Eine Reihe von Zielpeilungen von der Bodenstation zeigte, daß sich Woodward ca. 8 km hinter dem Feindflugzeug befand, und er erhielt die Anweisung, auf Höchstgeschwindigkeit zu gehen, um heranzukommen. Kurze Zeit später bemerkte Lipscombe auf seinem Bordradar den Bomber in nur noch 3 km Entfernung. Die Beaufighter hatte fast auf Höchstgeschwindigkeit beschleunigt und überholte das Feindflugzeug zu schnell für eine erfolgreiche Abfangaktion. Lipscombe ließ den Piloten den Motor drosseln, doch wieder war die Geschwindigkeitskorrektur zu groß, und die Beaufighter fiel so weit zurück, daß das Ziel vom Radarschirm verschwand. Woodward bat um weitere Unterstützung von der Bodenstation und wurde erneut auf AI-Reichweite herangeführt.

Inzwischen befanden sich beide Flugzeuge nördlich von Cardiff auf Kurs Nordost, und die Beaufighter kam wieder langsam näher an den Bomber heran. Woodward greift hier die Geschichte auf:

> Nach weiteren mit 040 endenden Zielpeilungen wurde [AI-Radar-]Kontakt wiederhergestellt. Bandit [das Feindflugzeug] befand sich in 3500 m Höhe, daher ging ich auf 3200 m herunter und hielt Kontakt mit dem Bandit direkt vor uns. Unsere Geschwindigkeit betrug ungefähr 260 km/h. Ein Sichtkontakt mit den Abgasen einer Maschine etwa 300 m über und vor uns erfolgte. Nach der Identifzierung als Feindflugzeug schob ich mich langsam höhergehend heran auf 90 m und gab einen Feuerstoß von drei Sekunden ab (mit Kanone und Maschinengewehren). Das Feuer wurde nicht erwidert. Es gab einen blendenden Blitz sowie eine Explosion, und Teile flogen umher. Nach einem weiteren kurzen Feuerstoß kippte das Feindflugzeug im Sturzflug hart nach Backbord ab, und Flammen und Rauch schossen aus seiner Steuerbordseite.

Hans-Georg Bätchers Erinnerungen an das Geschehen decken sich mit den Feststellungen in Woodwards Bericht. Die erste Warnung, die die deutsche Besatzung von der Anwesenheit des gegnerischen Flugzeuges erhielt, kam vom unteren Bord-

BRISTOL BEAUFIGHTER Mk I

Typ: zweisitziger Langstrecken- und Nachtjäger
Triebwerk: zwei Bristol Hercules XI 14-Zylinder-Sternmotoren mit je 1590 PS beim Start
Bewaffnung: vier Hispano 20-mm-Kanonen im Bug; sechs Browning 7,7-mm-Maschinengewehre in den Tragflächen
Leistung: Höchstgeschwindigkeit 520 km/h in 4570 m Höhe; maximale Marschgeschwindigkeit 438 km/h in 4570 m Höhe; Steigzeit auf 6090 m Höhe 14 Minuten 6 Sekunden
Normale Startmasse bei Kampfeinsätzen: 9422 kg
Abmessungen: Spannweite 17,63 m; Länge 12,60 m; Tragflügelfläche 46,73 m^2
Datum der Indienststellung Beaufighter I: Juli 1940
Anmerkung: Zwischen 1940 und 1941 wurden Nachtjäger-Versionen des Beaufighters mit dem Radar Mk IV AI ausgestattet.

schützen, der plötzlich schrie: „Nachtjäger…" Gleichzeitig schüttelte es die Maschine vom Aufprall der explodierenden Granaten kräftig durch. Bätcher warf die Bomben ab und riß das Flugzeug in einen seitlichen Sturzflug in Richtung auf eine viel tiefer gelegene Wolkenwand. Durch die Rundkuppel über seiner Stellung in der Beaufighter beobachtete Lipscombe, wie der Bomber mit einem brennenden Motor im Sturzflug in den Wolken verschwand.

Die Geschwindigkeit des Sturzfluges löschte die Flammen, bevor sie sich richtig entfalten konnten, und als Bätcher die schützenden Wolken erreichte, fing er den Bomber wieder ab. Nach Überprüfung der Lage zeigte sich jedoch, daß die Heinkel in ernsthaften Schwierigkeiten steckte. Der untere Bordschütze lebte nicht mehr, der Funker war schwer verwundet. Der Backbordmotor gab keinen Ton mehr von sich, und Bätcher stellte den sich im Fahrtwind drehenden Propeller auf Segelstellung. Der Steuerbordmotor hatte auch gelitten: er lief unregelmäßig und entwickelte nur einen Bruchteil der normalen Leistung. Ein großer Abschnitt des Ruders war abgeschossen, und da der funktionierende Motor die Heinkel stark nach links zog, konnte der Pilot keinen geraden Kurs mehr halten; mit der verbliebenen Motorleistung ließ sich auch die Höhe nicht halten. Damit nicht genug, einer der Treibstofftanks verlor durch ein Loch Treibstoff, und das Hauptnavigationssystem funktionierte nicht mehr.

Nach einigem Experimentieren entdeckte Bätcher eine neue Methode, wie er den angeschlagenen Bomber etwa in Richtung Frankreich brachte, wenngleich mit langsamem Höhenverlust. Mit dem Rest seines Ruders hielt er das Flugzeug so lange wie möglich auf einem Südkurs, und dann, wenn es nicht mehr ging, drehte er das Ruder vollkommen entgegengesetzt und flog eine 300-Grad-Linkskurve. Wenn er wieder dem gewünschten Kurs nahekam, ging er aus der Kurve heraus und hielt die notwendige Richtung so lange wie möglich; dann wiederholte sich dieser Vorgang. Mit dieser Technik von „Zwei Schritte vorwärts, einen Schritt zurück" und gerade noch über der kritischen Geschwindigkeit bewegte sich die Heinkel auf Frankreich zu. Der Navigator stellte den Radiokompaß auf ein Funkfeuer von dort, um einen Richtungsbezugspunkt zu liefern.

Der Motor lief erst mit Treibstoff aus dem beschädigten Tank, doch dieser war bald leer. Mit dem Treibstoffverbrauch wurde das Flugzeug allmählich immer leichter, und die Sinkrate verlangsamte sich. Schließlich konnte Bätcher die Höhe halten, die Heinkel war aber bis dahin auf 365 m abgesackt. Mit dem weiteren Treibstoffverbrauch ließ sich der Bomber immer leichter steuern, und die Geradeausflugstrecken wurden immer länger. Am Schluß konnte Bätcher den Bomber auf dem gewünschten Kurs halten. Kurz nach Erreichen der Küste nahe Cherbourg, setzte der Pilot die geschundene Heinkel auf einen der Landeplätze nahe dem Hafen auf.

Auf der Grundlage seiner Beobachtungen und dem Bericht der Bodenstation von Huntspill, die gesehen hatte, daß der Punkt des Feindflugzeuges beim Sturzflug vom Radarschirm verschwand, gab Woodward die Heinkel als vernichtet an. Es konnte jedoch kein Wrack gefunden werden, das sich mit der Abschußmeldung in Verbindung bringen ließ, so daß die Besatzung der Beaufighter nur ein „wahrscheinlich vernichtet" für diesen Feindbomber angerechnet bekam. Doch die Luftwaffe registrierte die Heinkel als „Totalverlust", so daß sich Woodwards ursprüngliche Angabe als korrekt erwies.

* * *

Die wesentlichen Merkmale des radargestützten Nachtkampfes waren damit gegeben. In der Zwischenzeit bauten die RAF-Nachtbomberkräfte ihre Kapazitäten auf, und der Höhepunkt der Auseinandersetzung zwischen ihnen und den Nachtabfangjägern der Luftwaffe kam im Frühjahr 1944. Wir werden dies mit einigen Details im Kapitel 10, „Das Desaster von Nürnberg" beleuchten.

KAPITEL SECHS

Schlacht in der Korallensee

Der verheerende Angriff der von japanischen Flugzeugträgern aus gestarteten Flugzeuge auf die Flotte der US Navy in Pearl Harbor im Dezember 1941 etablierte den Flugzeugträger als das dominierende Großkampfschiff des Krieges im Pazifik. In den darauf folgenden Monaten waren die neun japanischen und fünf amerikanischen Flugzeugträger einen Großteil der Zeit auf See, und dennoch verging wegen der großen Ausdehnung des Operationsgebiets ein volles halbes Jahr, bevor sich Trägerverbände bei Kampfhandlungen gegenüberstanden. Diese Auseinandersetzung fand im Mai 1942 in dem Teil des Ozeans zwischen Australien und Neuguinea statt, der als Korallensee bekannt ist. Sie veränderte für alle Zeiten die Seekriegsführung von Grund auf.

Bis zum Frühjahr 1942 gab es viele Spekulationen, aber nur wenig Fakten darüber, wie Flugzeugträger-Kampfverbände in direkter Konfrontation abschneiden würden. Jeder der größeren amerikanischen und japanischen Flugzeugträger hatte einen Bestand von über 70 Flugzeugen und konnte äußerst massive Luftangriffe einleiten. Es gab viele, die meinten, eine Auseinandersetzung dieser Art gliche einem gewaltigen Selbstmordabkommen: beide Seiten würden sich etwa zur selben Zeit orten und einen Luftschlag ausführen, der die Träger der anderen Seite versenken oder unbrauchbar machen würde. Wenn die übriggebliebenen Flugzeuge zurückkehrten und in Reichweite keinen Landeplatz fänden, würden sie über dem Meer abstürzen und wären verloren. Die Zeit und Kampfaktivitäten sollten zeigen, daß dieses „Schlimmstfall"-Szenario zwar in Wirklichkeit nicht eintrat, doch gar nicht so realitätsfern ist.

* * *

Von den Flugzeugtypen, die zu Beginn des Pazifischen Krieges in den Flugzeugträgerstaffeln an vorderster Front mitkämpften, waren die der japanischen Marine denen der US Navy überlegen. Am deutlichsten zeigte sich der Unterschied im Fall der Torpedobombertypen. Die japanische Nakajima B5N2 „Kate" war ein schnelles, vielseitiges und modernes Flugzeug, das problemlos als Torpedobomber, Horizontalbomber oder Aufklärungsflugzeug dienen konnte. Die ältere amerikanische Douglas TBD Devastator fand als Torpedo- und Horizontalbomber Verwendung, wegen seiner schlechten Leistung erwies sie sich jedoch als beträchtlich weniger effektiv als das feindliche Gegenstück. Die japanische Luftüberlegenheit wurde noch verstärkt durch die größere Wirksamkeit des luftgestarteten Torpedos Typ 91 im Vergleich zum amerikanischen Leavitt Mk XIII. Ein Erfolgsgeheimnis der japanischen Waffe bestand im hölzernen Luftschwanz, das den Torpedo in der Luft stabilisierte und einen Abwurf bei Geschwindigkeiten von bis zu 300 km/h und aus Höhen bis zu 150 m gestattete. Der hölzerne Schwanz brach beim Aufprall auf das

NAKAJIMA B5N2 „KATE"

Typ: dreisitziger trägergestützter Torpedo-/Horizontalbomber
Triebwerk: ein Nakajima Sakae 14-Zylinder-Sternmotor mit 1000 PS beim Start
Bewaffnung: ein Typ 97 Torpedo oder 750-kg-Bomben; ein bewegliches Typ 92 7,7-mm-Maschinengewehr im hinteren Cockpit
Leistung: Höchstgeschwindigkeit 378 km/h in 3000 m Höhe; Marschgeschwindigkeit 264 km/h; normale Angriffsgeschwindigkeit und Abwurfhöhe für Typ 97 Torpedo: 298 km/h und unter 150 m
Normale Startmasse bei Kampfeinsätzen: 3787 kg
Abmessungen: Spannweite 15,52 m; Länge 10,31 m; Tragflügelfläche 38,28 m^2
Datum der Indienststellung von B5N2: Anfang 1941

Wasser ab, und im Wasser besaß der Torpedo eine Laufgeschwindigkeit von 42 kn. Ohne Luftschwanz ließen die Bliss Leavitt Mk XIII nur eine Höchstabwurfgeschwindigkeit von 190 km/h und eine Maximalabwurfhöhe von 33 m zu. Im Wasser erreichte der amerikanische Torpedo nur 33,5 kn, was bedeutete, daß ein schnelles Kriegsschiff den Torpedo relativ leicht ausweichen konnte, auch wenn der Angriff aus nächster Nähe erfolgte.

Bezüglich der Jäger hatte die japanische Zero eine größere Höchstgeschwindigkeit und besaß bessere Manövrierbarkeit bei geringerer Geschwindigkeit als die amerikanische Wildcat, doch letztere erwies sich im Hochgeschwindigkeitskampf als manövrierfähiger und als das robustere Flugzeug, das mehr Schläge aushalten konnte. Die japanischen Trägerjagdpiloten gingen in den Pazifikkrieg mit dem Vorteil der Kampferfahrung über China. Bis April 1942 verringerte sich dieser Vorteil leicht, denn inzwischen hatten die Piloten der US Navy auch ihre ersten Kämpfe hinter sich. Die Jäger der US Navy besaßen den Vorteil eines rudimentären Systems der Abfangkontrolle über Frühwarnradargeräte auf ihren Trägern. Die japanischen Träger erhielten ohne Radargeräte keine Vorwarnung über den Anflug von Feindflugzeugen, bis letztere in Sichtweite kamen.

Hinsichtlich Sturzbombern hatte die US Navy die Nase vorn. Die Douglas SBD Dauntless war ein schnelleres und generell effektiveres Flugzeug als die japanische Aichi D3AI Typ 99 „Val". Ohne Bombenlast ließ sich die Dauntless sogar als provisorischer Jäger in der Nahkampfverteidigung des Trägers bei der Abwehr von Angriffen tieffliegender feindlicher Torpedobomber einsetzen.

* * *

Gegen Ende April 1942 blickten die kaiserlichen japanischen Streitkräfte auf eine beeindruckende Siegesserie über einen Zeitraum von fast fünf Monaten zurück. Große Teile von Südostasien und eine Vielzahl von Inseln im Pazifik standen nun unter ihrer Besatzung, und die Streitkräfte planten neue amphibische Landeoperationen zur Erweiterung des japanischen Einflußbereichs.

Ein großer Flottenverband unter Vizeadmiral Shigeyoshi Inoue nahm die vollständige Besetzung Neuguineas und die Einnahme der Salomonen und Neuen Hebriden in Angriff. Eine Streitmacht um die großen Flugzeugträger *Shokaku* und *Zuikaku* (je 72 Flugzeuge) unter dem Kommando des Konteradmirals Chuichi Hara sollte Ferndeckung für die Operation bieten und die alliierte Marine am Eingreifen hindern. Ein weiterer Flottenverband mit dem kleinen Flugzeugträger *Shoho* (28 Flugzeuge) sollte die Nahdeckung für die japanischen Truppentransporte und ihre Begleitschiffe übernehmen.

Während die japanische Marine ihre Kräfte für das neue Unternehmen zusammenzog, entschlüsselte die US Navy Teile einiger Meldungen zu dieser Operation. So wurde herausgefunden, daß drei japanische Träger teilnehmen sollten, und Admiral Chester Nimitz, der Kommandeur der US-Pazifikflotte sah dies als eine Möglichkeit an, dem Feind einen ernsten Schlag zu versetzen. Solange die großen japanischen Träger zusammen als einheitliche Kraft operierten, konnten sie jeden Trägerverband der US Navy schlagen. Jetzt hatten sich drei Träger von den anderen abgesetzt, um den Vorstoß in den Südwestpazifik zu unterstützen (nichts in den entschlüsselten Nachrichten deutete darauf hin, daß die *Shoho* kleiner als die anderen beiden war). Wie Nimitz erkannte, bot dies eine gute Gelegenheit zur Verringerung des Ungleichgewichts der Seestreitkräfte im Pazifik, wenn sich die feindlichen Träger überraschen ließen. Sorgfältig entwarf er mit seinem Stab Pläne für einen Gegenschlag. Der Flugzeugträger der US Navy *Yorktown* (72 Flugzeuge) mit drei Kreuzern und sechs Zerstörern befand sich bereits im Südpazifik; *Lexington* (71 Flugzeuge) mit zwei Kreuzern und fünf Zerstörer erhielt Befehl, von Pearl Harbor auszulaufen, um zur *Yorktown* zu stoßen. Am 1. Mai vereinigten sich die beiden Verbände im östlichen Teil der Korallensee, und Rear-Admiral Frank Fletcher auf der *Yorktown* übernahm den Oberbefehl über die Streitmacht.

In der Nacht vom 5. zum 6. Mai passierte der japanische Trägerverband das östliche Ende der Solomonen und nahm in der Korallensee Position ein, um alle Störversuche bei der Amphibienlandung zu blockieren. Am 6. Mai lag ein starkes Tief über diesen Ozeanteil und brachte eine durchgehende dichte Wolkendecke und häufige Regengüsse. Aufklärungsflugzeuge beider Seiten durchkämmten zwar das Gebiet nach gegnerischen Kriegsschiffen, da aber keines der Flugzeuge über Radar verfügte, blieb die Suche im Prinzip erfolglos. Die einzige Ausnahme bildete ein japanisches Flugzeug von der Landbasis Rabaul, das am Morgen einen Teil der Kräfte Fletchers gefunden hatte; doch wegen der Verzögerungen bei der Übertra-

DOUGLAS TBD DEVASTOR

Typ: dreisitziger trägergestützter Torpedo-/Horizontalbomber
Triebwerk: ein Pratt & Whitney R-1830-64 Twin Wasp 14-Zylinder-Doppelsternmotor mit 900 PS beim Start
Bewaffnung: ein Mk XIII Bliss Leavitt Torpedo oder zwei 225-kg-Bomben; ein Browning 12,7 mm- oder 7,62 mm-Maschinengewehr in der Steuerbordseite im Rumpf, synchronisiert zum Feuern durch den Propeller; ein bewegliches Browning 7,62-mm-Maschinengewehr im hinteren Cockpit
Leistung: Höchstgeschwindigkeit 331 km/h in 2440 m Höhe; Marschgeschwindigkeit 206 km/h; maximale Angriffsgeschwindigkeit und Abwurfhöhe für Mk III Torpedo: 188 km/h und unter 30 m
Normale Startmasse bei Kampfeinsätzen: 4208 kg
Abmessungen: Spannweite 15,24 m; Länge 10,67 m; Tragflügelfläche 39,21 m^2
Datum der Indienststellung von TBD: Juni 1937

MITSUBISHI A6M2 MODEL 21 (ZERO)

Typ: trägergestützter Jagdeinsitzer
Triebwerk: ein Nakajima Sakae 12 14-Zylinder-Sternmotor mit 950 PS beim Start
Bewaffnung: zwei Typ 99 Modell 1 Mk 4 20-mm-Kanonen (in Lizenz gebaute deutsche Oerlikon) in den Tragflügeln; zwei Typ 89 7,7-mm-Maschinengewehre (basierend auf WWI British Vickers) über dem Motor und synchronisiert zum Feuern durch den Propeller; zwei 60-kg-Bomben unter den Tragflächen
Leistung: Höchstgeschwindigkeit 533 km/h in 4550 m Höhe; Steigzeit auf 6000 m Höhe 7 Minuten 27 Sekunden
Normale Startmasse bei Kampfeinsätzen: 2326 kg
Abmessungen: Spannweite 12 m; Länge 9,06 m; Tragflügelfläche 22,44 m^2
Datum der Indienststellung von A6M2: Februar 1941
Anmerkung: Wegen fehlender Informationen über die Bezeichnung der japanischen Flugzeuge gaben die Alliierten den Jägern männliche und den Bombern weibliche Decknamen. Deshalb wurde die Zero in „Zeke" umbenannt, aber der alte Namen blieb erhalten und viele bezeichneten das Flugzeug weiterhin als die Zero.

gung des Berichts an Haras Flaggschiff erreichte die Meldung den japanischen Kommandeur erst am folgenden Tag.

Beide Seiten erkannten, daß der Feind starke Seestreitkräfte im Gebiet zusammengezogen hatte, beide kannten jedoch den Aufenthaltsort der gegnerischen Flotte nicht und im Fall der Japaner auch nicht die genaue Zusammensetzung. Die gegnerischen Trägerkräfte verhielten sich wie ein paar kurzsichtige Preisboxer, die vorsichtig im Ring herumgehen und blinzeln, um ein Zeichen von anderen zu sehen, bereit zum Schlagabtausch. (Nach dem Krieg wurden die Daten der beiden Seiten verglichen und festgestellt, daß einmal an diesem Tag die gegnerischen Verbände innerhalb von 70 Meilen aneinander vorbeiflogen, ohne sich gegenseitig zu bemerken.)

In der Morgendämmerung des 7. Mai herrschte im Gebiet hohe Spannung. Inzwischen wußte der japanische Kommandeur, daß ihm gegnerische Kräfte gegenüberstanden, die zumindest einen, vielleicht auch zwei Träger einschlossen. Beide Seiten sahen einen Zusammenstoß unmittelbar bevorstehen, und beide starteten mehrere Aufklärungsflugzeuge, um das Gebiet nach dem Feind durchzukämmen. Tiefhängende Wolken machten den Aufklärern die Arbeit jedoch immer noch schwer und führten zu falschen Meldungen. Früh am Morgen meldete ein japanisches Suchflugzeug, es habe einen feindlichen Flugzeugträger in Begleitung eines Kreuzers auf einer Position 160 Meilen südlich der japanischen Streitmacht gesehen. (Wegen der schlechten Sicht kam eine völlig falsche Meldung zustande: bei den gesichteten Schiffen handelte es sich um das US-Flottenbeölungsschiff *Neosho* und den Zerstörer *Sims*.)

Ohne auf eine Bestätigung durch ein zweites Flugzeug aus dem Gebiet zu warten, gab der japanische Admiral seiner Flotte Wendebefehl zur Verringerung der Entfernung und schickte eine Angriffsformation aus 25 B5N („Kate")-Horizontalbombern und 36 D3A („Val")-Sturzbombern mit einem Jägerbegleitschutz von 18 Zero-Jägern zum vermeintlichen Ziel. Kurz nach deren Start meldete ein anderes japanisches Aufklärungsflugzeug (korrekt) die Sichtung eines feindlichen Trägers und zehn weiterer Schiffe etwa 280 Meilen *nordwestlich* der japanischen Hauptträgerkräfte.

Der zweite Bericht weckte Zweifel bei Hara, doch die Entfernung des Feindes von seinen Kräften schlossen einen sofortigen Luftschlag von seinen Trägern oder gegen sie aus. Er entschied, die Flugzeuge den angewiesenen Angriff fortführen zu lassen, und wenn diese zurückkämen, würde er so bald wie möglich eine neue Aktion zu starten. In der Zwischenzeit war Admiral Fletcher, der Kommandeur der US-Träger, ebenfalls von einem unkorrekten Aufklärungsbericht von einem seiner Flugzeuge in die Irre geleitet worden. Er erhielt die Meldung von zwei feindlichen Trägern und vier schweren Kreuzern auf Position etwa 225 Meilen *nordwestlich* seines Standortes. (Die Nachricht hatte lauten sollen „zwei schwere Kreuzer und zwei Zerstörer", es hatte aber einen Verschlüsselungsfehler vor der Übermittlung gegeben; und selbst die „richtige" Botschaft war falsch, denn in Wirklichkeit umfaßten die feindlichen Kräfte nur zwei leichte Kreuzer und zwei bewaffnete Handelsschiffe.)

Fletcher nahm den Bericht für bare Münze und glaubte, sie betreffe die japanische Hauptträgergruppe. Daher schickte er eine Streitmacht von 52 Sturzbombern und 22 Torpedobombern in Begleitung von 18 Jägern zum Angriff auf die feindlichen „Träger". Die Flugzeuge waren bereits unterwegs, als die Aufklärungsmannschaft auf der *Yorktown* landete, und erst durch ihre mündliche Meldung wurde der Irrtum offenbar. Zu seiner großen Verärgerung erfuhr der US-Kommandeur, daß er seine Leute auf ein Ziel von relativ geringer Bedeutung angesetzt hatte. Er entschied aber wie Hara, die Mission durchführen zu lassen.

Als die japanische Formation das Gebiet der Sichtung des feindlichen „Trägers" und „Kreuzers" erreichten, fanden sie nur das Beölungsschiff und den Zerstörer vor. Ohne lohnenderes Ziel reagierten sich die Flugzeuge an den zwei Schiffen ab, versenkten die *Sims* und schossen die *Neosho* in Brand.

Während die japanischen Flugzeuge und ihre enttäuschten Besatzungen zu ihren Trägern zurückflogen, hatten die Amerikaner viel mehr Glück. Rein zufällig stießen vor den Hauptangreifern fliegende Dauntless-Bomber auf den japanischen Flugzeugträger *Shoho,* in einem Gebiet mit klarem Himmel und nur 35 Meilen von der Position des fälschlicherweise gemeldeten Trägers entfernt. Die Hauptkräfte wurden herbeigerufen, und der kleine Flugzeugträger hatte keine Chance. *Shoho* war bald nur noch ein Wrack, krängte nach Steuerbord und brannte lichterloh, dennoch setzten die Flugzeuge die Schläge gegen das Schiff fort. Devastator flogen auf Nah-

GRUMMAN F4F-4 WILDCAT

Typ: trägergestützter Jagdeinsitzer
Triebwerk: ein Pratt & Whitney R-1830-86 Twin Wasp 14-Zylinder-Doppelsternmotor mit 1200 PS beim Start
Bewaffnung: sechs Browning 12,7-mm-Maschinengewehre in den Tragflächen
Leistung: Höchstgeschwindigkeit 515 km/h in 5730 m Höhe; Steigzeit auf 6100 m Höhe 12 Minuten 24 Sekunden
Normale Startmasse bei Kampfeinsätzen: 3613 kg
Abmessungen: Spannweite 11,58 m; Länge 8,84 m; Tragflügelfläche 24,15 m^2
Datum der Indienststellung von F4F-4: Ende 1940

distanz zum Start von Torpedos gegen das langsame Ziel, und unter diesen optimalen Bedingungen richtete sogar die Mk XIII großen Schaden an. Wahrscheinlich erhielt der leichte Flugzeugträger Volltreffer von dreizehn Bomben und sieben Torpedos, bevor er kenterte und sank.

Inzwischen kehrten etwa 300 Meilen südlich der Kampfhandlungen mit *Shoho* die japanischen Flugzeuge nach ihrem Angriff auf die *Sims* und die *Neosho* auf die zwei größeren Träger zurück. Sobald alle gelandet waren, repositionierten die Deckmannschaften die Flugzeuge achtern und begannen fieberhaft mit dem Auftanken und Aufmunitionieren der für den nächsten Luftangriff vorgesehenen Maschinen. Konteradmiral Hara erhielt einen Funkbericht über den Verlust der *Shoho,* und die Zahl der beteiligten amerikanischen Flugzeuge zeigte wenigstens zwei amerikanische Flugzeugträger im Kampfgebiet an.

Erst am späten Nachmittag waren die japanischen Flugzeuge bereit für ihren zweiten Schlag, was bedeutete, sie könnten frühestens bei Einbruch der Dunkelheit die feindlichen Träger angreifen, und die Flugzeuge würden nach Einbruch der Dunkelheit zurückkehren. Zwölf D3A Sturzbomber und fünfzehn B5N Torpedobomber mit wegen ihrer Fähigkeiten und Erfahrung ausgewählten Besatzungen starteten 16.30 Uhr von *Zuikaku* und *Shokaku* und nahmen Kurs auf die Position, wo die amerikanischen Träger gemeldet worden waren. Die Wetterverhältnisse blieben jedoch schlecht, und die japanischen Flugzeuge flogen über ihre beabsichtigten Ziele hinweg, ohne sie zu sichten. Die Flugzeuge flogen weiter, fast bis zur Grenze ihrer Reichweite, und unternahmen eine kurze Suche; weil sie nichts fanden, warfen sie ihre todbringende Last ins offene Meer und steuerten wieder ihre Träger an.

Während des Rückflugs gerieten einige japanische Flugzeuge in die Reichweite der CXAM- Frühwarnradargeräte auf der *Yorktown* und *Lexington,* und Wildcat-Jäger wurden in Position geleitet, um sie abzufangen. In den folgenden Kämpfen kam es zum Abschuß von neun japanischen und zwei amerikanischen Flugzeugen.

Die Nacht bricht in jenen Breiten schnell herein, und die japanischen Besatzungen, viele von ihnen an der Erschöpfungsgrenze nach zwei anstrengenden Einsätzen seit Tagesanbruch, hatten große Mühe, wieder zu ihren Trägern zu gelangen. Die Maschinen kehrten einzeln zurück, und in der Finsternis hielten fünf Besatzungen die *Yorktown* für einen ihrer eigenen Träger und umkreisten das Schiff in Vorbereitung auf die Landung. Erst als der Flugzeugträger und dessen Begleitschiffe ein vernichtendes Abwehrfeuer eröffneten, was sie zum sofortigen Rückzug zwang, bemerkten die Männer ihren Fehler. Die japanischen Maschinen, die ihre Träger wieder erreichten, kamen mit fast leeren Tanks an, und mehreren Flugzeugen ging der Treibstoff aus, und sie stürzten ins Meer. Von den 27 zum Angriff auf die amerikanischen Träger gestarteten Flugzeugen landeten nur sechs wieder in Sicherheit.

Damit ging der 7. Mai, der Tag der erstmaligen Auseinandersetzung zwischen gegnerischen Flugzeugträgern, zu Ende. Der Tag ging eindeutig an die US Navy. *Shoho* war mit allen ihren Flugzeugen versenkt worden, und mit den beim fehlgeschlagenen Angriff in der Abenddämmerung verlorenen Flugzeugen, war die japanische Streitmacht um 49 Flugzeuge schwächer. Die amerikanischen Träger hatten ihrerseits nur sechs Maschinen eingebüßt. Die höheren japanischen Verluste schafften fast ein genaues numerisches Gleichgewicht zwischen den gegnerischen Trägereinheiten: beiden Seiten standen jetzt etwa 130 Flugzeuge auf zwei großen Flugzeugträgern zur Verfügung.

AICHI D3A1 TYP 99 "VAL"

Typ: zweisitziger trägergestützter Sturzkampfbomber
Triebwerk: ein Mitsubishi Kinsei 44 14-Zylinder-Sternmotor mit 1070 PS beim Start
Bewaffnung: eine 250-kg-Bombe unter dem Rumpf; vier 30-kg-Bomben unter den Tragflächen; zwei Typ 97 7,7-mm-Maschinengewehre über dem Motor und synchronisiert zum Feuern durch den Propeller; ein Typ 97 7,7-mm-Maschinengewehr im hinteren Cockpit
Leistung: Höchstgeschwindigkeit 381 km/h in 3000 m Höhe; Marschgeschwindigkeit 296 km/h
Normale Startmasse bei Kampfeinsätzen: 3795 kg
Abmessungen: Spannweite 14,36 m; Länge 10,10 m; Tragflügelfläche 34,98 m^2
Datum der Indienststellung von D3A1 Typ 99: Ende 1940

In den frühen Morgenstunden des 8. Mai bereiteten beide Seiten eine größere Flottenaktion vor, und alle vier Träger hatten Kampfkräfte auf dem Achterdeck mit aufgetankten, bewaffneten und flugbereiten Flugzeugen. Kurz nach Tagesanbruch entsandten die Träger Aufklärungsflugzeuge, um den Ozean erneut nach dem Feind abzusuchen. Jetzt spielten nur die feindlichen Träger eine Rolle, und andere Kriegsschiffe hatten nur insofern Bedeutung, insoweit sie die bevorstehenden Kämpfe zwischen den Flugzeugträgern beeinflussen konnten.

Konteradmiral Hara entschied sich dafür, nicht auf die Sichtungsmeldung zu warten, und um 8 Uhr schickte er 33 Sturzkampfbomber, 18 Torpedobomber und 18 Zero auf Kurs in das Gebiet, wo er den Feind vermutete. Im Verlauf der Ereignisse orteten Aufklärungsflugzeuge beider Seiten die gegnerischen Träger etwa zur selben Zeit, und die Meldungen über Sichtung erreichten die jeweiligen Kommandeure kurz nach 8.30 Uhr. Die feindlichen Kräfte befanden sich in etwa 210 Meilen Entfernung zueinander, wobei die japanischen Träger Nordnordwest von den amerikanischen Kriegsschiffen lagen. Fletcher schickte 48 Dauntless-Sturzkampfbomber und 21 Devastator mit 16 Wildcat-Begleitjägern in zwei Wellen ins Zielgebiet. Die bereits in der Luft befindlichen Japaner wendeten und nahmen Kurs auf das Gebiet, wo die amerikanischen Träger entdeckt worden waren.

DOUGLAS SBD-2 DAUNTLESS

Typ: zweisitziger trägergestützter Sturzkampfbomber und Erkundungsflugzeug
Triebwerk: ein Wright R-1820-52 Cyclone 14-Zylinder-Sternmotor mit 1000 PS beim Start
Bewaffnung: normale Bombenzuladung für den Angriff auf Kriegsschiffe: eine panzerbrechende 450-kg-Bombe; zwei Browning 12,7-mm-Maschinengewehre über dem Motor und synchronisiert zum Feuern durch den Propeller; zwei Browning 7,62-mm-Maschinengewehre im hinteren Cockpit
Leistung: Höchstgeschwindigkeit 402 km/h in 2440 m Höhe; Marschgeschwindigkeit 245 km/h
Normale Startmasse bei Kampfeinsätzen: 4711 kg
Abmessungen: Spannweite 12,65 m; Länge 9,96 m; Tragflügelfläche 30,19 m^2
Datum der Indienststellung von SBD: Juni 1940

KRIEGSSCHIFF *SHOKAKU*
DER KAISERLICHEN JAPANISCHEN MARINE

Typ: Flugzeugträger
Verdrängung: 29 800 t
Bewaffnung: sechzehn 12,7-cm-Kanonen; zweiundvierzig 25-mm-Flak-Schnellfeuerkanonen
Besatzung: 1660
Flugdeck: Länge 257,25 m; Breite 26,01 m
Bestand der Flugzeuge zu Beginn der Korallenseeoperation: 18 Mitsubishi A6M2 Zero Jäger; 27 Aichi D3A („VAL") Sturzkampfbomber; 27 Nakajima B5N („KATE") Torpedo-/Horizontalbomber
Datum der Indienststellung von *Shokaku*: September 1941

USS *LEXINGTON*

Typ: Flugzeugträger
Verdrängung: 33 000 t
Bewaffnung: acht 12,7-cm-Kanonen; 105 20-mm- und 40-mm-Flak-Schnellfeuerkanonen
Besatzung: 3300
Flugdeck: Länge 276,00 m; Breite 32,30 m
Bestand der Flugzeuge zu Beginn der Korallenseeoperation: 23 F4F Wildcat Jäger; 36 SBD Dauntless Sturzkampfbomber; 12 TBD Devastator Torpedobomber
Datum der Indienststellung von *Lexington*: Dezember 1927

Die gegnerischen Kräfte passierten einander auf halbem Wege, ohne sich zu entdecken. Als erstes traten die Maschinen von der *Yorktown* in Aktion, deren Sturzkampfbomber die japanischen Hauptträgerkräfte durch eine Wolkenlücke gesichtet hatten. Während die Sturzkampfbomber kreisten und darauf warteten, daß die langsameren Torpedobomber in Angriffsposition auf niedrigere Höhe gingen, fuhr die *Zuikaku* in einen Regensturm und verschwand. Die *Shokaku,* etwa sechs Meilen östlich und in einem aufgeklarten Gebiet, drehte sich in Vorbereitung des Starts ihrer Kampfflugzeuge in den Wind.

Während die amerikanischen Torpedobomber ihre Angriffsflüge auf die *Shokaku* begannen und die begleitenden Wildcat ihr Möglichstes taten, um die Zero-Jäger fernzuhalten, rollten die 24 Dauntless-Sturzbomber der *Yorktown* in 5200 m Höhe in ihre Sturzflugangriffe und klinkten in 760 m Höhe je eine 450-kg-Bombe aus. Obwohl die amerikanischen Besatzungen sechs sichere und drei wahrscheinliche Treffer des Trägers vermeldeten, ist aus japanischen Unterlagen ersichtlich, daß das Schiff nur zwei Treffer erhielt. Unter Ausnutzung der schützenden Wolkendecke konnten die Sturzflugbomber ohne Verluste abdrehen. Dann rückten unter heftigen Beschuß vom japanischen Träger und dessen Begleitkreuzern die neun Devastator der *Yorktown* vor und ließen in Trägernähe ihre Torpedos ab. Der Angriff wurde zwar tapfer vorgetragen, doch obwohl die Besatzungen drei oder möglicherweise vier Treffer auf den Träger für sich in Anspruch nahmen, verursachten diese Waffen keinerlei Schäden. Die Mk XIII machte an diesem Tag ihrem schlechten Ruf alle Ehre, denn offensichtlich verfehlten entweder alle Torpedos das Ziel oder, falls sie es trafen, explodierten sie nicht (der Torpedo verfügte über ein bekanntermaßen unzuverlässiges Zündsystem). Die zehn Minuten später eintreffende Angriffsformation der *Lexington* hatte weniger Erfolg; die Hauptgruppe der Sturzkampfbomber fanden kein Ziel. Nur vier Dauntless-Bomber und elf Devastator fanden die *Shokaku* und griffen sie an; ein einziger Bombentreffer war ihre magere Ausbeute.

Obwohl ihr Schiff von den drei Bombentreffern ernsthaften Schaden genommen hatte, brachten die Schadensbegrenzungsteams auf dem japanischen Träger die von den Explosionen ausgelösten Brände schnell unter Kontrolle. Die *Shokaku* konnte den Flugbetrieb zwar nicht mehr fortsetzen, verließ aber das Gebiet noch aus eigener Kraft mit Kurs auf die Marinebasis Truk.

Nun zu den zwei amerikanischen Trägern, die sich auf einen massiven Angriff von den japanischen Flugzeugen einstellten. Dieses Mal stand das Glück auf japanischer Seite, denn bei Ankunft fanden die Maschinen klaren Himmel vor, und die US-Großkampfschiffe waren schon aus 50 Meilen Entfernung sichtbar. Die Radarkräfte der *Lexington* entdeckten die anfliegenden Flugzeuge in ca. 75 Meilen Entfernung, doch die rudimentäre Ausrüstung zeigte ihnen nicht die Höhe an, und die Jägerleitung positionierte die wenigen verfügbaren Wildcat nicht effektiv. Acht amerikanische Jäger patrouillierten in 3050 m Höhe, neun weitere Jäger stiegen noch zu ihnen auf. Zur Festigung der Verteidigung kreisten ein Dutzend Dauntless-Bomber um jeden Träger in drei Meilen Entfernung und in etwa 600 m Höhe. Diese Maschinen sollten sich auf die feindlichen Torpedobomber stürzen, wenn diese die Träger anflogen (wenn sie auch kein Gegner für eine Zero waren, so stellte eine Dauntless ohne Bombenlast einen gewaltigen Gegner für einen schwer beladenen Torpedobomber dar, der einen langen, geraden Angriffsflug ausführen muß).

Während die „Vals" und „Kates" ihre Angriffe vortrugen, manövrierten die amerikanischen Träger unabhängig voneinander zur Vermeidung von feindlichen Torpedos und Bomben. Die *Yorktown* wich erfolgreich allen acht auf sie gezielten Torpedos aus, und allen Bomben bis auf eine. Diese schlug bei der Insel ein, durchbohrte vor ihrer Explosion vier Decks und verursachte dabei beträchtlichen Schaden; das Flugdeck des Schiffs blieb jedoch unbeschädigt, und Flugzeuge konnten weiter starten und landen. Die *Lexington,* größer und weniger manövrierfähig als die *Yorktown,* kam nicht so glimpflich davon. Sie bekam zwei Torpedotreffer auf der Backbordseite und zwei Bombentreffer. Dennoch setzte das tapfere Kriegsschiff seinen Abwehrkampf fort. Binnen Minuten nach Ende der Angriffshandlungen hatten die Schadensbegrenzungsteams die Flutung gestoppt, und die 7-Grad-Krängung wurde durch Umpumpen von Treibstofföl in Tanks auf der Steuerbordseite korrigiert. Dann, etwa eine Stunde nach dem Angriff, als der Träger wieder Flugzeuge aufnahm, ereignete sich die Katastrophe. Eine gewaltige Explosion im Schiffsinneren, ausgelöst durch die Entzündung von Benzindämpfen aus einem lecken Flugbenzintank, zerfetzte lebenswichtige Teile des Rumpfes. Der Großexplosion folgte noch eine Reihe kleinerer, und in kürzester Zeit tobten unkontrollierbare Brände in mehreren Teilen des Schiffs. Die noch in der Luft befindlichen Flugzeuge erhielten Anweisung, auf der *Yorktown* zu landen. Die Mannschaft der *Lexington* unternahm einen aussichtslosen Kampf gegen die Brände, bis schließlich der Schiffskapitän den begleitenden Zerstörer befahl, beizudrehen und die Mannschaft aufzunehmen. Am späten Abend gab einer der Zerstörer dem verlassenen Flugzeugträger mit einer Torpedosalve den Todesstoß.

Jetzt gab es auf beiden Seiten nur noch einen einsatzfähigen Träger. Keiner der Kommandeure glaubte, in der Lage zu sein, den Kampf fortzusetzen, und beide dampften aus dem Ozeangebiet ab. Die *Zuikaku* hatte die Kampfhandlungen ungeschoren überstanden, doch ihr Flugzeugbestand war auf 39 Maschinen zurückgegangen. Die *Yorktown* verfügte nach der Aufnahme mehrerer Flugzeuge der *Lexington* jetzt zwar noch über 64 Maschinen, aber wegen der inneren Schäden aufgrund des Bombentreffers besaß sie nur noch beschränkte Einsatzbereitschaft.

* * *

Auf diese Weise endete die Schlacht in der Korallensee. Kurzfristig stellte sie einen Sieg für die japanische Marine dar, denn der Verlust der *Lexington* und die Schäden an der *Yorktown* hatten bei weitem mehr Gewicht als die Versenkung der kleineren *Shoho* und die Schäden an der *Shokaku.* Was den Verlust an Flugzeugen anbetrifft, einschließlich derer, die mit ihrem Träger untergingen, gibt es eine fast ausgeglichene Bilanz – 77 US-Maschinen verglichen mit 87 japanischen Marineflugzeugen.

Im Kampf stellten sich die großen Flugzeugträger als relativ leicht zu beschädigen, aber äußerst schwer zu versenken heraus. Die Hauptlektion aus dem Untergang der *Lexington* – die Notwendigkeit verbesserter Schadensbegrenzungstechniken und ein effektiveres Belüftungssystem für potentiell explosive Dämpfe – wurde sehr wohl gelernt, und ihre Nachfolger profitierten davon. Betrachtet man die Langzeitwirkung der Schlacht auf den Krieg im Pazifik insgesamt, dann verbuchten die Amerikaner den langfristigen Sieg. Sie hatten einen umfangreichen japanischen Invasionsversuch vereitelt und den feindlichen Vormarsch in den Südpazifik um mehrere Monate verzögert. Die für die *Shokaku* erforderlichen längeren Reparaturen sowie die Notwendigkeit der Neuformierung der geschrumpften Flugzeuggruppe verhinderte die Teilnahme dieser beiden wichtigen Flugzeugträger an der entscheidenden Schlacht bei den Midway-Inseln zwei Monate darauf. Die Schäden an der *Yorktown* ließen sich schnell in Pearl Harbor beheben, und sie spielte eine wichtige Rolle in der See-Luft-Schlacht bei den Midway-Inseln, bevor sie dort ihr Ende fand. In Fragen der Kriegsmoral stellte die Schlacht in der Korallensee einen Wendepunkt für diejenigen dar, die den japanischen Vormarsch im Pazifik aufhalten wollten: dies war der erste Großkampf, aus dem die japanischen Streitkräfte nicht als Sieger hervorgingen und zudem ernsthafte Verluste erlitten.

Wie schon erwähnt, war die Schlacht in der Korallensee das erste Seegefecht ausschließlich zwischen trägerstationierten Flugzeugen. Sie legte für Marineaktionen auf diesem Kriegsschauplatz Grundmuster fest – Muster, die sich so lange fortsetzten, bis die japanische Marine keine einsatzfähigen Flugzeugträger mehr übrig hatte.

KAPITEL SIEBEN

U-Boot-Jagd in der Biskaya

Der Golf von Biskaya zwischen Brest an der Nordwestküste Frankreichs und Kap Ortegal an der Nordwestküste Spaniens erlebte in einem Wasserstreifen vom westlichen Ende der Bucht bis in den Atlantik hinein eine besondere Seekriegsaktion. Während des II. Weltkrieges besaß dieses Seegebiet große strategische Bedeutung, denn deutsche U-Boote in Angriffsmission gegen alliierte Transatlantikkonvois mußten bei jedem Kampfeinsatz diesen Golf auf der Fahrt zu ihren Zielen und auf der Rückfahrt zu ihren Basen passieren. Die Beteiligten an dieser Seekriegshandlung waren die deutschen U-Boote auf der einen Seite und Marinepatrouilleflugzeuge der RAF Coastal Command auf der anderen. In der intensivsten Kampfphase zwischen Juni 1942 und Oktober 1943 kam es zu einmaligen Aktionen in der Geschichte des Luftkrieges. Flugbesatzungen verbrachten viele Flugstunden in der Luft, und dennoch kam es nur selten zu Feindberührung. Wenn es aber wirklich zu Auseinandersetzungen kam, dann waren sie oft von großer Intensität und beträchtlicher persönlicher Tapferkeit gekennzeichnet. Außerdem gab es in viel höherem Maße als bei anderen Luftkampfhandlungen ständige technologische und taktische Entwicklungen und Gegenentwicklungen im Streben jeder Seite nach – oft nur zeitweiliger – Überlegenheit über den Gegner.

In der ersten Jahreshälfte 1941 verstärkte sich die RAF Coastal Command zahlenmäßig und ihre Flugzeuge wurden mit Radar und verbesserten Waffen der U-Boot-Bekämpfung ausgerüstet, wodurch die Flugpatrouillen über dem Golf von Biskaya in immer stärkerem Maße eine Bedrohung für feindliche U-Boote auf dieser Wasserstraße darstellte. Die einfachste Methode zur Vermeidung der britischen Patrouillen bestand für die Deutschen darin, tagsüber unter Wasser zu bleiben und nachts zum Laden der Schiffsbatterien über die Dieselmotoren aufzutauchen.

Nachts, so wußten die U-Boot-Besatzungen, waren sie an der Oberfläche vor den Angriffen aus der Luft sicher. Wenngleich viele Flugzeuge Luft-Boden-Radargeräte (ASV) Mk II besaßen, die Schiffe über Wasser entdecken konnten, hatte ein Nachtangriff nur geringe Erfolgschancen. Die Wasserbomben mußten aus geringer Höhe abgelassen werden, und kam ein Tiefflieger auf gut einen Kilometer an ein U-Boot heran, dann verschwammen dessen Echosignale mit dem „Meeresrauschen" auf dem Radarschirm, und es blieb von da an unsichtbar.

Wenn die Flugzeuge erfolgreiche Nachtangriffe auf die U-Boote unternehmen sollten, dann benötigte Coastal Command unbedingt ein Mittel, während des entscheidenden letzten Kilometers des Angriffsflugs den Zielkontakt aufrechtzuerhalten. Die Lösung des Problems bestand in einem modifizierten 61-cm-Seesuchscheinwerfer, der unter dem Rumpf des Wellington-Bombers ausgefahren werden konnte, wobei man zu diesem Zweck die Vorrichtung nutzte, die ursprünglich für den beweglichen Schützenstand des unteren Bordschützen des Flugzeuges gebaut worden war. Vom Suchscheinwerfer ging ein dünner, aber intensiver Strahl aus, der auf das U-Boot gerichtet und mittels eines vom Bug aus bedienten Hydrauliksystem auch dort gehalten werden konnte. Die Scheinwerferanlage erhielt den Namen „Leigh-Suchscheinwerfer“ nach seinem Erfinder, dem Squadron Leader Humphrey Leigh. Im Frühjahr 1941 führte nachts eine Wellington mit einem Leigh-Suchscheinwerfer eine Reihe von Scheinangriffen auf ein U-Boot der Royal Navy aus, und diese demonstrierten den großen Nutzen des Suchscheinwerfers, obwohl sich vor seinem Einsatz im Kampf noch einige Änderungen erforderlich machten. Es dauerte noch einige Monate, das System zu perfektionieren und in die Produktion zu überführen.

Anfang 1942 wurde die No 172 Squadron mit der Aufgabe gebildet, Nachtangriffe auf U-Boote auszuführen, und die Einheit erhielt die ersten Wellington VIII mit einem Leigh-Suchscheinwerfer. Die Besatzungen durchliefen eine intensive Ausbildungsphase im schweren und potentiell gefährlichen Geschäft der nächtlichen Tieffliegerangriffe. Anfang Juni besaß die Squadron fünf Wellingtons mit Leigh-Suchscheinwerfern und mehrere im Präzisionsflug versierte Besatzungen, die Voraussetzung für den Angriff auf Ziele, die von Suchscheinwerfern angestrahlt werden.

Erstmals wurde der Leigh-Suchscheinwerfer am 4. Juni während einer Aktion in der Dunkelheit des frühen Morgens eingesetzt, als Squadron Leader Jeff Greswell und seine Besatzung das italienische U-Boot *Luigi Torelli,* das Kurs auf den Atlantik genommen hatte, an der Wasseroberfläche angriffen. Das Schiff erlitt schweren Schaden und mußte daher seine Patrouillenfahrt abbrechen.

Im Juni griff die Squadron fünf feindliche U-Boote nachts an der Wasseroberfläche an. Der erste Angriff mit Leigh-Suchscheinwerferunterstützung, der zur Versenkung eines U-Bootes führte, erfolgte in der Nacht vom 5. zum 6. Juli, als Pilot Officer W. Howell und seine Besatzung die *U502* auf ihrem Heimweg nach erfolgreicher Aktion in der Karibik abfing. Eine gute Woche später führte seine Besatzung einen weiteren erfolgreichen Leigh-Suchscheinwerferangriff auf die *U159* durch und verursachte schwere Schäden am U-Boot.

VICKERS WELLINGTON Mk VIII

Typ: sechssitziger Seefernaufklärer
Triebwerk: zwei Bristol Pegasus XVIII 14-Zylinder-Sternmotoren mit je 1050 PS beim Start
Bewaffnung: normale Waffenzuladung acht 110-kg-Wasserbomben: ein bewegliches Vickers K 7,7-mm-Maschinengewehr im Bug, zwei Browning 7,7-mm-Maschinengewehre im Heckdrehturm
Leistung: Höchstgeschwindigkeit 378 km/h in 4720 m Höhe; Angriffsgeschwindigkeit 277 km/h in 15 m Höhe; normale Patrouillengeschwindigkeit 209 km/h in 610 m Höhe; typischer Aktionsradius (normale Waffenzuladung) 1126 km
Normale Startmasse bei Kampfeinsätzen: 13 590 kg
Abmessungen: Spannweite 26,26 m; Länge 19,68 m; Tragflügelfläche 59,46 m^2
Datum der Indienststellung von Wellington VIII: Ende 1941
Anmerkung: Das Flugzeug war mit ASV Mk II Radar und Leigh-Suchscheinwerfer im hinteren Teil des Rumpfes ausgerüstet.

_U966_ (DEUTSCHES UNTERSEEBOOT VOM TYP VII C)

Verdrängung: 769 t
Bewaffnung: vier Bug- und ein Hecktorpedorohr mit vierzehn 53,3-cm-Torpedos (mit 350-kg-Gefechtskopf); (ab Mitte 1943) vier 20-mm-Flakgeschütze in Zwillingslafetten und ein 37-mm-Flakgeschütz auf Plattformen auf dem hinteren Teil des Kommandoturmes
Leistung: Höchstgeschwindigkeit über Wasser (mit Dieselmotor) 17 kn und unter Wasser (mit Elektromotoren) 7 kn; Fahrstrecke Überwasserfahrt 6500 sm bei 12 kn und Unterwasserfahrt 80 sm bei 4 kn; Alarmtauchen in 50 Sekunden; maximale Tauchtiefe 200 m
Abmessungen: Länge 67 m; Breite 6,2 m
Datum der Indienststellung des ersten Unterseeboots vom Typ VII C: Anfang 1941

In den ersten beiden Kampfeinsatzmonaten mit dem Leigh-Suchscheinwerfer hatten die fünf modifizierten Wellingtons auf den Feind eine Wirkung, die weit über das Ergebnis von einem versenkten und zwei beschädigten U-Booten hinausging. Die U-Boot-Mannschaften hatten ihre Immunität verloren, die sie vorher genossen, während sie nachts an der Oberfläche über den Golf fuhren: jetzt gab es die Möglichkeit von plötzlichen und demoralisierenden Überfällen aus der Luft ohne Vorwarnung. Die U-Boot-Besatzungen prägten ihr eigenes Beiwort für den Scheinwerfer: „Das verdammte Licht!"

Im Juli reagierte Admiral Karl Dönitz, der Kommandeur der U-Boot-Streitkräfte, auf die neue Situation, indem er seinen Mannschaften befahl, ihr vorheriges Verfahren zum Überqueren des Golfs genau umzukehren: von nun an sollten sie die Strecke nachts unter Wasser und *tagsüber an der Oberfläche* fahren. Im Tageslicht, so die Argumentation, hätten die Aussichtsposten der Schiffe eher die Chance, das Flugzeug zu sehen und einen Alarmtauchgang vor einem Angriff einzuleiten. Diese Änderung der Taktik gab den Tagesluftpatrouillen der Coastal Command die seltene Gelegenheit, den Feind zu finden, und sie ergriffen sie beim Schopfe. Im August gab es tagsüber 34 Sichtungen von U-Booten an der Oberfläche, im September 37. Zwischen Anfang Juni und Ende September versenkten die Tagesluftpatrouillen vier U-Boote und beschädigten weitere, die sich dadurch oft gezwungen sahen, ihren Patrouillenfahrten aufzugeben und zum Stützpunkt zurückzukehren.

Den deutschen Seeaufklärungsoffizieren war seit langem bekannt, daß sich die angreifenden Flugzeuge auf ASV-Radar zur Entdeckung der U-Boote an der Oberfläche verließen, und sahen dieses Gerät als wesentliches Element der Nachtangriffe an. Die Antwort bestand darin, U-Boote mit einem einfachen Empfänger auszustatten, der die ASV-Wellen empfangen und die Mannschaften vor dem Anflug eines Feindflugzeuges warnen konnte. Die Boote brauchten dann nur abzutauchen und kamen zurück an die Oberfläche, wenn die Gefahr vorüber war. Nach dem Hersteller wurde das im September 1942 eingeführte Gerät Metox-Empfänger genannt, und am Jahresende verfügte fast jedes U-Boot im Kampfeinsatz darüber. Das Gerät stellte für die U-Boot-Besatzungen wieder die alte Unverwundbarkeit her, die sie vorher bei der nächtlichen Fahrt an der Oberfläche gehabt hatten: im September gab es seitens der alliierten Luftaufklärung nur zwei Sichtungen an der Oberfläche im Golf, und im folgenden Monat keine.

Ende 1942 begann man jedoch mit der Einführung von zwei neuen, weiterentwickelten Radartypen in den Flugzeugen, dem britischen ASV Mk III und dem amerikanischen SCR-517. Der neue Radar konnte U-Boote an der Meeresoberfläche aus größerer Entfernung und mit größerer Genauigkeit orten als die älteren Geräte. Zudem – und dies hatte besonderes Gewicht angesichts der deutschen Gegenmaßnahmen – operierten die neuen Radaranlagen auf Mikrowellenfrequenzen, die außerhalb der Bandbreite der *Metox* lagen.

Anfang 1943 erhielt No 172 Squadron die neueren Mk XII Wellingtons mit ASV MK III-Radar. Für die U-Boot-Mannschaften bedeutete das die Wiederaufnahme der überraschenden Nachtangriffe, die im Vorjahr die Kampfmoral so untergraben hatten. Im März und April 1943 versenkten Flugzeuge nachts nur zwei U-Boote, doch die Besatzungen mehrerer anderer kehrten mit haarsträubenden Geschichten von nur knapp entgangenen Katastrophen zurück.

Bis zur Einführung eines neuen Vorwarnempfängers, der die Signale des Mikrowellenradars erkennen würde, gab Admiral Dönitz erneut den Befehl, daß die Schiffe im Golf von Biskaya nachts unter Wasser und tagsüber an der Oberfläche fahren sollten. Zwischen ihren Angriffsunternehmungen rüstete die deutsche Marine die U-Boote mit Batterien von 20-mm-Kanonen und in manchen Fällen mit 37-mm-Kanonen aus, damit diese ihre Angreifer verjagen könnten.

Wiederum bemerkten die Flieger der Tagesaufklärungspatrouillen über der Biskaya sofort die veränderte Taktik. In den ersten Maiwochen 1943 meldeten diese die Sichtung von U-Booten in 71 Fällen und griffen sie bei 43 Gelegenheiten an. Die Flugbesatzungen meldeten 17 Fälle, bei denen U-Boote an der Oberfläche blieben und ihre Angreifer abzuwehren versuchten. Im Laufe des Monats versenkten die Flugzeuge sechs U-Boote in der Biskaya und beschädigten sechs weitere schwer, wobei sechs Maschinen abgeschossen wurden. Ein solches Verhältnis sprach ganz eindeutig für die Coastal Command, denn Aufklärungsflugzeuge kosteten nur etwa ein Fünftel und hatten nur ein Achtel der Besatzung im Vergleich zu einem U-Boot.

Anfang Juni verfügte fast jedes Kampf-U-Boot über Flak, und Admiral Dönitz wies eine weitere Taktikänderung an. Von nun an sollten die U-Boote tagsüber an der Oberfläche im Konvoi die Biskaya überqueren. Bei einem Angriffsversuch eines Feindflugzeuges hatten die Kommandeure strikten Befehl, an der Oberfläche zu bleiben und ihre kombinierte Feuerkraft zum Verjagen oder Abschießen der Angreifer zu nutzen. Nach Einbruch der Dunkelheit sollten die U-Boote auf Tauchstation gehen und ihre Durchfahrt unabhängig voneinander fortsetzen, bei Tagesanbruch dann wieder auftauchen, sich neu gruppieren und im Konvoi weiterziehen, bis sie die Biskaya verlassen hatten.

Bei der ersten solchen Aktion zeigte sich die Konvoi-Taktik erfolgversprechend. Zwei U-Boote erreichten nach ihrer Patrouillenfahrt am 7. Juni sicher Brest, ebenso zwei weitere am 11. Am Nachmittag des 12. sichtete ein Aufklärungsflugzeug die erste der großen Gruppen beim Versuch der Gruppenüberquerung – fünf U-Boote auf dem Weg in den Atlantik. Der Einbruch der Dunkelheit verhinderte einen Angriff, und die Boote setzten ihre Fahrt unter Wasser fort. Am folgenden Abend nahm eine Sunderland der No 228 Squadron den Kontakt mit der Gruppe wieder auf. Vom Erwiderungsfeuer unbeirrt führte die Besatzung einen punktgenauen Angriff auf *U564* aus, doch ihr Flugboot erhielt tödliche Treffer und stürzte kurze Zeit später ab. Die beschädigte *U564* mußte ihre Patrouillenfahrt abbrechen und nahm in

Begleitung eines weiteren Boots Kurs auf ihren Stützpunkt in Frankreich. Am folgenden Tag fand eine Whitley der No 10 Operational Training Unit die beiden und versenkte das angeschlagene Boot; wiederum jedoch erhielt das Flugzeug bei der Auseinandersetzung Treffer, wurde auf dem Rückflug von deutschen Jägern abgefangen und abgeschossen. Währenddessen entkamen die anderen drei U-Boote in die Weiten des Atlantiks.

Die nächsten zwei Gruppen von U-Booten, die die Durchquerung des Golfs an der Oberfläche versuchten, liefen am 12. Juni aus. Die eine Gruppe bestand aus drei Booten und durchquerte die Biskaya ohne Verluste, nachdem sie in einem Gefecht mit Flugzeugen zwei ihrer Angreifer anschossen. Die andere Gruppe kam nicht so glimpflich davon. Ihre Gegenspieler, Mosquito-Jäger von der No 307 Squadron, machten wiederholte wirkungsvolle Angriffsflüge mit Kanonensalven. Eines der britischen Flugzeuge erlitt Trefferschäden, doch ihr Feuer forderte so viele Opfer unter den Besatzungen von *U68* und *U155,* daß beide Schiffe ihre Patrouillenfahrten abbrechen und zur Basis zurückkehren mußten.

Mit den Erkenntnissen aus diesen Kampfhandlungen führte Admiral Dönitz nochmals eine weitere Taktikänderung ein. Mitte Juni befahl er seinen U-Boot-Gruppen, nur noch tagsüber und nur für die absolut notwendige Zeit zum erneuten Laden der Batterien – etwa vier Stunden pro Tag aufzutauchen. Das verringerte die Zeit an der Wasseroberfläche und erschwerte den Feindflugzeugen ein Auffinden der Schiffe und den Angriff auf sie. Im Ergebnis dieser Veränderung erlitt in den letzten beiden Juniwochen nur noch ein U-Boot Schäden durch einen Luftangriff im Gebiet der Biskaya.

Die jetzt von den U-Booten praktizierte Gruppentaktik ähnelte der von alliierten Handelsschiffen bei der Atlantiküberquerung genutzten. Die Gegentaktik der Coastal Command wies erstaunlich ähnliche Züge auf wie die „Wolfsrudel"-Methode, die die U-Boote so wirkungsvoll gegen diese alliierten Konvois einsetzten. Dreimal täglich flog eine Gruppe von sieben Aufklärungsflugzeugen auf Parallelkurs über die Transitrouten der U-Boote. Ortete eine der Maschinen eine U-Boot-Gruppe, sollte sie außerhalb der Reichweite der gegnerischen Waffen Kontakt aufrechterhalten und Position und Zusammensetzung der feindlichen Kräfte per Funk an das Hauptquartier melden. Die übrigen Flugzeuge konnten sich über der U-Boot-Gruppe einfinden und einen gemeinsamen Angriff fliegen. Die alliierte Luftversion der „Wolfsrudel"-Taktik erwies sich sofort als erfolgreich, und der Juli 1943 war der ergebnisreichste Monat aller Luftaufklärungspatrouillenflüge über der Biskaya: elf U-Boote wurden versenkt und drei schwer beschädigt im Vergleich zu sechs abgeschossenen Flugzeugen.

In dieser Phase des Feldzuges hatte jede Kampfhandlung ihre besonderen Züge, und es wäre irreführend, eine von ihnen als „typisch" zu bezeichnen. Was jedoch am 30. Juli geschah, war bestimmt eine der dramatischeren Auseinandersetzungen und die erfolgreichste überhaupt für die Flugzeuge. An jenem Morgen fand eine Liberator der No 53 Squadron ein U-Boot-Trio – *U461* und *U462,* große U-Boot-Tanker mit der Ausrüstung zum Auftanken von Angriffs-U-Booten auf dem Meer, in Begleitung von *U504* – an der Oberfläche und mit Westkurs. Die Funkmeldung des Flugzeugs rief weitere sechs Flugzeuge zum Einsatzort – noch eine Liberator, zwei Halifax, zwei Sunderland und eine Catalina.

Eine Halifax eröffnete den Angriff mit einem Bombenabwurf aus der relativ großen Höhe von 490 m. Die abgeworfenen drei 275-kg-Wasserbomben hatten stärkere Hüllen als normale Wasserbomben, damit sie nicht sofort beim Aufprall zerbersten, wenn sie aus größerer Höhe abgelassen werden. Die zusätzliche Höhe bewahrte den Bomber jedoch nicht vor dem Abwehrfeuer der U-Boote, und er sah sich gezwungen, die Kampfhandlung wegen eines beschädigten Höhenruders abzubrechen. Die Wasserbomben verfehlten das Ziel. Die zweite Halifax griff danach aus 900 m Höhe an, wo sie relativ sicher vor dem gegnerischen Feuer war, und klinkte seine Reihe Wasserbomben aus. Eine davon explodierte in der Nähe von *U462*. Das U-Boot wurde schwer beschädigt, dunkle Rauchwolken stiegen aus seinem Kommandoturm auf, und etwa eine Viertelstunde später wurde es immer langsamer und kam schließlich ganz zum Stillstand.

Die beiden andere U-Boote kreisten zum Schutz um das treibende Schiff, was drei Flugzeugen die Gelegenheit zu einen gemeinsamen Tieffliegerangriff bot.

Die Liberator, die das Trio zuerst ausgemacht hatte, führte den Angriff, begleitet von einer Liberator der No 19 Squadron der US Air Force. Etwas dahinter kam eine Sunderland von der No 461 (Australian) Squadron. Den zwei Liberator schlug heftiges Abwehrfeuer entgegen, beide erhielten Treffer und mußten ihren Angriff vorzeitig abbrechen. Doch diese Flugzeuge hatten die deutschen Flaks lange genug beschäftigt, so daß die Sunderland einen genauen Angriff auf das noch unbeschädigte Tanker-Boot einleiten konnte. Erst im letzten Moment schwenkte die Flak noch herum, um der neuen Gefahr zu begegnen, doch zu diesem Zeitpunkt war es bereits zu spät. Der Bugschütze des Flugbootes gab einen langen und treffsicheren Feuerstoß ab, der diese Waffen verstummen ließ. Über seinem nun hilflosen Ziel warf der Pilot der Sunderland eine Reihe von sieben Wasserbomben aus 15 m Höhe ab, die auf der ganzen Länge des Bootes explodierten. Das U-Boot brach auseinander und sank fast sofort.

Wahrscheinlich zurecht entschied der Kapitän der *U504,* daß er seinen Kameraden keine weitere Hilfe leisten konnte, und tauchte ab. Das half ihm oder seinem Schiff aber auch nicht mehr, denn nach der Feindberührung hatte die Catalina eine Gruppe von fünf U-Jagd-Schiffen zum Kampfgebiet geleitet. Diese kamen noch rechtzeitig, um *U462* mit Feuerstößen zu versenken, dann führten sie eine Sonarsuche nach *U504* durch und versenkten sie auch. Als die deutschen Marinetagebücher nach dem Krieg geprüft wurden, stellte sich heraus, daß es bei dieser Auseinandersetzung eine bemerkenswerte Übereinstimmung der Zahlen gegeben hatte: der U-Boot-Tanker *U461* war von der Sunderland „U" der No. 461 Squadron versenkt worden.

Der August begann mit einem triumphalen Start für die Flugzeuge auf Patrouillenflug: vier weitere versenkte U-Boote in der Biskaya in den ersten zwei Tagen. Daraufhin entschied Admiral Dönitz, was zuviel sei, sei zuviel. Der Feind hatte eindeutig ein Rezept gegen die Konvoi-Taktik, daher befahl er seinen Mannschaften, sie nicht mehr zu nutzen. U-Boot-Gruppen sollten sich während der Fahrt durch den Golf von Biskaya teilen, die einzelnen Schiffe jedes für sich die Route angehen und nur so kurz wie möglich *und nur nachts* auftauchen. Vier U-Boote, die von ihrer Atlantikstreife zurückkamen, erhielten die Anweisung, sich in Nähe der Küste des neutralen Spanien zu bewegen, ebenfalls nur nachts und nur zum Laden der Batterien aufzutauchen.

Die Nutzung der Hoheitsgewässer Spaniens stellte die beste Lösung für die Probleme der deutschen U-Boote dar, denn das Störungsecho vom Land erschwerte ihr Auffinden auf dem Radar. Bald darauf tauchte ein neuer Typ von Radarwarnempfängern in den U-Booten auf, das *Naxos*-Gerät, das die ausgesendeten Mikrowellen des ASV III- und SCR-517-Radars erkannte. Der neue Empfänger veränderte das Gleichgewicht der Technik wieder zugunsten der U-Boote. Doch er wurde zu spät eingeführt, und weitere Faktoren hoben den deutschen Vorteil wieder auf.

Nach einer Serie von schweren Niederlagen, die der alliierte Begleitschutz der Konvois den U-Booten zugefügt hatten, entschied Admiral Dönitz Ende August, großangelegte Operationen im Atlantik einzustellen. Er mußte seine erfahrenen Besatzungen erhalten, damit sie die neuen Hochleistungs-U-Boote bemannen, die er im folgenden Jahr in den Dienst zu stellen plante. Dieser Schritt reduzierte die U-Boot-Durchfahrten durch den Golf von Biskaya drastisch. Obgleich sich die Aufklärungsflüge mit gleicher Intensität fortsetzten, wurden zwischen Ende der ersten Augustwoche und dem Jahresende nur fünf U-Boote versenkt und nur eines beschädigt.

Die U-Boot-Jagd in der Biskaya setzte Anfang 1941 ein, und der Feldzug fand sein endgültiges Ende, als sich alliierte Bodentruppen im Sommer 1944 den U-Boot-Basen in Frankreich näherten. Die härteste Kampfphase der U-Boot-Jagd im Golf von Biskaya umfaßte den fünfzehnmonatigen Zeitraum zwischen der Einführung des Leigh-Suchscheinwerfers im Juni 1942 und dem Rückzug der U-Boote aus dem mittleren Atlantik im August 1943. In dieser Zeitspanne versenkten patrouillierende Flugzeuge 33 deutsche und italienische U-Boote in diesem Gebiet, beschädigten 30 weitere und teilten sich eine Versenkung mit Überwasserschiffen.

KAPITEL ACHT

Angriff auf Regensburg

In den ersten sieben Monaten des Jahres 1943 drangen in England stationierte schwere Bomber der US Eighth Army Air Force bei ihren Angriffen immer tiefer in Deutschland ein. Am 17. August befahl ihr Kommandeur die bis dahin gewagteste Operation: einen Angriff auf die Messerschmitt-Flugzeugwerke in Regensburg ganz im Süden Deutschlands. Er sollte kombiniert werden mit einem Angriff auf die Kugellagerfabrik Schweinfurt. Dieses Unternehmen führte zu einem grundlegenden Wandel in der Bombardierungsstrategie der USA.

Im Laufe des Juli 1943 lieferten die Messerschmitt-Werke in Regensburg knapp 300 Bf 109 Jagdflugzeuge an die Luftwaffe. Damit gehörten sie zu den größten der vier Produktionsstätten dieses Typs. Regensburg stand zu dieser Zeit weit oben auf der Liste der Ziele eines Präzisionsangriffs bei Tageslicht. Die Risiken bei einem so tiefen Eindringen nach Deutschland waren allerdings groß. Der Werkskomplex lag ca. 800 km von der nächsten US-Bomberbasis entfernt und etwa 700 km innerhalb des besetzten Gebietes in Europa.

Bei der Planung des Angriffs auf Regensburg wurde ein weiteres Ziel von strategischer Bedeutung mit einbezogen. Es handelte sich um die Kugellagerfabrik im etwa 200 km nordwestlich gelegenen Schweinfurt. Man entschied sich für eine Zangenoperation auf beide Ziele. Der ursprüngliche Plan sah vor, daß zwei Angriffsverbände mit insgesamt 376 B-17 „Fliegenden Festungen“ zusammen nach Deutschland eindringen. An einem Punkt südlich von Frankfurt sollten sich die beiden hinteren Divisionen von der führenden abspalten, ihren Angriff auf Schweinfurt fliegen und nach England zurückkehren, während die übrige Division, bestehend aus 146 B-17, ihren Flug in südöstliche Richtung nach Regensburg fortsetzt. Nach der Bombardierung sollte sie in süd-südwestliche Richtung abdrehen und über Österreich, Italien und das Mittelmeer nach Algerien in Nordafrika fliegen und dort landen. Der Sinn dieser Kriegslist war das Vermeiden eines langen Rückzugsfluges über Nordwestdeutschland, der große Verluste bringen konnte. Einschließlich der Bildung der Formation würde der Flug elf Stunden in Anspruch nehmen. Selbst für die Langstreckenversion der B-17 wäre das dicht an der Grenze ihrer Reichweite.

P-47 Thunderbolt-Begleitjäger sollten die Anfangsphase des Eindringens der Bomber und die Endphase des Rückflugs nach dem Bombenabwurf auf Schweinfurt decken. In diesem Stadium des Krieges hatten die Begleitjäger nicht genügend Treibstoff, um die Bomber ins deutsche Hinterland zu begleiten. Die Royal Air Force leistete ihren Beitrag zur Unterstützung der Operation mit 20 Staffeln Spitfire, deren Aktionsradius allerdings noch begrenzter war als der der Thunderbolt. Die „Gretchenfrage“ für die Angreifer von Regensburg beinhaltete, daß sie sich zur Erreichung des Zieles durch fast 500 km feindlichen Luftraum kämpfen mußten, nachdem die letzten Begleitjäger abdrehten.

Soweit der Plan. Am frühen Morgen des 17. August lag eine dichte Wolkendecke über Ostengland, die sich laut Wettervorhersage im Laufe des Tages lichten sollte. Wären die Streitkräfte kurz nach der Dämmerung wie ursprünglich geplant gestartet, wäre das Kollisionsrisiko bei der Bildung der Formation sehr groß gewesen. Aus diesem Grund gab es eine Planänderung. Die Angriffskräfte für Regensburg starteten eineinhalb Stunden später (die maximal zu vertretende Verspätung, weil die Bomber die ihnen unbekannten Landeplätze in Algerien vor der Dunkelheit erreichen mußten). Die größeren für Schweinfurt bestimmten Angriffskräfte unterlagen wegen der geringeren Entfernung diesen Zwängen nicht. Daher wurde ihr Start um 5 Stunden verschoben, um dem Himmel über Ostengland Zeit zu geben, sich aufzuhellen. Die Änderung besaß große taktische Bedeutung: Die beiden Angriffsverbände mußten getrennt in das deutsche Territorium eindringen und sahen sich infolgedessen nacheinander der geballten Wucht der deutschen Luftverteidigung gegenüber.

Um 10.05 Uhr überquerten die führenden Elemente der Angriffskräfte auf Regensburg die niederländische Küste. Acht Bomber waren aus verschiedenen Gründen zur Umkehr gezwungen, bevor sie die Küste erreichten. Die Kräfte bestanden jetzt aus 139 „Fliegenden Festungen" in drei Kampfformationen. Einige Dutzend Thunderbolt von der 353rd Fighter Group begleiteten die Bomber beim anfänglichen Eindringen in den feindlichen Luftraum.

Als die Bomber über Holland dröhnten, begaben sich drei Luftwaffen-Gruppen, jede mit etwa 20 Jägern, getrennt in Angriffsposition. Die Bomberformation er-

BOEING B-17F FLYING FORTRESS

Typ: zehnsitziger viermotoriger schwerer Bomber
Triebwerk: vier Wright R-1820 Cyclone 14-Zylinder-Sternmotoren mit Turbolader mit je 1200 PS beim Start
Bewaffnung: Die Bombenzuladung hing von der zu fliegenden Strecke ab. Bei maximaler Angriffsentfernung, wie auf Regensburg, betrug die Bombenzuladung zehn 225-kg-Bomben oder ein vergleichbares Gewicht Brandbomben. Die vorwärtsfeuernde Bewaffnung hing von der Modifizierungvariante des Flugzeuges ab, umfaßte aber wenigstens zwei Browning 7,62-mm-Maschinengewehre (bei manchen Flugzeugen bis zu vier beweglichen Browning 12,7-mm-Maschinengewehren im Bug). Es gab zwei Browning 12,7-mm-Maschinengewehre in jedem der Drehtürme über und unter dem Rumpf, zwei bewegliche im Heck, eins in jeder Mittelseite des Rumpfes und ein in Höhe des Bordfunkers oberhalb des Rumpfes feuerndes Maschinengewehr.
Leistung: typische Marschgeschwindigkeit in Formation (mit Bombenzuladung) 290 km/h in 6700 m Höhe; demonstrierte Operationsreichweite während der Regensburg-Mission (einschließlich der Bildung der Formation, Flug in Formation, operativen Treibstoffreserven und einer 2250-kg-Bombenzuladung, abgeworfen nach fast der Hälfte der Flugstrecke) 2414 km
Normale Startmasse bei Kampfeinsätzen: 22 070 kg
Abmessungen: Spannweite 31,64 m; Länge 22,78 m; Tragflügelfläche 131,92 m^2
Datum der Indienststellung von B-17F: Mai 1942
Anmerkung: Die B17, die an der Regensburg-Mission teilnahmen, gehörten zu der Langstrecken-Variante mit zusätzlichen Treibstofftanks in den Tragflächen (mit dem Spitznamen „Tokiotanks").

streckte sich am Himmel über 30 km, und der kleine Geleitschutz konnte nicht überall Deckung geben, dennoch verjagten die Thunderbolt die Focke Wulf 190 der II. Gruppe des Jagdgeschwaders 1 erfolgreich. Aber während dieser Aktion der Begleitjäger flogen die zwei anderen Gruppen, die I. des JG 26 mit FW 190 und die III. des JG 26 mit Messerschmitt Bf 109, einen scharfen Frontalangriff auf einen Teil der Bomberformation.

Lieutenant-Colonel Beirne Lay, ein Stabsoffizier im Headquarters Eighth Air Force, flog bei den amerikanischen Eindringlingen als Co-Pilot in einer B-17 der 100th Bomb Group, um aus erster Hand Erfahrungen über den Luftkampf zu sammeln. Die sollte er auch bekommen, denn diese Bombergruppe befand sich ganz hinten in der Formation an der verwundbarsten Stelle. Später schrieb Lay einen dramatischen Bericht über den Luftkampf, in dem er die erste Berührung mit dem Feind wie folgt beschreibt:

> Um 10.17 Uhr sah ich in der Nähe von Woensdrecht (Holland) den ersten Flakschein in unserer Nähe, leicht und undeutlich. Ein paar Minuten später erschienen zwei FW190 auf ein Uhr und flitzten durch die Formation vor uns in einem Frontalangriff, erwischten zwei B-17 an den Tragflächen und verschwanden unter uns in „Halbrollen". Die beiden B-17 zogen sofort Rauch hinter sich her, aber sie hielten ihre Position. Als die Jäger ganz dicht an uns vorbeiflogen, wurden die Kanonen unserer Gruppe aktiv. Der durchdringende Geruch verbrannten Pulvers erfüllte unser Cockpit und die B-17 erzitterte unter dem Rückstoß der Kanonen im Bug und im Waffenturm. Ich sah Stücke aus der Tragfläche eines Jägers wegfliegen, bevor sie aus unserem Gesichtskreis verschwanden.

Am Ende des Kampfes waren die beiden B-17 abgeschossen und mehrere beschädigt, in einigen Fällen so schwer, daß sie die Formation verlassen und nach Hause abdrehen mußten. Drei Messerschmitt wurden bei den Kampfhandlungen abgeschossen.

Bald danach wurde die 353rd Fighter Group von der 56th Fighter Group abgelöst, und letztere, eine erfahrene Einheit, blockierte erfolgreich weitere Angriffe der feindlichen Jäger auf die Hauptformation. Aber die Thunderbolt konnten nichts tun, um die Bomber vor der feindlichen Flak zu schützen, und zwei B-17 fielen über Holland dem Flakfeuer zum Opfer, andere erlitten Schäden. Da die deutschen Jäger die Hauptformation der Bomber nicht mehr erreichen konnten, konzentrierten sie ihre Aufmerksamkeit auf den Abschuß der B-17, die die Formation verließen und auf sich gestellt nach England zurückkehrten. Als sich die Hauptformation der B-17 der deutschen Grenze näherte, hatten die Thunderbolt die Grenze ihres Aktionsradius erreicht und mußten umkehren.

Vor den Angriffskräften auf Regensburg lag nun ein Flug von etwa 500 einsamen Kilometern bis zum Zielgebiet. Doch die im Küstenstreifen stationierten Luftwaffenjäger hatten ihr Pulver bereits verschossen, und ihre Maschinen begaben sich zurück zu ihren Flugplätzen, um aufzutanken und aufzumunitionieren. Seit die Bomber die Küste überquert hatten, herrschte erstmals relative Ruhe in ihrer Formation. Dennoch hegten nur wenige an Bord der amerikanischen Bomber Zweifel daran, daß das nur die Ruhe vor dem Sturm war.

Einige Messerschmitt Bf 110 Nachtjäger verfolgten die Bomber wie hungrige Schakale, blieben aber außerhalb der Reichweite unserer Kanonen. Die Besatzungen dieser relativ langsamen und schwerfälligen radarbestückten Maschinen hatten den Befehl, keine Bomber in der Formation anzugreifen. Ihre Aufgabe bestand darin, versprengte Maschinen oder andere, die den Schutz der Formation verließen, zu vernichten.

Ein Nachtjäger übernahm die Rolle der Kontaktmaschine, indem er ständig seine Position, Kurs, Höhe und Zusammensetzung kommentierte. Beirne Lay erinnert sich besonders an diese Maschine:

> Ich bemerkte rechts von uns eine Me 110 außerhalb der Reichweite. Sie blieb bis zum Ziel in unserer Nähe, und gab offensichtlich unsere Positionen an neue Staffeln durch, die uns dann später erwarteten.

Lays Einschätzung war richtig. Inzwischen erkannte die deutsche Jägerleitstelle klar, daß die Angriffskräfte auf ein Ziel in der Mitte oder im Süden des Landes zuhielten, obgleich der genaue Bestimmungsort nur vermutet werden konnte. Die einzigen regulären Tagjäger, die einem solchen Vorstoß begegnen konnten, kamen von der Jagdgruppe 50, einer neu gebildeten, in Wiesbaden/Erbenheim stationierten Einheit mit 25 Bf 109. Unterstützt wurde die Einheit von knapp zwei Dutzend Bf 109 und FW 190, geflogen von Fluglehrern der Jägerausbildungseinheiten in der Gegend, und weiteren Bf 110 Nachtjägern mit niedrigerer Leistung, die Versprengte bekämpfen konnten.

Die nächsten Kampfhandlungen begannen bei Wiesbaden. Einer der Piloten der Jagdgruppe 50, Leutnant Alfred Grislawski, kommentierte später:

> Wir gewannen an Höhe und stellten perfekten Kontakt mit den Boeing her. Ich sah eine Formation der Amerikaner zum ersten Mal. Es waren so viele, daß es uns alle bis ins Mark traf, sowohl unsere kleine Gruppe von Piloten aus Rußland, als auch die jungen neuen Piloten – die jungen noch ein bißchen mehr als wir, glaube ich. Wir leiteten auf der rechten Seite der Formation Frontalangriffe ein. Wir stürzten uns jeweils zu viert in den Kampf.

Die deutschen Piloten griffen mit großer Entschlossenheit an, im Bewußtsein, daß diese B-17 im Begriff waren, ihre Heimat zu bombardieren. Außerdem brauchten sie keine feindlichen Jäger zu fürchten, und konnten es sich daher leisten, in Ruhe die richtige Positionierung für ihre Feuerangriffe einzunehmen und alle Munition gegen die Bomber zu verbrauchen.

Nach Frontalangriffen wendeten die Jäger, um weitere Angriffe gegen die Bomber von hinten einzuleiten. Die meisten Kampfhandlungen konzentrierten sich jetzt auf die umkämpfte 100th Bomb Group am Ende der Formation. Beirne Lay schrieb:

> Eine Zwölferstaffel von Me 109 schwang ihren gelben Bug in einer Kehrtwendung herum und kam von 12 Uhr bis 2 Uhr zu zweit und zu viert herein, und der Reigen begann nun richtig.
>
> Ein glänzendes, silbernes Objekt segelte über unsere rechte Tragfläche. Ich erkannte es als Flugzeugtür. Sekunden später kam ein dunkles Objekt durch die Formation geflogen und verfehlte mehrere Propeller nur knapp. Es war ein Mann, der seine Knie an den Kopf gezogen hatte und sich wie ein Fallschirmspringer in dreifachem Salto drehte. Ich sah jedoch nicht, ob sein Schirm aufging.
>
> Eine B-17 verließ langsam die Formation zur Rechten, blieb aber auf gleicher Höhe. Doch dann verschwand sie im Bruchteil einer Sekunde in einer grellen Explosion völlig. Zurück blieben nur vier kleinere Feuerbälle, die vier Treibstofftanks, die schnell auf dem Weg nach unten verglühten.

MESSERSCHMITT BF 109G-6

Typ: Jagdeinsitzer
Triebwerk: ein Daimler Benz DB 605 12-Zylinder-Reihenmotor mit 1475 PS beim Start
Bewaffnung: (Abfangjäger) drei Mauser MG 151 Kanonen, eine durch den Propeller feuernd und zwei unter den Tragflächen; zwei Rheinmetall Borsig MG 131 13-mm-Maschinengewehre über dem Motor
Leistung: Höchstgeschwindigkeit 621 km/h in 6900 m Höhe; Steigzeit auf 5700 m Höhe 6 Minuten
Normale Startmasse bei Kampfeinsätzen: 3144 kg
Abmessungen: Spannweite 9,92 m; Länge 8,85 m; Tragflügelfläche 16,16 m^2
Datum der Indienststellung von BF 109G-6: Ende 1942

Unsere Maschine war durch herumfliegende Wrackteile gefährdet. Notluken, Ausgangstüren, vorzeitig geöffnete Fallschirme, menschliche Körper und allerlei Teile von verschiedenen B-17 und deutschen Jägern fegten im Nachstrom an uns vorbei.

Ich sah zwei Jäger nicht weit unter uns explodieren. Sie verschwanden in lodernden, orangefarbenen Flammenzungen. B-17 fielen aus unterschiedlichsten Gründen aus – von brennenden Motoren bis zu weggeschossenen Steuerrudern; Fallschirme mit Freund und Feind glitten abwärts; auf dem grünen Teppich weit unter uns markierten zahlreiche rauchende Begräbnishügel abgestürzter Maschinen unsere Spur. Der Anblick übertraf jede Phantasiegeschichte ...

Eine B-17 der Gruppe vor uns fiel mit brennenden „Tokiotanks“ zurück bis auf etwa 60m über unserer rechten Tragfläche und blieb ortsfest, während sieben Besatzungsmitglieder nacheinander absprangen. Vier kamen aus dem Bombenschacht und machten Sprünge mit verlängerter Freiflugphase, einer sprang aus dem Bug, öffnete seinen Fallschirm vorzeitig und streifte fast das Heck. Ein weiterer verließ die Maschine aus dem linken mittleren Gefechtsstand und verzögerte das Öffnen des Fallschirms, um einen sicheren Abstand zu bekommen. Der Heckschütze fiel aus seiner Luke und zog anscheinend die Reißleine, bevor er genug Abstand hatte. Der Ruck war so heftig, daß er beide Schuhe verlor. Er hing reglos in den Gurten, während die anderen sofort nach Öffnung der Schirme Lebenszeichen zeigten und sich in ihren Gurten bewegten. Die B-17 ging dann in einer Spirale nach unten. Ich sah den Piloten nicht aussteigen. Bevor sie aus dem Blickfeld verschwand, sah ich etwa 1000 m unter uns gelbe Flammenzungen aus ihrer rechten Tragfläche schlagen.

In dieser Kampfphase wurden sieben B-17 in schneller Folge abgeschossen. Zwei weitere wurden beschädigt und mußten die Formation verlassen, um bald darauf von deutschen Jägern erledigt zu werden. Von den neun Bombern gehörten sechs zur 100th Bomb Group, mit der Lay flog.

Östlich von Mannheim begann den einmotorigen Jägern die Munition auszugehen. Einer nach dem anderen drehte ab, und die Kampfhandlungen gingen allmählich zu Ende. Von den 139 „Fliegenden Festungen“, die die holländische Küste überflogen hatten, waren nun 14 abgeschossen, und die Mannschaften weiterer Bomber bemühten sich, ihre beschädigten Maschinen in der Formation zu halten.

Nur wenige im Bomberverband ahnten, daß die deutschen Verteidigungskräfte ihr Pulver nun verschossen hatten. Die B-17 waren jetzt tiefer ins Hinterland eingedrungen als je zuvor und kamen in ein Gebiet, wo es keine regulären Tagjägereinheiten der Luftwaffe gab. Die letzten 25 Minuten bis zum Ziel blieben die Bomber unbehelligt, obgleich einige Bf 110 Nachtjäger bedrohlich an den Flanken und hinter der Formation auftauchten.

Weil US-Tagbomber sich noch nie zuvor in die Nähe von Regensburg gewagt hatten, gab es nur harmlose Verteidigungsvorkehrungen für die Flugzeugwerke – nur drei Batterien 88-mm-Flugabwehrkanonen sowie ein paar gerade fertiggestellte und aufmunitionierte Bf 109 in Bereitschaft auf dem Flugplatz, die im Notfall von Werkstestpiloten geflogen werden sollten.

Als sich die Flugzeuge Regensburg näherten, herrschte in der Gegend perfektes Wetter für einen Angriff – wolkenloser Himmel und eine horizontale Sichtweite von 40 bis 50 km. Am geplanten Auftaktpunkt für den Angriff 40 km westlich des Ziels begab sich die führende Formation in Angriffsanordnung. Die meisten höher- und tieferfliegenden Staffeln schoben sich hinter die Führungsstaffel, um die Breite der Formation für den Bombenangriff zu reduzieren. Die führende Einheit, die 96th Bomb Group, kam unbeschädigt mit allen ihren 21 B-17 zum Auftaktpunkt.

In jeder Bomb Group Formation hatten nur vier Maschinen Bombenzielgeräte, die des Führers, des stellvertretenden Führers und der Führer der höher- und tieferfliegenden Staffel. Im Fall der drei letzten wurden die Zielgeräte nur als Sicherheitsreserve im Fall von Verlusten mitgeführt.

Falls sich der Bombenschütze in der Führungsmaschine noch an der Spitze der Formation befand und seine Ausrüstung dienstbereit war, lenkte er die Bomben der gesamten Gruppe. Sobald sich die Führungs-B-17 auf Bombenabwurfkurs befand, schaltete der Pilot auf Autopiloten um, und von da an bis zum Bombenabwurf „flog“ der Bombenschütze die Maschine. Der Autopilot war elektrisch gekoppelt mit dem Norden-Zielgerät, so daß jedes Mal, wenn der Bombenschütze das Zielgerät nachstellte, um das Zielkreuz auf dem Ziel zu halten, diese Korrekturen an den Autopiloten weitergegeben wurden, damit er die Maschine auf dem richtigen Weg für einen präzisen Angriff hält.

Für diesen Bombenangriff hatten die Besatzungen Anweisung, aus einer Höhe zwischen 5180 und 6100 m, je nach ihrer Position in Formation, anzugreifen. Das war niedriger als die Maximalangriffshöhe der B-17, womit sich die Bombardierungsgenauigkeit bei diesem besonders wichtigen Ziel erhöhte. Captain John Latham stand als Führungsbombenschütze für die 96th Bomb Group an der Spitze der Angreifer. Später kommentierte er:

> Als Führungsbombenschütze fühlte ich eine große Verantwortung auf mir lasten. Wenn ich das Ziel verfehlte, dann würden es auch alle anderen Maschinen in meiner Formation verfehlen. Ist man so viele Stunden geflogen, hat hart gekämpft und viele Freunde an Jäger und Flakfeuer verloren, ist es äußerst schwierig, einer einzigen Person, von der der Erfolg der gesamten Anstrengungen abhängt, einen Fehler zu verzeihen.

Die Bomber steuerten das Ziel auf einem genauen Ostkurs an, und Latham zielte seine Bomben auf einen Punkt an der entfernten (östlichen) Seite des Zielkomplexes. Regensburgs spärliche Flugabwehrbatterien gaben ihr Bestes, um den Angriff zu stören. Die paar Messerschmittjäger, die vom Flugplatz neben der Fabrik aufstiegen, versuchten es ihrerseits. Aber diese schwachen Kräfte konnten kaum etwas ausrichten, um die Wucht des Bombardements abzuschwächen.

Als John Lathams B-17 den Bombenabwurfspunkt, den das Norden-Bombenzielgerät berechnet hatte, erreichte, schlossen sich ein paar elektrische Kontakte und entließen die zehn 225-kg-Sprengbomben des Flugzeuges in schneller Folge.

Der Rest der Gruppe hielt sich während der Bombenabwurfsphase eng in Formation hinter der Führungsmaschine, und als sie die Bomben fallen sahen, klinkten auch die restlichen B-17 in der Formation ihre Bomben aus. Bei dieser Methode fielen die Bomben in ganz dichtem Muster ausgehend vom Zielpunkt des Führers auf der Strecke zurückführend, wobei die Breite des Musters der Breite der Formation beim Bombenabwurf entsprach.

Nach dem Bombenabwurf schaltete der Pilot der Führungsmaschine den Autopiloten ab und leitete eine schwungvolle Wendung nach rechts ein, wobei er Kurs auf Algerien nahm. Als sein Bomber abdrehte, ging Latham an ein Seitenfenster, um die Ergebnisse seines Tuns zu betrachten:

> Es war so, als wären die Bedingungen für uns geschaffen gewesen, und wir erblickten, was wir zu sehen gehofft hatten. Unsere Bomben fielen direkt auf den führenden Rand des Ziels. Einfach perfekt. Wir sahen den Bruchteil einer Sekunde später die Bemühungen der übrigen Gruppe, die inmitten einer schnellen Folge von Explosionen über das Zielgebiet strich. Sogar aus unserer Höhe konnte man jede auftreffende Bombe explodieren sehen. Sie schlug entweder ein Loch in den Boden oder ließ Ziegel herumfliegen, und dann kam das weißliche Rot der Explosion, gefolgt von einer Staubwolke, die immer größer wurde und sich über das Zielgebiet verbreitete, wobei immer weitere Bomben ihre Blitze durch Rauch und Staub schickten.

Die führenden Bombenschützen der ersten drei Bomb Groups, die das Ziel überflogen, sahen die Zielpunkte leicht, und ihre Abwürfe waren äußerst präzise. Dann machten es die Staubwolken der Explosionen und der Rauch, der von den zahlreichen Bränden aufstieg und über die Zielpunkte driftete, schwierig, die Ziele zu erkennen, wie das oft der Fall ist, wenn viele Bomber das gleiche Ziel angreifen. Für die nachfolgenden Formationen wurden die Bedingungen immer schlechter, und zwei Bomb Groups, die 94th und 385th hatten so schlechte Sicht, daß sie beim ersten Abwurfflug nichts tun konnten, wenden mußten und einen zweiten Bombardierungsflug vornahmen. Die 122 Bomber, die das Zielgebiet erreicht hatten, brauchten 22 Minuten, um ihre Aufgabe zu erfüllen. Wegen der beiden Bomb Groups, die zweimal zum Abwurf ansetzten, dauerte der Angriff etwas länger.

Trotz immer schlechterer Sicht, plazierten die B-17 präzise Bombenteppiche über dem Fabrikkomplex. Das Werksgelände erhielt schwere Volltreffer. Etwa 400 Arbeiter wurden getötet und eine ähnliche Anzahl verletzt. Nach Verlassen des Angriffsgebietes flogen die B-17 in südlicher Richtung über die Alpen. Zwei beschädigte B-17 verließen die Formation und suchten Sicherheit in der neutralen Schweiz. Sie waren die ersten Maschinen, die dort landeten. Als Beirne Lay später den 1600-km-Flug vom Zielgebiet bis zu den Landeplätzen in Afrika beschrieb, notierte er:

> Der restliche Flug war ein echter Gegenhöhepunkt. Bei unserem Weg über die Alpen zielten noch ein paar Jäger auf uns. Eine Stadt am Brennerpaß schickte ein paar nutzlose Flakstöße nach oben. Wir kreisten lange genug über dem Gardasee (in Norditalien), um einigen Krüppeln (beschädigten Maschinen) die Möglichkeit zu geben, sich wieder der Familie anzuschließen, und wir machten uns in einem langsamen Sinkflug auf den Weg zum Mittelmeer. Die Aussicht, beim Anflug auf Nordafrika wegen Treibstoffmangels im Wasser zu landen, und der Anblick anderer B-17, die tatsächlich in die große Tasse fielen, erschienen wie Lappalien nach dem schrecklichen Alptraum des langen Fluges über Süddeutschland. Wir spürten die Reaktion der Männer, die nicht erwartet hatten, noch mal einen Sonnenuntergang zu sehen.

Während des Fluges vom Zielgebiet gingen noch sieben weitere im Luftkampf zuvor beschädigte B-17 zu Boden. In mehreren Fällen verloren die Maschinen Treibstoff aus durchlöcherten Tanks und schafften es daher nicht mehr bis zu ihrem Bestimmungsort.

Von den 146 schweren Bombern, die an diesem Tag in England gestartet waren, drangen 139 in das besetzte Europa ein; 115 von ihnen gelang es, in freundlichem Territorium zu landen. Wie es bei solchen Luftschlachten oft der Fall ist, waren die Verluste nicht gleichmäßig verteilt. Die am schwersten betroffene Einheit war die 100th Bomb Group, mit der Beirne Lay an exponiertester Stelle am Schluß der Streitmacht flog. Von ihren 21 B-17 wurden 9 abgeschossen. Im Gegensatz dazu erlitt die 96th Bomb Group, die den Angriff führte, überhaupt keine Verluste. Zwei weitere Einheiten, die 94th und die 388th Bomb Group verloren je eine Maschine. Die Luft-See-Rettungsdienste leisteten beispielhafte Arbeit. Wunderbarerweise wurde jeder Mann an Bord der fünf an der Regensburg-Operation beteiligten B-17, die in der Nordsee bzw. im Mittelmeer abstürzten, gerettet.

Während der ganzen Aktion verloren die Angriffskräfte auf Regensburg 24 B-17, das sind 16,4 Prozent. Der Regensburg-Einsatz forderte aber einen noch höheren Tribut. Eine Woche später starteten 85 der Maschinen aus Algerien, um nach England zurückzukehren, und griffen unterwegs sogar noch einen Flugplatz in Westfrankreich an. Der Rest der in Algerien gelandeten B-17 war zu schwer beschädigt, um auf dem schlecht ausgerüsteten Flugplatz rechtzeitig repariert werden zu können. Einige Maschinen wurden später repariert und kehrten einzeln oder zu zweit zurück. Kurzfristig fielen der Eighth Air Force durch den Angriff auf Regensburg 61 Bomber aus, was der Hälfte der eingesetzten Maschinen bedenklich nahe kam. Die B-17-Schützen behaupteten, 140 deutsche Jäger im Luft-Luft-Kampf abgeschossen zu haben. Das war eine maßlose Übertreibung, denn jeder abgeschossene Jäger wurde mehrmals aufgerechnet. Eine Überprüfung der Aufzeichnungen der Luftwaffe zeigt, daß weniger als 10 deutsche Jäger im Kampf gegen die Regensburg-Bomber abgeschossen wurden.

Wie bereits festgestellt, erfolgte die Bombardierung der Flugzeugwerke von Regensburg sowohl präzise als auch konzentriert. Sie stellte ein gutes Beispiel für die Präzisionsangriffstheorien dar, die damals die US Army Air Forces so vehement vertraten. Aufklärungsfotos nach dem Angriff zeigten viele zertrümmerte oder ausgebrannte Gebäude auf dem Werksgelände. Bei der Einschätzung des Schadens gingen die alliierten Nachrichtenoffiziere davon aus, daß die Produktion mehrere Wochen zum Stillstand verurteilt sei und mehrere Monate nur stark eingeschränkt laufen würde. Das war eine zu optimistische Prognose.

Nach der Trümmerbeseitigung stellten die Werksverantwortlichen fest, daß die meisten Werkzeugmaschinen und Produktionsvorrichtungen den Angriff intakt überstanden hatten. Die Gebäude wurden repariert, oder wo das nicht möglich war, brachte man die Werkzeugmaschinen schnell an einen neuen Standort. Die Produktion kam wieder in Gang, und im September 1943, einen Monat nach dem Angriff, lieferten die Regensburger Flugzeugwerke fast 80 Bf 109 an die Luftwaffe. Im Oktober waren es bereits 163 und im November 205. Im Dezember hatte die Produktion eine Stückzahl von 270 erreicht – wie vor dem Angriff. Das Produktionsdefizit betrug insgesamt 400 Bf 109 oder zwölf Prozent des Ausstoßes von vier unbeeinträchtigten Herstellungsmonaten. Obgleich der Angriff ein harter Schlag war, erholte sich die Luftwaffe schnell davon.

Die 272 Tonnen Bomben, die die B-17 über dem Zielgebiet verteilt hatten, reichten in Wahrheit nicht aus, um einen Werkskomplex von dieser Größe zu zerstören. Außerdem waren die 225-kg-Sprengbomben – die größten beim Angriff abgeworfenen – nicht stark genug, um den Werkzeugmaschinen ernsthaften Schaden zuzufügen, selbst wenn sie direkt auf den Fabrikhallen explodierten. Als die Alliierten nach dem Krieg deutsche Aufzeichnungen prüften, stellten sie fest, daß es notwendig gewesen wäre, gleichstarke Angriffe in regelmäßigen Abständen zu wiederholen, um die Produktion in einem solchen Betrieb zu stoppen.

* * *

Zur Abrundung des Berichts über den Angriff auf Regensburg, müssen wir auch noch einen kurzen Blick auf das Schicksal von Schweinfurt werfen, das am 17. August 1943 etwas später von 230 „Fliegenden Festungen" angegriffen wurde. Auch diesen Bomberverband verwickelten die deutschen Jäger in heftige Luftkämpfe und sie schossen 36 Bomber ab. So wurden von den 376 „Fliegenden Festungen", die von England starteten, insgesamt 60 im Kampf zerstört.

Beide Seiten zogen wichtige Lehren aus diesen Auseinandersetzungen. Die US Army Air Forces lernte, daß das Kreuzfeuer von einer großen Formation schwerer Bomber, letztere nicht vor unvertretbar hohen Verlusten bei Angriffen auf das deutsche Hinterland bewahren konnte. Die Lösung bestand darin, der Produktion von Langstreckenbegleitjägern, besonders der P-51B Mustang, hohen Vorrang zu geben. Als dieser Jäger in ausreichender Stückzahl im nächsten Jahr zur Verfügung stand, hatte das große Wirkung auf den Verlauf der strategischen Bombardierungsoffensive.

Für das deutsche Oberkommando gab es andere, ganz unterschiedliche Lehren. Die erste beinhaltete die Notwendigkeit, mehr Jägereinheiten von der Ostfront und dem Mittelmeer abzuziehen, um die Verteidigung der Heimat zu stärken, was auch geschah. Um mehr Jägereinheiten bilden zu können, steigerte Deutschland die Produktion dieser Maschinen auf Kosten von Bombern und anderen Typen. Es wurden Schritte eingeleitet, um die Feuerkraft der Verteidigungsjäger zu verstärken, damit ihre Effektivität in ihrer Rolle als Bomber-Zerstörer erhöht wurde. Gleichzeitig begann man, die Flugzeug- und Flugmotorenproduktion auf viele kleine Betriebe im ganzen Land zu verteilen, statt sie in relativ wenigen großen Fabriken zu konzentrieren, die dem Feind bekannt und daher Angriffen ausgesetzt waren. Und als langfristige Lösung zur Vernichtung von Bombern konzentrierte die Luftwaffe ihre Mittel auf die Produktion und schnellstmögliche Indienststellung des revolutionären neuen Messerschmitt Me 262 Strahljägers. Vom Grad des Erfolges ihrer Bemühungen dabei berichtet das Kapitel 12 „Einsatz der Düsenjäger".

KAPITEL NEUN

Luftaufklärung über Berlin

Dieses Kapitel beschäftigt sich mit einem wichtigen Aspekt der Luftkriegsführung – der fotografischen Aufklärung. Spezielles Können und eine besondere Tapferkeit sind erforderlich, um in Kriegszeiten Langstreckenaufklärungsmissionen zu fliegen. Zu solchen Zwecken eingesetzte Flugzeuge operierten im II. Weltkrieg einzeln und gewöhnlich unbewaffnet in extremer Höhe; sie waren schnell, besaßen enorme Reichweite und drangen tief in feindliches Gebiet ein, um ihre Ziele zu fotografieren. Die Aufnahmen bildeten jedoch nur den ersten Teil der Mission, denn die besten Fotos sind erst von Nutzen, wenn sie zurückgebracht, ausgewertet und interpretiert werden, um die notwendigen Erkenntnisse zu gewinnen.

Wie bittere Erfahrungen gelehrt haben, ist es in Kriegszeiten für Aufklärungsflugzeuge viel einfacher, der feindlichen Verteidigung auszuweichen, als sich dem Kampf zu stellen. Aus diesem Grund wird bei den meisten Spezialaufklärungsmaschinen die Bewaffnung entfernt und Nutzlastkapazität sowie Luftwiderstand zugunsten von Geschwindigkeit, Höhe und Reichweite verringert. Die Aufklärungsmannschaften sahen sich neben den Kampfflugzeugen und der Flak ihrer Gegner weiteren Problemen gegenüber, so dem psychologischen Effekt der Einsamkeit tief in Feindesland mit wenig oder keiner Aussicht auf Hilfe in Notfällen. Der Pilot mußte sich auf das fast perfekte Funktionieren seiner Flugmaschine verlassen und wußte, daß selbst ein kleiner Fehler vielleicht Tod oder eine lange Gefangenschaft in einem Kriegsgefangenenlager bedeutet. Dazu kam noch der heimtückische Feind der Eintönigkeit, manchmal begleitet von betäubender Kälte in großen Höhen, die die Konzentration eines Menschen manchmal soweit herabsetzte, daß ein unerwarteter Angriff leicht tödlich ausgehen konnte. Bei Flügen bis an die Grenze der Reichweite bestand ständig die Gefahr des Ausgehens der Treibstoffreserven, falls der Pilot nicht sparsam genug mit der Kostbarkeit umging, bei Feindausweichmanövern zuviel verbrauchte oder zu lange mit Vollgas flog. In Anbetracht dieser Umstände betrachtete man die Männer, die Aufklärungsmissionen durchführten, als eine hochprofessionelle Elite. Sie allein waren in der Lage, einen erkennbar wichtigen Beitrag in der Kriegsführung zu leisten, ohne sich dabei die Hände auf dem Schlachtfeld blutig zu machen.

Luftaufklärungsmissionen weisen verschiedene Formen auf. Dieser Bericht schildert eine Aufklärungsmission nach einem Luftangriff. Ihr Ziel bestand in der Beschaffung von Fotos, mit deren Hilfe die Nachrichtenoffiziere den am Ziel entstandenen Schaden einschätzen konnten. Nach einem Angriff mußte ein Luftkommandeur so schnell wie möglich wissen, ob die Aktion den gewünschten Effekt hatte oder ob der Schlag wiederholt werden mußte. Diese Art Mission war potentiell die gefährlichste, weil der Feind oftmals eine solche Maschine nach einem schweren Angriff erwartete und einen entsprechenden Empfang vorbereitete.

SUPERMARINE SPITFIRE PR Mk XI

Typ: einsitziger photographischer Fernaufklärer
Triebwerk: ein Rolls-Royce Merlin 63 12-Zylinder-Reihenmotor mit 1760 PS beim Start
Bewaffnung: keine; Militärische Zuladung bei der beschriebenen Mission bestand aus zwei F.52 Kameras (mit 914 mm Brennweite) untergebracht im hinteren Teil des Rumpfes
Leistung: Höchstgeschwindigkeit 671 km/h in 7315 m Höhe; maximaler Aktionsradius (mit einem 410 l abwerfbaren Zusatztank) 909 km
Normale Startmasse bei Kampfeinsätzen: 3859 kg
Abmessungen: Spannweite 11,23 m; Länge 9,47 m; Tragflügelfläche 22,48 m²
Datum der Indienststellung von Spitfire PR Mk XI: November 1942

Am 6. März 1944 startete die US Eighth Air Force den ersten von vielen großangelegten Luftangriffen auf Berlin. Als der Angriff um 13.30 Uhr seinen Höhepunkt erreicht hatte, startete Major Walt Weitner seine Spitfire von der Rollbahn in Bradwell Bay bei Clacton und schlug Kurs nach Osten ein. Major Walt Weitner kommandierte die 14th Photo Squadron, 7th Photographic Reconnaissance Group, eine in Mount Farm bei Oxford stationierte Einheit der US Eighth Air Force, die für Langstreckenfotoaufklärungsarbeiten umgerüstete Lightning- und Spitfire-Maschinen flog.

Weitners Flugzeug, eine Spitfire PR Mk XI, hieß sinnigerweise „High Lady". Ohne Bewaffnung und ausgerüstet mit einem Paar Kameras mit langer Brennweite im hinteren Rumpf ließ sich das stark modifizierte Jagdflugzeug als fliegender Treibstofftank bezeichnen. Fast den gesamten vorderen Teil der beiden Tragflächen hatte man zu einem großen Tank mit einem Fassungsvermögen von 600 l Flugbenzin umfunktioniert. Mit 382 l im Haupttank vor dem Cockpit und weiteren 410 l in dem unter dem Rumpf angebrachten abwerfbaren Zusatztank hatte der Jäger 1392 l Treibstoff an Bord. Das war mehr als die dreifache Menge der Treibstofflast, die die frühen Jagdflugzeugversionen dieser Gattung mit sich führten.

Der Flug fast nur in großer Höhe sollte über vier Stunden dauern. Wegen der Kälte trug Weitner mehrere Schichten Kleidung übereinander. Damit und mit Fallschirm, Schlauchboot, Schwimmweste und Sauerstoffmaske war das enge Spitfire-Cockpit nichts für Leute mit Platzangst.

Weitner nahm direkt Kurs auf die deutsche Hauptstadt und flog fast genau in östliche Richtung über die Nordsee nach Holland. Kaum eine reichliche halbe Stunde nach dem Start passierte er den ersten Checkpoint, Den Haag, in 11 900 m Höhe. Unter ihm befand sich fünf Zehntel Bewölkung, und er konnte die Umrisse des Zuidersees zu seiner Linken ausmachen. Später erinnert er sich:

> Die Spitfire ließ sich in großer Höhe leicht handhaben. Diese hier war gut getrimmt und flog ruhig. Man mußte zwar immer die Hand am Steuerknüppel haben, brauchte aber kaum Druck auszuüben. Bei Aufklärungsflügen geht es nicht lange geradeaus auf gleicher Höhe. Man muß dauernd Kurven fliegen und den Himmel um sich herum nach feindlichen Jägern absuchen und die Navigation überprüfen.

Außerhalb des Cockpits betrug die Temperatur etwa -16 °C. Die dicke Bekleidung hielt den größten Teil des Körpers warm, konnte aber seine Hände und Füße nicht vor der lähmenden Kälte schützen. Von Zeit zu Zeit klatschte er in die Hände und stampfte mit den Füßen auf dem Cockpitboden herum, um das Blut wieder zirkulieren zu lassen.

Der Flug in großer Höhe brachte ein weiteres Problem: beim Flug in der kalten Luft ließ die Spitfire einen deutlich sichtbaren weißen Kondensstreifen hinter sich. Hätte Weitner die Aufmerksamkeit auf sich lenken wollen, hätte es kaum eine bessere Methode gegeben, doch die Situation zwang ihn zu einem kalkulierten Risiko:

> Ich hätte ihn (den Streifen) vermeiden können, wenn ich unter 6700 m gegangen wäre, ich hielt das jedoch nicht für richtig so tief in Feindesland. Ich dachte, es sei das Beste, dicht über der Gipfelhöhe einer Messerschmitt 109 zu fliegen. Würde ich dann zum Höhersteigen gezwungen, hätte ich einen kleinen Höhenvorsprung, den ich nutzen könnte. Die Deutschen müssen gesehen haben, daß ich da oben bin, aber keiner beachtete mich.

Feindliche Jäger, die ihn in großer Höhe verfolgen wollten, würden, wie Weitner wußte, auch einen Kondensstreifen hinterlassen und ihn auf diese Weise rechtzeitig vor ihrem Herannahen warnen.

Als die Spitfire Hannover passierte, herrschte klarer Himmel, und Weitner schaltete beim Flug über die Stadt die Kameras ein. Er bemerkte mehrere Kondensstreifen vor sich etwa auf gleicher Höhe, aber sie bewegten sich weg von ihm in östliche Richtung. Der Grund für das mangelnde Interesse der Verteidiger an der einsamen Spitfire lag auf der Hand: An diesem Nachmittag kämpften fast alle verfügbaren deutschen Jäger in diesem Gebiet gegen die große Bomberstreitmacht und deren Begleitjäger, die sich auf dem Rückflug nach England befanden.

Die Luftschlacht bewegte sich nach Westen, und als sich die Spitfire Berlin weiter näherte, reagierte die Luftwaffe schließlich doch auf den einzelnen Eindringling. Ein Blick in den Rückspiegel im Kanzeldach zeigte drei feindliche Jäger, die in Formation mit 1400 m Abstand und in etwas geringerer Höhe auf die Spitfire zuhielten. Alle drei Maschinen ließen Kondensstreifen hinter sich.

Die feindlichen Jäger kamen für den amerikanischen Piloten zu einer denkbar ungünstigen Zeit und zwangen ihn zu einem weiteren kalkulierten Risiko. Zu dieser Zeit lief sein Motor mit dem Zusatztank, und aufgrund seiner Schätzungen mußte der Tank fast leer sein. Dies würde zuerst durch ein Stottern des Motors angezeigt, was in einer kritischen Phase der Verfolgungsjagd ihn ohne Schubkraft ließe. Er könnte auf einen der inneren Tanks umschalten und den Zusatztank abwerfen, zur Erfüllung der Mission brauchte er jedoch allen Treibstoff an Bord. Der Abwurf des Zusatztanks würde seine Treibstoffkalkulationen durcheinanderbringen und ihn vielleicht zum Abbruch der Mission kurz vor dem Ziel zwingen. Er entschied sich gegen eine weitere Alternative, auf einen der inneren Tanks umzuschalten, aber den Zusatztank für später zu behalten, weil er dann vielleicht nicht wieder in Betrieb zu nehmen ginge. Weitner erwog die Situation, beschloß auf Geschwindigkeit zu setzen und den Feinden mit dem Zusatztank zu entkommen, und hoffte, daß der im Tank verbliebene Rest lange genug reichte. Er schob den Gashebel soweit vor wie es ging, ohne Notschubkraft zu wählen, um zu beschleunigen. Dann zog er den Bug nach oben und setzte zu einem leichten Steigflug an. Dabei behielt er eine Hand am Tankwahlschalter, um sofort auf einen der Tragflächentanks umzuschalten, wenn der Motor ins Stottern geriet:

> Als ich auf 12 200 m stieg, konnte ich sehen, wie sich die deutschen Jäger hinter mir aufgeteilt hatten: einer kam zu meiner Rechten und zwei zu meiner Linken, um mich in die Zange zu nehmen. In dem Moment stotterte der Motor. Ich wählte sofort inneren Treibstoff und der Motor schnurrte gleich wieder. Bei 12 650 m hielt ich die Höhe, und meine angezeigte Geschwindigkeit betrug 286 km/h (wahre Luftgeschwindigkeit 580 km/h). Allmählich blieben die deutschen Jäger zurück und schließlich verlor ich sie aus den Augen.

Wären die feindlichen Flugzeuge näher gekommen, hätte Weitner den Gashebel „durch das Tor" schieben können, um mit vollem Notschub seinen Gegnern zu entkommen. Weil dies aber den Treibstoffverbrauch enorm erhöht hätte, betrachtete er diese Maßnahme als letzten Notfall.

Bei den gegnerischen Jägern, die die Spitfire verfolgten, handelte es sich mit großer Sicherheit um Messerschmitt Bf 109Gs, speziell ausgerüstet mit Stickoxydulantriebskraftverstärker für eine verbesserte Leistung in großen Höhen. Wahrscheinlich gehörten die Verfolger zur I. Gruppe des Jagdgeschwaders 3, einer westlich von Berlin in Burg stationierten, auf Abfang spezialisierten Einheit.

Als die feindlichen Jäger außer Sichtweite waren, näherte sich die Spitfire der gegnerischen Hauptstadt. Weitner bereitete sich auf seinen ersten Fotoüberflug der Stadt vor und hielt dabei wachsam nach weiteren Messerschmitt Ausschau, die sich vielleicht von hinten heranstahlen. Obgleich er klar den Müritzsee etwa 80 km nördlich von Berlin sehen konnte, war die Stadt selbst wegen Rauch und Industriedunst nicht auszumachen. Die Spitfire hatte keine Kabine mit Druckausgleich, und um das Risiko der Dekompressionskrankheit zu senken, wollte Weitner nicht länger als nötig in maximaler Höhe bleiben. Er ging langsam auf 11 600 m herunter und erblickte plötzlich die Stadt unter sich und sah die roten Dachziegel der Häuser in der Sonne leuchten.

Weitner beschloß seinen ersten Fotoüberflug fast direkt nach Norden mit dem Wind zu machen, um eine gute Fotoserie ohne Abdriften vom Ziel zu bekommen. Er legte die Spitfire steil in die Kurve und richtete sich auf die Mecklenburger Seenplatte aus, die er als Bezugspunkt nutzte. Danach brachte Weitner die Maschine mit Hilfe des künstlichen Horizonts sorgfältig in die Waagerechte und schaltete die Kameras ein.

Die Spitfire hatte zwei F.52 Kameras, die fast vertikal auf den hinteren Rumpf montiert waren, jede besaß ein 914,4-mm-Objektiv mit großer Brennweite. Die Kameras waren leicht nach der Seite schräg gestellt, so daß sich die Aufnahmen etwas überlappten. Die Kameraverschlüsse öffneten und schlossen sich im Fünfsekundentakt, um einen 5 km breiten Streifen unter der Maschine zu fotografieren. Präzises Fliegen während der Aufnahmen war oberstes Gebot. Selbst eine geringe Querneigung führt zu Lücken in der Darstellung. Während der fünf Sekunden Pause zwischen den aufeinanderfolgenden Aufnahmepaaren checkte Weitner seinen Flugweg genauestens und nahm notwendige Korrekturen vor. Sein Befehl lautete, die von den schweren Bombern der USA bombardierten Ziele zu fotografieren. Zu seiner Orientierung hatte er Luftaufnahmen der Stadt, wo die Ziele markiert waren. Er sah aber auch Rauchschwaden von anderen Stellen aufsteigen und beschloß, diese auch zu fotografieren.

> Die ganze Zeit beobachtete ich den Himmel hinter mir, weil ich weitere Störungen durch feindliche Jäger befürchtete. Aber es tauchte keiner auf. Es gab etwas Flak –

> ich konnte den pilzförmigen Rauch sehen – aber nicht in meiner Nähe. Ich blieb etwa 25 Minuten über Berlin. Während dieser Zeit machte ich Aufnahmen aus verschiedenen Richtungen, so etwa 70 Fotos. Dann zog von Osten eine dichte Wolkendecke über die Stadt, und da der Treibstoff langsam knapp wurde, nahm ich Kurs auf 297 Grad nach Hause.

Auf dem Heimweg über Holland hatte der Spitfirepilot erneut ein Problem mit seinem Treibstoff. Es war ein Standardverfahren, zuerst den Treibstoff in den abwerfbaren Zusatztanks zu nehmen, dann den in den Tragflächen, wobei alle 15 Minuten die Tragfläche gewechselt wurde, um das seitliche Gleichgewicht zu halten, dann den Treibstoff im unteren Haupttank und zuletzt den in dem oberen Haupttank zu verbrauchen. Als der Merlin-Motor den letzten Tragflächentreibstoff verbraucht hatte, hustete er kurz beim Umschalten auf den unteren Haupttank, schnurrte dann aber wieder gleichmäßig. Ein Blick auf die Treibstoffanzeige ließ das Herz des Piloten erstarren. Die Nadel schlug hart auf der Nullmarkierung an. Wenn die Anzeige stimmte, hatte der Tank ein Leck und war fast leer. Somit hätte Weitner nicht mehr genug Treibstoff, um in freundliches Gebiet zu gelangen. Vielleicht war der Tank aber doch voll, und nur die Treibstoffanzeige eingefroren. Es würde sich zeigen, was zutraf.

Weitner stellte einige schnelle Berechnungen an, die zu seiner Zufriedenheit ausfielen. Die Haupttanks mußten einfach voll sein. Alle quälenden Ängste waren verflogen, als die wolkenverhüllte englische Küste in den Bereich der Gleitdistanz kam. Er leitete aus 11 600 m einen langsamen Sinkflug ein und überquerte bald danach die Küste von Essex, wo die Treibstoffanzeige plötzlich einen Ruck machte und auf 90 l schnellte.

Weitner hatte auf einem Flugplatz in Küstennähe landen und auftanken wollen, doch bei seiner noch vorhandenen Höhe wußte er, daß er direkt zu seiner Basis in Mount Farm fliegen konnte. Geschwindigkeit zählte bei der Lieferung und Auswertung der wertvollen Filme. Durch den Direktflug zu seinem Stützpunkt sparte er fast eine Stunde für die Übergabe der Filme.

Die „High Lady“ landete nach einem Flug von 4 Stunden und 18 Minuten. Der Treibstoff ging ihr wenige Meter vor ihrem Stellplatz aus. Walt Weitner zog die Parkbremse, schob das Kanzeldach zurück, löste die Gurte und kletterte steif aus dem Cockpit. Für den Aufklärungspiloten war es das erfolgreiche Ende einer Routinemission.

KAPITEL ZEHN

Das Desaster von Nürnberg

Parallel zu den amerkanischen Bombardements auf Deutschland bei Tag führte die Royal Air Force massive Angriffe bei Nacht durch. Mit der Einführung neuer elektronischer Ortungsgeräte und einem neuen Luftradar im Frühjahr 1944 erreichten die deutschen Nachtjagdverbände den Höhepunkt ihrer Effektivität. Die RAF-Nachtbomber, die Angriffe tief im Inneren Deutschlands flogen, erlitten immer schwerere Verluste, bis diese Phase der Luftkämpfe in der Nacht vom 30. zum 31. März 1944 ihren Höhepunkt erreichte.

Am Abend des 30. März 1944, um 21.16 Uhr starteten die ersten von 782 viermotorigen Lancaster- und Halifax-Bombern von ihren Basen in Ostengland. Das Ziel dieses Großangriffs war Nürnberg als ein wichtiges Zentrum der Kriegsproduktion. Hier befanden sich die große Maschinenfabrik Augsburg-Nürnberg, die Dieselmotoren für Panzer und U-Boote herstellte, das Siemenswerk, welches elektronische Ausrüstungen für die Marine produzierte, und die Zündapp-Motorenwerke, die Armeefahrzeuge fertigten.

Nach dem Start stieg jede Maschine in Spiralen auf die vorgegebene Höhe von über 3000 m und nahm Kurs auf den Treffpunkt über der Nordsee. Anfangs flogen die Bomber zur Verringerung des Kollisionsriskos mit eingeschalteten Navigationslichtern, doch als sich der Verband der holländischen Küste näherte, wurden die Lichter gelöscht. Von da an war jede Bomberbesatzung auf sich gestellt.

Manche Berichte haben die „Bomberstrom"-Taktik der RAF-Nachtbomber mit einer losen Formation verglichen, aber eine solche Beschreibung ist sehr irreführend. Die Mannschaften hatten Befehl, derselben Route zu folgen und sich in deren Verlauf an Zeiteckpunkte zu halten, doch deren Genauigkeit hing vom Geschick und auch Glück der einzelnen Navigatoren der Maschinen ab. Das führte natürlicherweise dazu, daß sich der Nachtbomberverband über ein breiteres Gebiet verteilte. Bei der Nürnberg-Mission waren die Angreifer in sechs getrennte Wellen unterteilt, die in Schlangenlinie aufeinander folgten, was durch eine Folge von Wendepunkten erreicht wurde.

Laut Plan mußte der Angreiferverband das Ziel in einem Zeitraum von 17 Minuten passieren, was darauf hinauslief, daß die Bomber bei einer Marschgeschwindigkeit von 350 km/h, einen Strom von 100 km Länge und 1600 m Tiefe bilden. Bei den Abweichungen, die sich bei Nachtangriffen gewöhnlich ergaben, würde der Bomberstrom bei guten Bedingungen etwa 16 km breit sein. Jedoch war die Dichte der Maschinen innerhalb der 2560 km^3 Luftraum selbst bei idealen Bedingungen extrem niedrig. Nehmen wir einmal an, die untere Kante dieser Seite repräsentiere die Distanz von ca. 1,6 km, dann würde nach diesem Maßstab ein einzelner schwerer Bomber nur die Größe eines normalen „T" im Text einnehmen. Im Zentrum eines gut konzentrierten Bomberstromes befänden sich somit im Durchschnitt nur zwei „T"-große Maschinen auf der Fläche dieser Buchseite. In einem weniger gut konzentrierten Strom flöge dann im Schnitt nur ein „T" auf dieser Fläche.

Trotz der relativ niedrigen Dichte der Maschinen brachte die Bomberstromtaktik für die deutsche Nachtverteidigung schwerwiegende Probleme. Durchschnittlich passierten 46 Bomber pro Minute einen beliebigen Punkt auf der Route. Das genügte, um die Verteidungsgeschütze und Scheinwerfer völlig zu überfordern und bot weit mehr Ziele, als man anvisieren konnte. Ein konzentrierter Strom war für eine Nachtjägermannschaft auch schwierig zu orten, wenn aber ein Nachtjäger tatsächlich in einen Strom eindrang, verursachte er mitunter beträchtliches Chaos.

Als die Spitze des Angriffsverbands kurz vor 23.00 Uhr die Nordsee überquerte, gelangte sie in den Bereich der deutschen Frühwarnradarstationen an der belgischen und holländischen Küste. Bald danach erschien die erste elektronische Störung auf den Radarschirmen, und das verstärkte sich im Laufe der Nacht.

Lange bevor die Vorhut der Bomber die holländische Küste erreichte, befahl die deutsche Jägerleitkontrolle den Einsatzmaschinen sofort aufzusteigen. Von ihrem Standpunkt aus war es wichtig, nach Entdeckung des Feindanflugs so schnell wie möglich einen großen Verband von Nachtjägern über dem westlichen Deutschland zusammenzuziehen. Die Geschwindigkeit der Messerschmitt Bf 110 und der Junkers Ju 88 Nachtjäger lag nur wenig höher als die der Bomber, die sie in ein Gefecht verwickeln sollten. Noch war das Ziel des Luftangriffs unbekannt, doch wenn es im Westen lag, mußte schnell gehandelt werden, denn die Jägerbasen in Dänemark oder im Berliner Raum waren vom Ruhrgebiet ebenso weit entfernt wie die Bomberbasen in Cambridgeshire.

Als die deutschen Nachtjäger zur Verteidigung aufstiegen, machte sich die britische Funkstörorganisation unangenehm bemerkbar. Leistungsfähige Störsender in England und weitere in den Bombern sendeten auf den deutschen Kampffunkkanälen ohrenbetäubende Mißklänge. Der Kriegschronist der Nachtjäger der Luftwaffe konstatierte:

> Korps-UKW (Radio) durch Glockentöne gestört. R/T-Verkehr kaum möglich, Störung des Korps-KW-Sendebereichs durch Zitate aus Reden des Führers, Korps-Alternativfrequenzen stark gestört.

AVRO LANCASTER Mk I

Typ: siebensitziger schwerer Bomber
Triebwerk: vier Rolls-Royce Merlin 24 12 Zylinder-Reihenmotoren mit je 1640 PS beim Start
Bewaffnung: Beim Angriff auf das weit entfernte Nürnberg hatten die Flugzeuge eine Bombenzuladung von circa 4080 kg, das genaue Gewicht hing von den anderen mitgeführten Bordwaffen ab; acht Browning 7,7-mm-Maschinengewehre, zwei im Bug und im Drehturm auf dem mittleren Rumpfrücken und vier im Heckgefechtstand.
Leistung: Höchstgeschwindigkeit 462 km/h in 3500 m Höhe; normale Marschgeschwindigkeit 354 km/h in 6100 m Höhe; Dienstgipfelhöhe 7470 m
Normale Startmasse bei Kampfeinsätzen: 30 804 kg
Abmessungen: Spannweite 31,09 m; Länge 21,18 m; Tragflügelfläche 120,49 m^2
Datum der Indienststellung von Lancaster Mk I: Oktober 1941

Der elektronische Kampf blieb allerdings keine einseitige Angelegenheit. Die deutschen Verteidiger waren diesbezüglich auch gut ausgerüstet. Sie besaßen sogar gegenüber dem britischen Bomber Command unbekannte Systeme. Der Angriffsaufspürdienst der Luftwaffe hatte die Technik der Verfolgung der Bomberbewegungen auf der Grundlage der von den H2S-Bodenkartiergeräten und dem „Monica"-Heckwarnradar der Maschinen ausgehenden elektronischen Signale zu einer wahren Kunst erhoben. Diese charakteristischen Emissionen konnten aus großer Entfernung empfangen werden. Die Deutschen hatten ein Netz von Bodenortungsstationen in ganz Nordeuropa aufgebaut, um die Ausgangspunkte der Signale durch Dreiecksmessung zu lokalisieren. Naxburg-Geräte spürten die Bewegungen von H2S-Signale abgebenden Flugzeugen auf, und Korfu-Geräte verfolgten die von „Monica" ausgehenden Radarwellen. Darüberhinaus waren auch einige deutsche Nachtjäger mit Naxos- und Flensburg-Geräten ausgerüstet, die es ihnen ermöglichten, die beiden Arten von Radaremissionen zu orten (die im Flugzeug mitgeführte Naxos-Ausrüstung war eine Variante des in Kapitel 7 erwähnten Geräts, das in U-Boote eingebaut wurde).

Im darauffolgenden Kampf erwiesen sich die Informationen der neuen deutschen Geräte aus vier Gründen als wertvoll. Erstens, weil die H2S- und „Monica"-Signale nur von RAF-Maschinen kommen konnten, handelte es sich bei den Quellen offensichtlich und unzweideutig um feindliche Flugzeuge (bei Radarortung stellte die Identifikation oft ein Problem dar). Zweitens ließen sich die deutschen Empfänger nicht stören – es sei denn, die RAF hätte die irrsinnige Entscheidung getroffen, ihre eigenen Radargeräte zu stören. Drittens gaben die H2S-Signale klar an, wo sich das Pfadfinder-Flugzeug befand, das jede Angriffswelle der Bomber zum Ziel dirigierte. Und viertens, als bloße Empfänger sendeten die Geräte keine Signale, die ihre Existenz hätten preisgeben können.

Die deutschen Nachtjäger hatten ein weiteres neues elektronisches Gerät, das eine große Wirkung bei Nachtaktionen zeigte – das in Flugzeugen installierte SN-2-Abfang-Radargerät. Die älteren Lichtenstein-Geräte waren durch „Window", den Abwurf gebündelter Metallfolienstreifen durch RAF-Bomber, faktisch nutzlos geworden. Die SN-2 operierten mit einer längeren Wellenlänge und zeigten sich dadurch „Window" gegenüber kaum anfällig.

Kurz nach Mitternacht überquerten die führenden Bomber die belgisch-deutsche Grenze. Die Mannschaften fanden ein nicht gerade ideales Wetter für ein tiefes Eindringen in feindliches Gebiet vor. Statt der vorausgesagten Wolkendecke während des Anflugs auf das Zielgebiet gab es in ihrer Höhe klaren Himmel. Statt des vorhergesagten Windes von 110 km/h aus Nordwest in ihrem Rücken wehte ein Wind von unterschiedlicher Stärke mehr aus Westen. Die geschickteren Navigatoren entdeckten die Diskrepanz relativ schnell und nahmen die notwendigen Korrekturen vor, bei einigen dauerte das jedoch ziemlich lange. Deshalb verteilten sich die Maschinen am Himmel auf über 190 km Länge und 65 km Breite – mehr als viermal das geplante Gebiet.

Und als ob das nicht schon schlimm genug war, besiegelte eine weitere Laune des Wetters das Schicksal vieler Bombermannschaften auf dem Weg nach Deutschland. Nach dem Verbrennen des Flugbenzins in den Motoren wurden die Rückstände in Form von Dampf ausgestoßen, der normalerweise problemlos verschwindet. In dieser ungewöhnlich kalten Nacht kondensierte er jedoch und bildete weiße Linien in der Höhe der Bomberformationen bei etwa 6100 m. Vom Halbmond erleuchtet, begannen die Kondensstreifen zu phosphorizieren und waren aus großer Entfernung sichtbar. Damit hatten die Bomber den Mantel der Unsichtbarkeit verloren, von dem ihr Überleben abhing.

Generalmajor Walter Grabmann, der Kommandeur der Jagddivision 3, befahl aus seinem Bunkerhauptquartier Deelen in Holland den Nachtjägern, sich über dem Funkstrahl „Ida“ in der Nähe von Bonn zu formieren. Die übliche Taktik bestand darin, die Jäger bis zum Erkennen der Route der Bomber über dem Strahl zu halten, und sie dann auf festgelegtem Kurs auszuschicken, bis sie Kontakt mit dem Bomberstrom herstellten. In dieser Nacht erkannte der deutsche Kommandeur sehr schnell, daß es keiner weiteren Anweisungen bedurfte. Viele der Bomber im durch Windgeschwindigkeit und -richtung diffus gemachten Strom würden „Ida“ überfliegen.

Dank der Naxburg- und Korfu-Bodenempfangsstationen bereitete es den Verteidigern keine Schwierigkeiten, zwischen den RAF-Scheinangriffsverbänden und dem Hauptteil der Angreifer zu unterscheiden. Der deutsche Kriegschronist konstatierte:

> Ansammlung, Verlassen Englands und Anflug konnten von Rotterdam-Kennung genau verfolgt werden (Rotterdam war der deutsche Codename für H2S). Scheinangriffe auf Köln, Frankfurt und Kassel durch Mosquito erschienen ganz klar, da die Mosquito ohne Rotterdam flogen.

Als die Bomber „Ida“ überflogen, nahmen die Radaroffiziere in den kreisenden Nachtjägern Kontakt auf und leiteten ihre Piloten zu einzelnen Bombern. Bei ihrem Annähern an den Feind hatten die deutschen Mannschaften eine wichtige Pflicht zu erfüllen, bevor sie handeln durften. Sie mußten ihre Position und die Flugrichtung der Bomber durchgeben, um der Bodenkontrolle der Luftwaffe zu helfen, noch weitere Jäger in den Bomberstrom zu dirigieren. Bald war der Äther erfüllt mit „Pauke!“- Rufen, denen Positionsberichte und Richtungen folgten. „Pauke!“ bedeutete, daß der Jäger Feindkontakt hatte und gleich zum Angriff übergehen würde.

So begann eine Schlacht, die sich über mehr als 380 km quer durch Deutschland erstreckte. Während die Nachtjäger in den Bomberstrom eindrangen, ließ eine kleine Anzahl von Ju 88 von einer besonderen Beleuchtungseinheit Leuchtfeuer an Fallschirmen fallen, um ihre Position zu markieren. Die Leuchtfeuer waren meilenweit zu sehen, und die Nachtjäger aus ganz Deutschland schwärmten herbei wie die Motten zum Licht: Jagddivision 2 kam aus Norddeutschland, Jagddivision 1 nahte aus dem Berliner Raum und Jagddivision 7 flog aus Bayern an, um den Angreifern einen heißen Empfang zu bereiten.

Es war eine ideale Nacht für die freie Jagdtaktik der Deutschen, und in der folgenden Stunde hagelten sie Vergeltung auf die Zerstörer ihres Heimatlandes nieder. Unteroffizier Emil Nonnenmacher aus der III. Gruppe des im holländischen Twente stationierten Nachtjagdgeschwaders 2 flog eine Ju 88 und stürzte sich kurz nach den ersten Feindberührungen in den Kampf.

> Als wir in Twente aufstiegen, sahen wir, daß eine große Schlacht in vollem Gange war: Maschinen brannten in der Luft und am Boden; es gab hin und wieder Explosionen in der Luft, und viele Leuchtspurgeschosse schwirrten umher. Wir hielten etwa fünf Minuten lang auf das Zentrum des Geschehens zu, dann gerieten wir plötzlich in den Luftschraubenstrahl von einem der Bomber. Nun kamen wir dicht an den Bom-

berstrom heran. Überall um uns herum war etwas los – hier eine brennende Maschine, da feuerte jemand, irgendwo anders eine Explosion auf dem Boden. Aber es dauerte noch ein paar Minuten bis wir tatsächlich einen Bomber sichteten. Seine Silhouette strich schräg über mein Cockpit.

Nun war Nonnenmacher im Strom. Bei der sehr klaren Nacht konnte er sage und schreibe 15 Bomber um sich herum sehen, die alle Kondensstreifen hinter sich ließen. Er versuchte, hinter der ersten Maschine, die er gesehen hatte, in Schußposition zu gelangen, doch er verschätzte sich beim Anflug und mußte abdrehen. Es spielte keine Rolle. Es waren genug andere da:

Bei so vielen Zielen in Sicht, hatte ich die Wahl, und so suchte ich mir das nächste vor mir aus – eine Lancaster – und verfolgte sie. Sie machte leichte Schlangenbewegungen. Ich bereitete mich auf einen Ablenkungsschuß vor und zielte auf einen Punkt etwa eine Flugzeuglänge vor dem Bomber. Ich eröffnete das Feuer und sah meine Schüsse einschlagen. Ich hielt inne, nahm den Bomber wieder ins Visier und feuerte erneut. Nach ein paar Runden verstummten meine Waffen – ich hatte meine gesamte Munition in den Magazinen der Bordkanone aufgebraucht.

Nonnenmacher befahl seinem Bordmechaniker, neue Magazine einzulegen, aber in der Zwischenzeit mußte er den Bomber entkommen lassen. Während die Besatzung damit beschäftigt war, neue Munitionstrommeln einzuschieben, näherte sich Nonnenmacher einer anderen Lancaster:

Ich brachte mich ungefähr 100 Meter achtern und etwas unterhalb in Feuerposition. Inzwischen hatte der Mechaniker eine Waffe gefechtsbereit, also drückte ich auf den Auslöser und sah die Munition in die linke Tragfläche einschlagen. Bald danach schlugen Flammen aus beiden Motoren auf dieser Seite. Die Maschine verlor an Höhe, und wir sahen die Mannschaft abspringen, so hell war es. Der Bomber brauchte etwa 6 Minuten bis nach unten. Als er den Boden erreichte, folgte eine große Explosion.

MESSERSCHMITT BF 110G-4

Typ: dreisitziger Nachtjäger
Triebwerk: zwei Daimler Benz DB 605B 12-Zylinder-Reihenmotor mit je 1475 PS beim Start
Bewaffnung: Unterschiedliche Bewaffnungsvarianten wurden eingebaut, normal waren zwei Rheinmetall MK 108 30-mm-Kanonen und zwei Mauser MG 151 20-mm-Kanonen im Bug und zwei starr vorwärtsfeuernde Oerlikon MG/FF 20-mm-Kanonen in „schräger Musik“-Stellung und zwei bewegliche heckwärts feuernde Rheinmetall MG 81 7,9-mm-Maschinengewehre im hinteren Cockpit
Leistung: Höchstgeschwindigkeit 550 km/h in 7010 m Höhe; Dienstgipfelhöhe 8000 m
Normale Startmasse bei Kampfeinsätzen: 9377 kg
Abmessungen: Spannweite 16,27 m; Länge 13,04 m; Tragflügelfläche 38,37 m^2
Datum der Indienststellung von BF 110G-4: Juni 1942
Anmerkung: Ab Ende 1943 waren die Bf 110Gs standardmäßig mit dem SN-2 AI Radar ausgestattet, und einige Maschinen hatten auch das "Flensburg"-Zielsuchgerät.

Mehrere Nachtjäger hatten die neu eingeführte „schräge Musik“ installiert. Dabei handelte es sich um ein Paar starr vorwärtsfeuernde 20-mm-Geschütze mit Schußrichtung schräg nach oben in einem Winkel von 70 Grad. Ein Pilot, der diese Waffe wirkungsvoll einsetzte, war Oberleutnant Helmut Schulte, ein Bf-110-Pilot bei der II. Gruppe des NJG 5, der sich später erinnert:

> Normalerweise bestand unser größtes Problem darin, den Bomberstrom zu finden. Aber in dieser Nacht hatten wir keine Mühe. Ich fand den Feind in einer Höhe von 6000 Metern. Ich sichtete eine Lancaster, ging unter sie und eröffnete das Feuer mit der „schrägen Musik“. Leider blockierten die Kanonen, so daß die wenigen Schüsse nur den inneren Steuerbordmotor lahmlegten. Der Bomber ging scharf nach unten und wandte sich nach Norden, wegen der guten Sichtverhältnisse konnten wir ihn dennoch im Auge behalten. Ich unternahm nun einen zweiten Angriffsversuch, nachdem er sich auf seinen Kurs eingepegelt hatte, aber weil die Lancaster jetzt sehr langsam war, gerieten wir immer zu weit nach vorn. Ich versuchte es nochmals mit der „schrägen Musik“, und nach einem weiteren Feuerstoß stürzte der Bomber brennend ab.

Die Effektivität der Angriffe von Nonnenmacher, Schulte und ihren Kameraden war für die Mannschaften der anderen Bomber offensichtlich. Squadron Leader G. Graham, ein Lancaster-Pilot bei der No 550 Squadron erinnert sich:

> Wir gingen südlich von Köln in die Schlacht und wurden sofort von deutschen Jägern empfangen -ich könnte sagen Hunderte. Es war ein phantastischer Anblick bei dem klaren Mondlicht – Maschinen stürzten in Flammen ab und explodierten überall.

Flying Officer George Foley, der in einer Lancaster-Pfadfinder als Radaroffizier flog, erinnerte sich später, wie er spürte, daß etwas arg schief lief, als er seinen Piloten sagen hörte, „Schnallt euch lieber die Fallschirme um, Jungs, ich habe gerade den zweiundvierzigsten runtergehen sehen.“ Und die Gefühle von Lancaster-Pilot Flight Lieutenant Graham Ross glichen denen vieler Bomberkapitäne in jener Nacht:

> Ich war erschüttert, so viele brennende Flugzeuge abstürzen zu sehen. Ich hatte Angst, aber der Gedanke, meine eigene Mannschaft könne sich fürchten, beunruhigte mich noch mehr.

Der erfolgreichste deutsche Pilot während der Kampfhandlung war Oberleutnant Martin Becker mit einer Bf 110G der I. Gruppe des in Mainz/Finthen stationierten NJG 6. Als erfahrener Pilot konnte er schon 19 Siege verbuchen. Becker entwickelte eine ausgefeilte Technik beim Bomberabschuß. Er benutzte seine vorwärtsfeuernde Kanone und näherte sich seinem Opfer seitlich und von leicht unten, um nicht vom Heckschützen gesehen zu werden. War er dann auf etwa 100 m herangekommen, ging er direkt dahinter unterhalb in Position, zog den Bug hoch und traktierte den Bomber mit Granathagel, wenn er durch sein Visier kam. In jener Nacht nutzte Becker diese Taktik mit großem Erfolg und schoß sieben schwere Bomber ab.

Die Jägerleitkontrolle der Luftwaffe hatte wegen des ungewöhnlich großen Kampfgebietes Schwierigkeiten bei der Bestimmung des beabsichtigten Ziels. Doch wenn es auch Zweifel gab, welches Ziel die Angreifer anfliegen würden, so gab es keinen Zweifel über ihre bisherige Route. Der Weg der Bomber nach Osten von „Ida“ aus war auf dem Boden mit zerstörten, brennenden Flugzeugen gekennzeichnet. Erst 1.08 Uhr morgens, zwei Minuten vor dem geplanten Abwurf der ersten Bomben, wurde Nürnberg per Funk gegenüber den Nachtjägern erwähnt.

Als sich die stark angeschlagene Bomberflotte ihrem Ziel näherte, spielte ihnen das Wetter erneut einen bösen Streich. Statt des vorausgesagten klaren Himmels fanden die Bomberbesatzungen eine dicke Wolkendecke vor. Die Pfadfinder-Maschinen warfen ihre Bombenzielmarkierungen ab, die jedoch im Trüben verschwanden. Der folgende Angriff war breitgestreut und uneffektiv. Die Bomben verteilten sich über ein großes Gebiet. Nur wenige Bomben fielen auf den nordöstlichen Teil der Stadt; die Industriegebiete blieben faktisch unversehrt. Dieser großangelegte Angriff, der so wenig ausrichtete, zeigt ganz drastisch die Anfälligkeit eines Luftangriffsplans gegenüber den Launen des Wetters.

Als sich die Bomber auf den Rückflug machten, fürchteten viele Besatzungen eine Fortsetzung der heftigen Nachtjägerangriffe. Zum Glück für sie traf das jedoch nicht ein. Als die Bomber Kurs auf West nahmen, verloren die Nachtjäger den Kontakt, und es gab während des Rückzugs nur wenige Kampfhandlungen.

Mehrere heimkehrende Flugzeuge trugen die Narben ihrer Feindberührung. Eines davon war eine Halifax von No 578 Squadron mit Pilot Officer Cyril Barton. Auf dem Weg zum Zielgebiet griffen zweimal Nachtjäger den Bomber an. Dabei war ein Motor zerstört, die Bordverständigungsanlage weggeschossen, ein Treibstofftank durchlöchert und die Hydraulikleitungen für die MG-Türme unterbrochen worden, was alle drei außer Gefecht setzte. Ein falsch verstandenes Signal vom Piloten hatten Navigator, Bombenzieler und Funker für einen Absprungbefehl gehalten und befolgt.

Trotz dieses Schadenkatalogs war Barton hartnäckig zum Ziel weitergeflogen und hatte seine Bomben abgeworfen. Dann hatte er sich beim Heimflug am Polarstern orientiert. Die Halifax sichtete mit ihrem letzten Treibstoff Land in der Nähe von Sunderland, weit nördlicher als vorgesehen. Eine solche Entschlossenheit trotz aller Widrigkeiten hätte Erfolg verdient gehabt, aber es sollte nicht sein. Kurz darauf ging der Treibstoff aus, und Barton versuchte in der Dunkelheit eine Bruchlandung. Plötzlich erschien eine Reihe Häuser vor ihm, und beim Ausweichmanöver unterschritt der Bomber die kritische Geschwindigkeit und schlug mit dem Bug zuerst hart auf dem Boden auf. Die drei Besatzungsmitglieder im hinteren Rumpf überlebten, doch der tapfere Pilot kam ums Leben. Cyril Barton erhielt später posthum die Auszeichnung mit dem Viktoriakreuz für „unübertroffene Tapferkeit und aufopfernde Pflichterfüllung".

Auch andere Bomber kehrten mühsam mit allerlei Schäden heim. Flight Sergeant Ronald Reinelt von der No 433 (Canadian) Squadron landete z. B. seine Halifax in Manston mit einem ausgefallenen Motor und 3 m^2 weggebrannter Außenhaut an der Steuerbordtragfläche.

94 von den 782 zum Angriff auf Nürnberg gestarteten Bombern kehrten nicht zurück. Diese Verlustrate von annähernd 13 Prozent bedeutete die proportional höchsten Verluste bei einer so großen Aktion. 48 Bomber kamen zudem mit schweren Gefechtsschäden zurück, in einigen Fällen so schwer, daß die Maschinen verschrottet werden mußten. Wie gewöhnlich bei solchen Operationen verzeichneten die deutschen Nachtjäger nur geringe Verluste – fünf Abschüsse und fünf schrottreife Maschinen.

Bei Berichten über Luftkämpfe stehen immer die vernichteten oder beschädigten Maschinen im Vordergrund. Um die Angelegenheit jedoch ins Verhältnis zu setzen, sollte betont werden, daß von den 782 ausgeschickten Bombern mehr als 500 (über zwei Drittel) das Ziel erreichten und unbeschädigt zurückkamen.

Nach dem Desaster von Nürnberg hieß es nach dunklen Gerüchten, die Angreifer seien verraten worden, die Verteidiger hätten das Ziel im voraus gekannt und entsprechend disponieren können. Einige Nachkriegsberichte ließen diese Gerüchte wieder aufleben. Die Verschwörungstheorie findet aber in zeitgenössischen Luftwaffenaufzeichnungen und auch in späteren Erinnerungen beteiligter Luftwaffenangehöriger keine Bestätigung. Wenn die Verteidiger die Lage des Zielgebietes vorher gekannt hätte, weshalb errangen die Nachtjäger ihre meisten Siege *auf dem Wege zum* Zielgebiet und verloren danach den Kontakt mit den Bombern? Die Nachtjäger der Luftwaffe standen in den ersten Monaten des Jahres 1944 in Wirklichkeit auf dem Höhepunkt ihrer Kampfkraft. In der Nacht vom 30. zum 31. März 1944 lief für die Verteidiger fast alles gut, während für die Angreifer so manches nicht nach Plan ging.

Eine auch nur annähernde Wiederholung ihres Erfolges gelang den Nachtjägern der deutschen Luftwaffe jedoch nicht mehr. Im April 1944 verlagerte RAF Bomber Command das Schwergewicht seiner Angriffe auf Ziele in Frankreich und Belgien, was einen Teil der Zermürbungstaktik in Vorbereitung auf die Landung der Alliierten in der Normandie darstellte. Diese Nahzielangriffe gaben den Nachtjägern wenig Zeit, den Bomberstrom zu finden und ihre Kräfte darauf zu konzentrieren. Als nach der Landung die Nachtangriffe auf Deutschland wieder aufgenommen wurden, gestattete der deutsche Gebietsverlust in Frankreich den Alliierten, bei Angriffen auf Ziele in Süddeutschland über freundliches Gebiet anzufliegen. Wiederum bestand keine Gelegenheit, einen so großräumigen Kampf zu inszenieren, wie es in der letzten Nacht des März 1944 so erfolgreich geschah.

KAPITEL ELF

Tag der Sturmgruppe

Im Frühjahr 1944 trat die Tagbombardierungsoffensive der USA gegen Deutschland in eine neue und noch zerstörerische Phase ein. Jetzt von einer Jägereskorte ständig begleitet, rissen die schweren Bomber der deutschen Industrie das Herz aus dem Leib. Die Amerikaner waren im Begriff, über Deutschland ihre Luftüberlegenheit zu etablieren, und es sah so aus, als ob die Luftwaffe kaum etwas dagegen unternehmen konnte. Eine langfristige Lösung des Problems stellte der Messerschmitt Me 262 Strahljäger dar, der allein die Geschwindigkeit hatte, den amerikanischen Begleitjägern zu entkommen und die Feuerkraft die schweren Bomber zu zerstören. Seine Dienstkarriere wird im nächsten Kapitel beschrieben. Die Luftwaffe formierte als Übergangslösung, bis der revolutionäre Jäger in ausreichender Anzahl zur Verfügung stand, eine besondere Bomber-Zerstörer-Einheit, die aus furchtlosen freiwilligen Piloten bestand – die Sturmgruppe.

Bis Beginn des Jahres 1944 hatte die Luftwaffe faktisch alle ihre Tagjägereinheiten von der Front abgezogen und sie zum Schutz des Heimatlandes verlegt. Das reichte aber noch nicht aus. Bei ihren Einsätzen gegen die amerikanischen Angriffsformationen befanden sich die Verteidiger stets in der Minderzahl gegenüber den Schwärmen der weitreichenden Begleitjäger über ihrem eigenen Territorium. Darüber hinaus zeigte die in großer Zahl eingesetzte P-51B Mustang eine dem Gegner überlegene Leistung und brachte ihm schwere Verluste bei. Bis Ende April verschlechterte sich die Verteidigungssituation in einem Maße, daß Generalmajor Adolf Galland sich veranlaßt sah, seinen Vorgesetzten zu berichten:

> Zwischen Januar und April 1944 verloren unsere Tagjägerverbände mehr als 1000 Piloten. Zu ihnen gehörten unsere besten Staffel-, Gruppen- und Geschwaderkommandeure… Der Zeitpunkt ist gekommen, an dem sich der Zusammenbruch unserer Luftwaffe absehen läßt.

Noch ernster als diese Verluste war die Tatsache, daß die Jägereinheiten der Verteidiger nicht genug gegnerische Bomber abschossen, um den amerikanischen Angriffen die Spitze zu nehmen. Das war eine völlig andere Situation als im August 1943 beim Angriff auf Regensburg, als sich die Jagdgruppe 50 nur Bombern gegenübersah und wiederholt lehrbuchreife Angriffe fliegen konnte, bis ihren Maschinen die Munition ausging. Wenn jetzt die deutschen Jäger zu den Bombern durchkamen, blieb gewöhnlich nur Zeit für ein oder zwei kurze Feuerstöße, bevor sich Begleitjäger in großer Anzahl einfanden.

Die Luftwaffe befand sich in einem Teufelskreis. Ihre spezialisierten Bomber-Zerstörer-Typen, die zweimotorigen Messerschmitt Bf 110 und Me 410, besaßen gewaltige Batterien Kanonen und Raketen, die sich sehr effektiv gegen die amerikanischen Bomber einsetzen ließen. Aber diese Flugzeuge waren relativ langsam und

FOCKE WULF FW 190A-8

(Details der Sturmbock-Version in Klammern)

Typ: Jagdeinsitzer (einsitziger Bomberzerstörer)
Triebwerk: ein BMW 801D-2 14 Zylinder-Sternmotor mit 1770 PS beim Start
Bewaffnung: vier MG 151 20-mm-Kanonen in den Tragflächen; zwei MG 131 13-mm-Maschinengewehre über dem Motor. (zwei Rheinmetall Borsig MK 108 30-mm-Kanonen anstelle der zwei inneren MG 151 20-mm-Kanonen in den Tragflächen)
Leistung: Höchstgeschwindigkeit 647 km/h in 5500 m Höhe (etwa 56 km/h langsamer); Steigzeit auf 6000 m 9 Minuten 54 Sekunden (Steiggeschwindigkeit erheblich schlechter)
Normale Startmasse bei Kampfeinsätzen: 4376 kg (4557 kg)
Abmessungen: Spannweite 10,50 m; Länge 8,95 m; Tragflügelfläche 18,30 m^2
Datum der Indienststellung von FW 190A-8: Januar 1944

unbeweglich und erlitten oft schwere Verluste durch die amerikanischen Begleitjäger. Die nicht so schwer bewaffneten, einmotorigen Jäger Bf 109 und FW 190 hatten die Geschwindigkeit, um den amerikanischen Jagdflugzeugen auszuweichen und an die Bomber heranzukommen, doch fehlte ihnen die Feuerkraft, so daß es dem Durchschnittspiloten kaum gelang, bei den notgedrungen kurzen Feuergelegenheiten einen Bomber abzuschießen.

In der Luftwaffe herrschte eine „Alles-ist-einen-Versuch-wert"-Stimmung vor, aus der schließlich ein neues Operationskonzept zur Bekämpfung der feindlichen Bombenformationen hervorging. Der Kern der Idee bestand im Einsatz einer Gruppe von etwa 30 schwer bewaffneten FW 190, ausgerüstet mit extra Bewaffnung und geflogen von Freiwilligen, die sich in großer Zahl von hinten auf die feindlichen Bomberformationen stürzten, um sie in einen Nahkampf zu verwickeln. Das war die Sturmgruppe. Die schwergewichtigen FW 190 wären allerdings den amerikanischen Jägern im Kampf nicht gewachsen gewesen, daher sollte die Sturmgruppe selbst von zwei Gruppen leicht bewaffneten, mit verbesserten Motoren ausgerüsteten Bf 109 in den Kampf begleitet werden. Ihre Aufgabe bestand darin, die amerikanischen Jäger lange genug aufzuhalten, damit die Focke Wulf ihren Schlag führen konnten.

Speziell für die Anwendung der neuen Taktik wurde eine neue Version der FW 190 mit dem Spitznamen „Sturmbock" produziert. Sie verfügte über zwei 30-mm-Maschinenkanonen MK 108 in den Tragflächen, schlagkräftige Waffen, die 600 Schuß pro Minute feuerten. Im Schnitt genügten 3 Treffer von den Spreng-/Brandgeschossen, um einen schweren Bomber außer Kontrolle geraten zu lassen. Der Sturmbock hatte bloß 55 Schuß pro Kanone. Das reichte nur aus, um gut 5 Sekunden zu feuern. Die Waffe hatte eine relativ niedrige Mündungsgeschwindigkeit und zeigte auf längere Entfernung kaum Wirkung. Daher machte es die neue Taktik erforderlich, daß die deutschen Piloten bis auf knapp 100 Meter an die schweren Bomber herankamen, bevor sie das Feuer eröffneten.

Beim Anflug an ihr Ziel mußten die Sturmbockpiloten dem Verteidigungskreuzfeuer der Bomber trotzen. Die modifizierte FW 190 hatte gewichtsmäßig die doppelte Panzerung im Vergleich zur Standardausführung, um den Piloten eine angemessene Überlebenschance zu geben. Die schwerere Bewaffnung und die ver-

AUFSTIEG UND UNTERGANG DER STUKAS
Oben: Junkers Ju 87 Sturzkampfbomber des Sturzkampfgeschwaders 77 auf dem Rückflug nach einem Einsatz. (Schmidt)
Rechts: Blick über den Bug einer Ju 87 während eines fast vertikalen Sturzanfluges auf eine befestigte Stellung. (Schmidt)

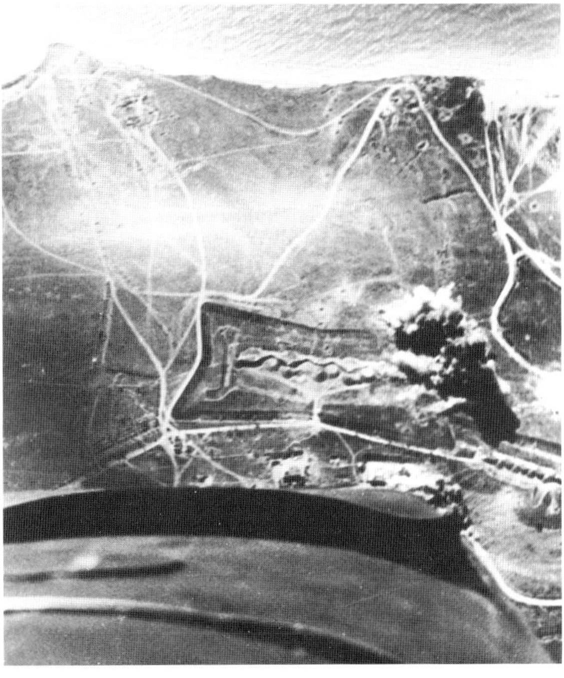

Links: Eine Ju 87 bei ihrem letzten Sturzflug nach Abschuß durch RAF-Jäger am 18. August 1940 bei Chichester.
Unten: Junkers Ju 87 Sturzkampfbomber der I. Gruppe, Sturzkampfgeschwader 5, bei einem Einsatz mit Schneetarnanstrich an der Nordfront in Rußland. (Schmidt)

Rechts: Hauptmann Helmut Mahlke flog die Ju 87 bei der Trägergruppe 186 im Frankreichfeldzug, und seine Kommentare werden im Bericht angeführt. (Mahlke)

TIEFFLIEGERANGRIFF
Unten rechts: Hauptmann Joachim Roth führte die Tiefflieger zum Angriff auf Kenley am 18. August 1940. (Raab)

Links oben: Do 17 der 9. Staffel des Kampfgeschwaders 76 mit Kurs auf die Küste von England in der Nähe von Beachy Head auf ihrem Weg zum Angriff auf Kenley am 18. August 1940.
Links, Mitte: Roths Flugzeug nach Bruchlandung in Leaves Green.

KAMPF GEGEN DIE NACHTBOMBER
Links unten: Eine Heinkel He 111 mit zwei 1000-kg-Bomben unter dem Rumpf beim Start zu einem Angriffsflug nach Großbritannien.
Rechts: Hans-Georg Bätcher am Steuer einer He 111, ein späteres Foto von ihm in Range eines Obersten. (Bätcher)
Unten rechts: Die Bristol Beaufighter, der erste wirksame Nachtjägertyp im Dienst der RAF, schoß Bätcher kurz nach Mitternacht am 9. Juli 1941 fast ab.

SCHLACHT IN DER KORALLENSEE
Oben: Eine Mitsubishi B5N „Kate“ mit einem Typ 91 Torpedo unter dem Rumpf beim Start von einem japanischen Flugzeugträger. Der Typ 91 war beträchtlich wirksamer als das amerikanische Gegenstück und spielte eine wichtige Rolle bei der Unterstützung des japanischen Vormarsches in der Anfangsphase des Kriegs im Pazifik. (USN)
Unten: Die Grumman F4F Wildcat war der einzige effektive Jägertyp im Dienst der US Navy zu Beginn des Pazifikkrieges. (USN)

Oben: Der leichte japanische Flugzeugträger *Shoho* unter schwerem Angriff erleidet mittschiffs einen Torpedotreffer kurz vor seinem Kentern und Untergang. (USN)
Unten: Der Träger der US Navy *Lexington,* verlassen, in Brand und krängend nach einer größeren, durch ein Gasleck an einem Flugbenzintank verursachten Explosion. (USN)

U-BOOT-JAGD IN DER BISKAYA

Links: Ein Vickers Wellington-Seeaufklärungsflugzeug mit ausgefahrenem Leigh-Suchscheinwerfer unter dem hinteren Rumpf und einer Radarhaube für ASV Mk III-Radar unter dem Bug. (Leigh)

Unten links: Ein britisches U-Boot im Kegel eines Leigh-Scheinwerfers während der Anfangsversuche mit dem Gerät. (Leigh)

Rechts: Zum Schutz gegen Luftangriffe wurden die U-Boote mit Flakbatterien ausgerüstet. Im Bild die Batterie auf der *U802* – drei Flakgeschützstände mit zusammen acht 20-mm-Kanonen. (Selinger)

Unten: Ein U-Boot in der Biskaya wird von einer Liberator der US Navy angegriffen. (US Navy)

ANGRIFF AUF REGENSBURG

Oben: Eine Boeing B-17F „Fliegende Festung" der 96th Bomb Group beim Abwurf ihrer Last von zehn 225-kg-Bomben über dem Ziel. Diese Einheit führte den Angriff auf Regensburg am 17. August 1943. (USAF)

LUFTAUFKLÄRUNG ÜBER BERLIN

Links: Major Walt Weitner, Kommandeur der 14th Photo Squadron, 7th Photographic Reconnaissance Group, US Eighth Air Force, der eine Spitfire am 6. März 1944 nach Berlin flog, um das Ziel nach dem ersten Großangriff durch schwere US-Bomber zu fotografieren. (Weitner)

DESASTER VON NÜRNBERG

Oben: Eine Lancaster der (australischen) No 463 Squadron bei der Zuladung von zwei 1800-kg-Sprengbomben und zwölf Brandbomben. (via Garbett)

Links, oberes Bild: Eine Messerschmitt Bf 110G – das Rückgrat der Nachtjägereinheiten der Luftwaffe während der Kampfhandlungen in der Nacht vom 30. zum 31. März 1944 – beim Warmlaufen auf dem Boden. Auffällig die große SN-2-Radar-Antennenanlage am Bug.

Links, unteres Bild: Trümmer einer über dem besetzten Europa abgeschossenen Halifax der (kanadischen) No 427 Squadron. Diese Einheit verlor beim Angriff auf Nürnberg drei Maschinen.

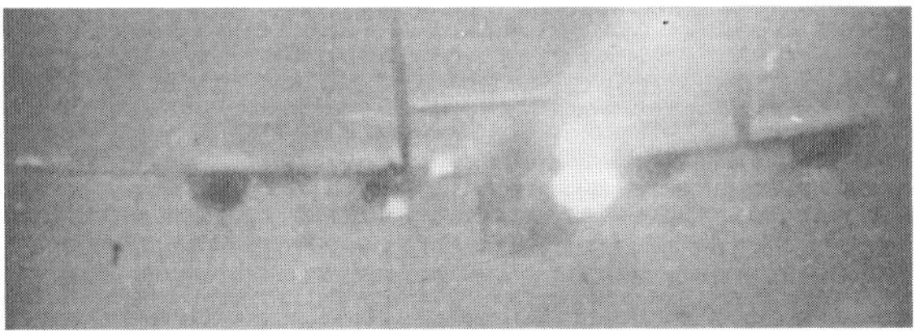

TAG DER STURMGRUPPE
Oben: Eine Focke Wulf FW 190A-8 *Sturmbock* mit zusätzlicher Panzerung und zwei schweren 30-mm-Kanonen für den Nahangriff auf US-Bomber. (Romm)
Links, oberes Bild: Leutnant Walther Hagenah, einer der ersten Piloten, die sich freiwillig zur Sturmgruppe meldeten. (Hagenah)
Links, unteres Bild: Eine B-24 Liberator in ernsten Schwierigkeiten nach einem Nahkampftreffer in einem Sturmgruppenangriff.

EINSATZ DER DÜSEN-JÄGER

Oben: Eine Reihe Messerschmitt Me 262-Jäger im Sommer 1944 im Lechfeld.

Rechts, oberes Bild: Generalleutnant Adolf Galland, der am Kriegsende die Me 262-Eliteeinheit des Jagdverbands 44 kommandierte, in einem Treffen mit Adolf Hitler. Im Schatten des Führers Generalfeldmarschall Erhard Milch, der dafür gerügt wurde, weil er nicht dafür sorgte, daß das Düsenflugzeug zum Jagdbomber modifiziert wurde.

Rechts, unteres Bild: Nordamerikanische Mustang-Begleitjäger – drei P-51 D mit Kuppelkanzel in Kameranähe und eine P-51C am entferntesten – der 361st Fighter Group. Ein Pilot dieser Einheit, Lieutenant Urban Drew, schoß die ersten zwei im Kampf verlorenen Me 262 ab. Die Mustangs mit ihrer großen Reichweite und hohen Leistung stellten für die deutschen Düsenjägerpiloten ein ständiges Problem dar.

NG
5800
USS CONSTELLATION
VF-96
NAVY
100

2537

LUFTKAMPF ÜBER HAI DUONG

Links oben: McDonnell F-4J Phantom No 100, das Flugzeug, mit der Lieutenant-Commander Randy Cunningham und Kopilot Willie Driscoll drei MiG-Jäger am 10. Mai abschossen, bevor sie selbst von einer Boden-Luft-Rakete abgeschossen wurden. (USN)

Links, Mitte: Nordvietnamesische Jägerpiloten rennen zu ihren MiG-17.

HEROISCHER EINSATZ ÜBER FALKLAND

Links unten: Zwei Sea Harriers der No 801 Squadron kehren nach einer Luftverteidigungsmission über den Falkland-Inseln zum Flugzeugträger HMS *Invincible* zurück.

Rechts oben: Kommandeur „Sharkey“ Ward führte die No 801 Squadron während des Falklandkonflikts und schoß während der Kampfhandlungen am 21. Mai 1982 zwei argentinische Maschinen ab.

Rechts, Mitte: Ein Tieffliegerangriff auf Schiffe in San Carlos Water von einem Dagger-Jagdbomber der *Grupo 6* der argentinischen Luftwaffe. (Dibb)

HELIKOPTER „BRAVO NOVEMBER“

Rechts unten: „BRAVO NOVEMBER“, der einzige mittlere Chinook-Hubschrauber der RAF, der die Falkland-Inseln während des Konflikts erreichte, beim Nachschubtransport auf dem Flugzeugträger HMS *Hermes.*

PRÄZISIONSANGRIFF BEI NACHT

Rechts, oberes Bild: Eine General Dynamics F-111F vom 48th Tactical Fighter Wing mit vier 900-kg-Laserlenkbomben. (USAF)

Rechts, unteres Bild: Colonel Tom Lennon der US Air Force, Kommandeur des 48th Tactical Fighter Wing während des Kriegs im Persischen Golf. (USAF)

ABSCHUSS AM VALENTINSTAG

Unten: Sicher zu Hause: Rupert Clark vor einer Tornado der No 15 Squadron nach seiner Rückkehr aus der Gefangenschaft in Irak. (RAF Leuchars)

stärkte Führerraumpanzerung erhöhten die Masse der Maschine um 180 kg, was zu einer entsprechenden Reduzierung der Manövrierfähigkeit, Höchstgeschwindigkeit und Steigleistung führte.

Die Sturmgruppen sollten Eliteeinheiten werden. Bevor ein Freiwilliger aufgenommen wurde, mußte er ein Dokument unterzeichnen, in dem es hieß, daß er bereit sei, den Feind aus Nahdistanz zu bekämpfen und ihn durch Rammen zu zerstören, falls seine Kanonen ihn nicht vernichten. Jeder Pilot, der diese eidesstattliche Erklärung unterzeichnete und dann ihre Bedingungen nicht erfüllte, kam vor ein Kriegsgericht wegen Feigheit vor dem Feind. Wer für schuldig befunden wurde, kam vor ein Erschießungskommando. Aber niemand wurde gezwungen, die eidesstattliche Erklärung zu unterschreiben, und diejenigen, die sich dazu nicht bereit erklärten, fanden keine Aufnahme in den Sturmgruppen.

In diesem Stadium des Krieges rückten manchmal bis zu hundertsechzig Kilometer lange amerikanische Bomberkolonnen an. Dabei befand sich gewöhnlich ein großer Jägerverband an der Spitze und kleinere Einheiten schützten die Flanken. Der deutsche Plan bestand nun darin, die Sturmgruppe mitten in den Bomberstrom zu leiten, wo der Schutz am schwächsten war.

Nach der früheren Taktik flogen deutsche Jägerpiloten in Zweier- oder Viererformation gewöhnlich einen Frontalangriff auf feindliche Bomber. Die einzelnen Piloten entschieden dann, wann sie das Feuer eröffneten bzw. abdrehten. Bei den Piloten der Sturmgruppe sollte das anders aussehen. Ihre Taktik war genauer festgelegt als jede andere bisherige und sah vor, daß die FW 190 in Staffeln zu neun Flugzeugen mit dem Führer in der Mitte fliegen und die übrigen Maschinen an jeder Seite gestaffelt einen Abstand von jeweils nur wenigen Metern einhalten. Die nächsten Staffeln sollten dicht hinter der des Führers folgen. Der Sturmgruppenführer würde seine Kräfte hinter eine feindliche Bomberformation manövrieren und dann seinen Staffeln unterschiedliche Angriffsziele zuweisen. Jede Staffel mußte so lange feuern, wie die Munition für die schweren Kanonen reichte; danach drehten alle Maschinen gemeinsam ab.

Der Hauptwesenszug der Sturmgruppentaktik bestand in einem kurzen, aber besonders heftigen Angriff, der massiv gegen eine einzige Kampfformation feindlicher Bomber vorgetragen wurde. Dann verließen die Focke Wulf und die sie deckenden Messerschmitt den Schauplatz in rasanten Sturzflügen und hofften, schnell genug davonzukommen, bevor die rachesuchenden Schwärme von Mustang- und Thunderbolt-Jägern zur Stelle waren.

Somit unterschied sich die Sturmgruppe von anderen Luftwaffejägereinheiten in drei grundlegenden Dingen: im Typ der geflogenen Maschinen, in der angewandten Taktik und im Format der kämpfenden Männer. Die erste dieser Einheiten, die IV. Gruppe des Jagdgeschwaders 3, erhielt ihre Maschinen und Piloten im Mai 1944 und begann sofort mit der Vorbereitung auf die neue Rolle. Zwei andere Jagdgeschwader, JG 4 und JG 300, sollten beide jeweils eine Gruppe auf die neue Rolle umstellen für den Zeitpunkt, zu dem eine ausreichende Anzahl Sturmbock-Flugzeuge zur Verfügung stünden.

Die neue Taktik wurde am 7. Juli 1944 erstmals voll eingesetzt. Sie richtete sich gegen 1129 „Fliegende Festungen“ und Liberator, die Industrieziele im Leipziger Raum angriffen. Flieger-As Major Walter Dahl führte die Angriffsformation, welche die Sturmgruppe mit 2 Gruppen Bf 109, die erstklassige Deckung gaben, umfaßte – etwa 90 Maschinen in einer großen Formation. Die Jägerleitstelle der Luftwaffe dirigierte Dahl bis auf Sichtkontakt zu einer Reihe von Bombern, die ihn wiederum in den Strom hinter einer Formation von Liberator, die zum 14th Combat Wing gehörten, führte. Kein Begleitschutz befand sich in der Nähe, und als die Sturmgruppe einflog, formierten sich die Staffeln pfeilkopfartig in Vorbereitung auf den Angriff. Der Pilot jeder Focke Wulf wählte eine Liberator aus und hielt unbeirrt auf sie zu. Die amerikanischen Bordschützen feuerten heftig, so daß der Himmel von funkelnden Leuchtspurgeschossen nur so blitzte. Die deutschen Piloten, die den strikten Befehl hatten, nicht zu feuern, bevor der Staffelführer das Feuer eröffnete, konnten nur mit den Zähnen knirschen und sich weiter nach vorn bewegen. Leutnant Walther Hagenah, ein Pilot der Sturmgruppe des JG 3, beschrieb die Atmosphäre, als er sich den feindlichen Bombern näherte:

> Es war von höchster Wichtigkeit, daß wir das Feuer erst eröffneten, wenn wir ganz nahe an den Bombern dran waren. Wir sollten vorgehen wie die Infanterie Friedrichs des Großen und nicht feuern, bis wir „das Weiße in den Augen des Feindes" sehen konnten.

Die extra Panzerung gab den Focke Wulf Piloten tatsächlich einen beträchtlichen Schutz, und nur wenige Angreifer wurden vom Abwehrfeuer abgeschossen. Die Sturmböcke glitten knapp 100 Meter hinter den feindlichen Bombern in Schußposition und eröffneten ein verheerendes Sperrfeuer. Aus der Entfernung konnten die deutschen Piloten ihr Ziel kaum verfehlen, und als die Sprenggranaten einschlugen, löste sich die B-24-Formation vor ihnen auf. An diesem Tag verlor die US 2nd Bomb Division 28 Liberator, die meisten davon durch die Sturmgruppe. Die am schwersten betroffene Einheit war die 492nd Bomb Group, die in schneller Folge ein Dutzend Maschinen verlor. Walther Hagenah hatte auch eine B-24 zerstört. Die Sturmgruppe verlor neun abgeschossene Jäger und drei machten eine Bruchlandung; fünf Piloten wurden getötet. Für die Luftwaffe stellte das in Anbetracht der Lage eine äußerst erfolgreiche Defensivoperation dar. Walther Hagenah nahm an den Aktionen der Sturmgruppe am 18. und 20. Juli teil und zerstörte bei jedem Einsatz eine B-17, und am 3. August schoß er eine B-24 ab.

Obgleich die Piloten eidesstattliche Erklärungen unterzeichnet hatten, in denen sie ihre Bereitschaft erklärten, feindliche Bomber zu rammen, wenn andere Mittel der Zerstörung versagen, mußten sie nur selten darauf zurückgreifen. Wenn eine Focke Wulf in Feuerposition gelangte, erzielte sie mit ihren schweren Kanonen ge-

CONSOLIDATED B-24J LIBERATOR

Typ: zehnsitziger viermotoriger schwerer Bomber
Triebwerk: vier Pratt & Whitney R-1830 Twin Wasp 14-Zylinder-Sternmotor mit 1200 PS beim Start
Bewaffnung: Die Bombenzuladung hing ab vom erforderlichen Aktionsradius und betrug typischerweise 2700 kg; zehn Browning 12,7-mm-Maschinengewehre
Leistung: Marschgeschwindigkeit in Formation (volle Bombenzuladung) 298 km/h in 6700 m Höhe; taktischer Aktionsradius (Flug in Formation, mit operativen Treibstoffreserven und mit 2700 kg Bomben) 965 km
Normale Startmasse bei Kampfeinsätzen: 25 368 kg
Abmessungen: Spannweite 33,53 m; Länge 20,47 m; Tragflügelfläche 97,36 m^2
Datum der Indienststellung von B-24J: Ende 1943

wöhnlich einen Abschuß. Von den Piloten, die einen Rammangriff durchführten, kam etwa die Hälfte ohne ernsthafte Verletzungen davon. Einer, dem das nicht gelang, war Obergefreiter Heinz Papenburg vom JG 4 der Sturmgruppe. Bei einem Angriff am 27. August versagte im entscheidenden Moment seine Kanone. Er setzte den Angriff fort und zerstörte eine B-24 durch Rammen. Der Focke Wulf wurde bei der Kollision eine Tragfläche abgerissen, und als der Pilot aus dem trudelnden Jäger sprang, stieß er ans Heck der Maschine und brach beide Beine. Der Unglückspilot schwebte am Fallschirm zu Boden und mußte mit seinen kaputten Gliedmaßen auch noch den harten Stoß der Landung abfangen.

Als Gegenmaßnahme zur Sturmgruppentaktik setzten die Amerikaner große Jägerräumkommandos vor ihren Bombern und an deren Flanken ein. Sie hatten die Aufgabe, die schwerfälligen deutschen Angriffsformationen aufzubrechen, bevor sie die Bomber erreichen konnten. Erst einmal zerstreut, konnten die Deutschen keine Angriffsformation wieder aufbauen, wenn sich feindliche Jäger in der Nähe aufhielten. Die Operation mußte dann abgebrochen werden. Meistens hatten die amerikanischen Gegenmaßnahmen Erfolg, doch hin und wieder gelang es einer Sturmgruppe, zu den Bombern durchzukommen und anzugreifen. Am 2. November 1944 starteten zwei dieser Einheiten getrennte und erfolgreiche Angriffe auf Formationen schwerer Bomber der USA. 39 Maschinen des JG 3 griffen die 91st Bomb Group an und schossen 13 „Fliegende Festungen" ab, einschließlich zwei durch Rammen. Später am gleichen Tag griffen 22 Sturmbockjäger des JG 4 die 457th Bomb Group an. Sergeant Bernard Sitek war von seiner Bugkuppel auf der B-17 Zeuge des letzteren Kampfes:

> Alles ging ziemlich schnell, wie das so passiert, wenn die Deutschen Gegenwehr leisten. Wir waren seit etwa 10 Minuten mit dem Bombenabwurf fertig, als die Kondensstreifen der Jäger den Himmel füllten. Freund oder Feind, war die Frage, die alle bewegte. Bald wußten wir die Antwort. Es waren FW 190 und Me 109, die sich wie ein Wolfsrudel zum Angriff formierten. Zuerst schien es, als seien sie auf derselben Höhe wie unsere Rotten-Flugformation, die höher fliegende Formation, aber als sie näher kamen, gingen sie tiefer zum Angriff auf die niedriger fliegende Formation und die führende Formation.

In den folgenden Kampfhandlungen verloren die niedriger fliegende Formation und die führende Formation neun Bomber innerhalb einer reichlichen Minute. In beiden Fällen kamen die amerikanischen Begleitjäger zu spät, um den Angriff zu verhindern, es gelang ihnen jedoch, den Sturmgruppen dafür einen hohen Preis abzuverlangen. Von den 61 Sturmbockmaschinen, die am Kampf teilnahmen, wurden 31 abgeschossen. 17 deutsche Piloten wurden getötet und 7 verwundet.

In den darauffolgenden Wochen beschränkte der Treibstoffmangel – ein Ergebnis der wiederholten Luftangriffe auf deutsche Ölraffinerien – die Fähigkeit der Luftwaffe, effektiv zurückzuschlagen. Erfolgreiche Aktionen der Sturmgruppe wurden immer seltener. Die letzte bemerkenswerte fand am 14. Januar 1945 statt, als Maschinen des JG 300 einen heftigen Angriff auf die B-17 der 390th Bomb Group unternahmen und alle 8 Maschinen in der Formation einer Squadron abschossen. Während des Unternehmens wurden 5 Piloten der Sturmgruppe getötet und 2 verwundet.

Obgleich die Sturmgruppe gelegentlich spektakuläre Erfolge gegen einzelne Bomberformationen im Laufe des Herbstes und Winters 1944 erzielten, wurden ihre

Operationen nach einem beeindruckenden Anfang immer schwieriger und kostspieliger. Das lag weder an der Taktik noch an einer mangelnden Entschlossenheit der Piloten. Angesichts einer solchen überwältigenden feindlichen Luftüberlegenheit konnte einfach keine taktische Methode viel Erfolg haben.

KAPITEL ZWÖLF

Einsatz der Düsenjäger

Mitte 1944 erreichte die Entwicklung des Kolbenmotorjägers eine Sackgasse. Da erschienen wie auf Stichwort die strahlgetriebenen Jagdflugzeuge auf der Bildfläche und boten einen fabelhaften Leistungsschub. In Anbetracht zahlenmäßig überlegener Feinde an allen Fronten und einem Vaterland, das unter ständigen, verheerenden Luftangriffen zu leiden hatte, lenkte die Luftwaffe riesige Ressourcen auf die Ermöglichung der Massenproduktion der Messerschmitt Me 262 Strahljäger. Sie schienen die technische Innovation darzustellen, die die Luftüberlegenheit über Deutschland und über seine Grenzen hinaus zurückbrachten. Die Alliierten erfuhren bald von der Existenz des neuen Flugzeuges und fürchteten seinen bevorstehenden Kampfeinsatz. Aber beide Seiten unterschätzten die Schwierigkeiten, die mit einem verläßlichen Funktionieren des Strahlturbinenmotors und seiner Überführung in die Massenproduktion verbunden waren.

Im letzten Jahr des II. Weltkrieges hatte das Kolbenmotorjagdflugzeug seine physischen Grenzen fast erreicht. Für diese Form des Antriebs bestand ein fundamentales Problem, das sich nicht umgehen ließ. Die Rotationskraft des Kolbenmotors wurde durch den Propeller in Vorwärtsschub umgewandelt, aber als sich die Geschwindigkeit der 800-km/h-Marke näherte, sank die Effektivität des Propellers rapide. Eine gewaltige Erhöhung der Motorenleistung war notwendig, um selbst einen kleinen Anstieg der Höchstgeschwindigkeit zu erzielen.

Einige Zahlen dienen hier zur Illustration des Problems. Grob gesagt entwickelte der Merlin-Motor der Spitfire MK I 1000 PS, die dem Jäger eine Höchstgeschwindigkeit von etwa 480 km/h auf Meeresspiegelniveau gaben. Bei dieser Geschwindigkeit waren die Propeller zu etwa 80 % effektiv und die 450 kg erbrachter Schub entsprachen dem Luftwiderstand der Flugzeugzelle der Spitfire. Man betrachte nun die erforderliche Motorleistung, um dieselbe Spitfire mit doppelter Geschwindigkeit, also 960 km/h voranzutreiben. Der Luftwiderstand erhöht sich im Quadrat zur Geschwindigkeit. Eine Verdoppelung der Geschwindigkeit bedeutet somit einen vervierfachten Luftwiderstand. Auf diese Weise werden aus 450 kg Luftwiderstand bei 480 km/h 1800 kg Luftwiderstand bei 960 km/h, und um die zu überwinden, brauchte die Maschine einen Schub von 1800 kg. Es läßt sich nachweisen, daß das 6400 PS entspräche. Bei 960 km/h betrug die Effektivität der Propeller aber nur 53 %. Um also die Maschine auf diese Geschwindigkeit zu bringen, würde man nicht 6400, sondern 12000 PS benötigen. 1945 entwickelten die besten Kolbenmotoren für Jäger nur reichlich ein PS pro 450 g Gewicht, so daß ein Kolbenmotor, der einen Jäger mit 960 km/h vorantreiben kann, ungefähr 4980 kg gewogen hätte – etwa das doppelte Gesamtgewicht einer frühen Version der Spitfire.

Für Flüge mit hoher Geschwindigkeit war die Strahlturbine eine grundlegend effektivere Form des Antriebs. Sie produzierte ihren Schub direkt, und diese Schubkraft blieb fast den ganzen Geschwindigkeitsbereich des Flugzeuges über konstant.

Die beiden Jumo-Strahlturbinen der Me 262 lieferten insgesamt 1800 kg Schub bei einem Gesamtgewicht von nur 1200 kg und gaben dem Jäger eine Höchstgeschwindigkeit von 870 km/h. Kein damals vorhandener oder geplanter Kolbenmotor bot ein vergleichbares Schubkraft-Gewichts-Verhältnis.

Soviel zum technischen Grund für die Einführung der Strahljäger. Um die Me 262 in den Dienst der Luftwaffe zu stellen, mußte ein langwieriger und komplizierter militärpolitischer Prozeß in Gang gesetzt werden. Trotz ihrer herausragenden Leistung brachte die Maschine jedoch kaum das, was man sich von ihr versprach. Einige Kommentatoren schrieben das Hitlers Unverstand zu, weil er darauf bestand, die Maschine zu allererst als Jagdbomber zu benutzen. Andere meinten, daß sich die Luftwaffe nicht konsequent genug für die Entwicklung und Produktion des Flugzeuges einsetzte. Es wurde sogar behauptet, der Krieg hätte einen anderen Verlauf genommen, wenn die Me 262 schneller in Dienst gestellt worden wäre. Dieses Kapitel untersucht die Tatsachen und Mythen, die sich um diese faszinierende Kampfmaschine ranken.

* * *

Die Me 262 absolvierte ihren ersten erfolgreichen Flug mit Düsenantrieb im Juli 1942 und erzielte bald Geschwindigkeiten von mehr als 690 km/h im Horizontalflug. Als noch leistungsfähigere Versionen des Jumo 004 zur Verfügung standen, stieg die Höchstgeschwindigkeit auf über 800 km/h. Solange die Triebwerke ordentlich funktionierten, brachte die Maschine eine glänzende Leistung, aber die frühen Strahlturbinen zeichneten sich nicht gerade durch Zuverlässigkeit aus. Flammabrisse und Turbinenversagen traten mit entnervender Regelmäßigkeit auf, und die Prototypen verbrachten viel von ihrer Zeit am Boden mit Triebwerksaustausch.

Die Strahlturbine lief bei viel höheren Temperaturen und viel größerer Rotationsgeschwindigkeit als der Kolbenmotor. Folglich mußten die Konstrukteure der frühen Düsenmotoren eine Reihe ganz neuer Probleme bewältigen, und in vielen Fällen taten sie das von Grund auf. Eines der hartnäckigsten Probleme für die deutschen Ingenieure bestand im Mangel an Nickel und Chrom. Diese wichtigen Bestandteile für die Herstellung von hitzeresistenten Stahllegierungen blieben in Deutschland zu Kriegszeiten Mangelware. Für das Düsenmotorenprogramm standen beide nicht zur Verfügung. Infolgedessen mußten die Techniker von Junkers ihren Einfallsreichtum walten lassen, um für den Jumo 004 Ersatzmaterialien zu entwickeln. Die Brennkammern wurden z. B. aus gewöhnlichem Stahl mit Aluminiumsprühüberzug zur Erhöhung der Hitzebeständigkeit gefertigt. Solche Maßnahmen brachten aber nur Teilerfolge, und die Lebensdauer eines frühen 004-Motors betrug selten länger als 10 Stunden. Dann war wieder ein Triebwerksaustausch nötig.

Ab Sommer 1943 stand die Luftwaffe unter massivem Druck, die Me 262 in die Massenproduktion zu überführen. Obgleich der Jumo 004 eine unzureichende Zuverlässigkeit für eine Überführung in die Fließbandfertigung zeigte, befahl die Luftwaffe in Erwartung einer schnellen Lösung der Probleme dem Messerschmitt-Werk mit der praktischen Vorbereitung für die Großproduktion von Flugwerkzellen zu beginnen (einige der ersten Produktionsvorrichtungen wurden beim Angriff auf Regensburg – siehe Kapitel 8 – zerstört). In den folgenden Monaten wurde es immer dringlicher, den Düsenjäger in Dienst zu stellen.

MESSERSCHMITT ME 262A

Typ: Jagdeinsitzer oder Jagdbomber
Triebwerk: zwei Junkers Jumo 004A Strahlturbinen mit je 900 kg Schub
Bewaffnung: vier MK 108 30-mm-Kanonen (Jäger); zwei 30-mm-Kanonen und zwei 250-kg-Bomben an Aufhängungen unter dem Rumpf (Jagdbomber)
Leistung: Höchstgeschwindigkeit 870 km/h in 5950 m Höhe; Steigzeit auf 6000 m Höhe 6 Minuten 48 Sekunden
Normale Startmasse bei Kampfeinsätzen: 6390 kg
Abmessungen: Spannweite 12,48 m; Länge 10,60 m; Tragflügelfläche 21,74 m^2
Datum der Indienststellung von ME 262A: Frühjahr 1944

Wie im vorangegangenen Kapitel beschrieben, erlitten die Jägereinheiten, die Deutschland verteidigten, schwere Verluste und konnten nur einen kleinen Teil der angreifenden Bomber zerstören. Die vorhandenen Tagjägertypen hatten entweder die Feuerkraft, um die schweren Bomber zu zerstören oder die Leistung, sich den amerikanischen Begleitjägern zu stellen, aber keiner konnte beides. Die Me 262 versprach, mit einem Schlag dieses Problem zu lösen. Sie war schneller als jeder Jäger der Alliierten und ihre Bewaffnung mit 4 MK 108 30-mm-Kanonen stark genug, um die schweren Bomber zu zerstören.

Im Frühjahr 1944 wurde in Lechfeld, Bayern, eine Testeinheit gebildet, um die Indienststellung der Me 262 vorzubereiten und Piloten für sie auszubilden. Obgleich sich die Zuverlässigkeit des Jumo 004 bis dahin leicht verbessert hatte, mußte der Motor immer noch mit viel Fingerspitzengefühl gehandhabt werden. Der Gashebel mußte langsam betätigt werden, sonst bestand die Gefahr der Überhitzung des Motors oder eines Flammabrisses. Wenn der Pilot einmal beim Landeanflug das Gas zurückgenommen und die Geschwindigkeit verringert hatte, mußte er auch landen. Falls er die Gashebel wieder nach vorn schiebt, um erneut zu starten, bewirkte die geringe Beschleunigungskraft des 004, daß die Maschine mit großer Wahrscheinlichkeit auf dem Boden aufschlug, bevor sie wieder genügend Geschwindigkeit gewann, um zu steigen. Das Flugzeug war eindeutig weder reif für einen Kampfeinsatz noch geeignet für Jägerpiloten mit nur durchschnittlichen oder unterdurchschnittlichen Fähigkeiten und Fertigkeiten.

Inzwischen kam Druck auf das Me-262-Programm von ganz anderer Seite. Die gefährlichste Bedrohung stellte damals für Adolf Hitler die erwartete anglo-amerikanische Invasion in Nordwesteuropa dar. Das würde für seine Streitkräfte einen Zweifrontenkrieg mit zahlenmäßig überlegenen Gegnern bedeuten. Der kritische Zeitpunkt für eine solche Invasion wären die ersten Stunden nach der Landung, wenn die Truppen versuchten, sich an der Küste Verteidigungspositionen aufzubauen, bevor die deutschen Bodentruppen ihren Gegenangriff starteten. Könnte man die alliierten Truppen mit wiederholten Bomben- und Granatenangriffen traktieren, wenn sie an Land kommen, wären sie vielleicht noch in Unordnung, wenn die deutschen Panzerdivisionen eintreffen. Wäre das der Fall, bestünde die Möglichkeit, die Landeoperation mit starken Verlusten zu besiegen.

Beim Ausmaß der zu erwartenden alliierten Jägerdeckung über dem Landkopf war Hitler zu Recht der Meinung, daß nur die Me 262 schnell genug sei, um zum Landeplatz vorzustoßen und mit Aussicht auf Erfolg anzugreifen. Dem Führer wurde in Besprechungen versichert, daß die Me 262 bei Bedarf ein Paar von zwei 250-kg-Bomben mitführen könnte, und von da an nahm die Maschine einen prominenten Platz in seinen Anti-Invasionsplänen ein. Es besteht kaum Zweifel daran, daß die Me 262 diese Aufgabe erfüllt hätte und daß im Falle von Schwierigkeiten bei der Landeoperation – wie es in der Normandie am D-Tag der Fall war – so eine Störaktion hätte entscheidend sein können. Wenn nur wenige Düsenmaschinen zur Verfügung stünden, könnten sie weit effektvoller zum Angriff auf die landenden Truppen genutzt werden, als zum Kampf gegen die Übermacht alliierter Flugzeuge über dem Landeplatz. Generalfeldmarschall Erhard Milch, der Luftwaffenverantwortliche für die Flugzeugproduktion, erkannte die Bedeutung der Me 262 als Jagdbomber durchaus an. Aber er richtete weiterhin seine Bemühungen darauf, sie so schnell wie möglich bei den Jägerverbänden in Dienst zu stellen. Was ihn betraf, so sollte die Jagdbomberversion erst später kommen.

Die Lage spitzte sich zu, als Göring, Milch und weitere führende Luftwaffenoffiziere am 23. Mai 1944 in Hitlers Hauptquartier in Berchtesgaden zu einer Konferenz über Flugzeugproduktion einbestellt wurden. Als die Rede auf die Me 262 kam, fragte der Führer, „Ich dachte die 262 würde als Blitzbomber gebaut? Wie viele der bereits fertiggestellten 262 können Bomben tragen?“ Milch erwiderte, bis jetzt sei keine für diesen Zweck modifiziert worden; die Maschine würde ausschließlich als Jäger hergestellt. Es entstand eine peinliche Pause, dann brachte sich Milch noch mehr in Mißkredit, als er erklärte, die neue Maschine könne ohne weitreichende Konstruktionsänderungen gar keine Bomben mitführen. Als Hitler das hörte, verlor er die Fassung und unterbrach seinen Generalfeldmarschall erregt: „Ach was! Ich wollte doch nur eine 250-kg-Bombe.“

Als dem Führer die Tragweite des Gesagten klar wurde, steigerte sich seine Wut. Nach den Zusicherungen, die er erhalten hatte bezüglich der Leichtigkeit, mit der die Me 262 für Bombenzuladung modifiziert werden könnte, war nichts in dieser Richtung unternommen worden. Die Invasion der Alliierten stand unmittelbar bevor, und es schien, als sei ihm die Waffe, auf die er so große Hoffnungen gesetzt hatte, aus der Hand geschlagen worden. Hitler erging sich in wüsten Beschimpfungen über die Doppelzüngigkeit der anwesenden Luftwaffenoffiziere und sagte, Göring sei ihm persönlich dafür verantwortlich, die Me 262 schnellstmöglich als Blitzbomber frontreif zu machen.

Es muß jedoch betont werden, daß zu dem Zeitpunkt, als Hitler seinen berühmten Ausspruch machte, die Me 262 solle als Jagdbomber modifiziert werden, die weiter bestehende Unzuverlässigkeit des 004-Motors die Indienststellung des Flugzeuges in beliebiger Rolle ausschloß. Daran hatte sich auch noch nichts geändert, als am 6. Juni die alliierten Truppen in der Normandie an Land stürmten. Im Laufe des Vormittags setzten sich die Invasoren an der Küste fest, und die Chance für die Me 262, einen entscheidenden Einfluß auf die Landung zu nehmen, war vertan.

Die Bildung der ersten Me-262-Düsenkampfbombereinheit wurde mit aller Kraft forciert, und Ende Juni begann die 3. Staffel des Kampfgeschwaders 51 mit der Umrüstung auf diese Flugzeuge. Am 20. Juli wurde die Düsenjagdbombereinheit mit neun Flugzeugen, jedes mit zwei 250-kg-Bomben, für einsatzfähig erklärt und nach Châteaudun bei Paris verlegt. Die Piloten erhielten den Befehl, über feindlichem Territorium nicht tiefer als 4000 m zu fliegen, um die Verluste zu reduzieren und das Risiko, daß ein neues Flugzeug in die Hände des Feindes gerät, so gering wie möglich zu halten. Die Bomben wurden in angedeuteten Sturzflügen oberhalb dieser Höhe abgeworfen. Die Angriffe waren dadurch ungenau, und die Düsenjagdbomber konnten wenig gegen kleine Ziele wie Brücken oder Fahrzeuge ausrichten. Darüber hinaus hielt die kurze Lebensdauer des 004 die Flugzeiten in Grenzen, und die Maschinen blieben meistens auf dem Boden.

Zur gleichen Zeit übernahm Flieger-As Major Walther Nowotny das Kommando über die Me-262-Testeinheit in Lechfeld, und letzeres wurde in Kommando „Nowotny" umbenannt. Die Einheit besaß 15 Maschinen frühen Produktionsdatums, die für eine Modifizierung zum Jagdbomber ungeeignet waren. Die Einsatzqualitäten dieser Maschine waren schwach, und selten standen mehr als vier Düsenjäger flugbereit zur Verfügung. Kommando „Nowotny" führte Test-Abfangjagden durch, wozu einzelne Me 262 gegen alliierte Aufklärungsmaschinen eingesetzt wurden. Im August erzielte der Strahljäger seine ersten Abschüsse – zwei Mosquito, eine Spitfire, eine Lightning und eine B-17.

Im September 1944 erreichte die Lebensdauer der Strahlturbine infolge einer Reihe von Verbesserungen endlich die 25-Stunden-Marke. Das war nach normalem Maßstab nicht viel, aber es reichte aus, um die Enwurfsarbeiten abzuschließen und mit der Massenproduktion zu beginnen. In jenem Monat hob Hitler seinen Erlaß auf, alle produzierten Me 262 nur an Jagdbombereinheiten auszuliefern. Zu diesem Zeitpunkt warteten schon mehr als einhundert Me-262-Jägerflugzeugzellen auf Motoren. Als diese dann in genügender Zahl zur Verfügung standen, stellte man die Maschinen fertig. Im September wurden 91 Me 262 Jäger und Jagdbomber an die Luftwaffe geliefert – mehr als in den beiden vorangegangenen Monaten zusammen.

Durch diese Änderung wurde das Kommando „Nowotny" mit neugebauten Jägern ausgerüstet und hatte Ende September eine Stärke von 23 Maschinen. Die Einheit wurde für einsatzfähig erklärt und nach Achmer und Hesepe in Nordwestdeutschland verlegt, um als Abfangjäger in Aktion zu treten. Mehrere Berichte über die Me 262 behaupteten, der Erlaß des Führers sei dafür verantwortlich, daß die Maschine erst gegen Ende des Krieges in die Hände der deutschen Jägerpiloten gelangte. Vorhandene Dokumente weisen allerdings klar aus, daß das nicht der Fall war. Hitlers Erlaß verzögerte die Kampfeinsatzbereitschaft der ersten Me-262-Jägergruppe, ausgerüstet mit Maschinen und Motoren aus der normalen Produktion, um nicht einmal *drei Wochen*.

Der praktische Kampfeinsatz des Kommandos „Nowotny" erwies sich als völliger Fehlschlag, womit der Erlaß des Führers nichts zu tun hatte. Obgleich sich die Lebensdauer des Jumo 004 leicht verlängert hatte, blieben seine Einsatzfähigkeiten gering. Darüber hinaus hatte die Flugzeugzelle der Me 262, wie das bei jeder Neukonstruktion der Fall ist, ihre „Mucken", die es auszutreiben galt. Eines der ernstesten Probleme ergab sich aus der schlechten Qualität der Reifen, die aus synthetischem und wiedergewonnenen Gummi waren. Eine harte Landung bei der Aufsatzgeschwindigkeit von etwa 190 km/h verursachte oft einen geplatzten Reifen, was manchmal zu Schäden am Fahrwerk führte.

Die Alliierten entdeckten schnell die Achillesferse des Düsenjägers – seine Verwundbarkeit bei niedriger Geschwindigkeit unmittelbar nach dem Start oder beim Landeanflug. Regelmäßig patrouillierten Jagdflugzeuge über den Flugplätzen, die von Düsenjägern benutzt wurden, und waren eine fast ständige Störung. Darüberhinaus wurde der horizontale Geschwindigkeitsvorteil der Me 262 über die alliierten Jägertypen oft aufgehoben, wenn letztere von oben im Sturzflug mit hoher Geschwindigkeit angriffen. Die erwähnten Punkte wurden am 7. Oktober illustriert, als das Kommando „Nowotny“ mit fünf Me 262 – der höchsten Zahl von Düsenjägern, die bisher in den Kampf geschickt wurden – gegen eine Formation amerikanischer Bomber, die Ziele in Mitteldeutschland anflogen, antraten. Beim Überflug von Achmer in 4570 m Höhe bemerkte Lieutenant Urban Drew in seinem Mustang der 361st Fighter Group ein Paar Düsenjäger, die zum Start ansetzten. Er wartete, bis die Feindflugzeuge in der Luft waren, dann rollte er sich mit hoher Geschwindigkeit in einen Sturzflug, gefolgt von seinem Flügelmann. Drew holte die zwei Me 262 schnell ein und schoß beide ab, bevor sie ihre Kampfgeschwindigkeit erreichten. Später am gleichen Tag ging ein dritter Düsenjäger in einer anderen Aktion mit Begleitjägern verloren. So kostete die erste Aktion des Kommandos „Nowotny“ der Einheit drei zerstörte Me 262 und einen getöteten Piloten für drei abgeschossene amerikanische Bomber. Im Laufe ihres ersten Einsatzmonats an der Westfront meldete das Kommando „Nowotny“ die Zerstörung von vier schweren amerikanischen Bombern, zwölf Jägern und drei Aufklärungsflugzeugen. Dabei verlor die Einheit jedoch sechs Me 262 im Kampf und sieben weitere wurden zerstört. Bei Unfällen oder durch technische Mängel wurden neun beschädigt. Das bedeutete nicht gerade einen verheißungsvollen Start für die Kampfkarriere des Düsenjägers.

Am 8. November traf dann das Kommando der schmerzlichste Schlag. Bei einem Tiefflieger-Nahkampf mit einer Mustang wurde Walter Nowotny abgeschossen und getötet. Zufällig war Generalmajor Galland an jenem Tag in Achmer auf Inspektionsreise um festzustellen, weshalb die Me-262-Einheit nicht mehr bewirkte. Galland sah, daß man Nowotny mit einer unmöglichen Aufgabe betraut hatte. Er sollte einen völlig neuen Jägertyp in Dienst stellen, obgleich viele seiner Piloten keine entsprechende Ausbildung dafür erhalten hatten. Die Leistungsfähigkeit der Maschine war schlecht, und die Einheit konnte selten mehr als ein halbes Dutzend Einsätze pro Tag fliegen. Da die alliierten Luftstreitkräfte eine massive zahlenmäßige Überlegenheit in dem Gebiet hatten, diktierten sie gewöhnlich die Bedingungen, zu denen die Strahljäger kämpfen mußten. Galland beorderte die Me 262 Einheit zurück nach Lechfeld zur weiteren Ausbildung der Piloten und zur Modifizierung des Flugzeugs, um so einige Mängel abzustellen. Er erkannte den Fehler, die Düsenjäger in so kleiner Zahl in den Kampf zu schicken. Sollte der neue Jäger entscheidende Wirkung zeigen, wäre eine größere Kampfeinheit nötig. Die Bildung des ersten kompletten Me-262-Jäger-Geschwaders, JG 7, hatte zwar schon begonnen, aber es sollte noch einige Zeit bis zur vollen Einsatzfähigkeit der Einheit vergehen.

Was sollte nun zwischenzeitlich aus den Me 262 Kampfbombern werden? Gegen Ende 1944 bildeten diese Maschinen die Ausrüstung zweier voller Gruppen, der I. und II. des Kampfgeschwaders 51. Einzelne Flugzeuge griffen alliierte Flugplätze und Truppenpositionen in Frankreich, Holland und Belgien an. Wiederum bewirkten diese Angriffe wegen der geringen Anzahl der Maschinen und kleinen Bombenzuladung sehr wenig.

Anfang 1945 kamen neue Me 262 in ermutigendem Tempo vom Band. Die Produktion betrug 36 Maschinen pro Woche, und es waren bisher etwa 600 an die Luftwaffe geliefert worden. Aber die Bücher des Generalquartiermeisters vom 10. Januar 1945 zeigten, daß nur etwa 60 Me 262 (nur 10 % der bisher fertiggestellten) bei einsatzbereiten Einheiten Dienst taten, keine davon bei einsatzfähigen

Tagjägereinheiten, 52 dienten beim Kampfgeschwader 51 in einer Jagdbomber-Rolle, vier als Nachtjäger und fünf wurden für Kurzstreckenaufklärungsflüge eingesetzt – das war der Stand der Dinge vier Monate nachdem Hitler seinen Jagdbomber-Erlaß zurückgenommen hatte. Was war schiefgegangen?

Obgleich sich eine größere Anzahl der Me 262 Jägergruppen auf den Einsatz vorbereiteten, erforderte diese vorbereitende Arbeit mehr Zeit als erwartet. Die III. Gruppe des Jagdgeschwaders 7 verfügte über das volle Kontingent an Maschinen und unternahm Testflüge im Berliner Raum: Die I. Gruppe bildete sich in Kaltenkirchen bei Hamburg, die II. Gruppe in Brandenburg/Briest. Zu dieser Zeit stellte sich auch das Kampfgeschwader 54, eine Bombereinheit, auf die Me 262 um, und die Piloten trainierten an der Maschine in ihrer Jägerfunktion, und dieses Abgehen von „reinen" Me 262 Jägereinheiten wird mit Hitlers früherem Bestehen auf der Verwendung des Typs als Jagdbomber in Verbindung gebracht. Doch Anfang 1945 sah die Lage ganz anders aus. Die Piloten, die den Tagjägereinheiten der Luftwaffe zugeteilt wurden, erhielten keine Ausbildung im Instrumentenflug. Das war eine Maßnahme, um die Ausbildungszeit zu verkürzen und Mittel einzusparen. Piloten, welche zu den Bomber-, Aufklärer- und Nachtjägereinheiten kamen, erhielten selbstverständlich Ausbildung im Instrumentenflug, und die KG (J) 54 sollte als Abfangjäger bei schlechtem Wetter fungieren.

Wie schon erwähnt, gab es Anfang Januar 1945 etwa 60 Me 262 bei Jagdbomber-, Nachtjäger- und Aufklärungseinheiten. Weitere 150 Maschinen wurden bei Tagjägereinheiten geflogen, die sich auf Einsätze vorbereiteten oder Piloten umschulten. Etwa 30 Me 262 befanden sich in Testzentren, und etwa 150 Me 262 hatte der Feind bei Kampfhandlungen in der Luft bzw. am Boden oder bei Unfällen zerstört. Das gibt Aufschluß über das Schicksal von etwa 400 Me 262. Was geschah aber mit den restlichen 200, etwa einem Drittel der gebauten Flugzeuge? Viele befanden sich irgendwo auf den Schienen der Deutschen Reichsbahn. Nach ihren Abnahmetestflügen wurden die meisten Me 262 zerlegt und auf dem Schienenweg zu ihren Einheiten transportiert, um wertvolles Flugbenzin zu sparen. Da das deutsche Schienennetz jetzt systematischen Angriffen der alliierten strategischen Bomber ausgesetzt war, wurden viele in Kisten verpackte Strahljäger unterwegs zerstört oder strandeten auf Abstellgleisen, von wo sie nie wieder auftauchten. Außerdem erschwerten die Angriffe auf das Schienennetz den Transport von Treibstoff und Ersatzteilen – einschließlich der wichtigen Ersatzmotoren – zu den Einsatzflugplätzen.

Ein zusätzliches Problem für die Düsenjägereinheiten stellten die wiederholten Bombenangriffe und fast allgegenwärtigen Patrouillen der alliierten Jäger dar. All das in Verbindung mit dem schlechten deutschen Winterwetter 1944/45 brachte die Düsenflugausbildung oft zum Erliegen. Selbst ohne solche Behinderungen ist es schwierig genug, einen neuen Kampfflugzeugtyp in großem Umfang in Dienst zu stellen. Es ist kaum eine Überraschung, daß die Bildung einer großen und effektiven Düsenjägerstreitmacht ständige Rückschläge erlitt, wenn man sich die vielen entmutigenden Schwierigkeiten vor Augen hält.

Die Me 262 kehrte am 9. Februar 1945 zum Tagkampf zurück, als die I. Gruppe des KG(J) 54 zehn Maschinen zur Abwehr eines massiven Angriffs durch schwere amerikanische Bomber gegen Ziele in Mitteldeutschland einsetzte. Die ehemaligen deutschen Bomberpiloten hatten jedoch nur eine lückenhafte Ausbildung im Luft-Luft-Kampf erhalten, und das war weder die Zeit noch der Ort, Feinheiten zu erlernen. Der Mustang-Geleitschutz schoß 6 Me 262 ab, während es den Düsenjägern nur gelang, eine B-17 zu beschädigen. Das Bomber-As Oberstleutnant Volprecht von Riedesel, der Kommandeur des Geschwaders, zählte an diesem Tag zu den getöteten deutschen Piloten.

Zwei Wochen später, am 25., hatte das KG (J) 54 einen weiteren schlechten Tag, als seine II. Gruppe ganze 12 Me 262 verlor, sechs im Luftkampf, vier bei einem Bombenangriff auf ihren Flugplatz und weitere zwei bei Flugunfällen. Major Hans-Georg Bätcher, einem sehr erfahrenen Bomberpiloten, wurde das Kommando des Geschwaders übertragen. Nach Bätchers Meinung war die Einheit verfrüht in Dienst gestellt worden. Seine erste Amtshandlung bestand darin, die Einheit aus dem Kampfgeschehen zu nehmen und zur weiteren Ausbildung zu schicken. Trotz der Schwierigkeiten, die ehemalige Bomberpiloten hatten, vertrat er die Meinung, unter den gegebenen Umständen sei es eine richtige Entscheidung, Piloten mit Blindflugausbildung zu nehmen, um die Me 262 als Jäger zu fliegen. Im Winter hinderte das schlechte Wetter die anderen Düsenjägereinheiten an mehreren Tagen daran, aktiv zu werden.

Mitte Februar war die III. Gruppe des Jagdgeschwaders 7 soweit, in den Kampf zu gehen. Am 21. Februar traf eine im Berliner Raum patrouillierende Gruppe Mustang der 479th Fighter Group auf etwa 15 Me 262 – bei weitem die größte Zahl bis dahin. Und die Me 262 wurden, wie der amerikanische Formationsführer berichtete, zum ersten Male aggressiv geflogen:

> Der Angriff war auf Red Flight [die amerikanische Kette] gerichtet, als die Squadron eine leichte Kurve nach links aus östlicher Richtung machte. Der Angriff aus 3-Uhr-Position auf unsere Ebene kam von vier Me 262, die in normaler amerikanischer Kampfformation flogen und wie P-51 mit Abwurftanks aussahen. Unsere Red Flight stieß in die Düsenjägergruppe hinein, doch sie zogen vor unserer Kette nach oben und waren weg. Eine zweite Kette von vier Me 262 in amerikanischer Kampfformation machte dann einen Angriff von hinten, 6 Uhr. Unsere Kette drehte in diese zweite Kette von Me 262 hinein, und die Me 262 fingen sich ab und verschwanden nach oben. Zu dieser Zeit kam die erste Kette Me 262 von oben und hinten wieder auf uns zu. Wir drehten in diese Kette hinein, und dieses Spiel setzte sich drei- oder viermal fort, und weder wir noch der Jerry [die Deutschen] konnten in Schußposition gelangen. Jedes Mal, wenn wir eindrehten, stiegen sie geradeaus hoch und ließen

NORTH AMERICAN P-51D MUSTANG

Typ: einsitziger Langstreckenbegleitjäger und Jagdbomber
Triebwerk: ein Rolls-Royce/Packard Merlin V-1650-7 12-Zylinder-Reihenmotor mit 1450 PS beim Start
Bewaffnung: vier oder sechs Browning 12,7-mm-Maschinengewehre in den Tragflächen; Vorrichtungen für zwei 454-kg-Bomben oder zehn 127-mm-Raketen unter den Tragflächen
Leistung: Höchstgeschwindigkeit 703 km/h in 7620 m Höhe; Steiggeschwindigkeit 1060 m/min; operativer Aktionsradius (mit zwei 500 l abwerfbaren Zusatztanks) 1450 km
Normale Startmasse bei Kampfeinsätzen:
Abmessungen: Spannweite 11,28 m; Länge 9,83 m; Tragflügelfläche 21,65 m^2
Datum der Indienststellung von P-51D: Sommer 1944

uns stehen. In der Jerry-Kette blieb der vierte Mann beim Kurven zurück und leicht weiter oben, so daß wir auf Nummer vier aufpassen müßten, sonst würde er sich hinter das Ende unserer Kette schieben, wenn unsere Kette den Rest der Jerry-Kette angriff.

Der Bericht verdeutlichte die Pattsituation, die entstand, wenn gut geflogene Düsenjäger auf ebenso gut geflogene Mustangs trafen. Wenn die Me 262 nicht den Vorteil eines Überraschungsangriffs besaß, stellte sie für letzteren keine Bedrohung dar.

Im Laufe des Februar zeigte Leutnant Rudolf Rademacher vom III./JG 7, was eine gut geflogene Me 262 ausrichten kann. Nach dem Abschuß einer Spitfire-Aufklärungsmaschine bei Braunschweig am 1. Februar zerstörte er sechs schwere Bomber und eine Mustang, so daß er in jenem Monat acht Abschüsse verbuchen konnte.

Erst im März 1945 starteten die Me 262 Großangriffe auf amerikanische Bomberformationen. Am 3. März wurden 29 Me 262 Einsätze geflogen, hauptsächlich von III./JG 7, als Reaktion auf die amerikanischen Angriffe auf Magdeburg, Braunschweig, Hannover, Chemnitz und andere Ziele. Die Düsenjägereinheiten verbuchten die Zerstörung von sechs Bombern und zwei Jägern gegenüber dem Verlust einer Me 262. Amerikanische Aufzeichnungen führen neun Bomber und acht Jäger als Verlust jenes Tages auf und erwähnen keine zerstörte Me 262.

In den folgenden zwei Wochen gab es für die Me 262 Jägereinheiten wenig zu tun. Ihr nächster großer Einsatz kam am 18. März. An dem Tag stiegen 37 Düsenjäger auf, um eine große amerikanische Bomberformation auf dem Weg nach Berlin zu bekämpfen. 28 Düsenjägerpiloten meldeten Feindkontakt und gaben die Zerstörung von 12 Bombern und einem Jäger an (alle Bomber mit Ausnahme von zweien wurden vom JG 7 zerstört). Aus amerikanischen Aufzeichnungen ergibt sich, daß vielleicht nur 8 schwere Bomber den Me 262 zum Opfer fielen. Zwei Düsenjäger gingen dabei verloren. An den nächsten sieben Tagen gab es hartnäckige Schlachten zwischen Me 262 und amerikanischen Formationen, wobei sich die Verluste auf beiden Seiten etwa die Waage hielten.

Am 30. schickte die Luftwaffe 31 Düsenjäger hoch, um US-Bomber anzugreifen, die auf Hamburg, Bremen und Wilhelmshaven flogen. Die Strahljäger waren beim Starten und Landen am verwundbarsten, und der Mustangpilot Captain Robert Sargent, von der 330th Fighter Group, nutzte diese Schwäche voll aus:

Ich sah zwei feindliche Maschinen vom Landeplatz Kaltenkirchen starten. Wir nahmen sie von oben in die Zange. Leider verloren wir sie wegen ihrer Tarnung eine Sekunde, und als wir auf ihre Höhe herunterkamen, konnte ich nur noch einen ausmachen. Von hier an war es leicht. Meine Luftgeschwindigkeit betrug 690 km/h, und ich schätzte seine auf 370 km/h. Als wir nahe kamen, gab ich einen langen Feuerstoß und sah die Einschläge sofort. Das linke Triebwerk begann weißen Rauch von sich zu geben, und große Stücke der Kanzel flogen weg. Der Pilot sprang ab. Wir waren zu der Zeit 90 m hoch, und die Maschine stieß auf den Boden und explodierte, wobei ein großes ölartiges Feuer entstand, das fast sofort wieder ausging. Der Fallschirm des Piloten ging nicht ganz auf. Zuletzt sah ich ihn am Boden in der Nähe der Maschine mit dem wogenden Fallschirm. Lieutenant Kunz hat mein Heck prima gedeckt und nach dem Kampf stiegen wir auf, um den zweiten Düsenjäger zu suchen. Als wir ihn sichteten, flog er mit einem Höllentempo nach Mitteldeutschland, und wir konnten ihn nicht überholen.

Der beteiligte Me 262 Pilot, Leutnant Erich Schulte, von der I./ JG 7, wurde getötet. Im Laufe der Kämpfe an diesem Tag verbuchten die Düsenjäger die Zerstörung von drei feindlichen Bombern und drei Jägern. Selbst hatten sie drei Maschinen verloren.

Die schweren US-Bomber bildeten das Hauptziel der Me-262-Angriffe, aber nicht nur sie. In dieser Phase des Krieges flog die RAF-Bombereinsatzleitung häufige Tagangriffe auf Ziele in Deutschland, und am letzten Märztag begaben sich 460 Lancaster und Halifax zu einem Angriff auf die U-Boot-Montagehallen in Hamburg. Als sie sich näherten, starteten die Me 262 eine heftige Attacke, die in schneller Folge drei Halifax und vier Lancaster erledigte, bevor der Geleitschutz sie vertreiben konnte.

Zur selben Zeit griffen mehr als Tausend schwere amerikanische Bomber Zeitz, Brandenburg, Braunschweig und Halle an. Auch sie wurden von den Düsenjägern in Kämpfe verwickelt. Das JG 7 flog an dem Tag 38 Einsätze, und aufgrund vorhandenen Beweismaterials scheinen die Strahljäger vierzehn feindliche Bomber und zwei Jäger abgeschossen und dabei nur vier eigene Maschinen eingebüßt zu haben. Das bedeutete den Leistungshöhepunkt der Me-262-Einheiten, der nie überboten wurde. Doch selbst an diesem erfolgreichsten Tag betrugen die von den Düsenjägern beigebrachten Verluste nur ein Prozent der beteiligten alliierten Kräfte. Trotz der massiven deutschen Anstrengungen handelte es sich also um nicht viel mehr als einen Mückenstich.

Anfang April nahm eine weitere Me-262-Jägereinheit, der Jagdverband 44, von Generalmajor Adolf Galland persönlich kommandiert, ihre Tätigkeit in München/Riem auf. Viele Tagjägereinheiten der Luftwaffe mit Kolbenmotoren wurden jetzt wegen Treibstoffmangel am Boden festgehalten, so zog Galland mehrere Flieger-Asse, einschließlich Johannes Steinhoff, Günther Lützow, Heinz Bär und Gerhard Barkhorn in seine Einheit. Am 5. April flog die Einheit ihre erste Abfangmission, als fünf Jäger in Aktion traten und den Abschuß von zwei feindlichen Bombern meldeten. Die alliierten Bodentruppen drangen aber jetzt immer tiefer in Deutschland ein, und die Luftwaffen-Jägerleitstelle war dem Ende nahe. Selbst die hochtalentierten Piloten des JV 44 richteten nicht viel aus. Selten flogen sie mehr als ein halbes Dutzend Einsätze oder schossen mehr als ein paar alliierte Maschinen pro Tag ab. Im Vergleich zu den immensen alliierten Luftaktionen waren das klägliche Bemühungen, und das Erscheinen von JV 44 wurde von seinen Gegnern überhaupt nicht wahrgenommen.

Am 7. April starteten die Me-262-Kräfte ihren größten Verteidigungsschlag und flogen insgesamt 59 Einsätze. Wegen der schlechten Leitung konnten sie keine konzentrierten Angriffe vornehmen und zerstörten nur fünf alliierte Maschinen bei einem Verlust von zwei eigenen. Am 9. April, dem letzten Datum, für das es Zahlen gibt, waren etwa 200 Me 262 bei den verschiedenen Einsatzeinheiten. Von diesen dienten 163 als Tagjäger bei den JG 7, KG (J) 54 und JV 44. KG 51 hatte 21 Jagdbomber, etwa neun fungierten als Nachtjäger und sieben wurden für die taktische Aufklärung genutzt.

* * *

Die letzte große Luftkampfaktion mit Me 262 fand am 10. April 1945 statt, als 55 Strahljäger starteten, um 2000 schwere US-Bomber und ihren Begleitschutz, die Ziele im Berliner Raum angriffen, zu bekämpfen. Leutnant Walther Hagenah flog an jenem Tag mit III./JG 7 von Lärz bei Berlin mit einem unerfahrenen Feldwebelpiloten als Flügelmann.

> Über den Wolken in etwa 5000 m Höhe konnte ich die Bomberformation klar in etwa 6000 m Höhe sehen. Ich flog mit 550 km/h in einem flachen Steigflug und wandte mich ihnen zu. Dann hatte ich als erfahrener Jägerpilot das alte „Kribbeln im Genick", das etwas nicht stimmte. Ich prüfte den Himmel, und vor und hoch über mir sah ich sechs Mustang fast frontal passieren. Erst dachte ich, daß sie mich nicht gesehen haben und hielt weiter auf die Bomber zu. Aber um sicher zu gehen, schaute ich zurück, und das war gut so, weil die Mustangs eine Kurve machten und im Sturzflug auf uns zuhielten.

Die Mustangs waren im Sturzflug beträchtlich schneller als Düsenjäger im Steigflug, und die Kolbenmotorjäger erreichten bald Schußweite. Leuchtspurgeschosse blitzten beängstigend nahe vor Hagenahs Maschine auf:

> Ich richtete meinen Bug leicht nach unten, um die Geschwindigkeit zu erhöhen und beschloß, den Mustang zu entkommen. Ich versuchte keine Manöver, um sie vom Ziel abzubringen; ich wußte, daß meine Geschwindigkeit geringer wird, wenn ich eine Kurve machte, und dann würden sie mich haben. Ich sagte dem Feldwebel an meiner Seite, er solle weiter geradeaus fliegen, aber er bekam offensichtlich wegen der Leuchtspurgeschosse Angst, weil ich ihn von einer Seite auf die andere schwanken sah. Dann brach er nach links aus. Genau das wollten die Mustangpiloten, und blitzschnell waren sie bei ihm. Seine Maschine erhielt mehrere Treffer, und ich sah sie nach unten gehen und zerschellen.

Hagenah benutzte seinen Geschwindigkeitsvorteil, um den Mustangs zu enteilen, und er sah, wie die feindlichen Jäger nach Westen abdrehten. Er hatte genügend Treibstoff für eine Revancheattacke, also kurvte er ihnen nach und holte sie schnell ein. Hagenah eröffnete das Feuer und glaubte, einen Mustang getroffen zu haben. Er behielt dann die Geschwindigkeit bei, brach die Aktion ab, machte einen Sturzflug und flog zum Stützpunkt zurück.

An diesem Tag zerstörten die Me 262 zehn B-17 und sieben Begeitschutzjäger. Das wird auch in US-Quellen bestätigt. Die Düsenjäger erlitten jedoch ihre schlimmsten Verluste bisher. 27 Me 262 wurden zerstört, fast die Hälfte der eingesetzten Maschinen. Noch schwerer als der Verlust der Flugzeuge, die sich ersetzen lassen, wog der Verlust von 19 unersetzlichen Düsenjägerpiloten, fünf weitere wurden verwundet.

Jetzt drangen die alliierten Truppen immer tiefer in Deutschland ein; am 10. April näherten sich die amerikanischen Truppen Nürnberg, und die rote Armee stand 90 km vor Berlin. Eine Düsenjägerbasis nach der anderen wurde überrannt, und die Operationen dieser Maschinen gingen schnell zurück. Ende des Monats hörten sie faktisch auf.

* * *

Rückblickend ist klar, daß Hitlers Erlaß bezüglich der Verwendung von Me 262 als Jagdbomber keine nennenswerte Verzögerung bei der Indienststellung der Jägervariante brachte. Man kann der Luftwaffe auch nicht vorwerfen, die Maschine nicht schnell genug in die Produktion überführt zu haben. Im Gegenteil, die Produktion lief verfrüht an, denn die Me 262 Flugzeugzellen kamen schon mehrere

Monate früher vom Band, als der Jumo-004-Motor reif für die Massenproduktion war. Wie wir gesehen haben, hat das praktische Versagen der Me 262 viel mehr mit ihrem unzuverlässigen Motor zu tun, als mit Versäumnissen seitens der deutschen Führung. Hierzu kam noch der direkte und indirekte Druck der alliierten Luftangriffe.

Bis Anfang April 1945 bekam die Luftwaffe mehr als 1200 Me 262. Dennoch standen nie mehr als 200 dieser Maschinen im Dienst bei den Kampfeinheiten. In den letzten Kriegsmonaten hatte die Luftwaffe so viele unüberwindbare Probleme, daß die Jägereinheiten nicht in der Lage waren, die überlegene Leistung der Me 262 zu nutzen. Im Kampf erlitten sie schwere Verluste und erreichten wenig. Bei der zahlenmäßigen Überlegenheit und der Qualität der Streitkräfte, die ihnen gegenüberstanden, konnte das auch kaum anders sein.

KAPITEL DREIZEHN

Luftkampf über Hai Duong

Der Luftkrieg über Nordvietnam von August 1964 bis Januar 1973 war der erste Konflikt, bei dem gelenkte Boden-Luft- und Luft-Luft-Raketen eine dominierende Rolle spielten. Mit der Indienststellung des raketenbestückten Überschalljägers glaubten viele, der Kurvenkampf – der heftige Manöver-Luftkampf mehrerer Flugzeuge – gehöre der Vergangenheit an. Für den größten Teil der Auseinandersetzungen hatten sie recht: vor die Wahl gestellt, entschied sich der Pilot im Jäger mit der besseren Leistung und dem besseren Waffensystem dafür, die Feindflugzeuge mit Raketen von einer Position aus zu bekämpfen, die sich außerhalb der Reichweite des Gegenfeuers befand. Doch Umstände können Piloten dazu zwingen, sich auf einen Nahkampf einzulassen, ob sie es wollen oder nicht. Genau dies geschah 1972 an einem Frühlingstag über Nordvietnam.

Der Kampf zwischen Trägerflugzeugen der USA und nordvietnamesischen MiG-Jägern, der sich am Nachmittag des 10. Mai 1972 über der Provinzstadt Hai Duong zutrug, gilt als die umfassendste Luft-Luft-Kampfhandlung im Luftkrieg der USA gegen Vietnam bezogen auf die Anzahl der beteiligten Maschinen und auf die Fläche der Kampfhandlungen am Himmel.

Damals hatte die US Navy drei Flugzeugträger vor der Küste Nordvietnams zur Bombardierung von Zielen in diesem Land in Stellung gebracht – die *Constellation* und die *Kitty Hawk* mit einer Wasserverdrängung von 74 000 Tonnen, und die kleinere *Coral Sea* mit 49 000 Tonnen. Am Morgen des 10. Mai flogen Trägermaschinen auf Ziele um den Hafen von Haiphong. Kurz vor der Mittagszeit starteten die drei Flugzeugträger ihre zweite Welle von Luftangriffen gegen Ziele um Hai Duong, etwa 50 km östlich von Hanoi. Die A-6 und A-7 der *Constellation* sollten den Güterbahnhof angreifen, die von der *Kitty Hawk* und der *Coral Sea* in dessen Nähe Straßen- und Eisenbahnbrücken bombardieren.

Carrier Air Wing 9 von der *Constellation* stand an der Spitze des Angriffs mit seinen sechs Grumman A-6 Intruder, die je sechzehn 225-kg-Bomben zugeladen hatten; zehn Vought A-7 Corsair mit je zwölf 225-kg-Bomben an Bord; acht McDonnell F-4 Phantom als Begleitschutz, jede mit vier (radargelenkten) Sparrow und vier Sidewinder Luft-Luft-Raketen (mit IR-Zielortung); vier zur Flakniederhaltung und als Begleitjäger konfigurierte F-4 mit je sechs zugeladenen Rockeye Splitterbomben, vier Sidewinder und zwei Sparrow Luft-Luft-Raketen; sowie zwei A-7, für die „Eisenhand"-Raketenniederhaltung ausgelegt waren und je zwei Shrike Radarzielortungsraketen und sechs Splitterbomben mitführten; dazu kam ein nordamerikanisches RA-5C Vigilante Aufklärungsflugzeug für Zielaufnahmen nach erfolgtem Angriff und eine Douglas EKA-3B Skywarrior zur Störung des weitreichenden feindlichen Radars (diese Maschine fungierte auch in der Rolle als Tankflugzeug und konnte bei Bedarf andere Flugzeuge der Streitmacht auftanken). Air Wing 9 flog in 4575 m Höhe in Richtung auf die Mündung des Roten Flusses (Hong Ha), die anderen beiden Air Wings folgten in Abständen von jeweils zehn Minuten und etwa 100 km.

12.45 Uhr überquerte Air Wing 9 der *Constellation* die Küste Nordvietnams und schlug einen nordwestlichen Kurs auf Hai Duong ein. Als sich die Formation der von Boden-Luft-Flugabwehrraketen (SAM) verteidigten Zone näherte, stieg die einzelne EKA-3B Skywarrior auf 6100 m und leitete einen langgezogenen ovalen Kreisflug ein. Zur angewiesenen Zeit stellte die Besatzung die Sender zur Störung der Feindradarfrequenzen ein.

In jedem Flugzeug der Angriffsformation suchte die Besatzung methodisch den Himmel ab nach einem verräterischen Mündungsfeuer oder Raketenblitz oder den Sonnenstrahl, der das erste Zeichen eines feindlichen Angriffs sein könnte. Wollte man feindliche Jäger, Granaten oder Raketen vermeiden, mußte man unbedingt rechtzeitig ein Ausweichmanöver einleiten. Die Männer wußten, daß ihr Leben von der Effektivität der Suche abhing. Radar und Radarwarnempfänger waren zwar nützliche Hilfen, doch es wäre töricht gewesen, hätte man sich allein darauf verlassen.

Als sie sich dem Ziel näherten, teilte sich die Formation in ihre Bestandteile, die die zugewiesenen Plätze anstrebten. Die zwei „Eisenhand"-A-7 und die sie begleitenden Phantom flogen zu Positionen zu beiden Seiten des Ziels, bereit zur Auseinandersetzung mit SAM-Funkmeßradar, falls er angestellt wurde. Die Phantom-Begleitjäger gingen auf Patrouillenkurs im Norden, Osten und Westen des Ziels, bereit zum Abfangen von möglicherweise ankommenden MiG-Jägern. Die A-6 und A-7 flogen zu getrennten Punkten nördlich des Ziels, von wo aus sie ihre Angriffssturzflüge vortragen sollten.

Von seinem Phantom-Cockpit aus beobachtete Lieutenant Randy Cunningham, wie die A-6 und A-7 ihre Angriffe auf den Bahnhof vortrugen. Granatexplosionen gaben dem Himmel Flecke, aber der amerikanische Pilot bemerkte kein Mündungsfeuer, was ihm die Stellungen der Kanonen verraten hätte, die er angreifen sollte. Er und sein Flügelmann warfen daher ihre Splitterbomben auf die Zweitziele ab, eine Gruppe von Lagerhäusern neben den Bahnanlagen. Nach dem Bombenabwurf beendete Cunningham seinen Sturzflug und sein „Back Seater" (WSO) Willie Driscoll blickte auf das Ziel zurück. Knapp über dem Horizont bemerkte er linker Hand mehrere schwarze Punkte am Himmel. Er brauchte ein paar Sekunden, um zu erkennen, daß es sich um Feindflugzeuge handelte, und einen weiteren Moment, daß es MiG-17 waren. Das plötzliche Auftauchen der Feindjäger entging Cunninghams Aufmerksamkeit, denn er befand sich gerade in einer Steuerbordwendung und konzentrierte sich darauf, die Landepunkte seiner Bomben zu sehen:

> Ich hätte das nicht tun sollen: Ich dachte gar nicht an MiGs. Ich wendete nach Backbord und sah zwei aus Bordkanonen feuernde MiG-17 heranjagen, innerhalb ihrer Waffenreichweite. Ich weiß nicht, weshalb sie mich nicht trafen: Ich konnte die Leuchtspurmunition am Kabinendach vorbeifliegen sehen.

Eine MiG kam schnell näher, und Cunningham konnte sehen, wie der Pilot am Steuerknüppel zerrte, um das Zielvisier in die richtige Lage zu bringen. Also wendete der Amerikaner scharf in die Angriffslinie hinein und zwang dadurch den gegnerischen Jäger zum Vorbeiziehen. Dann wendete er zurück, und auch der gegnerische Flügelmann schoß an ihm vorüber. Jetzt konnte Cunningham zum Gegen-

McDONNELL F-4J PHANTOM

Typ: zweisitziges trägergestütztes Mehrzweckkampfflugzeug
Triebwerk: zwei General Electric J79-GE-10 Nachbrenner-Strahltriebwerke mit je 8109 kg Nachbrennerschub
Bewaffnung: vier AIM-7E Sparrow Radarlenkraketen und vier AIM-9G Sidewinder IR-Lenkraketen (Jäger); zehn 225-kg-Schüttbomben sowie zwei AIM-7E und vier AIM-9G Raketen zur Selbstver-teidigung (während der Aktion am 10. Mai 1972 bei der Luftnahunterstützung)
Leistung: Höchstgeschwindigkeit 2300 km/h (Mach 2,17) in 10 970 m Höhe; maximale Steiggeschwindigkeit 15 180 m/min
Normale Startmasse bei Kampfeinsätzen: 24 000 kg
Abmessungen: Spannweite 11,68 m; Länge 19,20 m; Tragflügelfläche 49,25 m²
Datum der Indienststellung von F-4J: Dezember 1966

angriff übergehen. Er drehte um, richtete sein Visier auf eine MiG aus und drückte den Auslöser. Eine Rauchwolke hinter sich her ziehend, strich die Sidewinder dem nordvietnamesischen Jäger mit einer leichten Linkskurve hinterher, krachte dann in die MiG, die in einem Feuerball verschwand.

Cunningham hatte keine Zeit den Sieg zu genießen, denn ein schneller Blick nach hinten zeigte eine weitere MiG, die auf Feuerposition herankommen wollte. Er erhöhte die Geschwindigkeit und wendete, um das Feindflugzeug vor seinen Flügelmann, Brian Grant, zu ziehen, um diesem ein leichtes Ziel für die Rakete zu präsentieren. Doch Grant hatte seine eigenen Probleme, nämlich eine andere MiG hinter sich, die feuerte, wenn der Pilot Grants Maschine ins Visier bekam. Cunningham erkannte die Situation und schätzte, die einzige sichere Methode aus der Gefahr herauszukommen, sei die Ausnutzung der weit überlegenen Beschleunigung der Phantom im Vergleich zu den Feindmaschinen sowjetischer Produktion. Mit vollem Nachbrenner ließen die beiden amerikanischen Piloten ihre Verfolger weit hinter sich.

Trotz der Bemühungen der Phantom-Begleitjäger, die nordvietnamesischen Jäger zu vertreiben, gelang es einigen von ihnen, die jetzt zur Küste zurückfliegenden A-6 und A-7 zu erreichen. Über dem Ziel in 5500 m Höhe mit seiner Phantom kreisend, beobachtete Lieutenant Matt Connelly, wie eine A-7 von zwei feindlichen Jägern verfolgt wurde. Er rollte seine Maschine in eine Sinkflugkurve, richtete seinen Bug auf eine der MiG-17 aus und schickte eine Sidewinder auf den Weg. Der nordvietnamesische Pilot sah die Rakete kommen und riß seine Maschine in eine scharfe Kurve, um ihr auszuweichen; doch weil die Rakete den Jäger zur Aufgabe seines Angriffs auf die A-7 zwang, hatte sie ihre Aufgabe erledigt.

Als er aus dem Zielgebiet abdrehte, verlor der A-7-Pilot Lieutenant Al Junker Kontakt zu seinem Formationsführer. Er suchte den Himmel nach Freundflugzeugen ab, denen er sich anschließen könnte, und sah etwas auf sich zu kommen, das wie eine A-6 aussah:

> Ein paar Sekunden später blickte ich noch einmal zurück, um zu sehen, wie er herankam, und bemerkte rote Punkte, die von beiderseits des Bugs ausgingen. Die A-6 hatten keine Kanonen, und selbst wenn, würden sie nicht auf mich schießen – also war es eine MiG-17!

Junker zog in eine scharfe Kurve, um den gegnerischen Feuer auszuweichen, und sah die Granaten an seiner linken Tragfläche vorüberstreichen, so nahe, daß er ihre Druckwellen spürte.

Inzwischen hatte Junkers Formationsführer, Commander Fred Baldwin gesehen, daß sein Flügelmann in Schwierigkeiten war, und wendete, um ihm zu Hilfe zu kommen. Baldwin rollte sich in eine Feuerposition hinter dem nordvietnamesischen Jäger. Von dort konnte er die gegnerische Maschine bedrohen, doch ohne Raketen und mit funktionsuntüchtiger 20-mm-Kanone war das alles. Natürlich konnte der feindliche Pilot nicht wissen, daß die A-7 hinter ihm unbewaffnet war, und jedesmal, wenn sich Baldwin in eine Feuerposition manövrierte, brach die MiG ihren Angriff ab.

Der Hochgeschwindigkeitsslalom über den Reisfeldern lief schon über mehrere Kilometer, als sich ein weiterer A-7-Pilot, Lieutenant George Goryanec, dem Reigen anschloß:

> Ich wendete und sah sie hinter mir: sie flogen viel tiefer als ich. Ich konnte Al Junker mit einem Flugzeug hinter sich sehen und Fred Baldwin, etwa einen halben Kilometer seitlich, in ständigem Kurvenflug. Was wie eine Reihe „Grapefruits“ aussah, flog an Als Bug vorbei. Das machte mich verrückt – der Kerl wollte Al abschießen.

Die Maschine von Goryanec hatte eine einsatzbereite Kanone, und er konnte eine aktivere Rolle bei der Unterstützung seines Kameraden spielen. Er rollte die A-7 auf den Rücken und kurvte der MiG hinterher, wobei er sich für einen Angriff von oben ausrichtete. Er gab einen langen Feuerstoß auf das Feindflugzeug ab und sah ein paar Treffer anscheinend nahe dem Tragflächenansatz ankommen. Goryanec brach seinen Angriff ab und blickte zurück, um zu sehen, was die MiG unternahm. Er stellte fest, sie hatte abgedreht und Nordkurs eingeschlagen, weg vom Kampf. Dank der rechtzeitigen Einmischung der zwei A-7 hatte Al Junkers Maschine die Kampfhandlung ohne Schaden überstanden.

Matt Connelly mischte sich nach seinem siegreichen Angriff auf die MiG-17 ins Durcheinander und richtete den Bug seiner Phantom auf einen weiteren Gegner aus. In seinem Kopfhörer hörte er ein Summen, was anzeigte, daß die Sidewinder die Hitzequelle aufgefaßt hatte, doch die MiG vollführte gerade einen scharfen Kurvenflug und er wußte, es gab nur geringe Chancen auf einen Treffer. Wenn der MiG-Pilot den Kurvenflug beibehalten hätte, wäre er entkommen, aber vielleicht geriet er in Panik beim Anblick der näherkommenden Phantom. Der nordvietnamesische Pilot beging den taktischen Fehler, zu diesem Zeitpunkt aus der Kurve zu rollen, und gab damit Connelly die Gelegenheit zu einen schnellen Schuß. Aus knapp 400 m Entfernung – fast der Mindestabstand – schickte er eine Sidewinder auf die Reise und beobachtete, wie sie dicht am Heck des feindlichen Jägers detonierte. Das Heck der Maschine explodierte, und Augenblicke später sprang der Pilot ab.

Nachdem sie die MiGs abgeschüttelt hatten, die sie verfolgten, wandelten Randy Cunningham und Brian Grant ihre überschüssige Geschwindigkeit in Höhe um und kletterten in einem steilen Steigflug schnell auf 3660 m. Dann wandten sich beide Piloten um und schätzten die Lage in dem weit unter ihren Maschinen tobenden heftigen Luftkampf ein. In Bodennähe sahen sie mindestens acht MiG-17 in einem lockeren Verteidigungskreis, wobei jede das Heck der davor fliegenden deckte. Die beiden Phantom befanden sich in einer perfekten Position, die gegnerischen Flugzeuge von oben anzugreifen, und die Piloten leiteten Kurvenmanöver ein, um sich für einen Raketenangriff in die richtige Position zu begeben.

Dieser Plan wurde aber durch Ereignisse in nächster Nähe überholt. Plötzlich huschte an Cunninghams Bug eine Phantom vorüber, so nahe, daß es fast zum Zusammenstoß kam. Das Flugzeug gehörte Commander Dwight Timm, der einem koordinierten Angriff von drei MiGs ausgesetzt war. Eine MiG-17 befand sich etwa 1000 m hinter ihm und feuerte, und eine MiG-21 folgte etwas weiter dahinter und wartete auf ihre Gelegenheit, ins Kampfgeschehen einzugreifen. Timm drehte hart nach Backbord, um dem Feuer zu entgehen, dabei entging ihm aber die größte Gefahr – eine MiG-17 in nur 100 m Entfernung, von seinen Tragflächen verdeckt und dabei, sich in Feuerposition zu bringen.

Als Timm und seine Verfolger vorbeischossen, riß Cunningham seine Maschine in engem Kurvenflug herum, um seinem Freund zu Hilfe zu kommen. Er nahm die MiG ins Visier, die die größte Gefahr für Timm darstellte und bereitete den Start einer Sidewinder vor, doch er wußte, daß er die hitzesuchende Rakete in so engem Kampfgetümmel mit größter Vorsicht einsetzen mußte. Die Rakete konnte nicht Freund von Feind unterscheiden: sie nahm einfach Kurs auf die stärkste Hitzequelle in ihrem Gesichtsfeld – und das wären wahrscheinlich die Düsen von Timms Maschine. Cunningham brüllte Timm zu, er solle seine Kurve abbrechen und nach Steuerbord ziehen, und als die Phantom ausscherte, drückte er die Sidewinder ab. Die Rakete explodierte am Heck des gegnerischen Flugzeugs, das wie betrunken torkelte, und der Pilot sprang ab. Bei diesem Anblick brach eine MiG die Verfolgung ab, und Timm beschleunigte so, daß die andere zurückblieb.

Nachdem er schon eine MiG abgeschossen hatte, kurvte Matt Connelly in Position, um einer anderen den Kampf aufzuzwingen. Und dieser nordvietnamesische Pilot reagierte genauso wie Connellys erstes Opfer:

> Der Kerl machte dasselbe: er sah mich kommen und ging in eine Kurve. Ich folgte ihm, und er ging wieder aus der Kurve heraus. Ich positionierte mich hinter ihm und wartete, bis ich einen wirklich guten Ton im Kopfhörer hatte, doch als ich den Auslöser drückte, verschwand der Ton.

Erst dachte Connelly, die Rakete sei ein Blindgänger, aber dann schien sie sich doch noch zu besinnen und verfolgte den feindlichen Jäger gnadenlos. Die Waffe explodierte neben der MiG und riß einen Teil des Hecks ab, wodurch das Flugzeug in schnelles Trudeln nach links geriet, und der Pilot rettete sich mit dem Schleudersitz.

Commander Harry Blackburn und sein Flügelmann kreisten mit ihren Phantom in 4270 m Höhe auf Patrouillenflug in einiger Entfernung vom Hauptkampfgebiet, wo sie darauf warteten, die MiGs abzufangen, die versuchten, in den Kampf einzusteigen oder ihn zu verlassen. Steve Rudloff, Blackburns WSO, unternahm eine Radarsuche nach MiGs, fand aber keine innerhalb des Erfassungswinkels des Geräts. Er wandte seine Aufmerksamkeit wieder der Suche an den Seiten und nach hinten außerhalb des Cockpits zu, und in dem Augenblick tauchten mehrere schwarze Rauchwolken zwischen ihm und seinem Flügelmann auf – die beiden wurden aus 85-mm-Kanonen beschossen. Einen Moment später spürte Rudloff, wie die Phantom zitterte, als eine der 9-kg-Granaten in der Nähe des Hecks explodierte. Obwohl fest angeschnallt, wurde der Radarmann hart gegen die Seite des Cockpits geschleudert. Er war gerade dabei, sich wieder zu besinnen, als das In-

MIKOJAN-GUREWITSCH MIG-17 ('FRESCO')

Typ: einsitziger Tagjäger
Triebwerk: ein Klimow VK-1 Nachbrenner-Strahltriebwerk mit 3400 kg Nachbrennerschub
Bewaffnung: drei NR-23 23-mm-Kanone
Leistung: Höchstgeschwindigkeit 1142 km/h in 3050 m Höhe; maximale Steiggeschwindigkeit 3900 m/min
Normale Startmasse bei Kampfeinsätzen: 6682 kg
Abmessungen: Spannweite 9,63 m; Länge 11,08 m; Tragflügelfläche 22,60 m²
Datum der Indienststellung von MIG-17: Oktober 1952

strumentenbrett vor ihm plötzlich in Rauch und Flammen aufging. Ein Blick in den Rückspiegel zeigte, daß der Heckteil des Flugzeuges ebenfalls brannte.

Dann explodierte vor Rudloff etwas mit einem blendenden weißen Blitz. Im Bruchteil einer Sekunde zogen seine natürlichen Reflexe die Augenlider zusammen, aber es war zu spät. Als er die Augen wieder öffnete, konnte er nichts sehen: der Blitz hatte ihn geblendet. Das Flugzeug war offensichtlich nicht mehr zu retten, und Blackburn gab den Befehl zum Abspringen. Rudloff zerrte am Auslösegriff, es gab einen betäubenden Knall, als sich der Schleudersitz aktivierte, und er hatte ein Gefühl des Sich-Überschlagens. Dann wurde alles still, während der Fallschirm ihn langsam zur Erde sinken ließ. Rudloff wurde sofort nach seiner Landung gefangengenommen, und sein Sehvermögen kehrte stufenweise im Laufe der nächsten zwei Stunden zurück. Harry Blackburn, sein Pilot, sprang ebenfalls ab, doch er starb später in Gefangenschaft.

In der Zwischenzeit gingen die Kampfhandlungen über Hai Duong mit unverminderter Heftigkeit weiter. Lieutenant Steve Shoemaker richtete seine Phantom auf einen weiteren gegnerischen Jäger aus, und Lieutenant Keith Crenshaw, sein WSO, erinnerte sich:

> Wir stießen südwestlich des Kampfgewühls auf diese MiG-17. Sie erschien direkt vor uns; der Pilot schien den Kampf verlassen zu wollen. Wir machten keine große Wendung: wir tauchten ihm einfach nach, und ich hörte „Shoe“ sagen, „Wir haben einen prächtigen [Raketen]Ton“, dann feuerte er die Sidewinder ab.

Der Sinkflug der Phantom brachte sie in große Bodennähe, und der Pilot sah sich gezwungen, die Maschine hart nach oben zu reißen, wodurch die MiG aus dem Sichtkreis verschwand. Als sie sich im Steigflug stabilisierten, rollte Shoemaker seinen Jäger zur Seite, und die beiden Amerikaner sahen dicken, schwarzen, öligen Rauch von dem Punkt aufsteigen, wo der feindliche Jäger abgestürzt war.

Inzwischen befanden sich alle A-6 und A-7 sicher außerhalb des Zielgebiets, und Air Group Leader, Commander Gus Eggert befahl den Begleitjägern, die Aktionen abzubrechen und zum Flugzeugträger zurückzufliegen. Auf seinem Weg zur Küste bemerkte Randy Cunningham etwas weiter vor ihm ein Flugzeug scheinbar stationär. Die Silhouette vergrößerte sich, und dann verriet das hochgesetzte Höhenleitwerk sie als eine MiG-17:

> Ich versuchte, frontal auf diesen Kerl zu stoßen, und plötzlich eröffnete er das Feuer mit Leuchtspurmunition. Ich zog sofort hoch in die Vertikale, ging auf 4575m, machte

> eine 6G-Über-Kopf-Wendung. Ich blickte zurück und erwartete, daß er glatt weitergeflogen wäre und sich aus dem Staub machte. Doch wir waren Kabine an Kabine, vielleicht 120 oder 150 m auseinander!

Cunningham rollte sich auf den Rücken auf dem Gipfelpunkt seines Steigflugs und sah, wie sein Gegner eine Salve Kanonenfeuer in seine Richtung abschickte. Danach, als die Phantom abtauchte, glitt die MiG in Position dahinter – offensichtlich war dieser gegnerische Pilot kein Neuling beim Luftkampf. Cunningham fuhr fort:

> Ich zog den Bug hoch, machte eine Überkopfrolle. Sobald ich den Bug runternahm, zog er seine Maschine in die Vertikale. Ich schoß über ihn hinaus, er machte eine Überkopfrolle und rollte sich hinter mir ein.

Abwechselnd zog jeder Pilot seine Maschine hoch und rollte sich hinter dem Gegner in Position, um einen winzigen Vorteil gegenüber dem Kontrahenten zu haben. So lange sich dieser Vorgang wiederholte, konnte keiner der Piloten in Feuerposition gelangen, aber Cunningham wußte, daß er dieses Spielchen nicht allzu lange mitmachen konnte. In diesen Manövern verloren beide Flugzeuge an Geschwindigkeit, und bei niedrigen Geschwindigkeiten konnte die MiG-17 die Phantom ausmanövrieren. Während seines „Top Gun"-Trainingskurses hatte Cunningham genau das Manöver geübt, wie man aus einer solchen Situation herauskommt:

> Als er seinen Bug gerade etwas zu hoch hatte, zog ich scharf nach unten in seine Richtung und traf frontal auf ihn. Dann zündete ich die Brenner und beschleunigte weg von ihm. Als er seinen Bug wieder auf mich ausgerichtet hatte, war ich schon gut 2 km vor ihm, außerhalb der [Kanonen]Reichweite.

Cunningham ging dann erneut in einen vertikalen Steigflug, um in Schußposition zu kommen. Zu seiner Überraschung folgte ihm die MiG wieder. Er hatte noch nie einen so aggressiven Feindpiloten gesehen, der so viel von Luftkampftechnik verstand. Der amerikanische Pilot brach wie zuvor aus dem Clinch aus und zog in einen weiteren Steilanstieg, und abermals folgte die MiG. Dieses Mal entschied sich Cunningham dafür, etwas anderes auszuprobieren. Als die beiden Jäger um Höhe kämpften und fast Kabine an Kabine flogen, nahm er das Gas vollkommen weg und öffnete die Geschwindigkeitsbremse. Die Phantom verlangsamte sich rasch, und die MiG jagte nach vorn weg. Dann schloß Cunningham die Geschwindigkeitsbremsen und wählte vollen Nachbrenner:

> Ich glaube, ich habe ihn überrascht, weil er vor mir wegschoß. Doch eine Phantom auf vollem Nachbrenner bei 280 km/h mit dem Bug direkt nach oben fliegt nicht eigentlich, sie steht auf 16 300 kg Schub. Wir hingen hinter ihm, waren aber nicht wirklich im Vorteil. Bei diesen Geschwindigkeiten hatte eine MiG-17 etwa 2,5 bis 3 G mehr zur Verfügung als wir.

Als die MiG den Gipfelpunkt ihres Steigfluges erreicht hatte, gab Cunningham volles Ruder und zog unter seinen Gegner. Die MiG rollte sich auf den Rücken und ging nach unten.

Vielleicht ging dem nordvietnamesischen Piloten das Benzin aus, und er versuchte, aus dem Kampf auszubrechen. Was auch immer für Gründe er gehabt haben mag, er beging den grundsätzlichen Fehler, Cunningham sein Heck zu präsentieren. Der amerikanische Pilot kurvte in Feuerposition, legte das Visier über die MiG und drückte den Auslöser. Die Sidewinder mit ihrer Rauchfahne zog zur feindlichen Maschine und explodierte einige Meter entfernt, verursachte aber keinen sichtbaren Schaden. Die MiG setzte schnelles Sturzflugtrudeln fort, machte aber keinen Versuch, sich abzufangen, und wenige Augenblicke später krachte sie in den Boden und explodierte.

Nur sechs Minuten waren verstrichen, seit Cunningham und Driscoll die MiGs das erste Mal auf Hai Duong zurasen sahen, und in den heftigen Kampfhandlungen wurden sechs MiG-17 zerstört und eine wahrscheinlich beschädigt; eine Phantom wurde vom Bodenfeuer abgeschossen und eine weitere ernsthaft beschädigt. In Raum und Zeit war dies die konzentrierteste Kampfhandlung, die je über Nordvietnam stattfand, und sie war noch nicht vorüber.

Im Steigflug nahmen Cunningham und sein WSO Kurs auf die Küste und freuten sich, in der kurzen Aktion drei Feindflugzeuge abgeschossen zu haben. In den vorherigen Wochen hatten sie zwei MiGs abgeschossen, damit stand ihre Bilanz jetzt bei fünf – und sie hatten den begehrten Status von Kampf-Assen erreicht. Dann plötzlich und ohne Warnung, gerade als die Phantom bei 4880 m angelangt war, explodierte etwa 180 m vom Flugzeug entfernt eine Boden-Luft-Rakete. Die Explosion warf den Jäger in eine steile Querlage, und Splitter des Sprengkopfes bohrten sich in die Maschine. Cunningham richtete die Phantom wieder aus, hielt Ausschau nach offensichtlichen Schäden, fand aber keine. Er überprüfte die Instrumente, und da alles in Ordnung schien, setzte er den Steigflug fort. Das Flugzeug reagierte normal, und es sah aus, als ob es mit einem kleineren Durchschütteln davongekommen sei.

Das war aber nicht der Fall. Nur eine Minute später, als die Phantom über 8235 m stieg, gab es einen Ruck, und die Backbordtragfläche fiel. Nochmals überprüfte der Pilot seine Instrumente, und dieses Mal sah er, daß die Druckanzeige für das Haupthydrauliksystem auf Null stand, und der Druck für das Reservesystem sank. Offensichtlich war das Hydrauliksystem unterbrochen worden, und die kostbare Flüssigkeit strömte aus.

Die Phantom hing vom Hydraulikdruck zur Betätigung der Flugsteuerung ab, und mit dem Absinken des Öldrucks versagte ein Steuersystem nach dem anderen. Das erste Anzeichen davon kam, als die Steuerfläche des Höhenleitwerks in die Endstellung rutschte und den Bug der Maschine nach oben drückte. Die Lehrbuchantwort für Piloten in dieser Situation lautete einfach: sofort abspringen. Doch das Flugzeug befand sich immer noch über Vietnam: Wenn die Männer jetzt den Schleudersitz aktivierten, dann würden sie mit größter Wahrscheinlichkeit gefangengenommen. Die einzige Hoffnung, diesem Schicksal zu entgehen, bestand darin, im Flugzeug zu bleiben und es noch ein wenig länger in der Luft zu halten. Wenn sie die Küste erreichten und über dem Meer abspringen könnten, gäbe es unendlich größere Rettungschancen.

Cunningham hatte gehört, wie ein anderer Pilot in ähnlicher Situation seine Phantom noch aus Nordvietnam herausbrachte. Seinem Beispiel folgend drückte Cunningham jetzt hart auf das rechte Ruderpedal, um etwas vom verbliebenen Hydraulikdruck dafür zu nutzen, den Jäger in eine Rechtsneigung zu drücken. Der Bug der Maschine senkte sich und sie rollte nach rechts. Als der Bug durch die Horizontale ging, nahm Cunningham das Gas zurück und ließ die Geschwindigkeitsbremsen ausfahren, um einen Übergang in den Sturzflug zu vermeiden. Dann drückte der Pilot das linke Ruder, wählte vollen Schub und zog die Geschwindigkeitsbremsen ein. Die Phantom rollte über 360 Grad weiter, bis sie wieder mit der richtigen Seite nach oben zeigte, dann zog es den Bug wieder nach oben, und Cunningham wiederholte das Ganze. Die Phantom flog eine Reihe von äußerst unbeholfenen Flugrollen, wobei jede das gebeutelte Flugzeug ein wenig näher an die Küste und relative Sicherheit brachte.

Inzwischen geschahen schreckliche Dinge mit dem Heckteil des Jägers. Ein Feuer war ausgebrochen, und die Flammen fanden schnell neue Nahrung. Dann folgte eine kleine Explosion, die Cunningham der letzten Reste der Kontrolle über das Flugzeug beraubte. Der Bug richtete sich zum letzten Mal auf, dann kippte er ab, und der Jäger kam ins Trudeln. Der tapfere Pilot verließ das funktionsuntüchtige Flugzeug nur ungern, doch ihm blieb keine andere Wahl. Er befahl Driscoll den Absprung, dann folgte er nach.

In ihrem Todeskampf hatte die Phantom die letzte ihr gestellte Aufgabe erfüllt: als die beiden in den Fallschirmgurten hingen, sahen sie viel schönes Wasser unter sich. Bald darauf gingen sie im Meer nieder und wurden von Rettungshubschraubern aufgenommen.

Später kam es zur Einschätzung, daß die zwölf Phantom des Air Wing der *Constellation* mit etwa zwanzig nordvietnamesischen Jägern gekämpft hatten – vierzehn MiG-17, zwei MiG-19 und vier MiG-21. Sechs MiG-17 wurden abgeschossen. Während der Kampfhandlungen wurden zehn Sidewinder und drei Sparrow Luft-Luft-Raketen abgeschossen, also durchschnittlich nur wenig mehr als zwei Raketen pro abgeschossenem Flugzeug. Flug-Asse unterliegen jedoch nicht dem Gesetz des Durchschnitts, und mit seiner beispielhaften Leistung hatte Randy Cunningham drei Feindflugzeuge mit nur drei Sidewinder abgeschossen. Daneben galt eine MiG-17 als wahrscheinlich beschädigt durch Kanonenfeuer einer A-7. In der Aktion gingen zwei Phantom verloren, eine durch eine Flugabwehrrakete und eine durch Bodenfeuer, und eine Phantom wurde ernsthaft durch Bodenfeuer beschädigt.

* * *

Hätten die Phantom keine anderen Flugzeuge zu beschützen gehabt, wäre ihre richtige Taktik gewesen, vom den MiGs weg zu beschleunigen, über die Flughöhe ihrer Gegner zu steigen und von dort aus eine Reihe von Distanzangriffen mit Raketen gegen die Feindmaschinen zu unternehmen. Die Hauptaufgabe der Phantom bestand jedoch im Schutz der A-6 und A-7, und dieses Erfordernis zwang sie in einen direkten Luftkampf. Andererseits stellen Randy Cunninghams Nahkampfmanöver mit der MiG-17 eine Verfehlung dar. Er mußte sich nicht auf diesen Kampf einlassen, und dadurch, daß er den manövrierfähigeren feindlichen Jäger zu dessen Bedingungen zum Kampf stellte, verzichtete er auf die Vorteile der Phantom an überlegener Geschwindigkeit und überlegenen Waffen größerer Reichweite. Dank der besseren Beschleunigung der Phantom wußte er jedoch, daß er nach Belieben aus dem Kampf ausscheren konnte. Sein Gegner kämpfte unerwartet gut, doch die weniger leistungsfähige MiG-17 bot nicht die Möglichkeit eines sicheren Abgangs. Das erwies sich als ihr Verhängnis, und als sich der nordvietnamesische Pilot abwandte, schenkte er Cunningham einen leichten Raketenzielschuß. Der amerikanische Pilot nutzte die unerwartete Gelegenheit voll aus. Wie William Sholto Douglas mehr als ein halbes Jahrhundert vorher schon betonte, ist es von hohem Wert, wenn man zu Beginn eines Kampfes die Mittel zur Verfügung hat, sicher aus diesem wieder herauszukommen, wenn die Sache zu heiß wird.

KAPITEL VIERZEHN

Heroischer Einsatz über Falkland

Zu Beginn einer Auseinandersetzung läßt sich der Luftkrieg oft als eine „Alles-was-da-ist"-Angelegenheit bezeichnen, bei der findige Männer in Flugzeugen, die für einen ganz anderen Zweck gebaut wurden, in Aktion treten. Wenn der Konflikt nicht lange anhält, reicht die Zeit nicht aus, um auf die Bedürfnisse maßgeschneiderte Ausrüstung einzuführen. Ein klassisches Beispiel dieser Art ereignete sich im Frühjahr 1982, als sich Großbritannien und Argentinien um den Besitz der Falkland-Inseln bekriegten.

Als die britische Regierung entschied, eine Marinestreitmacht in den Südatlantik zu schicken, um die Falkland-Inseln wiederzuerobern, ruhte der Jägerschutz für die geplante amphibische Landeoperation auf ein paar Dutzend British Aerospace Sea Harrier. Dieser Unterschall-Senkrechtstarter kurzer Reichweite stellte eine kostengünstige Anpassung des Luftnahunterstützungsflugzeugs Harrier der RAF dar. Die Royal Navy hatte sie als Allzweck-Träger-Kampfflugzeug zur Unterstützung von Marineoperationen in abgelegenen Meeresgebieten bestellt, wo sie außerhalb der Reichweite von hochleistungsfähigen, landgestützten Jägern operieren würden. Die Sea Harrier war zwar auch für den Luftkampf ausgerüstet, aber vornehmlich zur Bekämpfung der großen und relativ langsamen Marine-Aufklärungsflugzeuge, die zur Beobachtung der Flottenkräfte und zur Lenkung der Angriffsflugzeuge genutzt wurden.

Im Rahmen des Falkland-Konflikts hatten die Sea Harrier eine viel niedrigere Höchstgeschwindigkeit als die argentinischen Mirage und Dagger; zudem waren die britischen Jäger dem Gegner zahlenmäßig drei zu eins unterlegen, der außerdem noch über Skyhawk und Super Etendard verfügte. Abgesehen von diesen Nachteilen hatten die Piloten der Sea Harrier drei wichtige Vorteile ihren Feinden gegenüber. Der erste betraf die wichtigste Luft-Luft-Waffe ihrer Maschinen, die AIM-9L Sidewinder. Diese neueste Version der berühmten IR-Lenkrakete war zuverlässiger, besaß eine größere Reichweite, ein breiteres Einsatzspektrum und erwies sich generell als viel wirkungsvoller als die französischen und israelischen Luft-Luft-Raketen der argentinischen Luftwaffe. Der zweite Vorteil betraf das Ausbildungsniveau der Piloten. Die Luftstreitkräfte der britischen Marine konnten die NATO-Einrichtungen voll nutzen, und ihre Luftkampfdoktrin basierte auf den Erfahrungen aller früheren Konflikte einschließlich dem Krieg in Vietnam. Vor dem Falkland-Konflikt war die argentinische Luftwaffe und Marine noch nie in Luftkämpfe verwickelt, und ihre Piloten kannten keine effektive Doktrin zur Bekämpfung feindlicher Jäger. Der dritte Vorteil der britischen Piloten ergab sich aus der einzigartigen VTOL-Fähigkeit ihrer Flugzeuge. Die vielzitierte Fähigkeit des „Viff" (Vektorschub im Horizontalflug) befähigte sie, Wendungen auszuführen, die für konventionelle Jägertypen einfach unmöglich sind. Außerdem flog die Sea Harrier zwar im Horizontalflug im Unterschallbereich, doch mit dem normalen Treibstoffverbrauch verbesserte sich ihr gutes Schub-Masse-Verhältnis noch mehr, und ihre Beschleunigung und Steigflugleistung übertrafen die ihrer Gegner bei weitem. Der Wert dieser Eigenschaften bestand in der Auswirkung auf die Moral der argentinischen Piloten: letztere kannten die ungewöhnlichen Manövriermöglichkeiten der Sea Harrier und scheuten sich vor Nahkämpfen, in denen sie sich im Nachteil sahen. Auch auf große Distanz konnten sie die Sea Harrier nicht mit Aussicht auf Erfolg bekämpfen, da diese über die überlegene Raketentechnik verfügte.

* * *

Der Luftkrieg über den Falkland-Inseln begann am 1. Mai 1982. Zur Demonstration ihrer Stärke gegenüber den Kriegsschiffen der Royal Navy vor den Inseln flog die argentinische Luftwaffe als Vorspiel zur erwarteten Landeoperation in diesem Gebiet 56 Einsätze mit Jägern, Jagdbombern und Bombern. Im Verlauf der dabei entstehenden Geplänkel in der Luft schossen die Sea Harrier eine Canberra, eine Dagger und eine Mirage ohne eigene Verluste ab. Eine weitere Mirage erlitt Schäden und wurde bei der versuchten Notlandung auf dem Flugplatz von Port Stanley von der argentinischen Luftabwehr abgeschossen.

Nach diesem Fehlschlag hielt das argentinische Oberkommando nur begrenzten Druck gegen die britische Sondereinheit aufrecht, da sie ihre Kräfte bis zur wirklichen amphibischen Landung schonen wollte. Dann gäbe es vor der Küste eine Vielzahl von hochwertigen Angriffszielen, und es blieb abzuwarten, ob die Sea Harrier und die deckenden Kriegsschiffe die angreifenden Flugzeuge daran hindern könnten, schwere Zerstörungen anzurichten.

* * *

Die britische Landung auf den Falkland-Inseln begann in den dunklen Morgenstunden des 21. Mai. Zu diesem Zeitpunkt verfügte die Sondereinheit nach kleinen Verstärkungen zum Ausgleich der Verluste über 25 Sea Harrier, aufgeteilt auf die No 800 Squadron auf HMS *Hermes* und No 801 Squadron auf HMS *Invincible.* Die gegen sie kämpfende argentinische Luftwaffe und Marine-Luftwaffeeinheiten besaßen etwa 75 Düsenjäger und Jagdbomber.

San Carlos Water, der ausgewählte Landeplatz, liegt an der nordwestlichen Spitze von East Falkland. Der Meeresarm verläuft in Nord-Süd-Richtung, ist knapp 2 km breit, 10 km lang und tief genug, um große Schiffe aufzunehmen. Für Schiffe, die Angriffe aus der Luft vermeiden wollen, hat der Meeresarm die Eigenschaften eines Längsgrabens: Er ist von allen Seiten von Bergen umgeben außer im Südosten und dem Eingang im Nordwesten. Wegen dieser Topographie hätten Flugzeuge bei Tieffliegerangriffen ihre Bombenanflüge in die eine oder die andere Richtung entlang der Nord-Süd-Achse der Wasserstraße unternehmen müssen.

Obwohl klein im Vergleich zu den Aktionen im II. Weltkrieg, stellte die Landung bei San Carlos immer noch ein umfangreiches Unterfangen dar. Die Truppen und ihre Ausrüstung wurden auf zwölf Transportschiffen in Begleitung von einem *Lenkraketenzerstörer* und sechs Fregatten in den Meeresarm gebracht. Sobald die Transporter ihre zugewiesenen Positionen im Meeresarm erreichten, warfen sie Anker und begannen mit der Entladung, wobei Landungsboote und Hubschrauber einen Pendelverkehr zur Küste betrieben. Die begleitenden Kriegsschiffe bezogen mit

Ausnahme einer am Eingang zu San Carlos Water postierten Fregatte außerhalb der Wasserstraße Stellung, um von dort aus feindliche Gegenangriffe abzuwehren, die sicher nicht lang auf sich warten ließen.

Bald nach der Morgendämmerung schickten die britischen Träger zum Schutz des Landegebiets Jäger jeweils paarweise auf Patrouille. Die gegnerischen Jagdbomber würden gewiß im Tiefflug angreifen, unter dem Radar der britischen Schiffe und deren weitreichenden Raketen. Ohne die Unterstützung durch luftgestützten Frühwarnradar läßt sich die Taktik der Sea Harrier am besten als Methode aus der Zeit vor der Luftschlacht um England bezeichnen. Sie übernahmen stehende Patrouillen an zwei Punkten, die eine in der Nähe von Pebble Island und die andere auf halben Weg in den Falkland Sound hinein, d. h. nordwestlich und südwestlich des Landegebiets in etwa 50 km Entfernung. Der einfache Impulsradar ließ sich gegen tieffliegende Flugzeuge über Land nicht verwenden, so daß die Piloten visuell nach ankommenden Feindflugzeugen Ausschau halten mußten.

Alle dreißig Minuten kamen zwei neue Sea Harrier zu einem der Patrouillengebiete und blieben 10–15 Minuten in Position. Es wäre natürlich besser gewesen, wenn sie sich länger hätten aufhalten können, doch die Flugzeugträger der Royal Navy wurden selbst von Super Etendard mit Exocet-Raketen bedroht und dadurch gezwungen, sich mindestens 300 km östlich der Inseln aufzuhalten. Als ein Mittel zum Schutz der Landung war der Luftverteidigungsplan bei weitem nicht hieb- und stichfest. Sowohl in Raum als auch in Zeit gab es Lücken, in denen tieffliegende feindliche Jagdbomber zum Landegebiet vordringen konnten. Dann müßten die Raketen- und Kanonenstellungen der Schiffe die gegnerischen Piloten von genauen Angriffen abhalten oder sie abschießen, falls sie sich nicht abschrecken ließen.

Das erste argentinische Flugzeug, das sich San Carlos näherte, erreichte den Meeresarm nicht. Hauptmann Jorge Benitez mit einem leichten, vom Flugplatz Goose Green zu einem Routineaufklärungsflug gestarteten zweimotorigen Pucará-Angriffsflugzeug der Grupo 3 hatte das Pech, südlich der Wasserstraße im Tiefflug über eine Patrouille einer Spezialeinheit der britischen Armee zu fliegen. Einer der Männer feuerte eine Stinger Ein-Mann-IR-Lenkrakete auf das Flugzeug, die sich auf einen Motor ausrichtete und detonierte. Der argentinische Pilot war zum Abspringen gezwungen, und die Maschine stürzte ab.

BRITISH AEROSPACE SEA HARRIER FRS Mk 1

Typ: einsitziges trägergestütztes Mehrzweckkampfflugzeug
Triebwerk: ein Rolls-Royce Pegasus 104 Turbofan-Triebwerk mit 9740 kg Vektorschub
Bewaffnung: zwei ADEN 30-mm-Kanonen; zwei AIM-9L Sidewinder IR-Lenkraketen (Jäger); zwei 454-kg-Bomben oder zwei 290 kg BL755 Schüttbombenbehälter (Luftnahunterstützung)
Leistung: Höchstgeschwindigkeit 1184 km/h (Mach 0,91) in geringer Höhe; Steigzeit auf 12 200 m Höhe 2 Minuten 23 Sekunden
Normale Startmasse bei Kampfeinsätzen: 11 870 kg
Abmessungen: Spannweite 7,70 m; Länge 14,50 m; Tragflügelfläche 18,68 m^2
Datum der Indienststellung von Sea Harrier: August 1978

Früh an jenem Morgen erhielt das Hauptquartier der argentinische Armee in Port Stanley eine Meldung, daß britische Kriegsschiffe in das nördliche Ende des Falkland Sound eingelaufen wären und die Küste bombardierten. Man hielt das wieder für ein Ablenkungsmanöver. Erst um 10.00 Uhr gelang es einer weiteren Pucará, in einem Aufklärungsflug zu beobachten, was sich in San Carlos ereignete. Der Pilot meldete, im Meeresarm befänden sich zwölf feindliche Schiffe, von denen einige Truppen und Munition entluden.

Der erste Luftangriff auf die Schiffe folgte wenige Minuten später, vorgetragen von einem leichten Angriffsflugzeug des Typs Macchi 339 von der 1. Marineangriffsstaffel. Lieutenant Owen Crippa befand sich von Port Stanley aus auf einer bewaffneten Aufklärungsmission, strich tief über die San Carlos Water umgebenden Berge und befand sich plötzlich über dem Landkopf. Ungeachtet des Gegenfeuers griff er die Fregatte *Argonaut* mit vier 127-mm-Raketen und 30-mm-Kanonenfeuer an, verursachte dabei geringen Schaden am Schiff und verwundete drei Mann.

Etwa eine halbe Stunde später, 10.35 Uhr kamen die ersten Jagdbomber vom Festland. An der Spitze von sechs Dagger der Grupo 6 sollte Major Carlos Martinez eine bewaffnete Aufklärungsaktion am gemeldeten Landegebiet durchführen. Die Dagger flogen vom Norden aus an und vermieden die über Pebble Island patrouillierenden Sea Harrier. Die argentinischen Piloten sahen die drei Kriegsschiffe in Position außerhalb der Wasserstraße und teilten sich zum Angriff. Martinez ging zum Bombenabwurf auf die HMS *Broadsword* über, Captain Rodhe und Lieutenant Bean nahmen sich die *Argonaut* vor, während Captain Moreno die zweite Dreierformation gegen HMS *Antrim* führte. Die Dagger griffen mit 454-kg-Bomben und 30-mm-Kanonen an, und die Kriegsschiffe erwiderten das Feuer mit Kanonen aller Kaliber sowie mit Luftabwehrraketen. Beans Flugzeug wurde von einer Seacat-Rakete getroffen, die wahrscheinlich von der Fregatte *Plymouth* abgefeuert wurde, und stürzte ins Meer. Die verbliebenen Dagger flohen nach Süden, dicht verfolgt von zwei Sea Harrier. Doch die argentinischen Maschinen, die ihre Bombenlast abgeworfen hatten, beschleunigten schnell und ließen die langsameren Senkrechtstarter problemlos zurück.

Als einziges Schiff erlitt der Zerstörer *Antrim* durch den Treffer einer 454-kg-Bombe am Heck ernsthaften Schaden. Sie durchschlug glatt die Raketenladeluken und verfehlte nur knapp eine Seaslug-Rakete mit einsatzbereitem Gefechtskopf. Zum Glück für die Schiffsbesatzung explodierte die Bombe nicht. Etwa vierzig Granattreffer hatte das Kriegsschiff zu verzeichnen, wobei zwei Männer schwer verwundet wurden. Die Fregatte *Broadsword* wurde auch beschädigt und hatte vier Verwundete zu beklagen. Nach dem Angriff lief die *Antrim* in San Carlos Water ein, wo ein Bombenräumkommando die Bombe entschärfte und entfernte.

Kurz vor Mittag führte Major Juan Tomba von Grupo 3 zwei Pucará aus Goose Green zum Angriff auf den Landkopf. Eine Patrouille von drei Sea Harrier der No 801 Squadron wollte sich gerade auf den Rückweg zur *Invincible* machen, als die Flugeinsatzleitung den Führer, Lieutenant-Commander „Sharkey" Ward über den Anflug von Feindflugzeugen südlich von San Carlos Water informierte. Als das Trio in 4575 m Höhe das Gebiet überflog, entdeckte Lieutenant Steve Thomas eine der Pucará. Er und Lieutenant-Commander Al Craig tauchten auf die Höhe von Tombas Maschine zum Angriff mit Bordwaffen ab. Die Düsenjäger hatten jedoch zu hohe Überholgeschwindigkeit, und beide Piloten schossen über das Ziel hinaus, ohne Treffer zu erzielen. Währenddessen entkam die zweite Pucará. Dann flog Ward zum Angriff auf Tombas Flugzeug an. Er erzielte mehrere Treffer auf einer der Tragflächen, bevor auch er über die langsame Pucará hinausschoß. Nach Einschätzung der Geschwindigkeit der Feindmaschine ließ Ward die Klappen ausfahren und ging viel langsamer zum zweiten Angriff über:

> Ich eröffnete das Feuer und traf seinen rechten Motor, der in Brand geriet, und ich sah Teile vom Flugzeug abfallen. Bei meinem dritten Anflug kam ich in eine gute Position von hinten, eröffnete das Feuer, sah, wie sein linker Motor zu brennen anfing und ein Teil der Kabine wegflog, ebenso Teile des Rumpfes. Ich zog nach links weg und dachte mir, das ist unglaublich, er ist noch nicht raus! Dann sah ich den Piloten doch noch abspringen. Die Maschine setzte den Flug allein fort, schlug auf den Torf auf und schlitterte zum Halt.

Das nächste Angriffskommando vom Festland stand von Beginn an unter einem ungünstigen Stern. Die vier Skyhawk von Grupo 5 unter Führung von Captain Pablo Carballo führten vor der Küste Argentiniens ihren geplanten Treff mit dem KC-130 Hercules Tankflugzeug aus, aber eine konnte kein Benzin aufnehmen und mußte umkehren. Eine weitere konnte wegen anderer Probleme die Mission nicht fortsetzen. Die beiden übrigen Skyhawk flogen zum Falkland Sound, wo sie ein großes Handelsschiff sichteten. Es handelte sich um die *Rio Carcarana,* ein argentinisches Versorgungsschiff für die Garnison auf West Falkland, das fünf Tage nach einem Sea-Harrier-Angriff verlassen im Meer trieb. Carballo richtete sich auf das Schiff aus, brach seinen Angriff jedoch im letzten Moment ab, weil er über die Identität des Schiffs Zweifel hatte. Sein Flügelmann setzte jedoch den Angriffsflug fort, klinkte seine Bomben über dem Frachter aus und wendete zum Rückflug.

Carballo setzte nun allein seinen Flug entlang der östlichen Seite des Falkland Sound fort und stieß plötzlich auf eine der britischen Fregatten, die HMS *Ardent.* Ihr Kapitän, Commander Alan West, kommentierte später:

> Plötzlich schrie jemand auf der Brücke „Flugzeug im Anflug!" und zeigte zum Himmel. Wir blickten in diese Richtung, und aus dem Südwesten kam eine einzige Skyhawk vom etwa 4 km entfernten Land sehr schnell auf uns zu, direkt auf den Bug. Ich leitete ein Ausweichmanöver ein und verlangte volle Kraft. Als er über uns hinweg jagte, fingen wir gerade mit der Wendung an; die 114-mm[-Kanone] hatte keine Zeit, sich auf ihn auszurichten, und das einzige Ding, das feuern konnte, war die 20-mm. Er warf zwei Bomben, die eine fiel zu kurz, die andere flog über uns hinweg. Er flog weiter, drehte um und flog den Sund hinunter.

Lieutenant-Commander Neil Thomas und Lieutenant-Commander Mike Blissett der No 800 Squadron hatten den Falkland Sound gerade zu ihrem Patrouillenflug erreicht, als die Flugeinsatzleitung ihnen den Befehl gab, das Flugzeug zu verfolgen, das die *Ardent* angegriffen hatte. Die Sea Harrier gingen unter die Wolkenfetzen bei 460 m und flogen über West Falkland. Sie fanden Carballos Skyhawk nicht, doch plötzlich wurde das bedeutungslos. Etwa 5 km östlich von Chartres Settlement sichtete Blissett vor sich in etwa 6 km Entfernung vier weitere Skyhawk. Die Feindflugzeuge von Grupo 4 hatten gerade die Küste überflogen. Als deren Piloten die Sea Harrier sahen, lösten sie ihre Formation auf, warfen ihre Bomben und Zusatztanks ab und zogen scharf nach rechts, um dem Angriff auszuweichen. Doch die Sea Harrier kamen den Gegnern schnell näher, wie Blissett später beschrieb:

> Ich war an der Spitze mit Neil zu meiner Linken und etwa 370m achtern, wir alle in einer engen Wendung. Die Skyhawk bildeten eine lange Kette über etwa 1,5km. Ich erfaßte einen der Kerle in der Mitte mit dem Zielradar einer Sidewinder und feuerte. Erst dachte ich, die Rakete schlägt auf dem Boden auf, als sie sich löste – ich befand mich nur etwa 60m über dem Boden. Aber plötzlich stieg sie auf und schoß aufs Ziel zu. In dem Moment wurde meine Aufmerksamkeit etwas abgelenkt, als eine Sidewinder über meine linke Schulter zischte – Neil hatte über mich hinweg gefeuert, was ich zu dieser Zeit ziemlich beunruhigend fand! Ich beobachtete, wie seine Sidewinder einer anderen Skyhawk nachjagte, die zu einem Wolkenfetzen aufstieg und dann in der Wolke verschwand, während die Rakete schnell Boden gutmachte.

Blissett faßte sich rechtzeitig wieder und sah, wie seine Rakete auf das Feindflugzeug traf, das mit einem großen Feuerball explodierte. Sekunden später fiel eine weitere Skyhawk mit brennendem Rumpf und außer Kontrolle vom Himmel. Die übriggebliebene Skyhawk verflüchtigte sich nach Westen – und zwar schnell. Ohne den nötigen Treibstoff, um die Verfolgung aufzunehmen, brachen die Sea Harrier den Kampf ab.

Es war 14.30 Uhr, der Beginn der gefährlichsten Zeit für die britischen Marinekräfte in und um San Carlos Water. Bislang flogen die Dagger und Skyhawk, die die Kampfzone erreichten, nur bewaffnete Aufklärungsmissionen und suchten nach wichtigen Zielen. Sie hatten nur Zeit für einen kurzen Angriff, wenn sich ihnen die Möglichkeit dazu bot. Dreieinhalb Stunden waren verstrichen, seit das erste auf dem Festland stationierte Flugzeug das Gebiet überflogen hatte, und die Piloten in den nächsten Angriffswellen wußten genau, wo ihre Ziele lagen und wie sie sie bekämpfen wollten.

Zur Begegnung der größeren Gefahr gingen statt zwei nun drei Paar Sea Harrier pro Stunde auf Patrouillenflug. Lieutenant-Commander „Fred“ Frederiksen und Lieutenant Andy George der No 800 Squadron waren auf Patrouille, als die nächsten Angreifer – vier Dagger von Grupo 6 unter Führung von Captain Horacio Gonzalez – einflogen. Ein Kriegsschiff hatte die argentinischen Maschinen jedoch auf Radar beobachtet, bevor sie auf niedrige Höhe heruntergingen, und die Einsatzleitung gab den Sea Harrier Befehl, sie über West Falkland abzufangen. In 760 m Höhe sichtete Frederiksen die Angreifer im Tiefflug, etwa 5 km entfernt zu seiner

ISRAEL AIRCRAFT INDUSTRIES DAGGER

Typ: einsitziger Jagdbomber
Triebwerk: ein Atar 9C Nachbrenner-Strahltriebwerk mit 4271 kg Nachbrennerschub
Bewaffnung: zwei DEFA 30-mm-Kanonen; zwei IAI Shafrir IR-Lenkraketen (Jäger); zwei 454-kg-Bomben (Luftnahunterstützung über Falkland)
Leistung: Höchstgeschwindigkeit 1335 km/h in geringer Höhe; 2349 km/h (Mach 2,2) in 12 200 m
Normale Startmasse bei Kampfeinsätzen: 13 680 kg
Abmessungen: Spannweite 8,20 m; Länge 15,54 m; Tragflügelfläche 34,99 m^2
Datum der Indienststellung von Dagger: Anfang 1972
Anmerkung: Dieses Flugzeug ist ein unlizenzierter israelischer Nachbau des französischen Dassault Mirage V Jagdbombers

Rechten. Er befahl seinem Flügelmann hinter sich, Ausschau nach möglichen Begleitjägern zu halten, und beschleunigte selbst in eine Position hinter dem linken Paar Feindflugzeuge. Frederiksen startete eine Sidewinder, sah sie nahe dem Heck einer Dagger ihr Ziel finden und explodieren. Der Jagdbomber geriet in ein unkontrolliertes Trudeln, und sein Pilot Lieutenant Hector Luna betätigte den Schleudersitz gerade noch vor dem Aufprall der Maschine. Lunas Fallschirm öffnete vor der Landung nicht voll, was ihm einen ausgerenkten Arm und ein verstauchtes Knie eintrug. Frederiksen schoß mit der Kanone auf eine andere Dagger, sah aber keinen Treffer, bis die feindlichen Jagdbomber in einer Wolkenschicht über den Bergen vor ihnen verschwanden.

Während dieser Ereignisse rückte eine neue Formation Skyhawk vom Norden in den Falkland Sound ein. Die sechs Flugzeuge konzentrierten ihren Angriff auf die HMS *Argonaut* und erzielten mit zwei 454-kg-Bomben Treffer. Die eine schlug in ihrem Rumpf ein, zerstörte mehrere Dampfleitungen, wodurch ein Dampfkessel explodierte, und zertrümmerte dann noch einen Teil der Steuerungsanlage des Schiffs. Die andere Bombe landete weiter vorn im vorderen Seacat-Magazin. Dort brachte sie zwei Raketen zum Explodieren, was zwei Seeleuten das Leben kostete. Obwohl beide Bomben Zweitexplosionen auslösten, kamen sie aus zu niedriger Höhe, so daß ihre Zünder nicht funktionierten und keine der Waffen detonierte.

Fast unmittelbar danach fächerte die geschrumpfte Dagger-Formation von Grupo 6 über der Küste von West Falkland aus und richtete sich zum Angriff auf die HMS *Ardent* aus. Die Flugzeuge näherten sich schnell von achtern, und Alan West rief nach vollem Backbordruder im vergeblichen Versuch, die 127-mm-Kanone in Schußposition zu bringen. Aus irgendwelchen Gründen hob die Seacat-Rakete zur kritischen Zeit nicht ab, und die einzige Verteidigung des Schiffs bestand aus einer 20-mm-Kanone und einigen leichten Maschinengewehren. Am Ende der Angriffsformation zur Bombardierung des Schiffs beobachtete Captain Robles den Beginn der Aktion:

> Vor Captain Gonzalez' Maschine konnten wir Leuchtspurmunition auf uns zufliegen sehen. Sein Flugweg führte ihn zwischen die Masten der Fregatte. Seine Bombe fiel etwa 10m zu kurz ins Meer und hob eine gewaltige Wassermenge empor, die praktisch das Schiff überspülte; ich glaube, die Bombe rutschte mit an Bord und kam im Rumpf zu liegen. Dann löste Lieutenant Bernhardt seine Bomben, von denen eine den oberen Teil des Schiffes traf. Dann kam ich über den Abwurfpunkt und ließ meine Bomben fallen.

Ohne effektives Abwehrfeuer zu ihrer Störung konnten die Dagger-Piloten einen genauen Angriff vortragen. Alan West beschrieb, wie man sich fühlte, wenn man die Bomben abbekam:

> Das erste Flugzeug warf zwei Bomben ab, eine traf uns nahe dem Heck und explodierte. Es gab einen furchtbaren Knall; es fühlte sich an, als ob jemand das Heck ergriffen hätte und mit dem Schiff immer wieder auf das Wasser schlug. Mit der Explosion stieg eine Blitz- und Rauchsäule etwa 30m hoch. Ich blickte nach achtern und sah die Seacat-Startrampe etwa in 6m Höhe durch die Luft schweben, während Metallteile in alle Richtungen flogen.

Die Bombe traf die Fregatte nahe dem Hubschrauberhangar, riß das Dach ab und faltete es über die Steuerbordseite, wobei der Lynx-Schiffshubschrauber zerstört wurde. Es gab mehrere Tote und Verwundete. Eine weitere Bombe grub sich ins Heck ein, detonierte aber nicht.

Wenn ein Kriegsschiff bei einer Kampfhandlung Schäden erleidet, erheben sich für den Kapitän drei wichtige Fragen: Kann es sich über Wasser halten? Kann es gesteuert werden? Kann es den Kampf fortsetzen? Als West von seinem First Lieutenant die Schadensmeldungen erhielt, stand fest, daß die *Ardent* zwar über Wasser bleiben würde und sich steuern ließ, doch nicht weiterkämpfen konnte, denn die Seacat-Startrampe war bei der Explosion über Bord gegangen, und Schäden an der Munitionszufuhr hatten auch die 127-mm-Kanone außer Gefecht gesetzt. Während die Schadensbegrenzungsmannschaften die Brände unter Kontrolle zu bringen versuchten, nahm West Kurs auf San Carlos Water, wo sein Schiff Schutz durch die übrigen der Flotte finden konnte.

14.45 Uhr strichen weitere argentinische Maschinen im Tiefflug zum Angriff auf die britischen Schiffe heran. HMS *Brilliant* kam erneut unter heftigen Angriff; einige Mannschaftsmitglieder wurden durch umherfliegende Splitter verletzt. Mehrere Skyhawk drangen zum Angriff auf die Transportschiffe in San Carlos Water ein, doch die den Ankerplatz umgebenden Höhenzüge erschwerten den Piloten ihre Aufgabe. Fähnrich Marcelo Moroni von Grupo 5 erläuterte das Problem:

> Die Topographie der Insel erschwerte die Sicht in die Bucht, weil wir zu tief flogen – wir konnten aus der Nähe nicht über die Berge sehen. Als wir über den letzten Berg kamen, sichteten wir acht oder neun Schiffe in der Bucht. Sobald sie uns sahen, eröffneten sie das Feuer aus allen Rohren. Zwei unserer Skyhawk nahmen sich eine Fregatte vor, zwei weitere ein anderes Schiff, und ich blieb noch übrig. Plötzlich spürte ich einen Schlag von rechts und dachte, meine Maschine sei von gegnerischem Feuer getroffen und beschädigt. Deshalb nahm ich kein Ausweichmanöver vor und flog direkt auf mein Ziel zu; nach Abwurf der Bomben flog ich geradeaus weiter aus der Bucht heraus.

Außer einer Maschine, die geringe Schäden durch Handfeuerwaffen erlitt, kehrten alle Skyhawk sicher nach Rio Gallegos zurück. Moronis Flugzeug bekam keine Treffer; mit großer Sicherheit geriet er in den Luftstrom einer Maschine vor ihm. Kein Transportschiff erhielt Treffer.

Inzwischen vollzogen sich heftige Kampfhandlungen über West Falkland. Auf der zweiten Tagespatrouille befanden sich „Sharkey“ Ward und Steve Thomas am südlichen Ende ihres Rundkurses, als letzterer zwei tieffliegende Dagger auf dem Weg nach Osten sah:

> Mit einer Luftrolle setzte ich mich hinter sie, erfaßte mit einer Rakete den hinteren Burschen und feuerte. Die Sidewinder traf die Maschine und nahm sie auseinander. Ich sah sie nicht abstürzen, ich versuchte gerade, den anderen zu kriegen. Er ging in eine Steigkurve nach Steuerbord und wollte wegkommen. Ich richtete eine Sidewinder auf ihn und schickte sie ab. Die Rakete folgte ihm um die Kurve und ging knapp über den Ansatz seiner Backbordtragfläche hinweg. Es gab einen hellen orangefarbenen Blitz nahe dem Flugzeug, doch es flog scheinbar unbeschädigt weiter.

Ward beobachtete, wie sein Flügelmann die beiden Dagger zum Kampf stellte, und sah den ersten abstürzen, als noch ein weiterer feindlicher Jagdbomber am Bug seiner Maschine vorbeizog. Er schätzte, die Feindmaschine machte etwa 900 km/h in nur 15 m Höhe; Ward zwang seine Sea Harrier in eine enge Kurve zu einem Blitzangriff und feuerte eine Sidewinder ab. Die Rakete stieß in die Dagger, riß einen Teil des Hecks ab, und das Flugzeug schlitterte zu Boden, wobei Teile umherflogen. Mit nur noch wenig Treibstoff und einer einzigen Rakete an Bord machten sich die Sea Harrier auf dem Rückweg zum Flugzeugträger.

Nach vorhanden Erkenntnissen konnte Thomas die zweite von ihm angegriffene Maschine nur als „vielleicht zerstört“ verbuchen. Nach dem Krieg offenbarten aber argentinische Quellen, daß alle drei Dagger von Sidewinder-Raketen abgeschossen wurden. Die drei Piloten erreichten den Boden mit relativ geringen Verletzungen – ein bemerkenswertes Zeugnis von der Effektivität ihrer Schleudersitze, da die Maschinen auf extrem niedriger Höhe zerstört wurden.

Genau zu dieser Zeit flog Lieutenant Alberto Philippi als Kommandeur an der Spitze von drei Skyhawk der 3. Marinejäger- und Angriffsstaffel in das südliche Ende des Falkland Sound ein. Die neue Angriffsformation jagte im Tiefflug die Wasserstraße entlang, und das erste Schiff auf ihrer Route war die schon angeschlagene *Ardent.* Die Maschinen formierten sich in Reihe rückwärts und gingen zum Bombenanflug über. Einen knappen Kilometer vor dem Ziel zog Philippi auf 90 m hoch, richtete das Bombenvisier auf das Kriegsschiff aus und warf seine vier „Snakeye“ 225-kg-Bomben aus amerikanischer Produktion ab. Diese Waffen waren speziell für den Abwurf aus geringer Höhe konstruiert, und beim Verlassen des Flugzeugs öffneten sich zur Verlangsamung des Falls am hinteren Ende der Bombe vier Bremsklappen. Der langsamere Fall ermöglichte ein Verlassen der Abwurfstelle vor der Detonation, und gab der Bombe vor dem Aufschlagen auf das Ziel die Zeit zum „Sich-Scharfmachen“.

Von der Brücke seines Schiffs beobachtete Alan West, wie die erste Bombensalve näherkam und aus der Sicht verschwand. Dann gab es eine Reihe von riesigen Explosionen. Der Kapitän wurde von den Füßen gerissen und hart gegen das Brückendach geschleudert, danach fiel er in einem Bündel aufs Deck. Er stand gerade noch rechtzeitig auf, um die zweite Skyhawk mit Lieutenant José Arca als Piloten zu sehen, die nach Ausklinken der Bomben dicht über das Schiff jagte. Die Maschinengewehrschützen der *Ardent* feuerten ständig auf das Flugzeug, und West bemerkte das Entstehen einer Reihe Löcher quer über einer Tragfläche. Unmittelbar darauf explodierte eine weitere Bombe gegen das Heck des Schiffes. Die dritte angreifende Skyhawk mit Fähnrich Marcelo Marquez als Piloten erzielte keine Treffer. Nach dem Angriff blieb Philippi im Tiefflug und flog mit Südwestkurs den Falkland Sound entlang; die anderen Skyhawk folgten im Abstand von je 3 km.

McDONNEL DOUGLAS A-4P SKYHAWK

Typ: einsitziges trägergestütztes Angriffsflugzeug
Triebwerk: ein Wright J65 W-18 Strahltriebwerk mit 3850 kg Schub
Bewaffnung: zwei Mk 12 20-mm-Kanonen; bis zu 906 kg Bomben
Leistung: Höchstgeschwindigkeit 925 km/h in geringer Höhe bei voller Waffenzuladung
Normale Startmasse bei Kampfeinsätzen: 10 192 kg
Abmessungen: Spannweite 8,38 m; Länge 12,29 m; Tragflügelfläche 24,15 m^2
Datum der Indienststellung von A-4P Skyhawk: Ende 1956 (A-4P war die Bezeichnung für die nach Argentinien exportierten A-4B)

Auf dem Weg zu ihrer Patrouillenstrecke hörten Lieutenant Clive Morell und Flight Lieutenant John Leeming der No 800 Squadron auf dem Überflug über Goose Green bei 3050 m eine Funkmeldung, daß die *Ardent* angegriffen werde. Beim Blick nach unten sah Morell die Bomben auf der Fregatte explodieren:

> Nach den Bombenexplosionen glaubte ich, daß sich die Angreifer wahrscheinlich in südwestliche Richtung entlang des Sunds zurückziehen würden. Ich blickte dahin, wo ich sie vermutete, und tatsächlich tauchten sie auch unter einer Wolkenlücke auf.

Die Sea Harrier stürzten sich mit Vollgas hinunter auf die Angreifer, und Marquez in der hintersten Skyhawk spürte die Gefahr als erster. Später kommentierte Philippi:

> Ein paar Minuten nach dem Angriff dachte ich, wir wären davongekommen, als ein Schrei von Marquez mein Herz stillstehen ließ: „Harrier! Harrier!“ Sofort befahl ich den Abwurf der Zusatztanks und Bombenträger in der Hoffnung, wir würden die schützenden Wolken vor uns noch erreichen.

Die Sea Harrier, die Marquez gesehen hatte, war Clive Morell, der jetzt schnell an Philippis Skyhawk herankam. Der Pilot der Royal Navy startete eine Sidewinder auf den feindlichen Jagdbomber und beobachtete ihren Anflug und die Explosion in Zielnähe. Philippis erstes Anzeichen des Angriffs auf ihn war eine mächtige Explosion im Heck seiner Maschine, nach der der Bug kräftig hochgerissen wurde. Philippi konnte die Skyhawk nicht mehr steuern, sprang ab und landete im seichten Wasser direkt an der Küste. Clive Morell verfolgte die verbleibende Maschine vor ihm, eine Arcas. Seine letzte Sidewinder wollte die Rampe einfach nicht verlassen, deshalb reagierte er sich mit dem Leeren seiner Bordwaffenmagazine in Richtung auf den Jagdbomber ab. Er sah keine Treffer.

Auf der Hetzjagd durch die Meeresenge auf niedriger Höhe schien sich Marquez darauf zu konzentrieren, was mit den beiden Skyhawk vor ihm passierte. Er bemerkte nicht, wie sich John Leeming in Position zu einem Bordwaffenangriff von hinten anschlich. Der RAF-Pilot sah das so:

> Er war auf etwa Null, ich auf Null plus 50. Immer noch gab es kein Anzeichen, daß er mich gesehen hätte; er flog nur, so schnell er konnte, geradeaus. Ich feuerte ein paar Probesalven, die dritte Salve spritzte in das Meer um ihn herum. Da erst muß er bemerkt haben, was los ist, denn etwa eine Sekunde später rollte er sich hart nach Steuerbord. Doch da war es schon zu spät: Ich war auf knapp 200m heran. Bevor er mit einem Wendemanöver beginnen konnte, hatte ich mein Zielvisier auf sein Cockpit gerichtet und drückte den Feuerknopf. Mit den ersten Runden explodierte das Flugzeug. Ich nehme an, es muß den Motor zerrissen haben, denn das Flugzeug löste sich einfach auf.

Leeming zog seine Maschine steil nach oben, um die schnell wachsende Trümmerwolke vor ihm zu vermeiden. In diesem Augenblick sah Morell sich um und bemerkte den größer werdenden Feuerball. Im ersten Moment des Schreckens dachte er, sein Flügelmann sei abgestürzt, doch Leeming beruhigte ihn mit einem kurzen Funkruf.

Die beschriebenen Ereignisse vom Moment, an dem Steve Thomas die anfliegenden Dagger sichtete, bis John Leeming den Trümmern der Skyhawk auswich, fanden in den zehn Minuten zwischen 14.52 Uhr und 15.02 Uhr statt.

Jetzt befand sich die *Ardent* in großer Seenot; ein größerer Brand tobte in ihrem Heckbereich. Die Fregatte nahm schnell Wasser auf, und ihre Steuerungsanlage war funktionsuntüchtig. Schweren Herzens gab Alan West den Befehl zum Verlassen des Schiffs und bat die Fregatte *Yarmouth* beizudrehen und die Überlebenden aufzunehmen. West selbst verließ das Schiff als letzter. Unter der Besatzung gab es 22 Tote und mehr als 30 Verwundete.

Keine der drei am letzten Angriff auf die *Ardent* beteiligten Skyhawk überstanden die Auseinandersetzung; Clive Morell und John Leeming hatten je eine abgeschossen. Philippi sprang noch ab, während Marquez ums Leben kam. José Arcas Skyhawk bekam Treffer vom Gegenfeuer des Schiffs oder von Morells Granaten, oder vielleicht von beiden. Aus einem durchschossenen Tank verlor Arcas Maschine Treibstoff, und er wußte, daß er es nicht zum Festland zurück schaffen würde. Deshalb flog er nach Port Stanley und sprang dort ab.

Nach Philippis Angriff tauchte eine zweite Formation von drei Marine-Skyhawks auf, um die Schiffe in der Landezone zu bombardieren. Diese Flugzeuge erlitten keine Verluste, sie erzielten aber mit ihren Bomben auch keine Treffer. Das war auch der letzte Angriff an diesem Tag, und von da an konnten die Transportschiffe ihre Entladeoperation ungestört fortsetzen.

Etwas mehr als sechs Stunden, nachdem Alan West die *Ardent* verlassen hatte, ging sie im Meer unter. Mit zwei nicht explodierten Bomben an Bord schleppte man die *Argonaut* nach San Carlos Water, wo die Waffen entschärft und vom Schiff entfernt wurden.

* * *

In den Kampfhandlungen am 21. Mai verloren die argentinische Marine und Luftwaffe zehn der etwa fünfzig zum Angriff auf das Landegebiet geschickten Skyhawk und Dagger – eine unhaltbare Verlustrate von 20 Prozent; außerdem wurden noch zwei auf den Falkland-Inseln stationierte Pucará abgeschossen. Neun der genannten Maschinen fielen Harrier-Angriffen zum Opfer, eine einer vom Boden gezündeten Stinger-Rakete, eine wurde von einer Schiffsrakete abgeschossen und eine von einer Sea Harrier oder von Handfeuerwaffen von einem Schiff aus, oder von beiden. Bei den Sea Harrier gab es keine Verluste zu beklagen.

Das Fehlen einer ordentlichen Luftkampftaktikausbildung für die argentinischen Jagdbomber offenbarte sich in allen Kampfhandlungen; ihnen fehlte die Kenntnis, wie sich Flugzeuge in einer Angriffsformation gegenseitig mit ihren Bordkanonen Deckung geben können. In den Auseinandersetzungen mit den Sea Harrier versuchten die argentinischen Jagdbomberpiloten nie, den Luftkampf aufzunehmen oder einem angegriffenen Kameraden zu Hilfe zu kommen.

Durch die Einnahme von Positionen, auf denen sie die argentinischen Luftangriffe auf sich zogen, bewahrten die Kriegsschiffe in der „Schußlinie“ die verwundbaren Transportschiffe vor ernsthaften Schlägen. Die Kosten dafür waren nicht gering: eine Fregatte wurde versenkt und eine Fregatte und ein Zerstörer schwer beschädigt. Doch trotz dieses ernsthaften Materialverlustes hielt die Nähe von Rettungsschiffen und Hubschraubern die Menschenverluste relativ niedrig: 24 Seeleute der Royal Navy fanden in den vielen Angriffen an jenem Tag den Tod.

Die argentinischen Piloten trugen ihre Tieffliegerangriffe mit großer Tapferkeit und Entschlossenheit vor. Sie verursachten zwar große Schäden, dennoch erreichten sie ihr Hauptziel, die Verhinderung der amphibischen Landeoperation, nicht. Das Entladen konnte mit nur wenig Behinderung ausgeführt werden, und am Ende des Tages befanden sich mehr als 3000 Fallschirmjäger und Kommandotrupps und fast 1000 Tonnen an Vorräten an Land. Durch die Sicherung des Landkopfes schwand die Möglichkeit für die argentinischen Luftwaffeneinheiten, entscheidenden Einfluß auf den Konflikt zu nehmen.

KAPITEL FÜNFZEHN

Helikopter „Bravo November“

Im letzten Kapitel bemerkten wir, daß sich ein kampfentschlossener Feind auch bei gegnerischer Luftüberlegenheit nicht von der Ausführung zerstörerischer Luftangriffe abhalten läßt, dabei aber selbst schwere Verluste hinnehmen muß. In diesem Kapitel blicken wir erneut auf den Falkland-Konflikt zu einem Beispiel einer besonderen Operation, nämlich der freien Bewegung von Truppen und Vorräten im Lufttransport, der möglich wird, wenn ein gewisses Maß an Luftüberlegenheit gesichert ist. Es verdeutlicht auch, wie ein einzelner mittlerer Transporthubschrauber, der mit Geschick und Entschlossenheit geführt wird, beträchtliche Auswirkungen auf einen kleinen Landfeldzug haben kann.

Nach der Landung auf den Falkland-Inseln schickte die No 18 Squadron der RAF im Frühjahr 1982 vier Boeing Chinook, mittlere Transporthubschrauber, in den Südatlantik zur Unterstützung der geplanten Bodenoperationen. Die Maschinen wurden als Deckfracht auf dem Containerschiff *Atlantic Conveyor* zusammen mit einem Kontingent von Flug- und Bodenpersonal der Einheit transportiert. Kurz vor den Landeoperationen traf sich das Containerschiff mit der britischen Sondereinheit vor den Inseln, und die Harrier und Sea Harrier, die es ebenfalls mit nach Süden gebracht hatte, starteten von seinem Deck und flogen zu den Flugzeugträgern, die auf sie warteten.

Da sie nicht von Schiffen aus operieren sollten, besaßen die RAF Chinook keine klappbaren Rotorblätter. Zum Transport hatte man ihre Rotorblätter entfernt, damit sie sich besser auf der *Atlantic Conveyor* verstauen ließen. Am 25. Mai begann das Bodenpersonal in Vorbereitung auf den für den folgenden Tag geplanten Abflug mit der Anbringung der Blätter an der Chinook.

Jedes Blatt hatte eine Länge von etwa 9 m und ein Gewicht von 136 kg, und je drei waren an die vordere und hintere Rotornabe anzubringen, die sich 4,5 m bzw. 5,5 m über dem Deck befand. Ein Gabelstapler wurde genutzt, um jedes Blatt in die gewünschte Höhe zu heben, wobei das Blatt in seiner Mitte an einem an der Hebegabel befestigten Seil hing. Weitere Seile befanden sich an den beiden Enden des Blattes; diese wurden von Männern an Deck gehalten, um das Blatt in die richtige Position an der Nabe zu führen. Die Männer hatten noch nie Rotorblätter an Deck eines im offenen Meer schlingernden Schiffs an große Hubschrauber angebracht, und die Sache erwies sich, mit den Worten von Sergeant Steve Hitchman, als „ein Mistjob“.

Das Problem bestand darin, daß sich die Gabel des Gabelstaplers ruckweise hob oder senkte, wodurch sich das Blatt an den Enden auf und ab bog. Noch schlimmer wurde das Ganze durch das Stampfen und Rollen des Schiffs. Hitchman fuhr fort: „Als die Blätter in Position manövriert wurden, hatten wir einen Mann über dem Rotorkopf lehnen, der die Verschlußbolzen eindrücken sollte. Ein paar Mal hätte er dabei fast Finger eingebüßt.“ Im Laufe des Nachmittags des 25. Mai kam das letzte Blatt an der ersten Chinook an die richtige Stelle, und nach einem Motorcheck hob Flying Officer John Kennedy zu einem kurzen Lufttest ab. Danach sollte der Helikopter mit der Funkkennung „Bravo November" zum Transport von Vorräten zwischen den Schiffen in der Sonderheit genutzt werden.

Kennedy befand sich kaum in der Luft, als die Sondereinheit von zwei Super Etendard Jagdbombern der argentinischen Marine mit zwei Exocet-Raketen angegriffen wurde. Die Bedrohung wurde rechtzeitig entdeckt, und die Kriegsschiffe feuerten Salven von Düppelraketen, um die Exocet abzulenken. Das gelang auch, nur befand sich die *Atlantic Conveyor* zufällig zur falschen Zeit am falschen Ort – nämlich genau unter einer Düppelwolke, die eine Exocet abgelenkt hatte. Die Exocet tauchte aus der Metallstreifenwolke auf, fand das Containerschiff als „Neuerwerbung" und erfaßte das neue Ziel. Die Waffe krachte in die Backbordseite des Schiffs, wo sie detonierte und mehrere Brände im Laderaum auslöste. Bald gerieten die Brände außer Kontrolle, und die *Atlantic Conveyor* wurde aufgegeben. Zwölf Männer verloren dabei das Leben, doch von der No 18 Squadron erlitt niemand Verletzungen.

Das Containerschiff ging fünf Tage später mit den verkohlten Überresten von drei Chinook und mehreren kleineren Hubschraubern unter. Nur „Bravo November" und ein kleinerer Hubschrauber waren heil geblieben. Die verwaiste Chinook verbrachte die Nacht an Deck des Flugzeugträgers *Hermes*, und am folgenden Tag flog sie zum Landkopf San Carlos.

In San Carlos übernahm Squadron Leader Dick Langworthy das Kommando über die Sondereinheit der No 18 Squadron, die die Chinook, zwei vierköpfige Flugbesatzungen und neunzehn Techniker und sonstiges Bodenpersonal umfaßte. Der übrige Teil der No 18 Squadron wurde auf ein Schiff mit Kurs aus der Kampfzone heraus verlegt, denn bis zur Ankunft der nächsten Chinook hatten sie keine nützlichen Arbeiten zu verrichten.

Sämtliche Ersatzteile, Spezialwerkzeuge und Service-Handbücher für die Chinook gingen mit der *Atlantic Conveyor* verloren, und es gab die Befürchtung, daß der übriggebliebene Helikopter wohl nicht lange flugtüchtig bleiben würde. „Alle glaubten, wir wären in ein paar Tagen zurück auf dem Schiff", erinnert sich der Leiter des Serviceteams, Cheftechniker Tom Kinsella. „Die Chinook mußte einfach unbrauchbar werden, und das wäre das Ende unserer Zeit an Land gewesen."

Für sich beschloß Langworthy, so viele Flüge wie nur irgend möglich aus der Chinook herauszuholen, bevor das eintrat. Mit einer Hebekapazität von 12 Tonnen

BOEING CHINOOK HC Mk 1 (CH-47C)

Typ: mittlerer Transporthubschrauber mit vier Mann Besatzung
Triebwerk: zwei Lycoming T55-L-11E Wellenturbinen mit je 3750 WPS
Bewaffnung: normalerweise keine Bewaffnung, durch geöffnete Fenster und Ladeluke ist Infantrie-Maschinengewehrfeuer möglich
Leistung: Höchstgeschwindigkeit 296 km/h; Marschgeschwindigkeit 246 km/h
Normale Startmasse bei Kampfeinsätzen: 20 838 kg (maximale Zuladung bei Einsätzen 12 231 kg)
Abmessungen: Rotordurchmesser 18,29 m; Gesamtlänge bei laufendem Rotor 30,18 m
Datum der Indienststellung von CH-47C: Februar 1968

war er der größte Helikopter, der den britischen Truppen auf der Insel zur Verfügung stand; die Sea King, der nächstgrößte, bewältigte nur 4 Tonnen. Nach dem Verlust so vieler Hubschrauber auf der *Atlantic Conveyor* verfügten die britischen Landstreitkräfte über erschreckend geringe Hebekapazität zur Aufrechterhaltung des Vormarsches auf Port Stanley. Solange sie flog, stellte daher „Bravo November“ einen beträchtlichen Prozentsatz dieser Kapazität dar.

Die anfängliche Aufgabe der „Bravo November“ bestand im Transport von Vorräten von den in San Carlos Water ankernden Transportschiffen zu den Lagerflächen am Ufer. Dann, während des Vormarsches auf Goose Green, transportierte sie Artilleriegranaten zu den vorderen Stellungen; dabei trug sie jeweils zehn Tonnen auf einer Palette unter ihrem Rumpf. Nach der Schlacht von Goose Green beförderte sie argentinische Gefangene in Gruppen zu 60 Mann nach San Carlos. Dick Langworthy kommentiert eine dieser Operationen:

> Wir ignorierten sämtliche Regeln und betrieben den Helikopter mit Maximallast, so oft wir konnten. Am Flugzeug [sic] wurden Tag für Tag neue Teile unbrauchbar. Doch die Motoren liefen, die Rotoren drehten sich, und sie verrichtete weiterhin ihren Dienst.

Nach Einbruch der Dunkelheit am 30. Mai wurde „Bravo November“ auf eine Mission tief ins feindliche Gebiet geschickt, die fast ihre letzte gewesen wäre. Wie Aufklärungspatrouillen des Special Air Service entdeckt hatten, war der Großteil der argentinischen Soldaten von Mount Kent, dem strategisch wichtigen erhöhten Gelände 16 km westlich von Port Stanley, abgezogen. Dieses Vakuum sollte gefüllt werden, und drei Sea Kings der Royal Navy flogen in das Gebiet und landeten eine Abordnung von Kommandos. Dick Langworthy folgte mit der Chinook mit 22 Mann und zwei 105-mm-Kanonen im Rumpf und einer weiteren 105-mm-Kanone als Außenlast unter dem Helikopter.

Um ihnen in der Dunkelheit die Navigation in Bodennähe zu ermöglichen, trug die Besatzung Nachtsichtgläser an ihren Flughelmen. Den größten Teil des 70-km-Fluges hielt Langworthy die schwer beladene Chinook in geringer Höhe und folgte einer Reihe von Höhenzügen auf dem Weg zum Ziel. Manchmal versperrte ein Schneeschauer die Sicht und zwang ihn deutlich höher zu steigen, doch sobald der Himmel wieder aufklarte, kehrte er zu niedriger Höhe zurück.

Das erste Problem tauchte auf, als die Chinook das Gebiet erreichte, wo sie die Kanonen absetzen sollte. Flight Lieutenant Tom Jones, der für das Entladen verantwortliche Lademeister, kommentiert:

> Wir hatten den Eindruck vermittelt bekommen, das Gelände, auf dem wir landen sollten, sei relativ flach. Erst als wir ankamen, stellten wir fest, daß es sich um ein abfallendes Torfmoor handelte, das von beiden Seiten von steinigen Flüssen eingerahmt war. Wir setzten die unter dem Rumpf hängende Kanone ab – kein Problem. Dann mußten wir die zwei anderen Kanonen relativ genau im Verhältnis zur ersten positionieren. Als Dick die Chinook aufsetzte, sank das Heckende in den Torf, so daß wir die Rampe selbst mit Hydraulikdruck nicht herunterlassen konnten.

Langworthy hob den Helikopter etwa einen Meter an, die Rampe wurde ausgefahren, und er landete wieder. Jetzt war der Ausgang frei, und die Kanonenbesatzungen quälten sich, die erste der 2,5 t schweren Waffen zur Öffnung zu bringen und sie nach draußen zu rollen. Sie waren noch nicht weit gekommen, als in der

Nähe ein Feuerwechsel zwischen SAS-Leuten, die die Operation deckten, und einer argentinischen Patrouille ausbrach. Um die Sache für die Kanoniere noch schwerer zu machen, fiel das rote Einsatzlicht im Heck des Helikopters aus. In der Kabine war es nun stockdunkel, abgesehen von den abgeschirmten Strahlen von Taschenlampen, die nach unten gehalten wurden, um kein feindliches Feuer anzuziehen. Für den Fall einer notwendigen schnellen Flucht ließ Langworthy die Motoren laufen und die Rotoren drehen.

Endlich war auch die dritte und letzte Kanone entladen, und die Chinook startete zum Rückflug nach Port San Carlos. Die Besatzung konnte es nicht wissen, doch das Schlimmste stand ihnen noch bevor. Die Chinook flog in geringer Höhe davon und machte einen großen Bogen um das entstehende Gefecht. Fast sofort geriet sie in ein dichtes Schneegestöber. Langworthy blieb ein paar äußerst wichtige Sekunden ohne Sicht und ließ den Helikopter etwas an Höhe verlieren. Plötzlich erzitterte der Hubschrauber, als er auf etwa Hartes traf. Tom Jones, der in der hinteren Kabine stand, wurde zu Boden geworfen, und sein Flughelm flog ihm vom Kopf. Erstaunlicherweise blieb die Struktur der Chinook zu diesem Zeitpunkt heil.

Erst später erfuhr die Besatzung, daß der Hubschrauber in einem der kleinen Bäche im Westen des Mount Kent aufgesetzt hatte. Die breite, flache Unterseite der Chinook war wie ein gigantisches Surfbrett in einer Gischtwolke über die Oberfläche gerutscht. Etwas Wasser geriet in die Luftansaugstutzen, und die zwei Lycoming-Motoren brachten immer weniger Leistung. Mit dem Schwächerwerden der Motoren gab es einen Abfall des Hydraulikdrucks, wodurch die Servofluglenkung nachließ und sich der Helikopter beträchtlich schwerer handhaben ließ. In der Annahme einer Bruchlandung öffnete der Kopilot die Notluke auf seiner Seite des Cockpits. Dick Langworthy beschreibt die folgenden Ereignisse:

> Ich rief dem Kopiloten zu, er solle zu mir ans Steuer kommen. Zusammen wuchteten wir an den Blattsteuerungshebeln, um die Flügelsteigung der langsamer werdenden Rotorblätter zu vergrößern, und damit hatten wir Erfolg. Der Helikopter hob sich gerade so aus dem Wasser, das Spritzen hörte auf, und die Motoren begannen wieder hochzulaufen.

Mit nun wieder hergestellter voller Leistung ging Langworthy auf Maximalsteigflug, um aus dem unebenen Gelände herauszukommen.

Bald darauf landete die Chinook in San Carlos, und vier Männer mit gedrückter Stimmung kletterten heraus und waren dankbar, wieder festen Boden unter den Füßen zu haben. Erstaunlicherweise hatte der Helikopter nur geringen Schaden genommen, abgesehen vom Verlust der Tür des Kopiloten und geringen Schäden an der hinteren Laderampe während des Kraftakts der Entladung der Kanonen. „Danach meinten wir, bis zum Kriegsende könne die Chinook nichts mehr aufhalten!" kommentierte Tom Kinsella.

Am Nachmittag des 2. Juni sollte ein Einsatz von „Bravo November" weitreichende Folgen für den Feldzug haben. Der Kommandeur der britischen Bodentruppen hatte erfahren, daß die argentinischen Truppen die etwa 25 km von Port Stanley entfernte Siedlung Fitzroy evakuierten. Er beschloß, das Gebiet einzunehmen, bevor es sich der feindliche Kommandeur anders überlegte und es vielleicht wieder besetzte.

In Goose Green wurde „Bravo November" von ihrer geplanten Aufgabe „gewaltsam entfernt", und 81 Fallschirmjäger in voller Kampfausrüstung kletterten an Bord.

Der Kapitän der Chinook, bei diesem Einsatz Flight Lieutenant Dick Grose, hatte nur eine vage Vorstellung davon, wieviel Gewicht er an Bord seines Helikopters hatte. Standardwerte bezüglich des Gewichts der Passagiere plus ihrem Gepäck halfen in diesem Fall nicht weiter: die kampferfahrenen Soldaten erwarteten sofortige Kampfhandlungen nach ihrer Landung, und jeder Mann hatte so viel Munition, wie er körperlich bewältigen konnte. Tom Jones beschrieb die Bedingungen im Hubschrauber:

> Euphemistisch gesagt, standen sie dicht an dicht „wie im Vorortpendelzug“, nur konnten sie sich nirgendwo festhalten. Die Sitze waren an die Seiten des Rumpfes gelehnt; die Männer mußten auch noch ihre Waffen tragen, denn zum Abstellen war kein Platz. Es ging zu wie in einer Sardinenbüchse, zum Drehen gab es keine Möglichkeit, schlimmer als in der U-Bahn im Berufsverkehr.

Die Soldaten beschwerten sich nicht – sie wußten, daß die Alternative zum Hubschrauberflug in einem 50-km-Eilmarsch über schwieriges und zerklüftetes Gelände bestand.

Zum Glück für die Männer an Bord ist ein Senkrechtstart in einem Helikopter eine ganz sichere Angelegenheit. Wenn die Maschine zu schwer ist, vom Boden wegzukommen, dann bleibt sie einfach sitzen. Ist sie aber erst einmal in der Luft, dann läuft alles zu ihren Gunsten: mit zunehmender Horizontalgeschwindigkeit erhöht sich die Hebekapazität, und mit dem Treibstoffverbrauch steigt diese Kapazität immer weiter. Grose bekam den schwer beladenen Helikopter ohne Schwierigkeiten vom Boden und nahm Kurs auf Fitzroy. Während des Flugs herrschte schlechtes Wetter, tiefe Wolken hüllten die Berge ein, und die Sicht betrug etwa 3 km. In der Nähe von Fitzroy nahmen ein paar Aufklärungs-Armeehubschrauber die Chinook in Empfang und leiteten sie zum Landegebiet, das sie westlich der Ansiedlung ausgekundschaftet hatten. Der große Hubschrauber landete, die Rampe ging runter, und binnen fünfzehn Sekunden lagen alle Fallschirmjäger draußen flach auf dem Boden mit Waffen im Anschlag, bereit zur Feuererwiderung. Die Aktion wurde allerdings nicht vom Feind bemerkt, und die Männer begannen auszuschwärmen, um einen Verteidigungsring zu bilden.

Grose kehrte nach Goose Green zurück, nahm weitere 75 Fallschirmjäger auf und flog sie nach Fitzroy. Das war eine kühne Operation, die gewisse Gefahren barg – man hatte die Route des Hubschraubers nicht auskundschaften können, und wenn er über eine argentinische Stellung gekommen und abgeschossen worden wäre, hätte dies vielleicht viele Menschenleben gekostet. Es war ein Risiko der Art, das manchmal einzugehen ist, weil es die Möglichkeit bietet, einen Konflikt abzukürzen und noch größere Verluste zu vermeiden.

In den folgenden Tagen nahm „Bravo November“ ihre normalen Transportaufgaben wieder auf und flog über Freundesland. Mit dem Vormarsch der britischen Streitkräfte auf Port Stanley beteiligte sich die Chinook am Pendelverkehr zum Transport von Artilleriegranaten von Teal Inlet zu den Stellungen am Mount Kent, die argentinische Positionen bombardierten. Der 50-km-Rundflug dauerte etwa 45 Minuten, und die Chinook flog bis zu 15 solche Einsätze pro Tag, wobei die zwei Besatzungen sich nach je einem Tag abwechselten.

Am 7. Juni gab es eine Unterbrechung der Routine, als „Bravo November“ zum Transport von zwei beschädigten Sea King der Navy gerufen wurde. Mit jeweils einem Helikopter als hängende Last transportierte die Chinook die beiden Sea King zur Operationsbasis bei Port San Carlos. Und am 8. Juni transportierte „Bravo November“ 64 Verwundete gleichzeitig von Fitzroy zum Hospitalschiff *Uganda* vor der Küste.

Von den hängenden Lasten der „Bravo November“ waren für die Piloten die Paletten mit Artilleriemunition am leichtesten zu transportieren: die Last war zwar ungeheuer schwer, aber relativ klein, und während des Fluges lag sie ruhig im Luftstrom. Unförmigere Lasten entwickelten manchmal bei einem Flug ihren eigenen Willen und ließen sich viel schwieriger handhaben. Am 14. Juni wurde Dick Grose zum Transport einer 8 t schweren Trägerbrücke von Fitzroy, wo sie von Armeemechanikern zusammengebaut worden war, nach Murrell gerufen. Flying Officer Colin Miller, Kopilot auf diesem Flug, erklärt die Probleme bei einer solchen Last:

> Die Trägerbrücke war ziemlich schwer, aber sehr flach; sobald wir mit ihr unter dem Rumpf aufstiegen, entwickelte sie ihren eigenen Auftrieb. Fast sofort wurde sie instabil und schwang an den Ladeketten von einer Seite auf die andere. Wir mußten auf 35km/h heruntergehen, um sie zu stabilisieren – obwohl sie zu keinem Zeitpunkt richtig stabil war – [und] von da an mußte die Chinook sehr langsam und sehr vorsichtig fliegen. Diese Brücke war eine ganz verfluchte Last!

Die Chinook war gerade dabei, die Brücke mit Unterstützung von Armeetechnikern am Boden in Position zu manövrieren, als die Nachricht von der Kapitulation der argentinischen Streitkräfte auf den Inseln durchkam.

* * *

Die Geschichte der „Bravo November“ auf den Falkland-Inseln ist ein Lehrbuchbeispiel dafür, wie ein einziges Flugzeug des richtigen Typs, am richtigen Ort und zur richtigen Zeit einen beträchtlichen Einfluß auf den Verlauf eines Konflikts nehmen kann. Nun, mehr als ein Jahrzehnt später, versieht diese besondere Chinook noch immer ihren Dienst. Man hätte erwarten können, daß sie in einem Militärmuseum einen Vorzugsplatz einnehmen würde oder als Blickfang am Eingang einer RAF-Einrichtung zur Inspiration für künftige Generationen von Helikopterbesatzungen dient. In Wirklichkeit befindet sie sich zum Zeitpunkt des Verfassens dieses Berichts im Hubschrauberwerk von Boeing in Philadelphia und unterzieht sich einem einjährigen Modifikationsprogramm, um sich auf den neuesten CH-47D-Standard zu bringen. Nach Abschluß der Arbeiten im Sommer 1993 kehrte sie nach Großbritannien zurück und nahm dann wieder ihren Platz in einer Einheit an vorderster Front ein.

KAPITEL SECHZEHN

Präzisionsangriff bei Nacht

Als die irakischen Streitkräfte im August 1990 mit ihrem Überfall auf Kuwait die Krise am Persischen Golf auslösten, war das 48th Tactical Fighter Wing der US Air Force mit Schwenkflügel-Angriffsflugzeugen von General Dynamics vom Typ F-111F „Aardvark" ausgerüstet. Die Hauptaufgabe der in Lakenheath in England stationierten Einheit bestand in der Ausführung von Nachtangriffen mit Präzisionslenkwaffen.

Die Entwicklung der vom Flugzeug gestarteten Lenkwaffen, die gegen Punktziele auf dem Boden wirksam eingesetzt werden können, vollzog sich in einem langsamen und beschwerlichen Prozeß. Ab 1944 wurden mehrere solcher Waffen in den Dienst gestellt, doch die meisten von ihnen erfüllten bei Kampfeinsätzen nicht die Erwartungen ihrer Hersteller. Erst in den 70er Jahren gab es mit der Laserlenkbombe (LGB) eine Waffe, die wirklich die nötige Genauigkeit zur Zerstörung solcher Ziele unter Kampfbedingungen erreichen konnte. Ab Mitte der 80er Jahre verfügte das 48th Tactical Fighter Wing über zwei Grundtypen präzisionsgelenkter Waffen, die LGB und die genauere (aber auch teuerere) elektro-optisch gelenkte Bombe (EOGB).

* * *

1990 wurde die F-111 von General Dynamics euphemistisch als „eine ausgereifte Konstruktion" bezeichnet – oder, in den Worten eines Piloten des 48th TFW, die meisten Maschinen der Einheit waren bereits „volljährig". Das 48th TFW erhielt als einzige Einheit das F-Modell des berühmten Flugzeugs, die kampfstärkste Version, die für Nachtangriffe mit präzisionsgelenkten Waffen optimiert war.

Das F-Modell trug einen „Pave Tack"-Behälter unter dem Rumpf, der es in die Lage versetzte, Laserzielzuweisungen für seine LGB vorzunehmen; als Alternative konnte am Flugzeugrumpf eine Datenübertragungsanlage zur Zielsteuerung der EOGB in der Flugphase angebracht werden. Bei Angriffen mit diesen Waffen führte der WSO (Waffensystemoffizier) der Maschine in der Endphase des Fluges der Bombe die Zielbeobachtung auf einem TV-ähnlichen Bildschirm im Cockpit des Flugzeuges durch. Diese Videoaufnahmen wurden zur späteren Auswertung aufgezeichnet, und jeder Leser hat sicher die aufsehenerregenden Videobilder von LGB- und EOGB-Angriffen im Golfkrieg gesehen. Neben diesen beiden Haupttypen von präzisionsgelenkten Systemen konnte die F-111 auch fast alle ungelenkten Waffen im Arsenal der US Air Force einsetzen.

* * *

Im August 1990 befahl der US-Präsident George Bush seinen Streitkräften, die Operation „Wüstenschild" auszuführen, anfangs mit dem Ziel, die irakischen Truppen am Einmarsch in Saudi-Arabien zu hindern. Als Teil dieses Schritts erhielt Colonel Tom Lennon, Kommandeur des 48th TFW Anweisungen, einen Teil seiner Kräfte im Krisengebiet aufzustellen. Am 25. August starteten achtzehn F-111F von Lakenheath und flogen mit Unterstützung von KC-135-Tankflugzeugen nonstop zur Basis der saudiarabischen Luftstreitkräfte in Taif bei Mekka. Zu dieser Zeit gab es im neuen Einsatzgebiet noch keine präzisionsgelenkten Waffen, deshalb führte jede F-111F vier LGB oder vier EOGB mit, um auf diese Weise einen Grundstock an diesen Waffen am neuen Stützpunkt zu schaffen. Binnen 48 Stunden nach Ankunft des ersten Flugzeugs in Taif hatte die Einheit voll aufmunitionierte Flugzeuge in Bodenbereitschaft stehen.

Von Anfang an herrschte Einigkeit darüber, daß mit Beginn der Feindseligkeiten das 48th TFW fast alle (vielleicht auch alle) seine Missionen als Nachteinsätze fliegen würde. Mit dieser Einstimmung befahl der Kommandeur seinen Flugbesatzungen, ein intensives Trainingsflugprogramm einzuleiten, um sich mit den nächtlichen Operationsbedingungen über der Wüste vertraut zu machen. Tom Lennon erinnert sich:

> Eine so lange Vorbereitungszeit auf den Kampf war großartig. So konnten wir Operationen mit sehr großer Anzahl von Maschinen üben. Wir konnten die Saudis davon überzeugen, daß wir manches auf ihren Flugplätzen anders machen müssen, z. B. nächtliche Massenstarts ohne Funkkontakt, Massenauftankungen in der Luft, also Dinge, die wir zu Friedenszeiten nicht üben.

Die Einheit konnte auch Nachttiefflieger-Operationen über der Wüste üben, wobei die Flugzeuge mit Geländefolgeradar (TFR) flogen, zunächst bei 120 m Höhe und später herunter bis 60 m Höhe. Die F-111 trainierten auch die schwierigen und anspruchsvollen Flugprofile, die zur Zielführung von präzisionsgelenkten Waffen aus niedriger Höhe erforderlich sind.

Der Termin des Sicherheitsrats der Vereinten Nationen für den Abzug der irakischen Truppen aus Kuwait lief am 15. Januar 1991 um Mitternacht ab. Am Nachmittag des 16. Januar, erhielten die Operationseinheiten der Verbündeten den Befehl, in den frühen Morgenstunden des folgenden Tages die Operation „Wüstensturm" auszuführen, den Angriff auf irakische Truppen.

Die Anfangswelle der Luftangriffe richtete sich gegen zahlreiche Ziele in Irak und Kuwait. Tom Lennon erklärt den Einsatz seiner Truppe:

> Es war ein massiver Präventivschlag: wir starteten alle 54 einsatzbereiten F-111F, und 53 von ihnen griffen in die Kampfhandlungen ein. Wenn ich 60 Flugzeuge zur Verfügung gehabt hätte, wären alle 60 aufgestiegen.

Die Flugzeuge wurden in Gruppen zu vier bis sechs Maschinen aufgeteilt und trugen Angriffe auf die Lagerbunker für chemische Waffen in H-3, Salman Pak und Ad Diwaniyah vor sowie auf die Flugplätze Balad und Jalibah in Irak und Ali Al Salem und Al Jaber in Kuwait. Die angreifenden F-111F erhielten in ihren Zielgebieten Jäger- und Flugabwehrraketen-Niederhaltungsunterstützung, blieben jedoch unterwegs von und zu ihren Zielen auf sich gestellt. Der Zielanflug auf dasselbe Ziel erfolgte einzeln im Tiefflug hintereinander im Abstand von etwa einer Minute (etwa 13,5 km) zwischen den Maschinen.

Tom Lennon stand an der Spitze des tiefsten Eindringens der Einheit in jener Nacht, ein von sechs Maschinen vorgetragener Angriff auf den Flugplatz Balad nördlich von Bagdad. Der Kommandeur und seine Flügelleute erzielten mit EOGB

GENERAL DYNAMICS F-111F

Typ: zweisitziges Schwenkflügel-Nachtangriffsflugzeug
Triebwerk: zwei Pratt & Whitney TF30-P-100 Turbofan-Nachbrennertriebwerke mit je 11 370 kg Nachbrennerschub
Bewaffnung: normale Bombenzuladung bei Einsätzen 3624 kg; typische Zuladungsvarianten sind vier 906-kg-LGBs, oder vier 225-kg-LGBs, oder vier 906-kg-EOGBs (in dieser Konfiguration wird ein Datenübertragungsbehälter unter dem Rumpf mitgeführt, mit dem Videobilder von Zielanflug der Bomben empfangen und Steuersignale zu ihnen gesendet werden können)
Leistung: Höchstgeschwindigkeit 2333 km/h (Mach 2,2) in 10 670 m Höhe; 1287 km/h (Mach 1,2) in geringer Höhe
Normale Startmasse bei Kampfeinsätzen: 45 300 kg
Abmessungen: Spannweite (Tragflächen in vorderster Stellung) 19,20 m, (Tragflächen in hinterster Stellung) 9,74 m; Länge 23,47 m; Tragflügelfläche (Tragflächen in vorderster Stellung) 48,77 m^2
Datum der Indienststellung von F-111F: August 1971

Treffer auf die zugewiesenen Gebäude im Wartungskomplex des Flugplatzes, danach legten die restlichen F-111F Streuminen über die Enden jeder Start- und Landebahn und auf die schweren Flugzeugbunker (HAS). Das Ziel des Angriffs bestand in der Außergefechtsetzung dieses wichtigen Flugplatzes während der kritischen ersten Stunden danach, indem die Bewegungen der irakischen Flugzeuge auf dem Boden erschwert wurden, bis die Minen geräumt waren. Die Aktion erwies sich als erfolgreich.

In der Zeit bis zum Ausbruch der Kampfhandlungen hatte man den Kommandeuren der Luftangriffseinheiten gesagt, sie müßten „Schlimmstfall"-Verluste von etwa 10 Prozent der geflogenen Einsätze in der Anfangsphase einkalkulieren. Auf dieser Grundlage befürchtete Tom Lennon, er könne in der ersten Angriffswelle der Einheit sechs Flugzeuge verlieren. Alle F-111F kehrten jedoch sicher zum Stützpunkt zurück; zwei hatten Schäden von Handfeuerwaffen, aber in beiden Fällen handelte es sich nur um Kleinigkeiten, die sich leicht beheben ließen.

In der zweiten Kriegsnacht, am 17./18. Januar, griffen 35 F-111 der Einheit mehrere weitere Ziele im Irak an. Vier Maschinen mit EOGB flogen Saddam Husseins Sommerpalast in Tikrit an, in dem sich eine der Kommandozentralen des Diktators befand. Auf dem Weg zum Ziel versuchte eine MiG-29 „Fulcrum" die Angreifer zu bekämpfen, wobei sie bei jeder einzelnen zu einem Abfangversuch ansetzte. Der irakische Pilot ging so die ganze Reihe durch und positionierte sich dann hinter der letzten F-111 in der Kolonne. Sein beabsichtigtes Opfer stellte daraufhin die Tragflächen an seinem Flugzeug nach hinten und beschleunigte auf Höchstgeschwindigkeit im Tiefflug, und die Hochgeschwindigkeitsjagd ging über mehr als 110 km, bevor die MiG den Kampf aufgab. In der Zwischenzeit erreichten die übrigen drei F-111F Tikrit und warfen alle ihre EOGB mit hoher Präzision ab. Der Palast lag in Trümmern.

In jener Nacht führten auch Angriffskräfte mit sechs Maschinen einen experimentellen Angriff auf HAS am Flugplatz Mudaysis. Dieser Angriff sollte weitreichende Konsequenzen haben. Mudaysis befand sich außerhalb der irakischen Hauptverteidigungszone mit Flugabwehrraketen, deshalb konnten die Flugzeuge sicher aus mittlerer Höhe angreifen. Die F-111F klinkten ihre LGB aus Höhen um die 6100 m aus; jeder Schwenkflügelbomber führte vier getrennte Zielanflüge aus und lenkten bei jedem dieser Anflüge eine 906-kg-Bombe auf einen einzelnen HAS. Die Flugzeuge flogen hintereinander auf derselben ovalen „Rennbahn"-Kreisflugstrecke. Nach Lenkung der ersten Bombe auf ihr Ziel wendete die führende F-111F, flog ihre „Rennbahn"-Runde, ging in den nächsten Zielanflug, nahm ihren zweiten Bombenabwurf vor und wendete wieder auf demselben Kurs wie zuvor. Die F-111F wiederholten diesen Vorgang, bis sämtliche Bomben aufgebraucht waren. Dabei erzielten sie Treffer auf 23 schwere Flugzeugbunker, und wenn in ihnen Flugzeuge standen, kam es zu sehenswerten Zweitexplosionen nach den Treffern.

Der Flugeinsatzplan der Irakis verließ sich darauf, daß die Kampfflugzeuge in den schweren Flugzeugbunkern in Sicherheit verbleiben, bis sie gegen die Bodentruppen der Verbündeten in Aktion treten sollten. Zweifellos bereitete die Leichtigkeit, mit der die F-111F die HAS samt Inhalt in Mudaysis zerstörten, dem irakischen Oberkommando schwerste Kopfschmerzen, und dies führte mit zu der späteren Entscheidung, die modernsten Kampfflugzeuge außer Landes zu bringen.

Bei den ersten Angriffen entsandte das 48th TFW jede Nacht mehrere kleine Angriffseinheiten, um an einer möglichst breitgestreuten Reihe von Zielen Schäden zu verursachen. Nach ein paar Tagen änderte sich die Taktik, und weitaus größere Kräfte flogen viel weniger Ziele an. Tom Lennon erläutert dies:

> Nach der ersten Nacht machten wir nichts mehr mit sechs Flugzeugen. Wenn wir ein Ziel hatten, dann griffen wir es massiv an. Wir setzten 20 bis 24 Maschinen auf jeweils einen Flugplatz an. Wenn wir ein Ziel bekämpfen mußten, griffen wir mit allen verfügbaren Maschinen gleichzeitig an und verschwanden dann wieder.

In der Nacht von 20. zum 21. Januar stand ein bis ins Kleinste geplanter Angriff von zwanzig F-111F auf den Flugplatz Balad auf dem Plan. Inzwischen schätzte man ein, daß die Bedrohung durch irakische Jäger und Flugabwehrraketen mit großer Reichweite eingedämmt war, und selbst beim Flug über die am schwersten verteidigten Zonen konnten die F-111F in mittlerer Höhe fliegen. Die Flugzeuge griffen jetzt aus Höhen zwischen 3650 und 6100 m an, wo sie sich außerhalb der Reichweite der meisten Flugabwehrkanonen befanden. In Wiederholung der über Mudaysis verwendeten Taktik kreisten die F-111F über den Feindflugplatz und lenkten einzelne 906-kg-LGB auf die strategischen Punkte, auf die Runways und auf die Rollbahnen. Aus mittlerer Höhe zeigten sich die LGB als besonders wirksam für diesen Zweck: die Bombe traf in steilem Winkel auf und durchschlug die Betonoberfläche, bevor sie explodierte und einen riesigen Krater aufriß.

WIRKUNGSWEISE DER PAVE TACK ANGRIFFSVORRICHTUNG

Wenn die F-111F das Zielgebiet erreichte, bediente ihr Waffensystemoffizier (WSO) ein kleines Handkontrollgerät zur Steuerung des Pave-Tack-Kopfes, bis er auf das Ziel zeigte. Der Kopf war mit einer Infrarot-Fernsehkamera verbunden, deren Bild auf einem Monitor im Cockpit verfolgt werden konnte. Das Ziel wurde ins Fadenkreuz in Bildmitte genommen, ein Vorgang, der den Laserkopf auf das Ziel ausrichtete. Dann wurde der Laserstrahl angestellt, die Laserlenkbombe oder Bomben ausgeklinkt und die LGB orientierten sich auf die vom Ziel reflektierte Laserenergie.

Trotz der ständigen Belästigung der irakischen Jägerpiloten bei ihren Flügen durch die amerikanischen Gegenspieler gab es immer noch Kampfpiloten, die den Versuch unternahmen, die Angreifer zu stellen. Als in jener Nacht die letzte F-111F Balad verließ, näherte sich eine MiG-29 mit Angriffsabsichten und erfaßte sie mit ihrem Zielradar. Captain Jerry Hanna, der WSO im Bomber, erinnert sich, daß von diesem Zeitpunkt an alles wirklich sehr schnell ging:

> Wir leiteten sofort einen Hochgeschwindigkeits-Kampfsturzflug ein, der Pilot schwenkte die Flügel nach hinten, und wir preschten in Höllentempo nach unten. Eine Düppelwolke ausstoßend jagten wir in einem Herzschlag von 5800 auf 1200 m hinunter! Das Adrenalin kam wirklich stoßweise. Jim [der Pilot] war dabei, das Flugzeug nahe an den Boden zu bringen, während ich per Funk die AWACS anschrie, daß eine MiG bei uns aufgesprungen sei und sie sollten gefälligst die F-18 zu uns zurück schicken.

Hanna stellte den Geländefolgeradar an, damit er automatisch die Kontrolle über das Flugzeug übernahm, sobald es sich dem Boden annäherte. Wenn die F-111F mit Höchstgeschwindigkeit eng den Geländekonturen folgte, stellte sie ein sehr schwieriges Ziel dar. Bevor das geschah, drehte die MiG jedoch plötzlich ab. Zweifellos hatte der irakische Pilot erkannt, daß amerikanische Jäger auf ihn zuhielten, und er meinte wahrscheinlich, er hätte das getan, was die Ehre verlangte.

Die Großangriffe aus mittlerer Höhe wurden zur Hauptoperationsmethode für die F-111F, und ihre Taktik wurde ständig verfeinert. Bei Angriffen auf Gruppen von Waffenlagerbunkern oder HAS setzten die Bomber die sogenannte „Wagenrad“-Taktik ein, wobei eine Reihe von Rennbahn-Flugmustern wie die Speichen eines Rades angelegt waren, die sich über dem Ziel schnitten. Lieutenant Bradley Seipel, ein WSO der Einheit, beschreibt seinen Eindruck als Teilnehmer an einem solchen massiven Angriff auf die entlang eines Feindflugplatzes gelegenen HAS:

> Es war ehrfurchtgebietend. Wenn du deine Bombe [aus mittlerer Höhe] abwirfst, fliegt sie fast eine Minute durch die Luft. Während du dein eigenes Ziel mit dem Laser markierst, siehst du auf dem Pave-Tack-Monitor den einen Bunker hochgehen, dann den nächsten, und wieder einen. Und dann geht der, auf den dein Laserstrahl gerichtet ist, in die Luft.

Mit solchen Methoden kämpfte die Einheit ihren eigenen Kampf zur Zerschlagung der irakischen Luftwaffe. Und weil sie nachts Präzisionswaffen ins Ziel bringen konnte, geschah das mit minimalem Risiko für die Flugzeuge und Besatzungen.

Lieutenant-Colonel Tommy Crawford, der Assistant Deputy Commander for Operations der Einheit beschrieb die Aktionen der irakischen Flugabwehrraketen und Luftabwehrkanonen in diesem Kriegsstadium. Seiner Meinung nach blieben sie wirkungslos gegen die hochfliegenden Nachtangreifer:

> Sie feuerten eine Menge SAM ab. Erst gab es noch Fälle, wo die Leute am Boden mit ihrem Radar die Zielerfassung aufrecht hielten. Doch da die HARM-Abwehr [Wild Weasel Flugzeuge, die Hochgeschwindigkeits-Anti-Funkmeß-Raketen auf die Radaranlagen schossen] uns unterstützte, überlebten sie nicht lange dabei. Dann änderten die SAM-Batterien ihre Taktik. Der Radar wurde aktiviert, sie erfaßten ein Ziel, feuerten ihre Rakete und schalteten den Radar ab. Sie schickten die Rakete ballistisch hoch und hofften, wir machten keine Wendung oder etwas Ähnliches. Wir sahen sie aber kommen, also war es ganz einfach, ihnen auszuweichen.

Fast alles Feuer von den Luftabwehrkanonen war ungezieltes Sperrfeuer, das in Höhen über 4575 m ignoriert werden konnte.

Neben der Ausführung von Angriffen auf Flugplätze griff die Einheit auch Waffenproduktionsstätten und Waffenlager an. Einem dieser Ziele, dem riesigen Latifiyah Waffenproduktionskomplex und Forschungszentrum bei Bagdad, wurde ganz besondere Aufmerksamkeit gewidmet. Das 48th TFW flog vier getrennte Angriffe auf dieses Ziel, jeden mit zwischen 20 bis 24 Maschinen.

Am 25. Januar öffneten Techniker der irakischen Armee die Ventile der Pipelines und ließen am Persischen Golf Unmengen Rohöl ins Wasser fließen, was einen riesigen Ölschlick an der Küste verursachte. Mit diesem Schritt sollte eine amphibische Landeoperation der Verbündeten in diesem Gebiet erschwert werden, und es ist fraglich, ob es diese Wirkung erzielt hätte (selbst wenn eine solche Operation geplant gewesen wäre). Fest steht jedoch, daß dieser Akt eine große Umweltverschmutzung verursachte und für die Fauna und Flora in dieser Meeresregion eine ernsthafte Bedrohung darstellte. Präsident Bush bezeichnete das als einen Akt des „Umweltterrorismus“ und wies seine Militärbefehlshaber an, Möglichkeiten zur Unterbindung zu prüfen. Das 48th TFW erhielt daher die Aufgabe, die zwei Pumpstationen in Al Ahmadi in Kuwait zu zerstören, von denen die Irakis das Öl ins Meer abließen. Beide Ziele befanden sich in der Nähe von Wohngebieten, so daß sich ein äußerst präziser Angriff erforderlich machte.

Die Operation gegen die Pumpstationen fand in der Nacht vom 26. zum 27. Januar statt, und wegen der politischen Bedeutung setzten die Angreifer ein großes Maß an „Overkill“ ein. Fünf F-111F (einschließlich zwei Reserveflugzeuge) starteten für diese Mission, jede mit zwei 906-kg-EOGB und einer Datenübertragungsvorrichtung. Eine F-111F hatte technische Probleme und konnte nicht teilnehmen, doch der Rest der Mission verlief wie am Schnürchen. Mit Überschallgeschwindigkeit warf eine der Maschinen eine EOGB aus 6100 m Höhe und mehr als 30 km Entfernung auf die erste Pumpstation ab. Die F-111F ging dann in eine scharfe Kurve und raste davon. Eine zweite F-111F, die parallel der Küste, aber mehr als 80 km von ihr entfernt und damit außerhalb der Reichweite der Luftabwehr einen Nordwestkurs eingeschlagen hatte, übernahm danach die Kontrolle über die Bombe und leitete sie durch den Rest ihres Zielanflugs. Bradley Seipel, WSO im Kontrollflugzeug, beobachtete das von der Kamera in der Raketenspitze übertragene Videobild und steuerte die Waffe zu einem genauen Treffer auf die erste Pumpstation.

Captain Michael Russel, Seipels Pilot, vollführte dann mit dem Flugzeug eine 180-Grad-Wendung und flog parallel zur Küste auf einem Südostkurs, als eine wei-

WIRKUNGSWEISE DER ELEKTRO-OPTISCH GELENKTEN BOMBE (EOGB)

Wenn die F-111F mit dieser Waffe operierte, hatte sie eine spezielle, unter dem Rumpf angebrachte Datenübertragungsanlage. Die EOGB wurde wie eine normale Bombe gezielt und abgeworfen und nur in der Endphase des Flugs gesteuert. Die Bombe hatte eine Art TV-Kamera im Zielsuchkopf, deren Bilder über Funkverbindung an das Kontrollflugzeug (das die Bombe abgeworfen hatte oder auch ein anderes) gesendet wurde. Das Bild erschien auf einem Monitor vor dem WSO im Cockpit, und dieser bediente eine Handsteuerung zur Korrektur der Flugbahn des Geschosses in den letzten fünfzehn Sekunden vor dem Aufschlag.

tere F-111F die nächste EOGB in Richtung auf die zweite Pumpstation abließ. Erneut übernahm Seipel die Kontrolle über die EOGB während der Flugphase und lenkte die Bombe zu einem zweiten Volltreffer. Der gesamte Angriff vom Ausklinken der ersten Bombe bis zum Auftreffen der zweiten dauerte etwa fünf Minuten. Dann kehrten die fünf F-111F mit acht noch nicht eingesetzten EOGB nach Taif zurück. Die von den Kameras in den Raketen zum Flugzeug übertragenen Videobilder flimmerten später in Nachrichtensendungen überall in der Welt über die Bildschirme. Mit der Zerstörung der beiden Pumpstationen floß kein Öl mehr in den Persischen Golf.

Am 26. Januar brachten die vorherigen Kampfeinsätze der Einheit gegen die HAS einen plötzlichen und ganz unerwarteten Bonus für die Verbündeten, als irakische Kampfflugzeuge begannen, ins neutrale Iran zu fliehen. Diese Aktion lief über mehrere Tage; mehr als einhundert irakische Flugzeuge verließen das Land. Keines der Flugzeuge wurde zurückgegeben, und seit dieser Zeit hat die iranische Luftwaffe mehrere dieser Maschinen in seine Streitkräfte eingegliedert.

In der Nacht vom 29. zum 30. Januar verlagerte das 48th TFW seine Aufmerksamkeit auf Brücken entlang der irakischen Versorgungslinien nach Kuwait. Der erste Angriff erfolgte auf Brücken über den See Hawr Al Hammar nordwestlich von Basrah, und in den darauffolgenden Tagen führte die Einheit einen systematischen Feldzug gegen Brücken über den Tigris und den Euphrat. Moderne Stahl- und Betonbrücken erweisen sich jedoch als schwierige Luftangriffsziele, wie Lieutenant Dave Giachetti erklärte:

> Mit präzisionsgelenkten Waffen stellte das bloße Treffen von Brücken kein Problem dar. Das Problem bestand darin, eine Schwachstelle zu treffen, einen Punkt, wo die eingesetzte Waffe Schäden an der Konstruktion verursachte und ein Brückenbogen zusammenbrach. Wenn man nicht genau ein Widerlager oder einen Pfeiler traf, dann durchschlug die Bombe oft das Pflaster und hinterließ nur ein glattes, leicht zu reparierendes Loch.

Als eines der schwierigsten dieser Ziele stellte sich die doppelte Straßenbrücke über den Tigris bei Basrah heraus, für die drei getrennte Angriffe geflogen werden mußten, bevor sie unbrauchbar war.

Nach einer Zeit des Experimentierens entwickelte die Einheit die optimale Taktik für die verschiedenen Brückentypen. Eine besonders wirkungsvolle Methode bestand darin, daß zwei Maschinen vier 906-kg-EOGB auf die mittleren Stützpfeiler der Brücke richteten, während zwei weitere vier 906-kg-EOGB auf die Widerlager an den beiden Enden abwarfen. Bei diesen Angriffen flogen die Flugzeuge Rennbahnmuster, und jede Bombe geleiteten sie individuell zum erforderlichen Aufschlagspunkt. Wo eine wichtige Brücke unbrauchbar gemacht wurde, errichteten oft Pioniertruppen der irakischen Armee Pontonbrücken daneben, um den Verkehr aufrechtzuerhalten. Diese zerbrechlichen Konstruktionen erwiesen sich aber als leichte Ziele für LGB, und ein einfacher Treffer an einem Ende zerstörte die Struktur und ließ die übrigen Pontons flußabwärts treiben.

Anfang Februar erhielt die Einheit die Anweisung, im Rahmen der letzten Vorbereitungen für die Bodenoffensive der Verbündeten am allgemeinen Angriff auf irakische Panzer und gepanzerte Fahrzeuge in der Kampfzone teilzunehmen. Die einzelnen Fahrzeuge standen in ca. 3 m tief ausgebaggerten Mulden und waren zum zusätzlichen Schutz mit Sandsäcken abgedeckt. Jedes Fahrzeug stellte damit ein kleines Punktziel dar, das größtenteils unverwundbar gegenüber Luftangriffen war, wenn dieser nicht fast vertikal angriff. Die Irakis hatten jedoch keine Vorstellung von der Wirksamkeit der F-111F und ihrer Pave-Tack-Ausrüstung. Flugzeuge, die das Gebiet auf ihrem Weg zu und von anderen Zielen überflogen, brachten Infrarot-Videofilme von den eingegrabenen Fahrzeugen mit. Es zeigte sich, daß die Baggeraushubstellen eine unverkennbare Infrarotsignatur erzeugten, die sich auf Pave Tack klar heraushob.

Stabsoffiziere der Einheit entwarfen einen Plan, wie von F-111F aus mittlerer Höhe abgeworfene LGB gegen die Feindfahrzeuge eingesetzt werden konnten. Die Bomben würden so aus einem steilen Winkel auftreffen und ein Höchstmaß an zerstörerischer Wirkung erzielen. Jedes Flugzeug sollte vier 225-kg-LGB mitführen, sie einzeln auslösen, ins Ziel auf ein einzelnes Fahrzeug lenken und dann das ganze Verfahren wiederholen.

In der Nacht von 5. zum 6. Februar unternahm die Einheit einen Feldversuch zur Erprobung der neuen Taktik. Tom Lennon und Tommy Crawford starteten mit zwei F-111F und griffen eine in der Wüste stationierte Einheit der Republikanergarde an. Die acht von ihnen eingesetzten LGB erzielten Treffer auf sieben Feindfahrzeuge. Diese Taktik stand in keinem militärkundlichen Lehrbuch, und Crawford spöttelte später, daß er wahrscheinlich ausgelacht worden wäre, wenn er im Jahr zuvor an der Militärakademie aufgestanden wäre und vorgeschlagen hätte, die F-111F so einzusetzen.

Wie auch immer, die Taktik erwies sich als hochproduktiv. Die F-111F errangen in der Nacht von 13. zum 14. Februar ihren größten Erfolg, als 46 Flugzeuge eingegrabene Fahrzeuge angriffen. Den Einsatzkräften wurden Treffer auf nicht weniger als 132 Panzer und gepanzerte Fahrzeuge gutgeschrieben. Anfangs gab es noch Zweifel, ob die kleinen LGB auch Panzer zerstören könnten, doch ihre Fähigkeit wurde voll bestätigt, als die Bodentruppen der Verbündeten später das Gebiet einnahmen.

Am 27./28. Februar, der letzten Nacht in der Auseinandersetzung, griffen zwei F-111F eine militärische Kommandozentrale in einem tiefen Untergrundbunker in Al Taji bei Bagdad an. Jedes Flugzeug hatte eine 2140-kg-"Bunker-Buster"-LGB, eine Waffe mit hoher Durchschlagskraft, die speziell zum Einsatz gegen solche Ziele im Eilverfahren entwickelt worden war. Als eine der neuen Bomben den Bunker traf, stieg ein kleiner Rauchball aus einem Eingang zu der Anlage auf. Dann, ein paar Sekunden später, kam eine große zweite Explosion, von der man annahm, daß sie das Innere des Bunkers zerstörte.

* * *

Im Golfkrieg richtete das 48th Tactical Fighter Wing schwere Schäden auf mehreren Flugplätzen und in Waffenfabriken und Lagereinrichtungen an. Die F-111F zerstörten ein Dutzend feste Brücken und beschädigten 52 weitere schwer, und sie trafen 920 irakische Panzer und gepanzerte Fahrzeuge (ein Siebentel aller von den Streitkräften der Verbündeten zerstörten) sowie 245 schwere Flugzeugbunker (zwei Drittel der Gesamtzahl der zerstörten HAS). Außerdem verlor die Einheit trotz dieser eindrucksvollen Ergebnisse nicht ein einziges Flugzeug bei den Kampfhandlungen.

KAPITEL SIEBZEHN

Abschuß am Valentinstag

Während der Angriffe auf Ziele im Irak verlor die Royal Air Force sechs Tornado-Jagdbomber im Kampf. Der letzte stürzte am Morgen des 14. Februar 1991 während eines Angriffs auf den Al Taqaddum-Flugplatz bei Bagdad ab, abgeschossen von ein paar SA-3-Raketen. Die folgende Geschichte schildert diesen Verlust.

Es wurde langsam hell auf dem Muharraq-Flugplatz in Bahrain, als Wing Commander John Broadbent an der Spitze eines Einsatzkommandos von acht Tornado und vier Buccaneer aufstieg. Jede Tornado führte zwei 454-kg-Laserlenkbomben (LGB), und jede Buccaneer führte eine Pave-Spike-Zielbeleuchtungseinrichtung zur Laserzielmarkierung für die Bomben der Tornado-Jagdbomber. Die Besatzungen erhielten die Anweisung, einen weiteren Angriff auf die schweren Flugzeugbunker (HAS) auf dem wichtigen Flugplatz Al Taqaddum bei Bagdad auszuführen.

Der Angriff sollte nach Plan um 8.40 Uhr beginnen und bei Tageslicht stattfinden (im Gegensatz zum im vorhergehenden Kapitel beschriebenen Tag/Nacht-Angriffssystem Pave Tack in den F-111F verfügten die Buccaneer nur über das noch nicht so fortgeschrittene Tag-Angriffssystem Pave Spike). Mit den RAF-Flugzeugen starteten gleichzeitig die Maschinen der US Air Force zur Niederhaltung der Luftverteidigungssysteme und zur Angriffsunterstützung – zwei F-15C Eagle Luftüberlegenheitsjäger, zwei F-4G Wild Weasel mit Anti-Funkmeß-Raketen und zwei EF-111 Raven zur Radarstörung.

Die Tornado und Buccaneer kamen auf der angewiesenen Angriffshöhe von etwa 6100 m über ihrem Ziel an, und die Besatzungen fanden den Himmel wolkenlos, obwohl weiter unten leichter Dunst war. Al Taqaddum war ein Flugplatz mit einer der stärksten Luftverteidigungen im Irak, doch zu dieser Zeit hatten die Flugabwehrraketen-Stellungen (SAM) in diesem Gebiet bereits schwere Angriffe hinnehmen müssen und waren während der neuesten Angriffe stumm geblieben.

Die Hauptangriffsmacht flog in Formationen von drei Flugzeugen, je zwei Tornado und eine Buccaneer als Beistand. Nach dem Ausklinken der Bomben drehte jede Tornado ab und verließ das verteidigte Gebiet, während der Navigator in der Buccaneer die ausgewählten HAS mit Laser markierte, bis die Bomben aufschlugen. Ein paar 454-kg-Bomben, die in kurzem Abstand und innerhalb von Sekundenbruchteilen auf das Dach eines HAS auftreffen, reißen ein beträchtliches Loch in der Konstruktion und zerstören alles, was sich innerhalb des HAS befindet.

Am Steuer einer der letzten Tornado begann Flight Lieutenant Rupert Clark seinen Anflug zum Bombenabwurf. Alles verlief mehr oder weniger normal bis fünf Sekunden vor dem Abwurfpunkt, als er einen kurzen Signalstoß von einem Feindraketenkontrollradar auf dem Radarortungs- und Warnempfänger (RHWR) seines Flugzeugs bemerkte. Clark entschied sich für die Fortsetzung des Angriffs, und es gab kein weiteres Zeichen vom Feindradar, bis er den Abwurfpunkt erreichte. Eine Bombe verließ die Maschine reibungslos, doch von da an ging plötzlich alles daneben.

Die zweite Laserlenkbombe blieb einfach in der Aufhängevorrichtung hängen und trotzte allen Versuchen des Navigators, Flight Lieutenant Steven Hicks, sie loszubekommen. Kurz darauf kam ein Alarmfunkruf, der Clark die Haare zu Berge stehen ließ: „Zweifacher Raketenstart über dem Ziel!" Nun zeigte der RHWR der Tornado deutlich an, daß die Raketenlenksignale genau in seine Richtung gestrahlt wurden: eine Abwehrrakete war unterwegs und wurde auf sein Flugzeug geleitet! Hicks rief „Ausbruch nach links" und begann mit dem Abwurf der Radarstörfolie. Clark wählte vollen Schub, ließ die Manövrierklappen des Flugzeugs ausfahren und brachte die Maschine in eine enge Kurve. Später erinnerte er sich:

> Wir gingen gerade durch Nord, als es diese große Explosion gab und ich die auftreffende Druckwelle auf das Flugzeug spürte. Es war offensichtlich, was sich ereignet hatte. Ich rief Steve zu „Bist du in Ordnung?", aber es kam keine Antwort.

Bei der Rakete handelte es sich um eine von den Sowjets gebaute SA-3 „Goa", und sie explodierte dicht an der Backbordseite des Bombers. Dutzende von Bruchstükken bohrten sich mit hoher Geschwindigkeit in die Maschine und verursachten beträchtliche Schäden. Durch ein 5 cm großes Loch, das gerade vor Clarks Kopf in die linke Seite des Kanzeldachs gerissen wurde, entströmte hörbar die Luft aus der Druckkabine. Als er sich im Cockpit zur Einschätzung der Situation umblickte, erkannte er, wie knapp er einer ernsthaften Verletzung entgangen war. Es erschienen zu viele rote Warnlichter, als daß er sie hätte zählen können. Das Reflektorglas auf dem Head-up Display war völlig verschwunden. Auf dem Instrumentenbrett schienen nur noch zwei Anzeigen zu funktionieren, doch diese, Hydraulikanzeigen, wiesen beide auf Null.

Clark hatte jedoch nicht die Zeit, sich bei diesen Schadensmeldungen aufzuhalten, denn es gab noch eine unmittelbarere Gefahr, die es zu bewältigen galt. Mit großer Sicherheit kam noch eine zweite Rakete auf ihn zu:

> Ich bewegte den Knüppel, ging in zu starke Schräglage und zog zurück. Dann sah ich die zweite Rakete auf dem Weg zu mir. Sie stieg senkrecht hoch und schlängelte beim Zielanflug auf mich zu. So stark ich konnte, zog ich am Steuerknüppel, etwas anderes blieb mir nicht übrig. Die Rakete verschwand hinten aus meiner Sicht und flog rechts hinten an das Flugzeug heran. Mit einer weiteren Explosion detonierte sie.

Wieder fragte Clark laut seinen Navigator nach dem Befinden, und wieder erhielt er keine Antwort. Normalerweise konnte er beim Umdrehen das Lächeln auf Hicks Gesicht sehen. Doch als er jetzt über die Schulter blickte und nichts sah, befürchtete er das Schlimmste.

Clark stellte fest, daß er selbst aus mehreren Schnittwunden blutete, obwohl es sich anscheinend um keine schlimmen Verletzungen handelte. Wie Randy Cunningham und Willie Driscoll über Vietnam (siehe Kapitel 13) bestand sein unmittelbares Anliegen darin, sich so weit wie möglich von seinem Ziel zu entfernen. Er wollte nicht gefangengenommen werden, und er wußte, jede Minute, die er sich in der Luft hielt, bedeutete für ihn und seinen Navigator 10 bis 12 km Annäherung an eine mögliche Rettung.

PANAVIA TORNADO GR Mk 1

Typ: zweisitziges Schwenkflügel-Angriffs- und Aufklärungsflugzeug
Triebwerk: zwei Turbo-Union RB199 Turbofan-Nachbrenner-Strahltriebwerke mit je 6795 kg Nachbrennerschub
Bewaffnung: maximale Zuladung wurde bei Einsätzen mit zwei JP233 Flugplatz-Streubomben-Containern mit zusammen 4666 kg oder mit bis zu acht 454-kg-Bomben erreicht (bei Angriffen mit Laserlenkbomben betrug die Zuladung zwei oder drei 454-kg-LGBs); zwei Mauser 27-mm-Kanonen; zwei AIM-9L Sidewinder IR-Lenkraketen zur Selbstverteidigung
Leistung: Höchstgeschwindigkeit 1094 km/h mit voller Waffenzuladung in geringer Höhe; in optimaler Höhe über 2333 km/h (Mach 2,2)
Normale Startmasse bei Kampfeinsätzen: 27 180 kg
Abmessungen: Spannweite (Tragflächen in vorderster Stellung) 13,89 m, (Tragflächen in hinterster Stellung) 8,58 m; Länge 16,70 m; Tragflügelfläche (Tragflächen in vorderster Stellung) 30,00 m^2
Datum der Indienststellung von Tornado GR Mk 1: Juni 1979

Ein kurzer prüfender Blick auf das Äußere des Tornado offenbarte beträchtliche Schäden. Die Tragflächen und die äußeren Treibstofftanks waren voller Einschlaglöcher, und er konnte Flugbenzin ausströmen sehen, das einen langen weißen Streifen hinter dem Flugzeug bildete. An der Steuerbordtragfläche hatte es einen der Vorflügel von der Flügelkante weggerissen; er stand hoch wie eine obszöne Geste.

Durch die Zerstörung des Hydrauliksystems hatte sich die Tornado automatisch auf manuellen Flugbetrieb umgeschaltet. Clark stellte fest, daß das Flugzeug langsam reagierte, wenn er den Steuerknüppel hart drückte. Er hatte keine Möglichkeit festzustellen, ob ein Triebwerk noch funktionierte, doch aus den Flugbewegungen war zu erkennen, daß sie nur wenig oder überhaupt keinen Schub produzierten. Immer ein Optimist, arbeitete Clark das Notverfahren zum Triebwerksneustart nach einem doppelten Flammabriß ab. Es brachte nichts.

Eine Tornado ohne Antrieb ist ein schlechtes Gleitflugzeug. Clark hob den Bug der Maschine ein paar Mal an, um den Gleitflug zu verlängern, doch jedesmal verringerte sich dabei der Geräuschpegel – und auch die Geschwindigkeit. Er hatte keine Ahnung, welcher Geräuschpegel die kritische Geschwindigkeit der Tornado in einem solchen Zustand anzeigte, und er wollte das jetzt lieber nicht herausfinden. Daher ging er mit dem Bug nach unten, bis das Geräusch des Windes so ungefähr richtig klang, und fand sich mit der gegebenen Sinkgeschwindigkeit ab.

Als die Maschine unter die von Clark geschätzte Höhe von 3000 m absackte, hatte er immer mehr Schwierigkeiten, die Tornado unter Kontrolle zu halten. Er mußte den Knüppel immer mehr nach rechts drücken, um die Tragflächen in der Horizontale zu halten, bis schließlich das Steuer fast voll nach rechts gedrückt war – und immer noch wollte sich das Flugzeug nach links „lehnen". Weitere Bemühungen hatten keinen Zweck: er wollte lieber das Flugzeug verlassen, bevor er völlig die Kontrolle verlor.

Er versuchte nochmals, seinen Navigator zu rufen, und als er immer noch keine Antwort bekam, ließ er den Steuerknüppel los, nahm den Auslösegriff zwischen seinen Beinen in beide Hände und zog kräftig daran. In der Tornado sind die Schleudersitze miteinander verbunden, so daß der Sitz des Navigators zuerst herausgeschleudert wird und kurz darauf der des Piloten, wenn der Pilot am Auslösegriff zieht. Clark hörte einen lauten Knall und das Cockpit füllte sich mit wallendem schwarzen Rauch, als die Raketen zum Absprengen des Kanzeldachs zündeten. Unmittelbar anschließend ein weiterer lauter Knall hinten im Cockpit, als sich der Schleudersitz des Navigators aktivierte. Dann war Clark an der Reihe:

> Ich bekam einen Schlag in das Gesäß, als sich der Sitz löste. Ich hörte oder fühlte jede Aktion nacheinander: die Patrone, die den Sitz herausschleuderte, die Auslösung meines Hilfsfallschirms und das Absprengen meines Sitzes beim Verlassen des Flugzeugs. Ich war bei vollem Bewußtsein und dachte mir, wann hören denn bloß all diese Explosionen auf? Und dann plötzlich Totenstille, absolut kein Geräusch, und ich hing an meinem Fallschirm.

Nach den traumatischen Ereignissen der vorherigen Minuten – Treffer durch Raketen, der Versuch, das Flugzeug in der Luft zu halten, der Absprung mit dem Schleudersitz – war diese Stille wie ein plötzliches und unerwartetes Geschenk des Himmels.

Clark blickte nach unten und sah die letzten Augenblicke seines manövrierunfähigen Flugzeugs. Es setzte seinen rasanten Flug mit einer schwungvollen Linkskurve fort, bis es mit einem hohlklingenden Geräusch auf dem Boden aufschlug und sofort in Flammen stand. Eine dicke schwarze Rauchwolke stieg schnell vom Aufschlagspunkt auf. Als nächstes kam eine Folge von lauten Knallen und Krachen, als die 27-mm-Granaten in den Munitionsmagazinen der Maschine vor Hitze explodierten. Inzwischen schätzte Clark die Richtung seiner Drift und versuchte einzuschätzen, wo ihn der Fallschirm absetzen würde. Der wahrscheinliche Landeplatz würde unangenehm nahe an dem jetzt hell lodernden Trümmerhaufen am Boden liegen. Niemand brauchte den Piloten daran zu erinnern, daß neben der Bordmunition noch irgendwo in dem verbogenen Metallwrack des Flugzeugs eine 454-kg-Bombe und ein paar Sidewinder-Raketen schmorten. Er zerrte heftig an den Seilen, um sich aus der Gefahrenzone zu bringen. Kurz vor der Landung sah Clark den Fallschirm des Navigators in einiger Entfernung niedergehen. Der Fallschirm fiel in sich zusammen, und kein Lebenszeichen war zu entdecken. Es scheint sicher, daß Steve Hicks nach der Detonation der ersten Rakete das Bewußtsein nie wiedererlangte.

Der Pilot legte einige Hundert Meter entfernt vom Scheiterhaufen seines Flugzeugs eine gute Landung hin. Er löste die Gurte, und dann nahm das Kampf-Überlebenstraining das Zepter in die Hand. Er suchte die Landschaft nach Deckung ab, während die Rettungsoperation anlief. Doch die flache Wüstenlandschaft erstreckte sich mehr als 1000 m in jede Richtung. Clark erinnerte sich:

> Man hätte fast überall einen Cricket-Platz anlegen können und keine Walze zur Glättung gebraucht. Es gab überhaupt nichts, wo man sich hätte verbergen können. Nur im Süden schienen ein paar große Sandsteinblöcke zu liegen, [und] ich dachte, es wäre das beste Ziel in meiner Lage. Also nahm ich mir meinen Überlebenspack und stapfte in diese Richtung. Der Pack war schwer und nach etwa 200 m entschied ich, das Schlauchboot nicht weiter mitzuschleppen. Ich begann sehr vorsichtig mit dem Öffnen des Packs, um das Schlauchboot nicht zu aktivieren, doch plötzlich „Pssssss…" blies sich das grell orangefarbene Ding von selbst auf!

Er ließ das Schlauchboot liegen und trottete weiter in Richtung auf die Erhöhung zu, doch im Nachhinein erscheint klar, daß die Irakis hätten taub und blind sein müssen, um sein Kommen nicht zu bemerken. Der Absturzort der Tornado wurde durch eine hohe schwarze Rauchsäule markiert, und eine Reihe von Explosionen lenkten die Aufmerksamkeit ebenfalls dahin. In der Nähe fand sich der abgelegte Fallschirm. Von dort aus führten Fußspuren zu dem grell orangenen Schlauchboot, das sich auf dem Wüstenboden völlig deplaziert ausnahm, und von dort führte eine weitere Fußspur zu dem britischen Piloten, der sich so schnell ihn seine Füße trugen von der Unfallstelle fortbewegte.

Rupert Clarks Freiheit dauerte nicht einmal eine Viertelstunde, bis ein Zivilist auf einem Motorrad und mit Gewehr im Anschlag über die Wüste auf ihn zugejagt kam. Da er keine Chance zum Entkommen sah, hob er die Hände und ergab sich, worauf für ihn eine kurze, aber äußerst unangenehme Zeit als „Gast" der irakischen Regierung einsetzte.

Finale

Dieser Band verfolgt die Absicht, dem Leser ein „Gefühl" für die wahre Natur der Luftkriegsführung in ihrer außerordentlichen Vielgestaltigkeit zu vermitteln. Die Veränderungen im Militärflugwesen in den acht Jahrzehnten seit seinen ersten Anfängen erweisen sich in der Tat als weitreichend. Selbst in den Bereichen, in denen die Luftfahrt nicht selbst Motor des technischen Fortschritts war, blieb sie nie weit hinter den Grenzen des Machbaren. Doch obgleich wir in diesem Bereich menschlicher Bemühungen enorme Veränderungen beobachten konnten, ist ein Wertekomplex fast die ganze Zeit über konstant geblieben – die Tapferkeit, die Entschlossenheit und der Erfindergeist all jener, die den Himmel zu ihrer Kampfarena erwählten.

Glossar zu Teil I

AI	Luftabfangradar (Airborne interception [radar])
ASV	Luft-Boden-Radar (Air-to-surface vessel [radar])
BG	Bombergruppe (Bomb Group), aus mehreren Geschwadern bestehende Einheit
EOGB	Elektro-optisch gelenkte Bombe (Electro-optically guided bomb)
FG	Jägergruppe (Fighter Group), aus mehreren Geschwadern bestehende Einheit
Flensburg	Deutscher Empfänger für Signale des „Monica“-Radars
GCI	Bodenabfangradar (Ground controlled interception [radar])
Geschwader	Luftwaffeneinheit des II. Weltkrieges mit einer Sollstärke von etwa 96 Flugzeugen
Gruppe	Luftwaffeneinheit mit etwa 30 Flugzeugen Sollstärke
HARM	Hochgeschwindigkeits-Antifunkmeß-Rakete (High Speed Anti-Radiation Missile)
HAS	Schwerer Flugzeugbunker (Hardened aircraft shelter)
HMS	Schiff der königlich-britischen Marine
H2S	Mikrowellen-Bodenkartier-Radargerät an Bord von RAF-Bombern
JG	Jagdgeschwader der Luftwaffe
KG	Kampfgruppe der Luftwaffe
LGB	Laserlenkbombe (Laser-guided bomb)
Metox	In U-Booten installierter deutscher Empfänger für Signale der Frühversionen des ASV-Radars
„Monica“	Heck-Warnradar in RAF-Bombern
Naxos	Deutscher Empfangs- und Zielsuchgerät für Signale von feindlichem Mikrowellenradar, in Nachtjägern und Marineschiffen, einschließlich U-Booten installiert
NJG	Nachtjägergeschwader der Luftwaffe
OTU	Operative Trainingseinheit (Operative Training Unit)
RAF	Königlich-britische Luftstreitkräfte (Royal Air Force)
RFC	Königlich-britisches Flugkorps (Royal Flying Corps) im I. Weltkrieg, Vorläufer der RAF
RHWR	Radarortungs- und Warnempfänger (Radar homing and warning receiver)
SAM	Boden-Luft-Flugabwehrrakete (Surface-to-air missile)
Sidewinder	In USA entwickelte, Infrarot-zielsuchende gelenkte Luft-Luft-Rakete
Sparrow	In USA entwickelte Luft-Luft-Rakete mit semiaktiver Radarzielortung
Squn.	Squadron, Einheit der RAF mit 10 bis 18 Flugzeugen Sollstärke
StG	Sturmgruppe, Sondereinheit der Luftwaffe
TFR	Geländefolgeradar (Terrain-following radar)

TFW	Taktisches Jägergeschwader (Tactical Fighter Wing), aus zwei oder drei Squadrons bestehende Einheit
USS	Schiff der US-Marine
VTOL	Senkrechtstart und -landung (Vertical take-off and landing)
WSO	Waffensystemoffizier (Weapon systems officer), Mitglied der Besatzung in F-111F und anderen Kampfflugzeugen der US-Luftstreitkräfte

Index zu Teil I

Aichi D3A („Val"), 54, 56, 58, 59, 61
Albatros D V, 12, 17
Antrim, HMS, 126
Arca, José, 131, 132, 133
Ardent, HMS, 127,129–133
Argonaut, HMS, 126,129,133
Atlantic Conveyor, 135–137
Avro Lancaster, 87, 88, 91, 92,109

Baldwin, Fred, 115–116
Ball, Albert, 11
Bär, Heinz, 110
Barkhorn, Gerhard, 110
Barton, Cyril, 93
Bätcher, Hans-Georg, 50–51,108
Bean, Lieutenant, 126
Beauchamp Proctor, Andrew, 7, 18–19
Becker, Martin, 92
Benitez, Jorge, 125
Bernhardt, Lieutenant, 129
Blackburn, Harry, 117–118
Blackburn Buccaneer, 149
Blissett, Mike, 127–128
Boeing B-17 „Fliegende Festung", 8, 71–79, 97–99, 105, 107, 111; Chinook, 135–140; KC-135, 142
Boelke, Oswald, 11
Boitel Gill, Derek, 27
Boulton Paul Defiant, 46, 48
Brilliant, HMS, 130
Bristol: Beaufighter, 47, 49–51; Blenheim, 31–33, 43, 46–48; Jäger, 15
British Aerospace: Harrier, 123, 135; Sea Harrier, 9, 123–133, 135
Broadbent, John, 149
Broadsword, HMS, 126
Bush, George, 141,146

Carballo, Pablo, 127
Carey, Frank, 26
Clark, Rupert, 149–153
Connelly, Matt, 115–117
Connors, Stanley, 39
Consolidated: B-24 Liberator, 67, 68, 97, 98; PBY Catalina, 67, 68
Constellation,USS, 113–114, 120
Coral Sea, USS, 113
Craig, Al, 126
Crawford, Tommy, 145, 148
Crenshaw, Keith, 118
Crippa, Owen, 126
Cunningham, Admiral, 28
Cunningham, Randy, 114–121, 150

Dahl, Walther, 97
Dassault Mirage, 123, 124, 128; Super Etendard, 123,125, 136
De Havilland, Mosquito, 66, 90, 105
Delap, Miles, 31–34
Dönitz, Karl, 64, 66–68
Dornier Do 17, 35–42, 47, 49
Douglas: A-4 Skyhawk, 123, 127–133; EKA-3 Skywarrior, 113, 114; SBD Dauntless, 54, 57, 59–61; TBD Devastator, 53, 55, 57, 59–60
Douglas, William Sholto, 7, 11–20, 121
Dowding, Hugh, 20
Drew, Urban, 105–106
Driscoll, Willie, 114, 119–120, 150

Eggert, Gus, 118
English Electric Canberra, 124

Fleet Air Arm Einheiten; 800 Sqn, 124, 127–131; 801 Sqn, 124, 126
Fletcher, Frank, 55–57, 59
FMA Pucará, 125–127, 133
Focke-Wulf FW 190, 30, 73, 74, 96–99
Fokker Eindecker, 11
Foley, George, 92
Fonck, René, 11
Frederiksen, „Fred", 128–129

Galland, Adolf, 95, 106, 110
General Dynamics; EF-111, 149; F-111, 141–148, 149
George, Andy, 128
Giachetti, Dave, 147
Goetz, Horst, 45
Gonzalez, Horatio, 128,129
Göring, Hermann, 104
Goryanec, George, 116
Grabmann, Walter, 90
Graham, G., 92
Grant,Brian, 115, 116
Greswell, Jeff, 64
Grose, Dick, 138–140
Grumman: A-6 Intruder, 113–115, 118, 121; F4F Wildcat, 54, 57–61
Guynemer, Georges, 11

Hagen, Walter, 24
Hagenah, Walther, 98, 110–111
Haine, Dick, 47
Handley Page Halifax, 67, 87, 93, 109
Hanna, Jerry, 144–145
Hara, Chuichi, 54–58
Hawker Hurricane, 26, 32, 39–43, 46
Heinkel He 111, 45, 48–52
Hermes, HMS, 124, 136
Hicks, Steven, 150–152
Hitchman, Steve, 135
Hitler, Adolf, 102–107, 111
Holt, Lieutenant-Colonel, 15
Howell, W., 64
Hughes, Desmond, 48, 49, 50
Hussein, Saddam, 143

IAI Dagger, 123, 124, 126, 128–133
Illg, Wilhelm, 40
Illustrious HMS, 28–29
Immelmann, Max, 11
Inoue, Shigeyoshi, 54
Invincible, HMS, 124, 126

Jones, Tom, 137–139
Junker, Al, 115–116
Junkers: Ju 87, 21–30; Ju 88, 35, 43, 49, 88, 90

Kennedy, John, 136
Kinsella, Tom, 136, 138
Kitty Hawk, USS , 113
Krohn, Edmund, 12

Lamberty, Rudolf, 41
Langworthy, Dick, 136–138
Latham, John, 76, 77
Lay, Beirne, 73–75, 77, 78
Leask, Captain, 12
Leeming, John, 131–133
Leigh, Humphrey, 63, 64, 69
Lennon, Tom, 141–144, 148
Lexington, USS, 55, 58, 60, 61
Lipscombe, A., 50
Lockheed; Hercules, 127; P-38 Lightning, 82, 105
Lord, Lieutenant, 12
Luftwaffe-Einheiten; *JG 1*, 73; *JG 3*, 32, 84, 97–99; *JG 4*, 97–99; *JG 7*, 106–110; *JG 26*, 73; *JG 50*, 74, 95; *JG 300*, 97, 99; *JV 44*, 110; *KG 51*, 104, 106, 110; *KG 54*, 107; *KG 76*, 35–42, 47; *KG(J) 54*, 107, 110; *NJG 2*, 90; *NJG 5*, 92; *NJG 6*, 92; *StG 1*, 28; *StG 2*, 28; *StG 3*, 26; *StG 77*, 26, 27; *Trägergruppe 186*, 24, 25
Luigi Torelli, 64
Luna, Hector, 129
Lützow, Günther, 110

McCudden, James, 11
McDonnell F-4 Phantom, 113–121, 149
McDonnell Douglas F-15 Eagle, 149
Mahlke, Helmut, 24–25
Mannock, „Mick“, 11
Marquez, Marcelo, 131–133
Marrs, Eric, 27
Martinez, Carlos, 126
Meisel, Herbert, 27
Messerschmitt: Bf 109, 26, 31, 32, 33, 71, 73–75, 78, 84, 96, 97, 99; Bf 110, 73, 74, 75, 88, 91, 92, 95; Me 262, 79, 95, 101–112; Me 410, 95
Mikojan Gurjewitsch: MiG-17, 114–121; MiG-19, 121; MiG-21, 121; MiG-29, 143, 144
Milch, Erhard, 104
Miller, Colin, 140
Mitsubishi A6M Zero („Zeke“), 54, 56, 58–61
Morell,Clive, 131–133
Moreno, Hauptmann, 126
Moroni, Marcelo, 130
Morrison, „Jock“, 33, 34

Nakajima B5N („Kate“), 53, 54, 56, 58, 60, 61
Neosho, 56, 57
Newton, Harry, 42
Nimitz, Chester, 55
Nonnenmacher, Emil, 90–92
North American P-51 Mustang, 79, 95, 97, 105–111; RA-5 Vigilante, 113
Nowotny, Walter, 105, 106
Nowotny Kommando, 105–106
Nungesser, Charles, 11

Papenburg, Heinz, 98–99
Pebal, Rolf von, 38
Pfalz-Jäger, 17
Philippi, Alberto, 131–133
Pile, Frederick, 46
Plymouth, HMS, 126
Prickman, Thomas, 39

Raab, Wilhelm, 40, 41
Rademacher, Rudolf, 108
Reinelt, Ronald, 93
Republic P-47 Thunderbolt, 71–73, 97
Richthofen, Manfred von, 11
Riedesel, Volprecht von, 107
Rio Carcarana 127
Robles, Hauptmann, 129
Rodhe, Hauptmann, 126
Ross, Graham, 92
Roth, Joachim, 37, 39, 41
Royal Aircraft Factory S.E.5A, 12–19
Royal Air Force Einheiten: 2 Sqn, 12; 10 OTU, 66; 18 Sqn, 135, 136; 19 Sqn, 68; 22 Wing, 15; 43 Sqn, 12, 26; 53 Sqn, 67; 82 Sqn, 31; 84 Sqn (RFC), 11–20; 111 Sqn, 39; 152 Sqn, 27; 172 Sqn, 64, 65; 228 Sqn, 66; 264 Sqn, 48; 307 Sqn, 66; 433 (Canadian) Sqn, 93; 461 (Australian) Sqn, 68; 550 Sqn, 92; 578 Sqn, 93; 600 Sqn, 47, 50
Royal Flying Corps, 11, 12, 17
Rudloff, Steve, 117–118
Russell, Michael, 146

Sargent, Robert, 109
Schmidt, Otto, 26
Schräge Musik; 91, 92
Schulte, Erich, 109
Schulte, Helmut, 92
Schumacher, Unteroffizier, 40
Seipel, Bradley, 145, 146
Shoemaker, Steve, 118
Shoho, KJM, 54, 55, 57, 58, 61
Shokaku, KJM, 54, 58, 60–62
Short Sunderland, 67, 68, 93
Sims, USS, 56, 57
Sitek, Bernard, 99
Sopwith: 1½-Strutter, 12; Camel, 15; Dolphin, 14
Steinhoff, Johannes, 110
Stuka, *siehe* Junkers Ju 87
Supermarine Spitfire, 26, 27, 43, 46, 71, 82–85, 101, 105, 108

Thomas, Neil, 127
Thomas, Steve, 126, 130–132
Timm, Dwight, 116–117
Tornado, Panavia, 149–152

U-Boote, 63–69; *U68*, 67, *U155*, 67; *U159*, 64; *U461*, 67; *U462*, 67; *U502*, 64 *U504*, 67; *U564*, 66
Uganda, 140
Unger, Günther, 38, 40, 42, 47, 48
United States (Army) Air Force(s) Einheiten: 14th Combat Wing; 97; 14th Photo Sqn, 82; 19th Sqn, 67; 48 TFW, 141–148; 56 FG, 73; 91 BG, 99; 94 BG, 77, 78; 96 BG, 76, 78; 100 BG, 74, 75, 78; 330 FG, 109; 353 FG, 73; 361 FG, 105; 385 BG, 77; 388 BG, 78; 390 BG, 99; 457 BG, 99; 492 BG, 98
United States Navy Einheiten: Carrier Air Wing 9, 113

Vickers Wellington, 63–65
Vought A-7 Corsair, 113–116, 118, 121

Ward, „Sharkey“, 126–127, 130
Weitner, Walt, 82–85
West, Alan, 127, 129–133
Westland Lynx, 129
Wilhelm, Johannes, 26
Woerner, Anton, 26
Woodward, R., 50–52
Wyness, Frank, 33–34

Yarmouth, HMS, 133
Yorktown, USS, 55, 57–62

Zuikaku, KJM, 54, 58–63

„Wahrscheinlich werden künftige Kriege
von einer besonderen Klasse geführt,
den Luftstreitkräften, ähnlich den Rittern
im Mittelalter." – Brigadier General
William „Billy" Mitchel

„Suche den Feind und schieße ihn ab;
alles andere ist Unsinn." – Hauptmann
Manfred, Freiherr von Richthofen,
der Rote Kampffliegerbaron

„Die Aufgabe der Armee und der Marine
in einem künftigen Krieg wird in der Unterstützung
der dominierenden Luftstreitkräfte bestehen." –
General James Doolittle

„Daß die geplante Invasion der
japanischen Hauptinseln unnötig waren,
ist eine klare Bestätigung dafür,
daß sich die Luftstreitkräfte im Krieg
zu einer Kraft entwickelt haben,
die mit den Land- und Seestreitkräften
auf einer Stufe stehen, und selbst
eine kriegsentscheidende Kraft sind." –
General Carl A. Spaatz

Im zweiten Teil dieses Buches kehrt der Autor zunächst in die Zeit des I. Weltkriegs zurück – zu dem bemerkenswerten Plan, einen Zeppelin zum Transport von Nachschub für die in Ostafrika eingeschlossenen Streitkräfte einzusetzen. Davon ausgehend schildert er verschiedene Kampfhandlungen im II. Weltkrieg und geht dann zu ausführlichen Berichten der Luftkämpfe in Vietnam, über den Falkland-Inseln und am Persischen Golf über. Alle Geschichten enthalten das natürliche Drama des Luftkampfes und die nötigen Einzelheiten für ein größeres Verständnis der Luftkriegsstrategie.

EINLEITUNG

Wie schon der erste Teil gibt dieser Band detaillierte Beschreibungen von verschiedenen Luftkampfhandlungen aus den letzten acht Jahrzehnten und nutzt sie zur Illustration der vielschichtigen Natur des Luftkriegs.

Die Erzählung beginnt im September 1917, im vierten Jahr des I. Weltkrieges, als sich in Europa die feindlichen Armeen in der todbringenden Pattsituation des Grabenkriegs gegenüberstanden. Kapitel 1 „Per Zeppelin nach Afrika“, beschreibt den abenteuerlichen Versuch, mit Zeppelin *L59* Nachschub für die in Ostafrika abgeschnittenen deutschen Truppen zu transportieren. Das Unternehmen scheiterte, doch der Fehlschlag ließ sich nicht auf Mängel am Luftschiff oder Versagen der unerschrockenen Mannschaft zurückführen. Hätte der Zeppelin sein Ziel erreicht, wäre der Flug zweifellos als ein verblüffender Propagandacoup gefeiert und in späteren Zeiten als leuchtendes Beispiel dafür zitiert worden, was ein einziges, entschlossen geführtes Luftschiff zuwege bringen kann. So stellte der 95-Stunden-Flug des Luftschiffs nur einen Langzeitrekord für eine Militärflugmission auf, der auch heute noch besteht.

Die Schilderung wendet sich dann dem II. Weltkrieg zu. In den 30er Jahren revolutionierten zwei neue Technikbereiche die Taktiken der Luftverteidigung und des Luftkampfes: Radar und Funktelephonie. Radar ermöglichte den Bodenstationen die Frühwarnung bei Anflug von feindlichen Angriffskräften und den rechtzeitigen Einsatz einer großen Zahl von einsitzigen Jägern zur Abwehr der Bedrohung. Über Funksprechverbindungen ließen sich Jäger in nie dagewesenen Konzentrationen zu Kampfaktionen gegen den Gegner zusammenziehen. In der Luftschlacht um England im Sommer 1940 kamen diese beiden Faktoren erstmals bei einer großangelegten Luftkampfoperation zum Tragen. Sie stellte auch die erste kriegerische Auseinandersetzung dar, die ausschließlich in der Luft ausgetragen wurde, ohne ernsthafte Beteiligung von Land- oder Seestreitkräften. Die Aktion im Mittelpunkt der ausführlichen Beschreibung im Kapitel 2 „Tag der Luftschlacht um England“, fand am 15. September 1940 über London statt, und jedes Jahr gibt es an diesem Tag Gedenkfeiern. Von der Tapferkeit der RAF-Jägerpiloten, die an jenem Tag in den Kampf zogen, können oder sollten keine Abstriche gemacht werden. Doch es war auch ein Sieg für das System der Jägereinsatzkontrolle, die Air Chief Marshal Dowding so gewissenhaft in allen Einzelheiten aufbaute. Die deutsche Luftwaffe trug an jenem Tag zwei Angriffe auf London vor. Gegen den ersten schickte die Jägereinsatzleitung 23 Staffeln Spitfire und Hurricane, und alle bis auf eine hatten Feindberührung. Zur Abwehr des zweiten Angriffs startete die Jägereinsatzleitung 28 Staffeln, und alle 28 traten in Aktion. Kein denkbares System des Jägereinsatzes hätte bessere Ergebnisse erzielen können.

Der II. Weltkrieg war nicht nur der erste Konflikt, bei dem eine Ansammlung von wirklich großen Kräften von Kampfflugzeugen koordinierte Angriffe vornahm, er war auch der erste, bei dem Luftstreitkräfte genügend große Mengen an Sprengstoffen befördern konnten, um größere Zerstörungen an ihren Zielen zu verursachen. Die Kombination dieser beiden Faktoren machte den Präventivluftschlag zu einer attraktiven Option für ein entsprechend rücksichtsloses Regime. In einem solchen Angriff kam der Übergang vom Frieden zum Krieg wie „ein Blitz aus heiterem Himmel“, wobei gleichzeitig eine Vielzahl von Zielen mit vernichtenden Luftangriffen belegt wurde. Gewöhnlich folgten darauf konzentrierte bewaffnete Vorstöße durch Bodentruppen. Diese Technik wurde in Polen, Belgien, Holland und Jugoslawien angewendet. Kapitel 3 „Präventivschlag“ beschreibt die größte und effektivste dieser Aktionen, die am Sonntag, den 22. Juni 1941, von Adolf Hitler eingeleitete Blitzkriegoffensive gegen die Sowjetunion. Dieser Tag ging in die Rekordannalen des Flugwesens ein. In den 18 Stunden von 3.15 Uhr bis Sonnenuntergang verloren die sowjetischen Luftstreitkräfte etwa 1800 Kampfflugzeuge, die meisten davon am Boden. Das war mit Abstand die größte Zahl der an einem Tag zerstörten Flugzeuge und stellte die umfassendste Niederlage dar, die je von einer Luftwaffe einer anderen beigebracht wurde. Mehr als 300 sowjetische Maschinen wurden in Luftkämpfen zerstört, die größte Zahl der an einem Tag abgeschossenen Flugzeuge.

Die vorrückenden deutschen Truppen überrannten schnell jeden der Flugplätze, die die Luftwaffe am ersten Tag angegriffen hatte. Das erhöhte die bereits erlittenen Verluste für die sowjetischen Luftstreitkräfte, denn jedes beschädigte oder fluguntaugliche Flugzeug, das nicht vor der Einnahme der Flugplätze weggeflogen werden konnte, ging verloren. Zudem ermöglichte die Besetzung der Flugplätze der Luftwaffe, ihre Basen näher an Ziele im sowjetischen Hinterland heranzurücken. Als Mittel zur Sicherung der Luftüberlegenheit stellt die Einnahme der gegnerischen Flugplätze eine hocheffektive Methode dar, die manchmal bei solchen Überlegungen ausgelassen werden.

Trotz der enormen materiellen Verluste, die die sowjetischen Luftstreitkräfte in den ersten Kriegstagen hinnehmen mußten, lähmten sie diese nur kurz- und mittelfristig. Sehr wenig Flugbesatzungen gingen verloren, als die Flugplätze angegriffen und danach eingenommen wurden, so daß es genügend geschultes Personal für Kampfeinsätze gab, als neue Flugzeuge zur Verfügung standen. Außerdem waren die sowjetischen Luftstreitkräfte gerade dabei, ihre Kampfeinheiten mit moderneren Jägern und Bombern auszustatten; bei den meisten der bei der Anfangsoffensive verlorenen Flugzeuge handelte es sich um veraltete Typen, die ohnehin ersetzt werden sollten.

Kapitel 6 „Bombenhagel auf Berlin", beschreibt den ersten Großangriff der amerikanischen Bomber am 6. März 1944 auf Berlin. Diese Angriffe tief ins Hinterland des Feindes wurden erst möglich, als es genügend Begleitjäger mit großer Reichweite, und insbesondere die hervorragende P-51B Mustang, zum Schutz der Bomber gab. An jenem Tag verlor die Eighth Air Force 69 Bomber und elf Jäger; das war ein herber Verlust, aber es gab genügend Ersatzmannschaften und Flugzeuge, um die Lücken in den Reihen der an vorderster Front kämpfenden Einheiten aufzufüllen. Während der Kampfhandlungen büßte die Luftwaffe 66 Jäger und 46 getötete oder verwundete Piloten ein, während sich die Verluste an Flugzeugen wieder wettmachen ließen, waren die Besatzungen fast unersetzlich. Nach diesem Angriff befand sich kein Ziel in Deutschland mehr außerhalb der Reichweite der von Begleitjägern geschützten schweren amerikanischen Bomber. Der deutschen Luftwaffe glitt die Kontrolle über den Himmel über der Heimat unaufhaltsam und unwiederbringlich aus der Hand.

In den letzten Monaten des II. Weltkrieges wurden die Nachtangreifer zu ihren Zielen und zurück nicht nur von Mosquito-Nachtjägern mit großer Reichweite, sondern auch von speziellen Störflugzeugen begleitet, die über Ausrüstung zur Neutralisierung oder Täuschung des gegnerischen Radars verfügten. Diese Operationen oblagen der No 100 Group der RAF; sie finden sich in Kapitel 10 „Verwirren und Zerstören".

Wie schon gesagt, ein gut ausgeführter Luftangriff kann beim Gegner beträchtlichen Schaden verursachen. Genauso kann aber eine schlecht konzipierte oder ausgeführte Luftoperation den Angreifern schwerere Verluste bringen als den Angegriffenen. Zwei Paradebeispiele dafür erläutern Kapitel 7 „Kampfeinsatz gegen die amerikanische Flotte" und Kapitel 11 „Neujahrstagparty". Im ersten Fall führte die japanische Marine einen massiven Trägerluftangriff gegen eine Trägersondereinheit der US-Marine. Hätten die japanischen Seestreitkräfte damals einen besseren Jäger als die veraltete A6M5 Zeke 52 einsetzen können und die Flugzeugbesatzungen eine bessere Ausbildung durchlaufen, etwa vergleichbar mit der der früher in den Kampf geschickten Leute, wäre die Schlacht vielleicht mit einem überwältigenden Sieg der Japaner ausgegangen. So aber wurden die japanischen Angreifer von den amerikanischen Hellcat-Jägern massakriert, die zusammen mit den Schiffskanonen 181 Angreifer an einem Morgen abschossen, während auf der anderen Seite nur sieben US-Jäger verloren gingen.

Kapitel 11 „Neujahrstagparty" beschreibt den Angriff der deutschen Luftwaffe auf frontnahe alliierte Flugplätze in Europa am 1. Januar 1945, als die Luftwaffe ihren Erfolg gegen die Sowjets von Juni 1941 wiederholen wollte. Doch die in Frankreich, Holland und Belgien stationierten Einheiten der alliierten Luftstreitkräfte zeigten sich weitaus besser auf einen solchen Angriff vorbereitet als das vorherige Opfer. Außerdem war die Luftwaffe Anfang 1945 weitaus weniger als 1941 in der Lage, einen wirksamen Luftschlag auszuführen. Deshalb schlug der Angriff in mehrerer Hinsicht fehl, und die Luftwaffe verlor deutlich mehr Flugzeuge in der Aktion als die Alliierten. Schlimmer noch, die Luftwaffe büßte 237 getötete, verwundete, vermißte oder gefangengenommene Piloten ein, darunter mehrere erfahrene Kommandeure, die sich nicht mehr ersetzen ließen. Die Pilotenverluste der Alliierten in dieser Auseinandersetzung blieben niedrig – wahrscheinlich weniger als zwanzig. Die deutsche Luftwaffe erholte sich nicht mehr von dem an diesem Tag erlittenen Schlag.

Zu Beginn des II. Weltkrieges stand den Luftstreitkräften nur ein streng begrenztes Waffenarsenal zur Verfügung. Oft standen die Besatzungen beim Abwurf ihrer Bomben auf die zugewiesenen Ziele erschreckenden Gefahren gegenüber, wenn man bedenkt, wie wir heute wissen, daß diese Waffen kaum eine Chance hatten, nennenswerten Schaden anzurichten. Zum Beispiel schickte die RAF veraltete Maschinen der Typen Blenheim und Battle mit 110-kg-Mehrzweckbomben zum Angriff auf Brücken, im tapferen Bemühen, den deutschen Vormarsch durch Holland, Belgien und Frankreich im Mai 1940 aufzuhalten. Die Bomben besaßen nicht genügend Sprengkraft, um eine Stahl- oder Steinbrücke zu zerstören, selbst bei mehreren Volltreffern. Die Bomber erlitten furchtbare Verluste und erzielten, wie vorherzusehen, keine greifbaren Ergebnisse. Im Krieg mußte jede der kriegführenden Luftstreitkräfte die gleiche Lektion lernen, und das in der härtesten Schule – im Kampf. Die RAF entwickelte daraufhin eine Reihe von hocheffektiven Spezialwaffen für den Luftangriff gegen beabsichtigte Ziele. Im Kapitel 9 „Bomber gegen die Tirpitz“ betrachten wir zwei Typen von Spezialwaffen, die in Angriffen auf das kampfstarke deutsche Schlachtschiff eingesetzt wurden – die geniale „Johnny Walker“-Unterwassermine mit Eigenantrieb und die „Tallboy“-5450-kg-Bombe von „brutaler Gewalt“. Der Angriff auf die *Tirpitz* verlangte ganze Männer, und die „Tallboy“ war eine Waffe in der Größe eines ganzen Mannes, der sich dieser Aufgabe stellt.

Im II. Weltkrieg kamen auch die ersten luftgestarteten Lenkwaffen zum Einsatz. Eine solche Waffe läßt sich definieren als „eine Waffe, deren Bahn während des Flugs korrigiert werden kann, entweder automatisch oder über Fernsteuerung, um sie auf das Ziel zu lenken“. Akzeptiert man diese Definition, so wird der Leser feststellen, daß weder das Medium, durch das die Waffe geht, noch die Geschwindigkeit Erwähnung finden. Während die meisten Lenkwaffen mit hoher Geschwindigkeit durch die Luft fliegen, trifft das auf die erste luftgestartete Waffe dieser Art nicht zu – den gegen U-Boote eingesetzten akustischen Zielsuchtorpedo mit einer Höchstgeschwindigkeit unter Wasser von 12 kn. Der in den USA entwickelte Zielsuchtorpedo erhielt zur Verschleierung seines wahren Zwecks den Codenamen „Mark 24 Mine“. Seine Einsatzlaufbahn beleuchtet Kapitel 4 „Fernlenkraketen geben ihre Visitenkarte ab (1)“. Im II. Weltkrieg wurden diesen akustischen Zielsuchtorpedos die Zerstörung von 38 deutschen und japanischen U-Booten sowie die Beschädigung weiterer 33 zugeschrieben.

Im II. Weltkrieg kämpfte Deutschland gegen zwei der größten Seemächte der Welt, Großbritannien und die USA, die beide eine weit größere Seekriegsflotte besaßen. Zum Ausgleich dieses Ungleichgewichts maß die deutsche Luftwaffe der Entwicklung von Spezialwaffen zum Einsatz gegen feindliche Schiffe höchste Priorität bei. Im Ergebnis entstanden zwei Typen von funkgesteuerten Waffen, die Henschel Hs 293 Gleitbombe und die Ruhrstahl Fritz-X Lenkbombe, deren Einsatzkarriere im Kapitel 5 „Fernlenkraketen geben ihre Visitenkarte ab (2)“, zur Sprache kommt. Im August und September 1943 erzielten diese Waffen reihenweise Erfolge. Fritz-X-Bomben versenkten das italienische Schlachtschiff *Roma* und verursachten schwere Schäden am Schwesternschiff *Italia,* an HMS *Warspite* der Royal Navy und an mehreren Kreuzern der Alliierten. Die Hs 293 versenkte eine Reihe von kleineren Kriegsschiffen. Die Alliierten entdeckten jedoch sehr schnell die Geheimnisse des Funkleitsystems der Waffe und führten einen Spezialsender zur Störung der Lenksignale ein. Im Ergebnis dessen erreichten ab Frühjahr 1944 die beiden deutschen Lenkbomben nur noch wenig.

Kapitel 12 „Hanoi im Visier“, greift die Geschichte der Spezialwaffen im Düsenzeitalter wieder auf und untersucht den Ersteinsatz von Laserlenkbomben und elektro-optisch gelenkter 1800-kg-Bomben gegen ein konkretes Ziel in Nordvietnam. Bei dem beschriebenen Angriff handelt es sich um den auf die berühmte Paul-Doumer-Brücke im Mai 1972. Selbst eine ganze Menge dieser wirkungsvollen Waffen, die mit einmaliger Zielgenauigkeit auf die verwundbaren Punkte der Brückenkonstruktion gerichtet waren, brachten im ersten Angriff keinen Brükkenabschnitt zum Einstürzen. Sie machten die Brücke jedoch für den Straßenverkehr unpassierbar, und am nächsten Tag gelang es in einem Nachfolgeangriff, bei dem diese Waffen auf die zuvor geschwächten Stellen gezielt wurden, einen der Abschnitte zum Einsturz zu bringen. Die Erzählung vermittelt einen Einblick in die geballte Wucht der Operation und illustriert den Jägerbegleitschutz und die Techniken der Verteidigungsniederhaltung, die sich in dem Vierteljahrhundert seit dem Ende des II. Weltkrieges entwickelt hatten. Aus Cockpit-Mitschnitten von den an den Kampfhandlungen beteiligten Maschinen kann sich der Leser ein konkretes Bild vom Drama des modernen Luftkampfes machen.

Flugzeug-Start- und Landebahnen sind wie Brücken kleine, feste Ziele, die ohne Spezialwaffen nur sehr schwer wirksam bekämpft werden können. Und doch erleben wir im Kapitel 13 „Operation ‚Schwarzer

Bock'", einen Vulcan-Bomber, der sich dieser Aufgabe mit 21 „unintelligenten" 454-kg-Mehrzweckbomben für den Reihenabwurf stellen muß, da ihm nichts Besseres zur Verfügung steht. Dieser Angriff ist einmalig wegen der wilden Entschlossenheit der Besatzung, trotz furchtbarer Wetterbedingungen und unglaublicher Entfernungen zum Erfolg zu kommen. Doch der Angriff riß nur einen Bombenkrater in die Startbahn des Flugplatzes von Port Stanley. Die aufgewendete Mühe stand in überhaupt keinem Verhältnis zum verursachten physischen Schaden. Wie es aber oft bei Luftkriegen der Fall ist, stand der psychologische Effekt des Angriffs auf den Feind ebenfalls in keinem Verhältnis zum verursachten physischen Schaden. Die Aktion überzeugte die argentinische Luftwaffe, daß Vulcan-Bomber jederzeit Ziele auf dem argentinischen Festland angreifen könnten, und sie zog ihre einzige spezialisierte Mirage-Abfangjägerstaffel auf Stützpunkte weiter im Norden zurück. Diese Einheit spielte dadurch kaum noch eine Rolle beim Luftkampf über den Falkland-Inseln, und ihr Rückzug räumte den Sea Harrier der Royal Navy die Luftüberlegenheit über den Inseln ein. Darin bestand das Hauptresultat der Operation „Schwarzer Bock".

Aufklärung ist ein wichtiger Aspekt des Luftkriegs, der manchmal bei Berichten zu diesem Thema zu kurz kommt. Und doch können die Erkenntnisse aus einem einzigen Foto einen großen Einfluß auf die Führung eines Landfeldzuges oder einer Luftbombardierung ausüben. In Kapitel 8 „Luftaufklärung über der Normandie", werden wir sehen, wie eine Arado Ar 234 Düsenmaschine entscheidende Ergebnisse gebracht hätte, wenn man sie nur ein paar Monate eher in das Gebiet hätte schicken können. Im Kapitel 15 „Tornado-Spionageflugzeuge ziehen in den Krieg" verfolgen wir die neuesten Techniken der Luftaufklärung im Rahmen des Golfkrieges. Diese Flugzeuge führen keine konventionellen Filmkameras mit. Statt dessen nutzen sie elektro-optische Infrarotkameras ähnlich dem Camcorder zur Aufnahme des Gebietes unter dem Flugzeug. Das System ist vollkommen passiv und funktioniert auch in den dunkelsten Nächten. Das Hochglanzfoto ist nicht länger das Hauptprodukt der Luftaufklärung; das Zauberwort heißt heute „elektro-optische Bildsymbolik".

Kapitel 14 „Countdown zum ‚Wüstensturm'" führt viele der Gedankengänge aus den vorherigen Kapiteln zusammen und zeigt die High-Tech-Welt moderner Kriegsführung. Der Leser erlebt mit, wie die verschiedenen ungleichen Elemente der verbündeten Angriffskräfte in der ersten Nacht der Operation „Wüstensturm" zusammenwirkten. Der ausgefeilte Plan zur Neutralisierung von Teilen des feindlichen Luftverteidigungssystems nutzte eine ganze Palette von Waffen, angefangen von bewaffneten Hubschraubern über Cruise Missiles bis zu F-117A Stealth Bombern. Dutzende von Köderdrohnen wurden gestartet, um die feindlichen Raketenbatterien zu aktivieren, und danach Salven von Antifunkmeß-Raketen abgeschickt, um die Raketenlenkradare auszuschalten. In diesem Kapitel betrachten wir auch die neusten Begleitjägertechniken, wobei kampfstarke F-15 Jäger durch E-3A AWACS-Maschinen, die weit außerhalb des Kampfgebietes ihre Kreise zogen, zu den irakischen Jägern gelenkt wurden. In jener Nacht unternahmen Tornado-Jagdbomber der RAF Ultra-Tieffliegerangriffe auf Start- und Rollbahnen irakischer Flugplätze mit maßgeschneiderten JP. 233 Flugplatz-Streuminen. Gleichzeitig griffen F-111 und A-6 Punktziele mit Laserlenkwaffen und EOGB an.

Ich habe diese Berichte zusammengestellt, um den Lesern einen möglichst breit gefächerten Überblick über die Natur des Luftkrieges zu bieten. Wenn die Leser nach der Lektüre der Meinung sind, sie hätten nun einen besseren Einblick in die wahre Natur dieser komplizierten Thematik, dann sehe ich mein Anliegen erfüllt.

Anmerkung des Autors

Bei Zeitangaben handelt es sich um die Ortszeit für das betreffende Gebiet. Waffenkaliber werden in den für die Waffengattung typischen Einheiten angegeben, z. B. Oerlikon 20-mm-Kanone. Wird die Nutzlast eines Flugzeugs bei Kampfeinsätzen angegeben, dann handelt es sich um die normale Last für den jeweiligen Flugzeugtyp während Kampfhandlungen und nicht um die größere Maximallast, die in den Hochglanzbroschüren der Hersteller und in den meisten Büchern mit Flugzeugdaten zu finden ist.

Alfred Price
Uppingham, Rutland

1

PER ZEPPELIN NACH AFRIKA

Die gigantische Luftbrücke, mit der Truppen und Ausrüstung im Rahmen des Golfkrieges nach Nahost befördert wurden, stellte an die westlichen Militärlufttransportflotten gewaltige Anforderungen. Sie kannten jedoch wenigstens vor dem Abflug ihren Landeort, und sie konnten sich sicher sein, daß sie nach Ankunft nicht als Infanteristen zum Einsatz gerufen würden. Ganz anders standen die Dinge bei der weltweit ersten interkontinentalen Militärlufttransport-Mission vor einem Dreivierteljahrhundert...

Im September 1917 ging der I. Weltkrieg ins vierte Jahr. In Frankreich und an der Ostfront standen sich die feindlichen Armeen in der todbringenden Pattsituation des Grabenkriegs gegenüber. Weit weg von diesen Kriegsschauplätzen, im deutschen Protektorat Ostafrika (heute Tansania), kämpften deutsche und deutsch-afrikanische Truppen in den südöstlichen Bergregionen einen klassischen Guerrillakrieg gegen die haushoch überlegenen alliierten Truppen. Der deutsche Kommandeur, General Paul von Lettow-Vorbeck unternahm gelegentlich konzentrierte Vorstöße, zog sich aber dann in den Busch zurück, um der größeren Streitmacht seiner Gegner auszuweichen.

Aufgrund der alliierten Seeblockade fehlte den deutschen Truppen in Ostafrika überall Munition, Waffen, Medikamente und Ausrüstung. Im Kolonialministerium in Berlin entwarf daraufhin ein Beamter einen genialen Vorschlag für eine Methode zur Umgehung der Blockade und zur Versorgung der belagerten Streitkräfte mittels eines Zeppelins.

Die Idee wurde an die Kaiserliche Marineluftschiffdivision zur Prüfung weitergeleitet, deren Stabsoffiziere mehrere große Hindernisse feststellten. Erstens befand sich die Ostafrika am nächsten gelegene deutsche Luftschiffbasis im 5800 km Luftlinie entfernten Jamboli (heute Jambol) in Bulgarien. Kein in Dienst stehendes Luftschiff konnte eine Nutzlast über eine so große Entfernung transportieren, wenngleich vielleicht die Möglichkeit bestand, ein im Bau befindliches dahingehend zu modifizieren. Zweitens wäre kein Rückflug möglich, denn die Deutschen hatten in Afrika keine Basis, wo das Luftschiff auftanken und seinen Wasserstoffvorrat auffüllen konnte. Drittens handelte es sich in mehrerer Hinsicht um einen Vorstoß auf unbekanntes Gebiet. Kein Luftschiff hatte jemals versucht, über Wüste oder tropische Gebiete so weit zu fliegen. Es würde Schwankungen zwischen den heißesten Tages- und den tiefsten Nachttemperaturen aushalten müssen, die alles Bisherige in den Schatten stellten. Die dabei auftretenden großen Unterschiede zwischen der Temperatur des Wasserstoffs in den Gaszellen und der der Außenluft würden noch nie angetroffene Bedienungsprobleme nach sich ziehen. Viertens gab es nur unzuverlässige Karten vom Inneren Afrikas, wodurch genaue Navigation kaum möglich war. Und fünftens – und nicht zuletzt – hatten die Alliierten mehrere Luftbasen in Nord- und Ostafrika, so daß der Zeppelin von feindlichen Flugmaschinen angegriffen werden könnte.

Ganz sicher stellte die Operation ein großes Risiko dar, doch die Gefahren reichten bei weitem nicht an die physischen und moralischen Gewinne heran, falls der Plan gelang. Fregattenkapitän Peter Strasser, Chef der Kaiserlichen Marineluftschiffdivision, befürwortete nachdrücklich das Unternehmen und kommentierte:

> Mit der Vollendung der Operation wird nicht nur den tapferen Protektoratstruppen sofortige Unterstützung zuteil, dieses Ereignis wird auch erneut das deutsche Volk begeistern und in der ganzen Welt Bewunderung auslösen.

Admiral von Holtzendorff, Stabschef der Kaiserlichen Marine, zeigte sich ebenso begeistert, wie auch der deutsche Kaiser, als ihm die Vorschläge zur endgültigen Bestätigung vorgelegt wurden. Die Feinplanung für das gewagte Unternehmen erfolgte schnell und unter größter Geheimhaltung.

Wäre das eine normale Operation gewesen, hätte die Marine einen erfahrenen Luftschiffkommandeur an ihre Spitze gestellt. Doch wenn alles nach Plan verliefe, würde weder das Luftschiff noch ein Besatzungsmitglied in absehbarer Zukunft zurückkehren, und an ihrem Ziel würde die Zeppelin-Mannschaft in die deutschen Bodentruppen in Ostafrika eingegliedert und als Fußsoldaten weiterkämpfen. Da es dem Marineluftschiffdienst an erfahrenen Kommandeuren fehlte, konnte man es sich nicht leisten, bei einem derartigen Abenteuer einen solchen zu verlieren. Daher setzte man einen relativ rangniedrigen und unerfahrenen Zeppelinkommandeur, Kapitänleutnant Ludwig Bockholt, als Befehlshaber für die Operation ein.

Zeppelin *L57,* dessen Bau in Friedrichshafen beginnen sollte, wurde für die Mission ausgewählt. Zur Erzeugung des für die höhere Nutzlast erforderlichen größeren Auftriebs wurde der Rumpf zur Aufnahme von zwei zusätzlichen Gaszellen um 30 m verlängert. Mit einer Wasserstoffkapazität von 68500 m^3 sollte er das größte bis dahin gebaute Luftschiff werden.

Mehrere weitere Veränderungen bereiteten den Zeppelin auf seine einzigartige Mission vor. Nach der Ankunft in Ostafrika würde die Mannschaft das Gas ablassen und alles, was den deutschen Truppen von Nutzen sein könnte, entfernen. Der Funksender und -empfänger, ein Motor, ein Dynamo und die Tanks mit noch verbliebenem Treibstoff und Schmieröl sollten ausgebaut und in eine transportable Bodenfunkstation umgebaut werden. Leichte Aluminiumstäbe aus dem Rumpf würden als Antennen dienen. Andere Träger konnten zu Rahmen zusammengesteckt werden, um mit großen Baumwollplanen bespannt als leichte, transportierbare Unterkünfte für Mannschaft und als Geräteschuppen zu dienen. *L57* hatte sogar Laufstege aus Leder um den Rumpf – die sich zu Stiefeln für die Soldaten umarbeiten ließen.

Das stark veränderte Luftschiff unternahm am 26. September 1917 seine Jungfernfahrt, doch das Schicksal wollte, daß es Deutschland nie verläßt. Anfang Oktober, nach seinem vierten Flug von der Luftschiffbasis Jüterbog bei Berlin, erfaßten Windböen den Zeppelin und schleuderten ihn auf den Boden. Das Gerippe zerbrach, und kurz darauf explodierte der Wasserstoff. Die verbogene Struktur sank nieder und brannte aus. Die Mannschaft hatte zum Glück schon vorher das Luftschiff verlassen.

Bockholt nahm die Schuld für den Verlust auf sich. Er hatte unter Druck gestanden, die Flugversuche so schnell wie möglich abzuschließen, weshalb er den Flug trotz widriger Wetterumstände anordnete. Ein erfahrenerer Kommandeur hätte vielleicht anders gehandelt, doch wie gesagt, ein solcher stand nicht zur Disposition. Schritte zur Ablösung Bockholts wurden auf höchster Ebene abgeblockt, und der junge Offizier blieb für das Unternehmen verantwortlich.

Inzwischen hatte sich die Lage in Deutsch-Ostafrika verschlechtert. Im September schlossen britische Truppen Teile von Lettow-Vorbecks Einheiten ein, und in den nachfolgenden verbissenen Kämpfen erlitten beide Seiten schwere Verluste. Funkverbindungen zwischen den deutschen Kolonialtruppen und dem Vaterland waren schlecht, und die deutsche Hauptinformationsquelle über die Kampfhandlungen bestand in abgehörten Feindberichten, die von einem bedeutenden britischen Sieg sprachen.

Falls die Operation die begehrten Früchte ernten sollte, mußte sie schnell ausgeführt werden. Binnen zwei Tagen nach dem Verlust von *L57* rüstete der Luftschiffdienst das nächste zu bauende Luftschiff *L59* für die Afrikamission um. Arbeiter im Betrieb von Staaken schufteten rund um die Uhr, um den Zeppelin auf ähnliche Weise wie das Schwesternschiff auszustatten, und *L59* wurde in der bemerkenswert kurzen Zeit von 16 Tagen vollendet. Der Jungfernflug kam am 25. Oktober, gefolgt von erfolgreichen Probefahrten. Dann wurde der Zeppelin mit 14 Tonnen Nachschublieferungen für Afrika beladen und flog am 4. November zu seiner Ausgangsbasis in Bulgarien.

Immer noch gab es kaum Informationen über den Verbleib der Hauptkräfte von Lettow-Vorbeck. Falls er keine anderen Anweisungen per Funk erhält, so lautete Bockholts Befehl, soll in das Gebiet zwischen dem Njassasee und dem Indischen Ozean (nahe der heutigen Grenze zwischen Tansania und Mosambik) geflogen werden, um dort seine Landsleute zu suchen. Wenn er so etwas wie freundliche Truppen ausmachte, sollte er

ZEPPELIN *L59*

Typ: Transportluftschiff; 22 Mann Besatzung
Triebwerk: fünf Maybach HSLu Benzinmotoren mit je 240 PS; einer befand sich hinter der vorderen Kabine, zwei waren in der hinteren Kabine, wo sie über einen Kupplungsmechanismus einen einfachen Propeller trieben, und zwei waren in zwei einzelnen Motoraufhängungen am Rumpf angebracht
Bewaffnung: mehrere leichte Maschinengewehre
Leistung: Höchstgeschwindigkeit 103 km/h (alle Motoren in Betrieb); Marschgeschwindigkeit 64 km/h (ein Motor zur Wartung gestoppt)
Gasfassungsvermögen: 68500 m^3 in 16 Gaszellen; diese erzeugten die ungeheure Transportkapazität von 79,1 t bei normalen atmosphärischen Bedingungen und eine Nutzlast von 52,1 t nach dem Abzug der 27 t des Gewichtes der unbeladenen Luftschiffkonstruktion und der Motoren.
Abmessungen: Länge 226,50 m; Durchmesser 23,90 m

Fracht, die von L59 bei der Afrika-Operation transportiert wurde (in kg):

Kleinkalibrige Munition 381 000 Schuß	9880
20 Maschinengewehre und Ersatzläufe	1155
Arzneimittel	2625
Post; verschiedene Gegenstände	350
Gesamt	14 010

Betriebsflüssigkeiten, die von L59 bei der Afrika-Operation transportiert wurden (in kg):

Benzin	21 700
Schmieröl	1525
Wasserballast	9170
Gesamt	32 395

Datum der Indienststellung von L59: Dezember 1917

außerhalb der Reichweite von Handfeuerwaffen bleiben, während ein freiwilliger Unteroffizier per Fallschirm abspringt und mit den Truppen Kontakt herstellt. Wenn der Mann per Funk bestätigt, daß es sich um freundliche Truppen handelt, dann sollte das Luftschiff niedergehen.

Nach ein paar Fehlstarts begann *L59* ihre einzigartige Mission in der Morgendämmerung des 21. November. In Jamboli war das Wetter fast ideal für den Start – leichter Wind mit ca. 8 km/h aus dem Norden und eine Bodentemperatur um Null Grad (je höher die Temperatur des Wasserstoffs in den Zellen im Vergleich zur umgebenden Luft, desto größer der Auftrieb des Schiffs). Jede Gaszelle wurde zu 95 % der Kapazität mit Wasserstoff gefüllt, um für die Ausdehnung des Gases Platz zu lassen, wenn das Luftschiff seine Marschflughöhe erreichte. Mit voller Zuladung und vollem Ballast wurde der Zeppelin mit seinem Auftrieb „ausgewogen" und das Gewicht genau ausgeglichen. Beim Befehl „Luftschiff aus der Halle – Marsch!" zogen 400 Mann an der Seilspinne den Zeppelin ins Freie, wie ein gigantisches Schwert, das aus seiner Scheide gezogen wird.

Außerhalb der Halle blieb die Haltemannschaft stehen und hielten das Luftschiff fest, bis seine fünf Motoren ansprangen. Während sie warm liefen, blieben die großen Zweiblatt-Propeller von 4,30 m Durchmesser in horizontaler Position stehen, denn ihre Wellen waren noch ausgekuppelt.

Nachdem alles bereit war, gab Bockholt 8.30 Uhr den Befehl „Luftschiff hoch!“ In Abständen wurde der Befehl auf der ganzen Länge des Schiffs wiederholt, und dann ließ die Haltemannschaft die Seilspinnen los. In der Steuerkabine wurde ein Seilzug betätigt und 250 l Wasser plätscherten aus den Ballastsäcken, damit der Zeppelin aufsteigen konnte. Träge trieb das Schiff nach oben und in angemessener Höhe gab der Kommandeur Befehl zum Anstellen der Propeller. Aus den Motorgehäusen drangen metallische Geräusche, die Propeller begannen sich zu drehen und die *L59* gewann langsam an Höhe und Geschwindigkeit. Sie drehte allmählich fast genau nach Süden und begann ihr großes Abenteuer.

Eine kurze Beschreibung des heute kaum noch vertrauten riesigen Gefährts sei an dieser Stelle eingefügt. Von Bug bis Heck maß die *L59* 226,50 m – mehr als die dreifache Länge eines Boeing-747-Jumbojets – und ihr Durchmesser mit 23,90 m mehr als das Vierfache des modernen Flugzeugs. Neben den 14 t Vorräten führte der Zeppelin 21,7 t Benzin, 1,5 t Schmieröl und 9,2 t Wasserballast. Mit der Besatzung von 22 Mann und ihren spartanischen Unterkünften sowie zehn Tagen Verpflegung betrug das Bruttogewicht des Schiffs knapp 80 Tonnen.

Vier Gondeln hingen unter dem Rumpf des Luftschiffs. Die vordere Gondel, oder Steuerkabine, beherbergte den Kapitän, den ersten Offizier, den Funker, einen Mann zur Bedienung des Seitenruders und einen zur Bedienung des Höhenruders. Am Heck der Kabine befand sich ein massiver Maybach HSLu 240-PS-Sechszylindermotor, der über ein Reduktionsgetriebe einen Zweiblatt-Druckpropeller antrieb. Die beiden Seitengondeln in der Mitte nahmen auch jede einen dieser Motoren mit einem Druckpropeller auf und in der Heckgondel befanden sich zwei solche Motoren, die an dieselbe Welle angekuppelt waren und einen einzelnen Druckpropeller antrieben. Während des Normalbetriebs blieb bei jedem Motor ständig ein Mechaniker zur Überwachung. Ein Problem der festen Luftschiffe bestand darin, daß sie über viel zu wenig Antriebsleistung verfügten, und mit einer Gesamtleistung von nur 1200 PS litt die schwer beladene *L59* ganz besonders unter diesem Mangel.

Von einem schwachen Wind unterstützt verliefen die ersten 12 Stunden des Flugs relativ routinemäßig. Alle zehn Stunden wurde abwechselnd jeder Motor für zwei Stunden zur Wartung abgestellt. Nach Verlassen der Bergregionen in der Westtürkei stabilisierte die Besatzung den Zeppelin in einer Marschhöhe von etwa 600 m und einer Geschwindigkeit von ca. 65 km/h bei vier laufenden Motoren. Eine größere Schwierigkeit, mit der Bockholt zu kämpfen hatte, bestand im Fehlen von meteorologischen Informationen zu den Bedingungen auf der Strecke. Er wußte von schlechten Wetterverhältnissen nichts, bis er praktisch in sie hineingeriet. Don

BESATZUNG DER *L59*

Für die Fahrt nach Afrika hatte das Luftschiff 22 Mann Besatzung:
Führungsoffizier
1. Offizier
Seitenrudergast: Ein Matrose plus Ablösung
Höhenrudergast: Ein Matrose plus Ablösung. Dieses Besatzungsmitglied war auch für die Bedienung der Gasventile und für das Ablassen von Ballast verantwortlich.
Navigator: Ein Stabsbootsmann
Funker: Ein Maat plus Ablösung
Chefmechaniker: Ein Stabsbootsmann
Maschinenraummechaniker: Ein Matrose an jeder der fünf Motoren plus fünf Mann Ablösung
Ein Segelmacher für Reparaturen an den Gaszellen und an der Außenhülle
Ein Arzt (nicht Teil der normalen Besatzung eines Zeppelins)

Die Besatzung war in zwei Wachen eingeteilt. Nicht im Dienst befindliche Männer waren entweder zusätzlicher Ausguck oder ruhten in Hängematten auf dem Hauptlaufsteg, der über die volle Länge des Luftschiffrumpfes reichte.

Anmerkung: Die großen Starrluftschiffe wurden wie Meeresschiffe, nicht wie Flugzeuge gesteuert. Der Wachoffizier stand auf der Brücke und traf die Flugsteuerentscheidungen, die von den zwei Matrosen am Seiten- und Höhenruder ausgeführt wurden. Befehle zum Betrieb der Motoren wurden per Telegraphanzeiger übermittelt ähnlich denen auf Schiffen und von den Mechanikern in den Motorkabinen ausgeführt.

Layton, ein Luftschiffkapitän mit etwa 4000 Flugstunden Erfahrung mit unstarren Kleinluftschiffen der US-Marine zwischen 1947 und 1957, beschreibt das Problem:

> Es wäre ganz etwas anderes gewesen, hätte die Besatzung auf der Route per Funk meteorologische Informationen erhalten können. Das hätte zwar das Problem des Gegenwindes nicht ausgeräumt, doch die Besatzung hätte deren Wirkung abschwächen können durch einen neuen Kurs oder Änderung der Flughöhe, um dem Schlimmsten auszuweichen. Die Besatzung hätte auch Zonen mit extremen Temperaturen vermeiden können, indem sie um diese herumflogen, wenn sie von ihnen gewußt hätten. Aber es gab keine Bodenstationen, die ihnen solche Informationen übermitteln konnten.

Das Fehlen von Informationen machte sich bald bemerkbar. Am ersten Abend verschlechterte sich beim Überflug über das Mittelmeer das Wetter plötzlich zu einem Gewittersturm. Der Wind frischte auf, und Bockholt ging auf 300 m herunter, um den schlimmsten Turbulenzen und dem Gegenwind auszuweichen. Regen und Hagelkörner peitschten gegen den Rumpf, dann plötzlich ein panischer Schrei vom oberen Ausguck, der allen das Blut erstarren ließ: „Das Schiff brennt!“ In Wirklichkeit handelte es sich nur um Elmsfeuer, das schimmernde, neonblaue Leuchten, das von aufgeladener statischer Elektrizität herrührt. Große Bereiche des oberen Rumpfes waren in dem seltsamen Licht gebadet. Der unerfahrene Ausguck hatte das zum ersten Mal gesehen – ein ganz harmloses Phänomen trotz seines schrecklichen Anblicks.

Kurz nach der Morgendämmerung am 22. November überquerte der Zeppelin die ägyptische Küste bei Sollum. Die Briten besaßen Luftbasen im Nildelta, deshalb hielt sich Bockholt deutlich westlich davon. Über der Wüste gab es dann nur wenig markante Bodenmerkmale, und die Karten waren unzuverlässig. Die Besatzung hielt den Südkurs mit einer Reihe von Positionslinien aus Sonnenaufnahmen von der oberen Plattform aus. Die Abdrift und Bodengeschwindigkeit des Luftschiffs wurde (mit bemerkenswerter Genauigkeit) mit Hilfe einer Stoppuhr berechnet, wobei die Zeit genommen wurde, die sein Schatten zum Passieren eines Bodenpunktes benötigte.

Im Tagesverlauf ergaben sich eine Vielzahl von Problemen, die sich von denen bei einem Flug über Europa unterschieden. Die auf den Rumpf auftreffenden heißen Sonnenstrahlen heizten den Wasserstoff auf; in einigen Gaszellen war die Temperatur 10 °C höher als in der umgebenden Luft. Das als „Überhitzung“ bekannte Phänomen führt zur Ausdehnung des Gases und damit zu stärkerem Auftrieb. Unter diesen Umständen war der zusätzliche Auftrieb aber ein Übel. Stieg das Luftschiff auf über 760 m, dann überstieg der Gasdruck in den Zellen den Außendruck, und die automatischen Druckausgleichsventile öffneten sich und ließen etwas Wasserstoff ab. Wie ein Geizkragen, der sein Gold bewacht, mußte Bockholt die Verluste an lebenswichtigem Auftriebsgas möglichst gering halten. Sanken die Temperaturen in der Nacht, wie das ja der Fall ist, dann brauchte er all seinen Wasserstoff.

Zur Erzeugung des negativen dynamischen Auftriebs flog die *L59* mit abgesenktem Bug über die Wüste, um dem unerwünschten Auftrieb zu begegnen. Don Layton schildert die auftretenden Probleme, wenn ein Luftschiff in dieser Flugposition gehalten wird:

> *L59* war 227 m lang, und wenn ihr Bug ein paar Grad nach oben oder unten zeigte, verursachte sie eine enorme Menge Luftwiderstand und verlor deutlich an Geschwindigkeit. Wurde der Bug des Schiffs zu weit nach unten gedrückt, konnte leicht die Kontrolle verloren gehen. Folgendes machte mir immer mit Druckluftschiffen Spaß: Wenn man „leicht“ ist und mit abgesenktem Bug fliegt, um nicht an Höhe zu gewinnen, dann passiert es, wenn man zu langsam ist, daß das Luftschiff stehenbleibt und nach oben driftet. Das ist das einzige Fahrzeug, das nach oben geht, wenn man stehenbleibt!

Das Manöver, mit dem sich Layton während der Trainingsflüge amüsierte, hätte Bockholt mehr Wasserstoff gekostet, als er sich leisten konnte.

Abgesehen von der Schwierigkeit, den Zeppelin auf gewünschter Höhe zu halten, mußte sich die Besatzung mit weiteren Problemen herumschlagen. Die vom flimmernden Wüstensand aufsteigende heiße Luft verursachte ein sanftes, aber ständiges Heben und Senken des Schiffs, wie eine Wiege, die von der unsichtbaren Hand eines Riesen geschaukelt wird. Diese ungewohnten Schiffsbewegungen griffen einige Besatzungsmitglieder an und machten selbst erfahrene Seeleute mit den Widerwärtigkeiten der Luftkrankheit bekannt. Darüber hinaus bekamen die Leute am Ausguck fürchterliche Kopfschmerzen, weil sie zu lange auf den hellen Sand starrten.

Am Nachmittag begann der vordere Maybachmotor zu vibrieren und mußte abgestellt werden. Bei der Öffnung des Gehäuses stellten die Mechaniker fest, daß das Reduktionsgetriebe Risse bekommen hatte, die sich während des Flugs nicht beseitigen ließen. Der Motor konnte nicht mehr in Betrieb genommen werden und das Luftschiff mußte nun den Flug mit drei Motoren aufrechterhalten, denn ein Motor wurde ständig gewartet. Wie es der Zufall wollte, betrieb der ausgefallene Motor den Dynamo zur Stromversorgung des Funksenders des Schiffs, was bedeutete, daß letzterer auch ausfiel.

Dennoch flog *L59* unbeirrt weiter nach Süden und am späten Abend passierten sie den Nil bei Wadi Halfa. Um Mitternacht befand sich das Schiff bereits im Sudan und näherte sich Khartum. Seit Jamboli hatte es bereits 4500 km, und damit weit mehr als die Hälfte des Weges zu seinem Bestimmungsort, zurückgelegt. Trotz brütender Hitze und nächtlichen Frosttemperaturen befand sich die Besatzung in guter Stimmung. Die Aussicht auf Erfolg stieg mit jeder Stunde, und sie wußten, ihre triumphale Ankunft würde dem Vaterland und seinen Verbündeten neuen Mut geben und bei den Feinden Bestürzung auslösen.

Doch die Umstände verschworen sich, die heroischen Anstrengungen der tapferen Besatzung zunichte zu machen. In Berlin abgefangene britische Funksprüche malten ein erschreckendes Bild von Vorstößen alliierter Truppen in Teile von Deutsch-Ostafrika, die bis dahin als sicher galten. Da auch Informationen über den Verbleib von Lettow-Vorbecks Truppen fehlten, schwanden die Chancen eines erfolgreichen Abschlusses der Luftschiffmission. Widerwillig gab der Kaiserliche Marinestab Befehl zum Absetzen des folgenden Funkspruchs an *L59:*

> Operation abbrechen, umkehren. Größerer Teil des Makonde-Hochlands, auch Kitangari, vom Feind besetzt. Portugiesen greifen Protektorat von Süden an.

Der Funker des Zeppelin nahm den Funkspruch entgegen, konnte ihn aber wegen der fehlenden Stromversorgung für den Sender nicht bestätigen. Das schwerwiegende Funksignal wurde an den nächsten Tagen in regelmäßigen Abständen wiederholt, während man sich in Berlin wachsende Sorgen um die Sicherheit der *L59* und ihrer Besatzung machte.

An Bord des Zeppelins löste der Funkspruch Schock und Entsetzen aus. Die Besatzung hatte so viel riskiert und erreicht, und alles umsonst. Nun, da sie die Vorfreude auf den bevorstehenden Ruhm nicht mehr genossen, forderten die Beschwernisse der Reise ihren Tribut, und mehrere Männer entwickelten Symptome nervlicher Anspannung und Fieber. Und es sollte bald noch schlimmer kommen. Nach der Umkehr in Richtung Europa erreichte ein Problem, das seit Einbruch der Dunkelheit immer größer wurde, nach und nach krisenhafte Ausmaße. Nach Sonnenuntergang fiel die Temperatur des Wasserstoffs rasch ab und führte zu „Überkühlung", das entgegengesetzte Phänomen zu den Tagesgeschehnissen. Beim Abkühlen verringerte sich das Volumen des Wasserstoffs immer mehr und allmählich hörte der Zeppelin auf, „leichter als Luft" zu sein.

Zur Beibehaltung der 915 m Höhe, die für die Überwindung der Anhöhen in diesem Gebiet notwendig waren, wies Bockholt den Rudergast an, das Schiff mit dem Bug 4 Grad nach oben zu stellen, während alle vier einsatzfähigen Motoren mit voller Kraft liefen. Das Ablassen von 2000 l Ballastwasser schwächte das Problem mit der Höhe etwas ab, doch nicht für lange. Der Prozeß der „Überkühlung" setzte sich fort, bis die Wasserstofftemperatur in einigen Zellen 6 °C unter der Außentemperatur lag. So einen großen Temperaturumschwung in so kurzer Zeit hatte bis dahin noch kein Luftschiff erlebt.

Kurz vor 3 Uhr morgens spitzten sich die Dinge zu. Ohne daß die Besatzung es merkte, geriet das Luftschiff in eine relativ warme Luftschicht, was den wasserstoffbedingten Auftrieb weiter verringerte. Als der Höhenrudergast den Bug noch weiter hochnahm, um die erforderlichen 915 m Höhe zu halten, blieb der Zeppelin plötzlich stehen und begann unkontrolliert zu sinken. Er ging relativ langsam nach unten, etwa 46 m pro Minute, doch die Lage war deswegen nicht weniger ernst. Don Layton umreißt das Problem:

> Von unten betrachtet, nimmt ein Luftschiff eine große Fläche ein. Als es unter diesen Bedingungen niederging, verhielt es sich wie ein gigantischer aufgeblasener „Fallschirm". Alles ging langsam vonstatten, aber man konnte nichts beeinflussen. Ging der Luftstrom über den Steuerschwanz verloren, hatte man keine Rudersteuerung mehr, und auch die Höhenrudersteuerung war weich. Obwohl das Luftschiff relativ langsam nach unten sank, würde das Sinken, wenn nichts unternommen wird, nicht aufhören. Ging es erst einmal nach unten, dann entwickelte es eine Eigendynamik.

Ein panisches Ablassen von Ballast zur Gewichtsreduzierung des Luftschiffs wäre die Kurzschlußreaktion gewesen, doch seine Führung mußte viel mehr Übersicht bewahren. Layton beschreibt einen Flug in einem freien Ballon als Teil seines Luftschiffpilotentrainings, als er unkontrolliert sank:

> Man geht nach unten, also wirft man Ballast ab. Man sinkt noch immer, also wirft man noch mehr ab. Und dennoch geht es weiter abwärts. Ich warf den Rest des Ballasts ab, dann das Instrumentenbrett, dann unsere Flugjacken. Ich dachte, das hört nie auf, bis wir auf dem Boden aufschlagen.

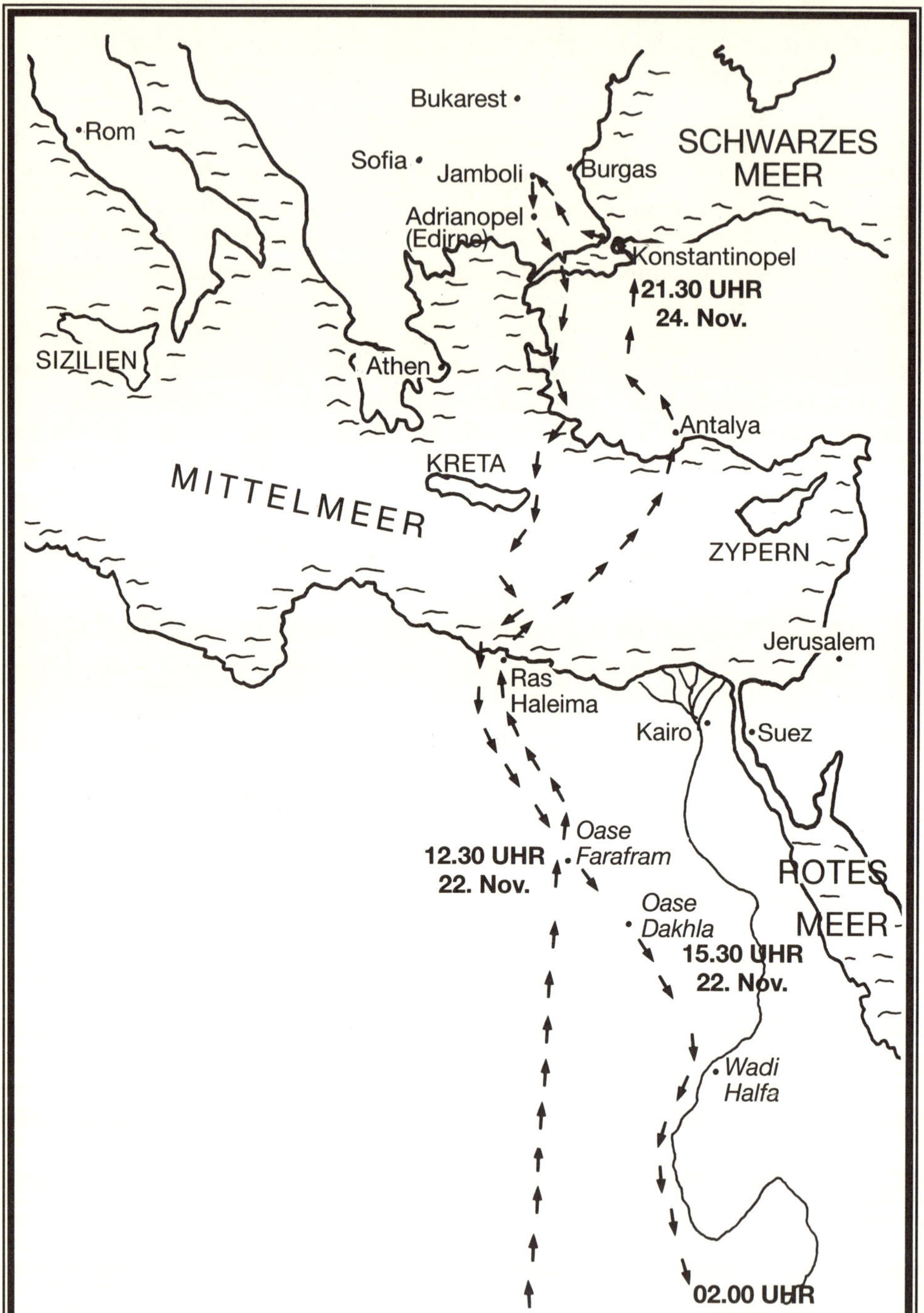

Flug der *L59*
21. – 25. November 1917

> Doch dann hörte es wirklich auf. Nun aber hatten wir zu viel abgeworfen, und der Ballon stieg wieder! Das passiert, wenn man mit Panik auf die Bewegung des Fahrzeugs reagiert. Für ein so großes Schiff wie *L59* wäre es noch schlimmer, besonders wenn es mit dem Bug oder Heck nach unten fällt.

Bockholt ergriff die passenden Rettungsmaßnahmen für das abstürzende Luftschiff, ordnete das Ablassen von etwas Ballast an und ließ die Propeller von den Motoren abkuppeln, bis er die Kontrolle wiedererlangt hatte. Als diese Maßnahmen den Sinkvorgang nicht stoppten, warf er einen Teil der Nutzlast ab. Erst als das Luftschiff um 3000 kg geleichtert worden war und nachdem auf dem Weg nach unten ein Berghang nur knapp vermieden werden konnte, hörte der Fall auf. Als die *L59* den tiefsten Punkt erreicht hatte, befand sie sich unangenehm nahe dem Boden, in einer Schlucht mit Steilhängen und Felsgraten auf beiden Seiten. Als sie nach oben zu schweben begannen, ordnete ihr Kommandeur das Ankuppeln der Propeller an. Mit zunehmender Geschwindigkeit manövrierte er das Schiff geschickt aus der Gefahrenzone, doch für alle an Bord war dies ein haarsträubendes Erlebnis.

L59 kehrte danach auf demselben Weg über Ägypten zurück und passierte am frühen Nachmittag des 24. November die Küste. Der Überflug über das Mittelmeer verlief ohne Zwischenfall, doch es herrschte bereits Dunkelheit, als das Luftschiff erneut die Bergregionen in der westlichen Türkei überflog. Dort erlebte die Besatzung fast eine Neuauflage der Beinahe-Katastrophe im Sudan, und aus dem gleichen Grund: beim nächtlichen Flug „mit Übergewicht“ verließ man sich auf den dynamischen Auftrieb zur Beibehaltung der Höhe, doch das Schiff wurde von einem Fallwind erfaßt und geriet im Sinken außer Kontrolle. Erst nach Abwurf von drei Tonnen Ballast und Munition konnte *L59* wieder stabilisiert werden.

Das Luftschiff kam am 25. November um 4.30 Uhr morgens in Jamboli an. Niemand hatte erwartet, daß es zurückkehren würde, und da der Funksender außer Betrieb war, kam es unangekündigt an. *L59* mußte ein paar Stunden über dem Stützpunkt kreisen, bis die notwendige Landemannschaft zusammengetrommelt war, und erst 7.40 Uhr befand sie sich in den Händen der Haltemannschaft. Geistig und körperlich erschöpft kletterten der Kapitän und die Mannschaft langsam aus dem Schiff, das sie unerwartet, aber sicher zurückgebracht hatte.

Der Versuch des Transports von Nachschub für die deutschen Truppen in Ostafrika schlug fehl, doch das kann man nicht der *L59* oder ihrer Besatzung anlasten. Die Männer hatten ihre Pflicht getan, und sie konnten in der Tat stolz sein auf das Erreichte: in einem Flug, der 95 Stunden und 5 Minuten dauerte, also knapp vier Tage, hatten sie eine Entfernung von 6760 km zurückgelegt – etwa so weit wie von London bis Miami. Diese Strecke hätte selbstverständlich auch zu einem Treffen mit Lettow-Vorbeck ausgereicht, wenn man ihn hätte finden können. Der Flug hatte jeden Langstreckenflugrekord bei weitem übertroffen, zudem noch mit einer größeren Nutzlast als je zuvor bei einem Lufttransport. Und die Besatzung hätte noch viel weiter fliegen können: die bei der Landung in Jamboli in den Tanks des Zeppelins verbliebenen 12 560 l Brennstoff hätten für weitere 2½ Tage Flug gereicht.

In Friedenszeiten wären Ludwig Bockholt und seine Männer als Nationalhelden gefeiert worden, doch es herrschte Krieg, und andere Langstreckenmissionen wurden für den modifizierten Zeppelin ins Auge gefaßt. Der Flug blieb geheim und kam erst nach dem Krieg an die Öffentlichkeit. In Ostafrika gelang es dem deutschen Oberbefehlshaber, seine Kräfte nach den harten Schlachten im Herbst zu sammeln, und sie trugen bis zum Ende des Krieges noch gelegentliche Angriffe vor. Die Idee der Versorgung der Truppen per Zeppelin wurde jedoch nicht wieder aufgegriffen.

Weder die *L59* noch der größte Teil ihrer unerschrockenen Besatzung überlebte ihre Rückkehr aus Afrika lange. Das Luftschiff nahm seine normalen Bombardierungsoperationen wieder auf, und am 7. April 1918 flog es von Jamboli zu einem Angriff auf die britische Marinebasis in Valletta auf Malta. Auf dem Weg zum Ziel geriet der Zeppelin plötzlich in Brand und stürzte ins Meer. Es gab keine Überlebenden. Keine alliierten Streitkräfte in diesem Gebiet berichteten über eine Kampfhandlung, die mit diesem Ereignis in Verbindung gebracht werden kann. Eine nachfolgende deutsche Untersuchung zog den Schluß, daß die „*L59* wahrscheinlich einem Unglück zum Opfer fiel, möglicherweise entzündete sich auslaufender Brennstoff und entflammte den Wasserstoff".

In einem zusammenfassenden Kommentar zum Flug der *L59* und der Leistung ihrer Besatzung bemerkte Don Layton:

> Ich glaube, der Flug ist eine der großen Reisen der Fluggeschichte. Nach den geflogenen Stunden war das der längste Einsatzflug überhaupt, was für die Besatzung über eine sehr lange Zeit beträchtliche Belastungen mit sich brachte. Auf der Hinfahrt befanden sich alle in guter Stimmung, voller Energie und bereit zum Einsatz. Doch auf dem Rückweg muß die Moral auf einem Tiefpunkt gewesen sein. Weiterhin ist zu berücksichtigen, daß Bockholt ein unerfahrener Luftschiffkommandeur war, und sein 1. Offizier noch weniger Erfahrung hatte. Wahrscheinlich mußte der Kapitän fast die ganze Dauer des viertägigen Fluges in der Nähe der Steuerung bleiben. Ich ziehe den Hut vor Bockholt; ich meine, man müßte ihm irgendwo ein Denkmal setzen.

2

TAG DER LUFTSCHLACHT UM ENGLAND: 15. SEPTEMBER 1940

Im August 1940 griff die RAF als Vergeltung für die Bombardierung Londons Ziele in Deutschland an. Diese Maßnahme erzürnte Hitler, der im Gegenzug einen massiven Bombenangriff auf London anordnete. Die neue Phase der Luftschlacht um Großbritannien leiteten am 7.September mehrere Hundert Bomber mit Angriffen auf die Hafenanlagen im Osten der Stadt ein, die schwere Schäden verursachten und mehrere Großbrände auslösten. In der folgenden Woche gab es drei weitere Tagangriffe auf die Hauptstadt. Als fünfte Aktion in dieser Reihe plante die Luftwaffe am Sonntag, den 15. September, zwei getrennte Angriffe auf die Stadt, beide mit starker Jägerbegleitung. Die Kampfhandlungen dieses Tages stellten den Höhepunkt der Luftschlacht über England dar.

In den vorherigen vier Tagangriffen der Deutschen auf London schaffte es ein Großteil der Abfangjäger bei keiner Gelegenheit, die Angriffsformationen in den Griff zu bekommen. Der erste Angriff hatte die Verteidigungskräfte überrascht, und die Jäger waren in Erwartung weiterer Angriffe auf Flugplätze falsch positioniert. Bei den nächsten drei Tagangriffen auf die Hauptstadt behinderten Wolkenbänke die Beobachtung der Flugzeuge über Südengland durch Bodenstationen; daher gab es nur sporadische Auseinandersetzungen mit relativ leichten Verlusten auf beiden Seiten.

Aufklärungsoffiziere der Luftwaffe schrieben das Ausbleiben heftiger Luftkämpfe, wie sie im August mehrfach stattfanden, einem ganz anderen Grund zu, ihrer Meinung zufolge war das ein Symptom des lange vorausgesagten Zusammenbruchs der Jägereinsatzleitung der RAF, Fighter Command. Stimmte ihre Einschätzung, dann bestand die richtige deutsche Strategie in weiteren Großangriffen auf London, die die übriggebliebenen Jäger zum Kampf gegen die Messerschmitt-Begleitjäger und damit zu weiteren Verlusten zwingen würde.

Zur Untermauerung ihres scheinbaren Vorteils plante die Luftwaffe am 15. September zwei getrennte Angriffe auf die britische Hauptstadt, einen gegen wichtige Eisenbahnanlagen und den anderen gegen den Hafen. Jede Messerschmitt-Bf-109-Einheit in der Luftflotte 2 sollte eingesetzt werden, mehrere von ihnen bei beiden Aktionen.

In Wirklichkeit waren die Einsatzkräfte der Royal Air Force in der zweiten Septemberwoche zahlenmäßig ebenso stark wie zu Beginn der Luftschlacht. Die deutschen Aufklärungsoffiziere hatten die britische Jägerproduktion unterschätzt, ebenso die Fähigkeit der Reparaturteams, die beschädigten Maschinen wieder einsatzbereit zu machen. Obwohl die RAF mehrere erfahrene Piloten verloren hatte, gab es einen ständigen Neuzugang, unter anderem auch von den Luftstreitkräften der von den Deutschen besetzten Länder. Im Verlauf der Luftschlacht erhöhte sich die Luftkampferfahrung der Piloten beträchtlich. Die kommende Aktion erwies sich daher keinesfalls als „Kinderspiel“ für die deutsche Luftwaffe.

Der erste Angriff auf die Hauptstadt sollte am späten Vormittag stattfinden, wobei die Angreifer aus 21 Messerschmitt-Bf-109-Jagdbombern vom Lehrgeschwader 2 und 27 Dornier 17 vom Kampfgeschwader 76 bestanden. Etwa 180 Bf 109 dienten als Fern- und Nah-Begleitschutz für die Bomber. Die Jagdbomber sollten Bahnziele bekämpfen, die Dornier anschließend einen Präzisionsbombenangriff auf die bedeutenden Bahngleise und -anlagen im Stadtteil Battersea ausführen.

Bald nach dem Start der ersten deutschen Bomber gab es Probleme bei der Erfüllung der Tagesaufgabe. Auf dem Weg von ihren Stützpunkten zum Treffpunkt mit dem Jägerbegleitschutz über Pas-de-Calais gerieten die Maschinen in eine Wolkenschicht, die sich als beträchtlich dichter als vorausgesagt erwies. Feldwebel Theodor Rehm, Navigator in einem der Bomber, schildert das so:

> In der Wolke war die Sicht so schlecht, daß man das Flugzeug des Kettenführers nur auf kurze Distanz sehen konnte. In unserem Bomber strengten sich vier Augenpaare an, die Maschine nicht zu verlieren, wenn ihre geisterhafte Gestalt im abwechselnden Licht und Schatten verschwand und wieder auftauchte. Einen Augenblick war sie deutlich zu sehen, bedrohlich groß und nahe; dann plötzlich war sie weg, zwar noch am selben Fleck, aber in wallenden Dampf gehüllt. Gleichzeitig suchten wir auch den Himmel um uns herum nach anderen Flugzeugen ab, bereit zum Warnschrei, falls Kollisionsgefahr bestand. Nach mehreren bangen Minuten, die uns wie eine Ewigkeit vorkamen, tauchten wir bei etwa 3500 m aus der Wolke auf. Um uns waren die vertrauten Konturen der Dornier weit verstreut, entweder einzeln, zu zweit oder zu dritt. Unsere Angriffsformation hatte sich aufgelöst.

Major Alois Lindmayr, der deutsche Formationsführer, flog einige weite Kreise, damit sich die anderen wieder in Formation hinter ihm eingliedern konnten. Zwei Bomber schafften das nicht und kehrten zum Stützpunkt zurück.

Die übrigen Bomber erreichten Pas-de-Calais mit zehn Minuten Verspätung, vereinten sich mit dem Begleitschutz und schlugen einen Nordwestkurs auf London ein. Die Messerschmitt im Fern- und Nah-Begleitschutz hielten ihre Positionen um die Bomber, während die Jäger in freier Feindjagd vor dem Verband flogen. Zum zweiten Mal spielte das Wetter den Angreifern einen Streich, denn auf der Bomberflughöhe von 4880 m wehte ein kräftiger Gegenwind von 145 km/h.

In einer Flughöhe um 7000 m erreichten die Bf-109-Jagdbomber London ohne einen Kampf mit den Verteidigungskräften. Wie beabsichtigt, sahen die hochfliegenden Messerschmitt wie beliebige andere deutsche Jäger in freier Feindjagd aus, und vor die Wahl gestellt, wichen die RAF-Piloten ihnen lieber aus. Nur in einem Bericht der britischen Jägerpiloten, dem von Pilot Officer P. Gunning der No 46 Squadron, läßt sich eine Verbindung zu den Bombern herstellen. Er berichtete von einer Messerschmitt-109-Kampfeinheit, die über ihn hinwegflog, doch diese Maschinen „...machten nicht den Anschein, irgendjemand unter sich angreifen zu wollen." Gewiß beabsichtigten die deutschen Jagdbomberpiloten nicht, sich auf Kämpfe mit Feindjägern einzulassen, wenn sie nicht direkt bedroht wurden. Es war eine der Konfrontationen, bei der beide Seiten ganz glücklich sind, den anderen in Ruhe zu lassen.

Nach Erreichen der Stadt ging der Führer der Jagdbomber, Hauptmann Otto Weiss, mit seiner Maschine in eine steile Querlage und suchte sich einen kleineren städtischen Bahnhof aus. Dann zog er begleitet von seinen beiden Flügelmännern die Messerschmitt in einen 45-Grad-Sturzflug und richtete sich auf das Ziel aus. Nach einem Sinkflug von nur knapp 1000 m warfen Weiss und seine Flügelmänner je eine 250-kg-Bombe und fingen ihre Maschinen ab. Die anderen Messerschmitt führten ihre Angriffe auf ähnliche Weise aus. Das stellte jedoch eine ungenaue Zielmethode dar, und die meisten Bomben fielen auf Wohngebiete in den Stadtteilen Lambeth, Streatham, Dulwich und Penge. Die Angreifer verursachten nur geringe Schäden und Menschenopfer und zogen sich selbst ohne Verlust zurück.

Während dessen kämpften sich die Dornier und ihr Messerschmitt-Begleitschutz auf dem Weg über Kent zur Hauptstadt durch. Die ganze Zeit über schickten die britischen Jägereinsatzleitungen elf Staffeln Spitfire und Hurricane einzeln oder paarweise in die Kampfhandlungen, um den Angriffsverband in eine Reihe von kleinen Auseinandersetzungen zu verwickeln. Die Messerschmitt reagierten jedoch energisch auf jeden Versuch, zu den Bombern durchzubrechen, und diese erreichten die östlichen Vororte Londons ohne einen einzigen Verlust.

SUPERMARINE SPITFIRE Mk I

Typ: Jagdeinsitzer
Triebwerk: ein Rolls-Royce Merlin III 12-Zylinder-Reihenmotor mit 1030 PS in 4950 m Höhe
Bewaffnung: acht Browning 7,7-mm-Maschinengewehre in den Tragflächen
Leistung: Höchstgeschwindigkeit 568 km/h in 6100 m Höhe; Steigzeit auf 6100 m Höhe 7 Minuten 48 Sekunden
Normale Startmasse bei Kampfeinsätzen: 2741 kg
Abmessungen: Spannweite 11,23 m; Länge 9,12 m; Tragflügelfläche 22,48 m^2
Datum der Indienststellung von Spitfire Mk I: Mai 1938

Doch durch die Verspätung der Dornier wegen der notwendigen Neubildung ihrer Formation über Frankreich und aufgrund des starken Gegenwinds über Kent trafen die Bomber mit mehr als 30 Minuten Verspätung am Zielgebiet ein. Die zweimotorigen Flugzeuge führten genügend Benzin für solche Fälle mit, die Messerschmitt aber nicht. Für sie lag die britische Hauptstadt selbst unter optimalen Bedingungen nahe der Grenze ihres operativen Aktionsradius, wenn sie von Stützpunkten in Frankreich starteten. Jetzt wurden die Benzinreserven knapp, und die Begleitjäger sahen sich gezwungen, nach Hause zurückzukehren. Als sich die Dornier auf ihren Zielanflug auf Battersea vorbereiteten, flogen die letzten Jäger zurück.

Im Kommandobunker der No 11 Group in Uxbridge wußte Air Vice-Marshal Keith Park nichts von der Zwangslage des Feindes. Er hatte jedoch bereits entschieden, die Hauptkampfhandlungen über den östlichen Vororten vorzunehmen, und sieben Staffeln Spitfire und Hurricane dahin geleitet, um den Angreifern Paroli zu bieten. Außerdem befand sich Squadron Leader Douglas Bader von der No 12 Group im Norden an der Spitze eines „großen Geschwaders“ mit fünf weiteren Jägerstaffeln im Anflug auf die Hauptstadt.

Der Hauptkampf begann kurz nach Mittag 4880 m über Brixton. Feldwebel Wilhelm Raab befand sich mit seiner Dornier für den Bombenabwurf im horizontalen Geradeausflug, als er etwas wie einen Schwarm kleiner Fliegen aus einer Wolke vor ihm auftauchen sah:

> Natürlich waren es keine Fliegen, sondern noch mehr englische Jäger, zwar weit entfernt, doch sie kamen schnell näher. Ich zählte zehn, bevor ich aufgab, weil ich mich auf das Halten der Formation konzentrieren mußte.

Der Pilot der vordersten „kleinen Fliege“, Squadron Leader John Sample, führte zwanzig Hurricane der No 504 und No 257 Squadron zum Angriff. Vor sich sah er deutlich die Silhouetten der Dornier über den Wolkenspitzen:

> Beim Näherkommen sah ich, daß es etwa zwanzig waren, und es sah so aus, als ob wir eine schöne Party feiern würden, denn die anderen Hurricane- und Spitfire-Staffeln gesellten sich auch zu uns. Erst über London erreichten wir eine Position in Bombernähe. Wir hatten ihnen gegenüber auch etwas an Höhe gewonnen, so daß wir von rechts auf sie abtauchen konnten, als ich den Befehl zum Angriff gab.

Raab und vielen in den Dornier schien es, als ob die feindlichen Jägerpiloten so lange mit ihrem Hauptangriff gewartet hätten, bis die Messerschmitt abdrehten. Die Wahrheit sah viel prosaischer aus: Sample und die anderen britischen Staffelkommandeure kannten das Dilemma der Dornier-Besatzungen nicht und befolgten nur die Abfanganweisungen der Bodenleitstellen. Daß sich keine Begleitjäger in der Nähe befanden, war ein Glücksumstand für die RAF-Piloten, doch aus Erfahrung

DORNIER Do 17Z

Typ: viersitziger Bomber
Triebwerk: zwei Bramo 323 Fafnir 9-Zylinder-Sternmotoren mit je 1000 PS beim Start
Bewaffnung: normale Bombenzuladung von 1000 kg; sechs bewegliche Rheinmetall Borsig 7,9-mm-Maschinengewehre MG 15, zwei vorwärtsfeuernde, zwei heckwärtsfeuernde Maschinengewehre und je ein nach jeweils einer Seite der Kabine feuerndes Maschinengewehr
Leistung: Höchstgeschwindigkeit 410 km/h in 4000 m Höhe; normale Marschgeschwindigkeit in Formation 290 km/h in 4900 m Höhe; Aktionsradius mit normaler Bombenzuladung 330 km
Normale Startmasse bei Kampfeinsätzen: 8575 kg
Abmessungen: Spannweite 18 m; Länge 15,80 m; Tragflügelfläche 55 m^2
Datum der Indienststellung von Do 17Z: Anfang 1939

wußten sie, daß die Messerschmitt durchaus im ungünstigsten Moment auftauchen konnten. Alle waren auf der Hut.

Trotz des plötzlichen Abdrehens der Jäger, die die Dornier begleiten sollten, hielt Alois Lindmayr seinen Kurs aufs Ziel. John Sample und seine Piloten suchten sich einzelne Bomber in der Formation aus und näherten sich ihnen schnell mit langen Feuerstößen. Als sie abdrehten, trugen die Hurricane der No 257 Squadron ihren Angriff vor. Dann teilten sich die Jäger in Paare oder Dreierketten und gingen in einen engen Kurvenflug, um zu weiteren Angriffen hinter die Bomber zu gelangen.

Die Dornier blieben in enger Formation und tauschten mit ihren Peinigern Schläge aus, bis das Unvermeidliche geschah: einer der Bomber erlitt Motorschaden und fiel hinter die Formation zurück. Der Nachzügler wurde sofort von mehreren Jägern angegriffen und schlimm zugerichtet. Drei Besatzungsmitglieder, darunter der Pilot, sprangen ab.

Die Dinge standen schlecht für das Kampfgeschwader 76, und es sollte noch schlimmer kommen, jetzt erschien nämlich Douglas Baders „großes Geschwader" mit seinen 55 Jägern über der Hauptstadt. Die Größe der Streitmacht wurde mit jedem Wiedererzählen größer, und der offizielle Luftwaffenbericht über die Kampfhandlungen konstatierte: „Über dem Ziel waren große Jägerformationen (mit bis zu 80 Maschinen) zum Abfang eingesetzt." Für die Bomberbesatzungen, denen man wenige Stunden zuvor im Brustton der Überzeugung versichert hatte, Fighter Command liege auf dem Sterbebett, erschien dies als ein niederschmetternder Anblick.

Als Bader zu den Feindflugzeugen aufschloß, befanden sich die Dornier in den letzten Sekunden ihrer Bombenabwurfphase. Wilhelm Raab kommentierte:

> Die englischen Jäger schwirrten durch unsere Formation, als die Führungsmaschinen mit dem Bombenabwurf begannen. Mein Navigator rief „Ziel!" und klinkte unsere aus.

Jeder Bomber im Verband spie eine Bombenreihe von zwanzig 50-kg-Bomben aus und drehte dann eine Tonne leichter hart nach links ein.

Mit zwei toten oder sterbenden Besatzungsmitgliedern an Bord flog die aus der Formation ausgescherte Dornier mit dem Autopiloten auf Nordwestkurs quer über London weiter. Vier Hurricane und eine Spitfire aus drei unterschiedlichen Staffeln griffen den Bomber an, dann drehte John Sample ein, um einen weiteren Angriff auf ihn vorzutragen. Später schrieb er:

> Ich fand mich unter einer Dornier, aus der weißer Rauch drang. Sie wurde von zwei Hurricane und einer Spitfire angegriffen. Ich flog nach Norden und war in einer leichten Rechtskurve. Da ich in dem Augenblick kein anderes Ziel entdeckte, stieg ich über sie auf und drehte mich in einen Sinkflugangriff. Beim Anflug in Angriffsposition bemerkte ich etwas, das wie ein rotes Licht im Cockpit des Heckschützen aussah, doch als ich näher herankam, erkannte ich, daß ich glatt durch das Heckschützen-Cockpit bis zur Pilotenkabine und der des Beobachters durchblicken konnte. Das „rote Licht“ waren Flammen. Ich gab einen kurzen Feuerstoß auf die Maschine ab, und beim seitlichen Vorbeifliegen sah ich durch die große Glasnase am Bug der Dornier. Drinnen war es wie in einem Hochofen.

Schließlich wurde der einsamen Dornier auf unkonventionelle Weise von einem anderen Mitglied aus Samples Staffel der Gnadenstoß versetzt. Sergeant Ray Holmes flog zu einem Frontalangriff an, doch nach einem kurzen Feuerstoß verstummten die Bordwaffen seiner Hurricane – er hatte keine Munition mehr. Der Jägerpilot traf die Blitzentscheidung, das Feindflugzeug zu rammen und Sekundenbruchteile später schlug seine Backbordtragfläche gegen den hinteren Teil des Rumpfes der Dornier. Der Zusammenstoß riß dem Bomber das gesamte Heck ab, der ohne die Ausgleichskraft dieses wichtigen Anhängsels mit dem Bug nach unten stieß. Das Flugzeug behielt aber noch kurze Zeit den Horizontalflug bei, doch auf die Tragflächen wirkten gewaltige Kräfte, denen die Konstruktion nicht standhielt. Beide Tragflächen brachen direkt an den Motoren ab, und der Bomber geriet in heftiges Trudeln.

Der Zwischenfall ereignete sich in 4800 m Höhe, fast genau über dem Buckinghampalast. Die Dornier trug immer noch ihre Bombenlast, und die enormen g-Kräfte wirkten mit untragbaren Belastungen auf die bereits geschwächte Konstruktion des Flugzeuges. Zwei 50-kg-Bomben und ein Behälter mit Brandbomben rissen sich von der Aufhängung los, durchschlugen die Bordwand und fielen ins Freie. Eine 50-kg-Bombe sauste durch das Dach des Palastes, bevor sie im Badezimmer eines königlichen Appartements liegenblieb. Die andere Bombe und der Behälter mit sechzehn Brandbomben landeten im Palastgarten. Die beiden Sprengbomben detonierten nicht, doch einige der Brandbomben entzündeten sich beim Aufschlag. Der Hauptteil der Dornier kam auf dem Vorplatz der Victoria Station herunter, während das abgetrennte Heck auf ein Haus in der nahegelegen Vauxhall Bridge Road aufschlug. Getragen von dem starken Nordwestwind flatterten die äußeren Tragflächenteile langsamer zu Boden; sie landeten knapp zwei Kilometer entfernt südlich der Themse in Vauxhall. Ray Holmes' Hurricane kam auch nicht ungeschoren aus der Kollision. Die Backbordtragfläche wurde schwer beschädigt, der Jäger geriet außer Kontrolle, und mit Mühe kämpfte sich der Pilot aus seinem Cockpit heraus. Der Jäger krachte auf eine Straßenkreuzung in Chelsea, Holmes dagegen landete mit dem Fallschirm in Pimlico.

Wie durch ein Wunder wurde niemand am Boden verletzt, auch die Sachschäden blieben relativ gering, wenn man bedenkt, daß die Bomben und die Trümmer beider Flugzeuge auf städtisches Gebiet fielen. Die Brandbomben lösten im Garten des Buckinghampalastes kleine Grasfeuer aus, die die Bediensteten des Palastes schnell löschten. Kein Mitglied der Königsfamilie befand sich zu diesem Zeitpunkt im Palast. Zwei der Besatzungsmitglieder, die von der Dornier abgesprungen waren, wurden bald nach ihrer Landung gefangengenommen. Der dritte Mann, der Pilot, hatte weniger Glück. Er landete mit dem Fallschirm bei der U-Bahnstation Oval in Kennington, doch bevor ihn Soldaten erreichen konnten, wurde er von erbosten Zivilisten angegriffen und erlitt tödliche Verletzungen.

Als sich die Dornier-Formation aus London zurückzog, wurde sie von mehr als einem Dutzend Jägerstaffeln ständig angegriffen. Neun Bomber erlitten Schäden und mußten die Formation verlassen, und fünf davon wurden kurz darauf von den Jägern abgeschossen. Bei Maidstone vereinigten sich die zum Schutz des Rückzugs der Bomber abgestellten Bf 109 mit der Formation und begleiteten die übriggebliebenen auf dem Rückweg, jetzt unterstützt vom Sturm, der die Angreifer auf dem Hinweg so behindert hatte.

Kampfgeschwader 76 mußte arge Verluste hinnehmen. Von den 25 Bombern, die die Küste weniger als 50 Minuten vorher überquert hatten, waren sechs abgeschossen und vier schwer beschädigt – sie schafften es gerade so zurück nach Frankreich. Die meisten der fünfzehn Dornier, die im Verband geblieben waren, hatten auch weniger Kampfschäden aufzuweisen. Doch in Anbetracht des Fehlens eines Begleitschutzes über dem Zielgebiet und der überwältigenden Konzentration von RAF-Jägern über London überrascht es schon, daß überhaupt eine Dornier den Kampf überstand. Die Tatsache, daß drei Viertel der Bomber nach Frankreich zurückkehren konnten, zeugt von den taktischen Führungsqualitäten Alois Lindmayrs und von den ausgezeichneten Flugfähigkeiten und der guten Disziplin der Besatzungen. Sie belegt auch die Robustheit der Konstruktion der Dornier 17 und ihre Fähigkeit, schweren Belastungen zu widerstehen.

Im Gegensatz zur Reaktion von Fighter Command bei früheren Angriffen auf London, funktionierte das System der Jägereinsatzleitung an jenem Morgen hervorragend: 23 Staffeln mit insgesamt 254 Spitfire und Hurricane waren zum Alarmstart aufgestiegen, und alle Staffeln bis auf eine hatten Feindberührung.

Als die Heimkehrer vom ersten Angriff auf London die Küste Frankreichs überquerten, befanden sich die Bomber für den zweiten Angriff auf die britische Hauptstadt bereits in der Luft auf dem Weg nach Pas-de-Calais, dem Treffpunkt mit dem Begleitschutz. Mit 114 Dornier und Heinkel 111 war es ein weit größerer Verband als beim vorherigen Angriff. Die Ziele befanden sich im Hafen von London östlich der Stadt – die Docks Royal Victoria, West India und Surrey Commercial. Etwa 360 deutsche Jäger unterstützten die Operation.

Sobald die ankommenden deutschen Fliegerkräfte auf seinem Auswertetisch erschienen, leitete Air Vice-Marshal Keith Park seine Gegenmaßnahmen ein. Acht Staffeln Spitfire und Hurricane wurde der Alarmstart befohlen; sie erhielten die Anweisung, paarweise über Sheerness, Chelmsford, Hornchurch und Kenley Luftstreife zu fliegen. In den folgenden Minuten folgten ihnen weitere Staffeln in die Luft.

Nach Überquerung der Küste bei Dungeness nahmen die deutschen Angreifer Nordnordwestkurs auf die britische Hauptstadt. Die Maschinen flogen in fünf getrennten Formationen in Gruppengröße an, die kleinste mit 18 und die größte mit 29 Bombern. Die drei führenden Formationen flogen in Reihe nebeneinander mit 5 km Abstand; die beiden übrigen flogen 5 km hinter der linken und rechten Führungsformation.

Kurz nachdem die Bomber die Küste überflogen hatten, traten drei vorgeschobene Spitfire-Einheiten, No 41, No 92 und No 222 Squadron mit insgesamt 27 Jägern in Aktion. Die Messerschmitt-Begleitjäger gingen in Position zur Abwehr der Attacken, und ein deutscher Pilot, Hauptmann Fritz Losigkeit vom *JG 26*, erinnerte sich später:

> Nachdem wir die Küste überquert hatten, stießen die englischen Jäger aus großer Höhe schnell auf uns zu. Sie brachen durch die He-111-Ketten vor und unter uns, um den hinteren Teil der Formation anzugreifen. Während des Sturzfluges trennten sich einige Spitfire von den anderen. Mit Vollgas holte meine Staffel diese ein, und ich gelangte in Angriffsposition. Ich gab einen langen Feuerstoß auf die Spitfire ab, und Teile von Tragflächen und Rumpf flogen weg. Der Pilot schob das Kanzeldach zurück und sprang aus dem Cockpit. Beim schnellen Überholen zog ich links an der Spitfire vorbei und sah, wie sich der Fallschirm öffnete.

Wahrscheinlich handelte es sich bei der von Losigkeit abgeschossenen Spitfire um die Maschine von Pilot Officer Bob Holland von No 92 Squadron. Dieser trug bei der Landung kleinere Verletzungen davon.

Als Keith Parks erste Jäger mit den Kampfhandlungen begannen, stiegen seine letzten Tagjägereinheiten auf. No 11 Group verfügte über 21 Spitfire- und Hurricane-Staffeln, die sich jetzt alle in der Luft befanden.

Von No 12 Group im Norden flog erneut Squadron Leader Douglas Bader an der Spitze des „großen Geschwaders“ aus fünf Staffeln. Von No 10 Group im Westen waren drei Staffeln unterwegs zum Kampf gegen die deutschen Angreifer. Fighter Command hatte nun sämtliche 276 Spitfire- und Hurricane-Jäger aus dem Großraum London zur Verteidigung zusammengezogen. Winston Churchill besuchte an jenem Tag den unterirdischen Kommandobunker Parks in Uxbridge und beobachtete, wie der Kommandeur der No 11 Group seine gesamten Kräfte einsetzte. Später schrieb der Premierminister:

> Mir wurde die Erregung des Kommandeurs bewußt, der jetzt ruhig hinter dem Stuhl seines rangniederen Offiziers stand. Bislang hatte ich still beobachtet. Jetzt fragte ich: „Welche weiteren Reserven haben wir?“ „Keine“, erwiderte Air Vice-Marshal Park. In einem Bericht, den er später darüber schrieb, konstatierte er, daß ich dabei „ernst aussah“. Das mag wohl stimmen. Welche Verluste würden wir erleiden, wenn unsere nachtankenden Flugzeuge von folgenden Angriffswellen von „mehr als 40“ oder „mehr als 50“ am Boden angetroffen würden! Die Risiken waren groß; unser Spielraum klein; der Einsatz gewaltig.

Bei den Kampfhandlungen waren die britischen Jäger zahlenmäßig mehr als zwei zu eins unterlegen; hinsichtlich einsitziger Jäger gab es drei Bf 109 über Südengland auf zwei Spitfire und Hurricane. Keith Parks Taktik in den Nachmittagskämpfen entsprach der am Morgen angewandten. Als die Deutschen über Kent flogen, schickte er wiederum Jägerstaffeln paarweise ins Gefecht. Bei einer Begegnung führten die Nos 213 und 607 Squadrons mit 23 Hurricane-Jägern einen Frontalangriff auf die Dornier des Kampfgeschwaders 3. In diesen Kämpfen kam es auch zu einem absichtlichen Ramm-Manöver, wie es Pilot Officer Paddy Stephenson der No 607 Squadron beschrieb:

> Unsere Staffel flog in vier nach unten abgestuften V-Ketten. Die Bomber flogen dagegen in nach oben abgestuften Ketten. Bei einem Frontalangriff sollte jede V-Kette über dem anzugreifenden, doch unter dem nachfolgenden Bomber passieren. Um das zu bewerkstelligen, mußte zwischen den V-Ketten unserer Staffel der richtige Abstand eingehalten werden. Meine Kette war zu weit nach vorn geraten, und wenn ich nach oben abgedreht hätte, wäre ich mit einer Hurricane in der Führungskette unserer Formation zusammengestoßen.

Stephenson traf eine schnelle Entscheidung; wenn sich ein Zusammenstoß nicht vermeiden ließ, dann lieber mit einem Feind als mit einem Freund. Er behielt seinen Steuerkurs auf den Bomber bei, und die Steuerbordtragfläche der Hurricane krachte in die Steuerbordtragfläche einer Dornier, wobei beide zu Bruch gingen. Feldwebel Horst Schulz, ein deutscher Bomberpilot, beobachtete die näherkommenden Feindmaschinen, deren Tragflächen bei der Feuereröffnung aufblitzten.

Im nächsten Augenblick gab es eine Explosion vor mir, dann fielen Flugzeugtrümmer wie Konfetti vom Himmel. Ich wußte nicht, ob ein englischer Jäger mit einer unserer Maschinen zusammengestoßen war, oder ob er einen Volltreffer von der Flak bekam. Mit blieb keine Zeit zum Nachdenken: ich hatte meine eigenen Probleme.

Die gerammte Dornier geriet sofort in heftiges Trudeln; die unerbittlichen g-Kräfte hielten die entsetzte Besatzung in der Kabine, bis der Bomber in einem Wald bei Kilndown aufschlug. Stephensons Hurricane rollte sich durch das fehlende große Tragflächenstück auf den Rücken und raste in steilem Rückentrudeln nach unten. Nach längerem Kampf quälte sich der britische Pilot aus dem Cockpit und sprang von der arg mitgenommenen Maschine ab.

Nach dem anfänglichen Feuerdurchgang teilten sich die Hurricane in Halbstaffeln und wendeten zu Folgeangriffen auf die Bomber von der Seite und von hinten. Wiederholt tauchten die Messerschmitt auf die Angriffswütigen, um deren Anflüge auf die Bomber zu unterbrechen. Für die dem Nahbegleitschutz zugeordneten deutschen Jäger stellte das eine frustrierende Aufgabe dar. Sie konnten die Feindjäger nicht bis zum Abschuß verfolgen, denn das hätte das Verlassen ihrer Schutzbefohlenen bedeutet, was streng verboten war. Immer wieder mußten die Messerschmitt die Verfolgungsjagd abbrechen und zu den Bombern zurückkehren; dort sahen sie dann die britischen Jäger wieder auftauchen, so daß sich das ganze Spiel wiederholte.

Als sich die deutschen Maschinen Gravesend näherten, ließen die britischen Jägerangriffe nach. Die Bomberbesatzungen konnten London als entfernten Fleck am Horizont sehen. Jetzt aber stand eine neue Gefahr vor den Angreifern. Südlich und westlich von Chatham befand sich eine Konzentration von zwanzig 114-mm- und 94-mm-Abwehrkanonen, die jetzt ein heftiges Sperrfeuer eröffneten. Oberleutnant Peter Schierning, Navigator in einer Heinkel des Kampfgeschwaders 53, sah plötzlich am Himmel rings um sich eine Reihe schwarzer Klumpen auftauchen. Sie kamen von explodierenden Flakgranaten, einige so nahe, daß die Explosionen den Bomber durchschüttelten. Binnen Sekunden blieben die Rauchwölkchen zurück, doch der Schaden war schon angerichtet. Schierning erinnerte sich:

Eine der ersten Salven erledigte unseren rechten Motor. Wir spürten keinen Einschlag, doch der Motor ging langsam aus. Der Pilot schrie „Werde die Bomben los! Werde die Bomben los! Ich kann sie nicht mehr halten!" ich klinkte die Bomben über Ackerland aus.

Außerstande, in der Formation zu bleiben, ging der Bomber in eine steile Sinkflugkurve und versuchte, den Schutz einer Wolkenbank zu erreichen. Einen weiteren deutschen Bomber ereilte das gleiche Schicksal, und auch er sah sich gezwungen, die Formation zu verlassen und den Schutz der Wolkenbank zu suchen.

Wie bei der früheren Auseinandersetzung konzentrierte Keith Park erneut die Masse seiner Jäger unmittelbar vor London zum Hauptkampf. Nicht weniger als 19 Staffeln mit 185 Spitfire und Hurricane gingen jetzt auf Sperrpositionen im Süden und Osten der Stadt.

Als Douglas Baders „großes Geschwader“ die Hauptstadt erreichte, wurde es von oben von den frei jagenden Bf 109 angegriffen. Die drei Hurricane-Staffeln splitterten sich auf, um ihre Peiniger abzuschütteln. Bader befahl den zwei Spitfire-Staffeln, sich in einer Umkehr ihrer üblichen Rolle allein zu den Bombern durchzuschlagen. Doch obwohl das „große Geschwader“ den beabsichtigten massierten Angriff auf die Feindbomber nicht ausführen konnten, band ihre Anwesenheit die freien Jagdpatrouillen des Feindes und erleichterte so den anderen britischen Staffeln den Anflug auf die Bomber.

Die vor London wartenden Staffeln der No 11 Group traten in Aktion, als die Bomber in Sichtweite kamen. Flying Officer Tom Neil der No 249 Squadron nahm am Angriff auf eine Dornier-Formation teil und schrieb später in seinem Buch *„Gun Button to Fire“*:

> Nach dem Eindrehen feuerte ich sofort, und die gesamte Backbordseite des deutschen Flugzeugs wurde von meinem Leuchtspurfeuer eingehüllt. Das Ergebnis ließ nicht auf sich warten; es gab ein spritzendes Geräusch, wie wenn man mit der Unterseite eines Löffels auf Wasser schlägt. Außer mir vor Aufregung, feuerte ich nochmals, einen längeren Stoß, und weil ich merkte, daß ich zu nahe war, ließ ich mich etwas zurückfallen, hielt aber meine Position. Bevor ich dann wieder zum Angriff übergehen konnte, lösten sich erstaunlicherweise zwei größere Objekte vom Rumpf und flogen in meine Richtung, wirklich so schnell, daß ich keine Zeit zum Ausweichen hatte. Der Verstand kam kaum den Ereignissen hinterher, und plötzlich erkannte ich ausgespreizte Arme und Beine, als zwei Körper an meinem Kopf vorbeiflogen, schwer mit den Wölbungen der noch nicht aufgegangenen Fallschirme. Die Besatzung! Beim Absprung! Ich drehte ab, geschockt von dem, was ich gerade erreicht hatte.

Mit großer Sicherheit war der von Neil getroffene Bomber der des Formationsführers des Kampfgeschwaders 3, Hauptmann Ernst Püttmann. Die Maschine stürzte in die Themse.

Während dieser Angriffsserie wurden drei weitere Dornier aus Püttmanns Formation abgeschossen. Oberleutnant Hans Schmoller-Haldy vom Jagdgeschwader 54, der als Nahbegleitschutz bei der dahinter kommenden Heinkel-Formation mitflog, beobachtete den Absturz der Maschinen:

> Überall sah man Fallschirme. Mehrere englische Jäger umsummten die Dornier. Ich dachte, „Ach, diese armen Männer ...“ Aber wir konnten ihnen nicht zu Hilfe kommen; wir mußten bei unseren Heinkel bleiben.

Auf dem Weg zum Zielgebiet wurden vier deutsche Bomber abgeschossen, und sieben weitere mußten die Formation verlassen und sich allein auf den Rückweg machen. Alle fünf Bomberformationen erreichten jedoch geschlossen London, und nun waren sie bereit, ihre Bombenabwürfe auf die zugewiesenen Ziele im Hafengebiet einzuleiten.

Den ganzen Morgen über und im Verlauf des frühen Nachmittags verdichteten sich allmählich die Wolken über Südengland. Jetzt lag der größte Teil der britischen Hauptstadt unter neun Zehntel Cumulus- und Stratocumulus-Wolken, mit der Basis in etwa 600 m Höhe und die Spitze hinaufreichend bis zu 3660 m. Und wie es der Zufall wollte, war keines der den deutschen Besatzungen zugewiesenen Angriffsziele sichtbar. Nur über West Ham gab es keine Wolkendecke, und zwei Heinkel-Formationen und eine Dornier-Formation richteten ihre Angriffsflüge neu aus auf Ziele in diesem Viertel und auf das nahegelegene Gaswerk von Bromley-by-Bow. Die Bomben verursachten große Verwüstungen im gesamten Gebiet.

An der Südflanke der deutschen Streitmacht stellten die zwei Dornier-Formationen vom Kampfgeschwader 2 fest, daß ihre Ziele in den Surrey Commercial Docks nicht auszumachen waren. Die Angreifer drehten ohne Bombenabwurf wieder ab, zur großen Überraschung und Freude der drei Hurricane-Staffeln, die sich mit den Dornier und ihren Begleitjägern Kämpfe geliefert hatten. Viele der RAF-Piloten glaubten, sie hätten durch ihre Anwesenheit den Feind zur Umkehr gezwungen, und dieser Version wurde später in Presseberichten breiter Raum gewidmet. In Wirklichkeit kamen beide Dornier-Formationen intakt über London an; sie hatten unterwegs nur ein Flugzeug verloren und hätten mit Leichtigkeit ihre zugewiesenen Ziele bombardieren können, wenn die Besatzungen sie hätte sehen können. Auf dem Rückweg bombardierten die Deutschen Gelegenheitsziele und verursachten verbreiteten Schaden in den Außenbezirken Penge, Bexley, Crayford, Dartford und Orpington.

Die deutschen Bomber, die die Formationen verlassen mußten, spielten mit den britischen Abfangjägern ein tödliches Versteckspiel auf ihrem Fluchtweg durch die Wolkebänke über Kent. Peter Schiernings Heinkel gehörte zu den Bombern, der sich mit einem von Flakfeuer zerstörten Motor nach Hause schleppte:

> Neben dem Motor hatte es einen Teil der Außenhaut weggerissen, und ich konnte die innere Konstruktion sehen. Ich erinnere mich, gedacht zu haben, was für ein wundervolles Flugzeug doch die Heinkel sei, die sich mit einem derartigen Schaden noch in der Luft halten konnte.

Dann plötzlich verabschiedeten sich sowohl die Wolken als auch das Glück bei der Bomberbesatzung. Nun von klarem Himmel umgeben, wurde die Heinkel fast sofort von zwei Hurricane und einer Spitfire angegriffen. Schierning erinnerte sich:

> Sie griffen von hinten und von der Seite an, und ich sah ihre Leuchtspurmunition am Bug der Heinkel vorbeizischen. Vorher war die Bordfunkan-

lage außer Betrieb geschossen worden, so daß ich nicht wußte was im Heck der Maschine passierte; ich hatte keine Gelegenheit, meine Bugkanone einzusetzen.

Bei den Hurricane-Piloten von No 229 Squadron handelte es sich um Squadron Leader A. Banham und Flight Lieutenant E. Smith. Letzterer berichtete, daß er mit seinem Kommandeur eine einsame Heinkel verfolgte, auf die es auch eine Spitfire abgesehen hatte:

> Ich griff genau von achtern aus 180 m Entfernung mit einem 6-Sekunden-Feuerstoß an und schloß auf 140 m auf. Ich sah Geschosse in den Rumpf einschlagen und die Haupttragfläche treffen. Der Backbordmotor qualmte und braunes Öl vom Feindflugzeug spritzte über meine Windschutzscheibe.

Smith sah den Bomber zum letzten Mal, als dieser in einen Wolkenfetzen tauchte. Schierning hörte seinen Piloten schreien, der Backbordmotor sei nun ebenfalls getroffen und bringe immer weniger Leistung, beim rechten Motor wüte ein Feuer, und er würde mit dem Bomber eine Bruchlandung versuchen. Ein Bordschütze war tot und der Funker verwundet. Die Heinkel machte bei Staplehurst eine Bruchlandung und kam in einer Staubwolke zum Stehen.

Trotz der vorhandenen Wolken, was die Beobachtung der Flugzeuge vom Boden aus erschwerte, übertraf das RAF-System der Jägereinsatzleitung am Nachmittag noch die guten Leistungen des Vormittags. 28 Staffeln mit 276 Spitfire und Hurricane erhielten Alarmstartbefehl zur Begegnung des Nachmittagsangriffs. Alle Staffeln griffen in die Kampfhandlungen ein.

An diesem Tag richteten sich die Hauptangriffe gegen London, doch die britische Hauptstadt war nicht das einzige Ziel. In der Erwartung, daß Fighter Command alle verbliebenen Kräfte zur Verteidigung der Landeshauptstadt konzentrieren würde, wurden 27 Heinkel vom Kampfgeschwader 55 zu einem Angriff ohne Begleitschutz auf den Marinestützpunkt Portland geschickt. Nur ein Versäumnis der britischen Jägereinsatzleitung bewahrte die Angreifer vor schweren Verlusten. Die Stärke der Angriffsstreitmacht wurde unterschätzt, und bloß eine Spitfire-Halbstaffel zum Abfangen eingesetzt. Nur ein Bomber wurde abgeschossen, und ein zweiter beschädigt. Das Bombardement der Marineeinrichtungen war ungenau und verursachte keine wesentlichen Schäden.

Am späteren Nachmittag rückten zehn Messerschmitt Bf 110 und drei Bf 109 der Jagdbombereinheit Erprobungsgruppe 210 im Tiefflug auf die Supermarine-Flugzeugwerke in Southampton an, wo zu dieser Zeit Spitfire gebaut wurden. Die Tiefflieger erreichten zwar den Hafen ohne Behinderung, doch sie fanden das beabsichtigte Ziel nicht. Die Wucht ihres Angriffs ging deshalb auf ein Wohnviertel wenige hundert Meter weiter östlich nieder. Beim Rückzug hatten die Jagdbomber eine kurzes Gefecht mit einigen Hurricane von No 607 Squadron, es gab aber auf beiden Seiten keine Verluste.

Im Verlauf der erbitterten Kampfhandlungen am 15. September 1940 verlor die Luftwaffe insgesamt 56 Jäger und Bomber. RAF Fighter Command verlor 29 Maschinen. Seinerzeit vermeldeten die Verteidiger die Zerstörung von 185 deutschen Flugzeugen; dies war die größte der vielen Übertreibungen, die es in der Luftschlacht um England gab.

Eine genaue Analyse der Kampfaktionen des Tages sieht Douglas Baders Taktik des „großen Geschwaders" in neuem Licht. Während der Luftschlacht um England hatte die Fünf-Staffel-Kampfeinheit von No 12 Group dreimal Berührung mit großen Verbänden von Feindflugzeugen, und zwei davon fanden am 15. September statt. Am Mittag ging das „große Geschwader" unter den besten Bedingungen in den Kampf, die man sich vorstellen kann, als nämlich seine 56 Jäger eine Formation von 25 Dornier ohne Begleitschutz angriffen. Ein Luftkampf mit vielen beteiligten Flugzeugen führt mit großer Wahrscheinlichkeit dazu, daß die Zahl der zerstörten Feindflugzeuge stark übertrieben wird. Wenn also das „große Geschwader" beteiligt war, dann handelte es sich zweifellos um eine große Anzahl beteiligter Flugzeuge. Während der Auseinandersetzung am Mittag gab das „große Geschwader" an, ohne eigene Verluste 26 deutsche Flugzeuge zerstört zu haben, darunter 20 Bomber. Aus deutschen Unterlagen und Befragungen der überlebenden Bomberbesatzungen ergibt sich, daß in der gesamten Aktion nur sechs Bomber verlorengingen. Es erscheint möglich, daß die Jäger des „großen Geschwaders" sich fünf Abschüsse teilten, vielleicht auch alle sechs abgeschossenen Dornier; doch jeder dieser Bomber wurde auch von Jägern der No 11 Group angegriffen.

Am Nachmittag brachen deutsche Jäger das „große Geschwader" auf, bevor es in die Nähe der Bomber kam. Das Geschwader zersplitterte sich in kleine Kampfeinheiten, deren Piloten den Abschuß von 26 Feindflugzeugen, einschließlich 17 Bombern, vermeldeten. Aus deutschen Unterlagen geht eindeutig hervor, daß während der ganzen Auseinandersetzungen nur 21 Bomber verlorengingen, und aus britischen Quellen, daß die meisten davon von Jägern der No. 11 Group angegriffen wurden.

Der Einsatz des „großen Geschwaders" am 15. September führte zu riesigen Übertreibungen bei der Zahl der zerstörten deutschen Flugzeuge, was wiederum in einer übertriebenen Einschätzung der Wirksamkeit dieser Taktik mündete. In den Mittagskämpfen gab es einige Fälle, bei denen sich Jäger gegenseitig den Weg verstellten und Angriffe abgebrochen werden mußten, um Zusammenstöße zu vermeiden. Bezüglich der zerstörten Feindflugzeuge erwies sich das „große Geschwader" als weniger effektiv als fünf Jägerstaffeln, die einzeln oder paarweise in den Kampf geschickt wurden.

Daß das „große Geschwader" nicht sehr viele Bomber abschoß, wurde jedoch mehr als wettgemacht durch den durchschlagenden Erfolg, den es auf einer anderen Ebene hatte – die niederschmetternde Wirkung auf die Kampfmoral der deutschen Bomberbesatzungen. Während ihrer Einsatzbesprechungen am Morgen des 15. September hatte man den Fliegern versichert, Fighter Command sei am Ende der Kräfte angelangt und brauche nicht mehr gefürchtet zu werden. Die wiederholten Angriffe durch Spitfire und Hurricane auf dem Weg zur britischen Hauptstadt weckten bereits Zweifel an der Richtigkeit der Erkenntnisse. Doch dann wurden die Angreifer bei ihrer Ankunft über London mit mehr als fünfzig RAF-Jägern konfrontiert, die in Paradeformation anrückten. Diese Schau, die im Verlauf des Tages zweimal erlebt werden konnte, bewies ohne jeden Zweifel, daß Fighter Command bei weitem nicht geschlagen war. Durch die Demonstration dieser schwer zu verkraftenden Tatsache gegenüber der Luftwaffe erwies sich das „große Geschwader“ als durchaus gelungene Aktion.

Wegen der hohen Abschußzahlen, die, wie wir heute wissen, stark übertrieben waren, wird der 15. September als „Tag der Luftschlacht um England“ gefeiert. Dieses Datum erwies sich aber dennoch sehr wohl als entscheidender Punkt in der Schlacht, wenngleich aus einem anderen Grund. Die Stärke der Reaktion von Fighter Command während der zwei Operationen um London überzeugte Hitler, daß die Luftwaffe vor Wetterbesserung im Herbst keine Luftherrschaft erringen konnte. Am 17. September ordnete er den „unbefristeten“ Aufschub der Operation „Seelöwe“, der geplanten Invasion Südenglands, an. Die für das Unternehmen in den Häfen an der Ärmelkanalküste zusammengezogenen Schiffe und Kähne verschwanden allmählich und nahmen wieder ihre normalen Aufgaben wahr. Mit jeder Woche verringerte sich die Gefahr einer Invasion, bis sie ganz verschwand. Selbst wenn es aus falschem Grund gewählt wurde, so ist doch das Datum, an dem die britische Öffentlichkeit der Erlösung der Nation gedenkt, das richtige.

3

PRÄVENTIVSCHLAG

Am 22. Juni 1941 führten die deutschen Streitkräfte ohne eine vorherige Ankündigung oder Kriegserklärung einen massiven Angriff auf die Sowjetunion aus. Am ersten Tag bestand ein Hauptziel der Luftwaffe in der Vernichtung der sowjetischen Luftstreitkräfte. Diese traf der Schlag völlig unerwartet, deshalb erlitt sie die schwerste Niederlage, die je die Luftwaffe eines Landes hinnehmen mußte.

Trotz des von den Regierungen Deutschlands und der Sowjetunion 1939 unterzeichneten Nichtangriffspaktes herrschte zwischen beiden kein Vertrauensverhältnis. Der Vertrag räumte der Sowjetregierung freie Hand in Osteuropa ein. Ihre Armee besetzte Lettland, Estland und Litauen sowie Teile von Polen, Rumänien und Finnland, und diese Gebiete wurden in die Sowjetunion einverleibt. Außerdem erhöhte sich vom Sommer 1939 bis zum Mai 1941 die Truppenstärke der Sowjetarmee von 69 auf 158 Divisionen, von denen die meisten an der westlichen Grenze stationiert wurden. Im gleichen Zeitraum vergrößerten sich auch die sowjetischen Luftstreitkräfte, und bedeutsamerweise waren am Ende dieser Zeitspanne viele Einheiten dabei, sich mit neuen hochleistungsfähigen Bomber- und Jägertypen auszurüsten, die gerade vom Band liefen. Adolf Hitler glaubte, daß sich Deutschland früher oder später im Krieg mit dem mächtigen kommunistischen Staat im Osten befinden würde, und er beschloß, den Erstschlag zu führen.

Im Frühjahr 1941, als die Nachtbombardements auf Großbritannien in vollem Gange waren, wurden Luftwaffenkampfeinheiten insgeheim von Westeuropa nach Stützpunkten in Ostdeutschland und Polen verlegt. Die Verlagerung erfolgte mit genauester Planung, um den wahren Grund so lange wie möglich geheimzuhalten. Leutnant Dieter Lukesch, ein Junkers-Ju-88-Pilot, der als technischer Offizier bei der in Cormeilles-en-Vexin im Pariser Raum stationierten III. Gruppe des Kampfgeschwaders 76 diente, beschrieb die ausgefeilte Täuschung. Das erste Anzeichen dafür, daß etwas nicht stimmte, kam für ihn, als seine Einheit den Befehl erhielt, den zeitweiligen schwarzen Anstrich am Flugzeug für Nachteinsätze zu entfernen und die Oberseite mit einer hellbraunen Tarnung zu versehen. Das bedeutete Tageseinsätze in einem Wüstengebiet, aber wo? Mitten in den Arbeiten wurde der Befehl zurückgenommen, dann kam der neue Befehl, die Flugzeuge sollten ihren Originalanstrich wiedererhalten, und die Oberseiten seien mit zwei Grünschattierungen zu tarnen. Als das ausgeführt war, zog man die Masse des technischen

Personals für ein nicht genanntes Ziel ab und ließ nur wenige zur Wartung der Maschinen zurück.

Die Gerüchte überschlugen sich, und ein paar Tage später wurde alles noch geheimnisvoller, wie Lukesch erklärte:

> Die Flugzeugbesatzungen wurden zu einem Treffen mitten auf dem Flugplatz gerufen, weit entfernt von allen anderen. Dort öffnete der Gruppenkommandeur, Major Lindmayr, feierlich einen Umschlag, der unsere versiegelten Befehle enthielt. Was danach kam, steigerte unsere Neugier nur noch. Unsere Maschinen wurden aufgetankt. Wir erhielten die Anweisung, unsere persönliche Ausrüstung ins Flugzeug zu laden, dann zu starten und uns hinter Lindmayr in Staffeln zu formieren, der uns zu unserem immer noch geheimen Ziel führen würde. Wir stiegen von Cormeilles auf und flogen über Holland und Deutschland, bevor wir in Anklam, einem Luftwaffenflugplatz an der Ostseeküste, landeten. Nach dem Ausrollen und Abstellen der Flugzeuge fuhr man uns zu einem Barackenblock, wo wir in Isolation gehalten wurden. Dort hatte man alles für uns vorbereitet, die Betten waren gemacht, die Tische gedeckt und eine Mahlzeit stand bereit.

Am folgenden Morgen gab es dann fast die gleiche Prozedur. Wieder ein Treffen auf dem Flugplatz, der braune Umschlag wurde feierlich geöffnet und wieder erhielten die Besatzungen die Anweisung, zu starten und Lindmayr zum unbekannten Ziel zu folgen. Lukesch berichtete weiter:

> Dieses Mal landeten wir nach einem zweistündigen Flug in Schippanbei gleich südlich von Königsberg. Als wir ankamen, war unser technisches Personal bereits da; sie leiteten uns in vorbereitete getarnte Abstellplätze um den Flugplatz. Die Maschinen wurden dann sorgfältig unter Tarnnetzen und abgeschnittenen Zweigen verborgen. Dann wurden die Flugzeuge aufgetankt und mit Bomben beladen, und wir wußten immer noch nicht, wohin es gehen sollte.

Für die II. Gruppe des Kampfgeschwaders 3 verlief die Sache ähnlich, obwohl diese Einheit von Oldenburg aus startete, wo sie von Dornier Do 17 auf Ju 88 umgestellt worden waren. Die Gruppe verlegte man nach Podlotowka bei Brest-Litowsk in Polen, und ein Pilot, Feldwebel Horst Schult, erinnerte sich:

> Als wir in Podlotowka ankamen, sahen wir eine Menge Armee-Einheiten, Infanterie, Artillerie und Panzer. Gerüchte kursierten, und das am häufigsten erzählte lautete, die Russen würden eine deutsche Armee von zwei oder drei Divisionen mit Luftunterstützung durch ihr Land zum Angriff auf britische Ölfelder und Pipelines in Iran passieren lassen.

Am Nachmittag und Abend des 21. Juni erfuhren die Männer endlich, wen sie angreifen sollten und wann. Der neue Feind hieß Sowjetunion, und der Krieg würde mit einer Reihe von koordinierten Land- und Luftangriffen eingeleitet, die gleichzeitig vor der Morgendämmerung am folgenden Tag beginnen sollten. Die Männer wurden zusammengerufen, und jeder Kommandeur verlas einen persönlichen Tagesbefehl Adolf Hitlers, der begann „Soldaten der Ostfront …“ Das Schreiben erklärte, der deutsche Geheimdienst habe entdeckt, daß sowjetische Streitkräfte für einen verräterischen Überfall auf Deutschland zusammengezogen würden. Im Ergebnis dessen habe der Führer widerwillig den Gegenschlag angewiesen, um die Wucht des geplanten Angriffs abzuschwächen, noch bevor er einsetzen konnte.

Am 22. Juni um 3.00 Uhr MEZ eröffnete die Wehrmacht ihre Offensive mit einem massiven Artilleriebombardement entlang der gesamten Front in echtem Blitzkriegsstil. Dann begannen die Speerspitzen mit ihrem Vormarsch. Zwischen Ostsee und Schwarzem Meer traten 117 deutsche Divisionen, darunter 48 Panzerdivisionen, sowie 14 rumänische Divisionen und ein ungarisches Armeecorps in Aktion. Im unmittelbaren Schlachtgebiet standen ihnen 132 Divisionen der Sowjetarmee, darunter 34 Panzerdivisionen, gegenüber. Insgesamt 7¾ Millionen Männer beteiligten sich damit an einem der größten militärischen Zusammenstöße in der Geschichte.

Am ersten Tag des Feldzuges hatte die Luftwaffe insgesamt 1954 Kampfflugzeuge zum Angriff auf die Sowjetunion aufgestellt, von denen gut zwei Drittel einsatzbereit waren: 510 zweimotorige Bomber, 290 Sturzbomber, 440 einmotorige Jäger, 40 zweimotorige Jäger und 120 Aufklärungsflugzeuge. Der früheste Zeitpunkt für massive Luftwaffenangriffe war eigentlich etwa eine halbe Stunde nach Sonnenaufgang, oder 4.20 Uhr. So könnten die Maschinen im Zwielicht der Dämmerung starten, Formationen bilden, ihre Ziele anfliegen und sie mit größter Wirksamkeit bekämpfen. Die Kommandeure der deutschen Armee ordneten jedoch eine frühere Startzeit an, damit ihre eigenen Angriffe überraschend kämen. Das Beste, was die Luftwaffe unternehmen konnte, bestand darin, kleinere Zahlen von Heinkel He 111, Dornier Do 17 und Ju 88 mit ausgewählten Besatzungen in Dreiereinheiten zum Angriff auf einige wichtigere sowjetische Jägerflugplätze loszuschicken, wobei jede Maschine selbständig in der Dunkelheit flog. Diese Angriffe fanden gleichzeitig 3.15 Uhr statt, 15 Minuten nach Stunde Null. Damit wurde die Absicht verfolgt, den Betrieb auf den Flugplätzen zu unterbrechen, und insbesondere die Verteilung der Flugzeuge auf dem Boden zu verzögern, bis die Großangriffe nach der Dämmerung einsetzten.

Wie die Tagangriffseinheiten jedoch bald feststellten, war der Bereitschaftszustand der sowjetischen Einheiten so miserabel, daß selbst auf nicht angegriffenen Flugplätzen keine Maßnahmen getroffen worden waren, um einer solchen Eventualität zu begegnen. Lange daran gewöhnt, den Oberen zu gehorchen, ohne Fragen zu stellen, hatten die sowjetischen Flugplatzkommandeure Angst, Maßnahmen zu ergreifen, bevor sie Befehle erhielten. Wenn sie es ihren Angreifern hätten leicht machen wollen, kann man sich kaum vorstellen, was die Sowjets noch hätten tun können, um die Zerstörung ihrer Flugzeuge zu unterstützen. Dutzende Jäger,

JUNKERS Ju 88A-4

Typ: viersitziger mittlerer Bomber
Triebwerk: zwei Junkers Jumo 211J Reihenmotoren mit je 1340 PS beim Start
Bewaffnung: normale operative Bombenzuladung 1504 kg; typische Waffenzuladung vier 250-kg-Bomben und zehn hochexplosive 50-kg-Bomben oder 360 SD Splitterbomben; sieben bewegliche MG 15 7,9-mm-Maschinengewehre, ein vorwärtsfeuerndes, zwei vom Cockpit heckwärtsfeuernde Maschinengewehre und je ein nach jeweils einer Seite der Kabine feuerndes Maschinengewehr und ein nach unten heckwärtsfeuerndes Maschinengewehr in der Bodenwanne
Leistung: Höchstgeschwindigkeit 470 km/h in 5300 m Höhe; normale Marschgeschwindigkeit in 4880 m Höhe 290 km/h; Aktionsradius mit 1000 kg Bombenzuladung 885 km
Normale Startmasse bei Kampfeinsätzen: 12 090 kg
Abmessungen: Spannweite 20,00 m; Länge 14,39 m; Tragflügelfläche 54,53 m^2
Datum der Indienststellung von Ju 88A-4: Sommer 1940

Bomber und Aufklärungsflugzeuge standen schön aufgereiht auf den Flugplätzen. Stellt man die Flugzeuge zusammen, dann kann eine einzige Bombe zwei oder drei Maschinen beschädigen, und stellt man sie schön in einer Reihe auf, dann kann ein angreifender Jäger oder Bomber im Tiefflug die Reihe entlang fliegen und eine nach der anderen beschießen. Selbst die einfache Vorkehrung, die Flugzeuge im Umkreis des Flugplatzes zu verteilen, mit einem Abstand von jeweils etwa 100 m, hätte die Aufgabe der Angreifer erschwert und die Wirksamkeit des Angriffs verringert. Hätte man die Maschinen ein kurzes Stück vom Flugplatz gerollt und einfache Tarnmaßnahmen ergriffen, wäre die Sache noch schwerer geworden. Und einige Flugabwehrkanonen rings um jeden Flugplatz hätten die Angreifer in der entscheidenden Phase abgelenkt und die Zielgenauigkeit verringert. Doch die Sowjetführung war so überzeugt, daß kein Angriff zu erwarten sei, daß nichts dergleichen unternommen wurde. Die sowjetische Luftwaffe mußte dafür entsprechend büßen.

Nach dem Morgengrauen starteten Dieter Lukesch und seine Gruppe zum Angriff auf den Flugplatz Krudziai südlich von Riga in Litauen. Obwohl der Pilot schon mehrere Kampfeinsätze gegen Großbritannien geflogen hatte, würde er diesen nie vergessen:

> Der Himmel war herrlich klar, mit fast unbegrenzter Sicht. Bald nach dem Start konnten wir die Frontlinie wegen der Brände und dem Rauch von explodierenden Granaten deutlich sehen. Nach Überqueren der Front kam jedoch keine Flak mehr. Zum ersten Angriff hatten wir keinen Begleitschutz und erwarteten auch keinen. Beim Überfliegen anderer Flugplätze sahen wir russische Jäger aufsteigen, aber sie waren etwas langsamer als unsere Marschgeschwindigkeit, so daß wir sie bald hinter uns ließen.

Die Ju 88 flogen in 3050 m Höhe mit der Standardbombenzuladung von vier 250-kg-Bomben und zehn 50-kg-Mehrzweckbomben. Acht Kilometer

MESSERSCHMITT Bf 109F-4

Typ: Jagdeinsitzer
Triebwerk: ein Daimler Benz DB 601E 12-Zylinder-Reihenmotor mit 1350 PS beim Start
Bewaffnung: eine MG 151 20-mm-Kanone in der Propellernabe; zwei MG 17 7,9-mm-Maschinengewehr über dem Motor, synchronisiert zum Feuern durch den Propeller
Leistung: Höchstgeschwindigkeit 537 km/h in Meeresspiegelhöhe; 624 km/h in 6500 m Höhe; Steiggeschwindigkeit 1308 m/min
Normale Startmasse bei Kampfeinsätzen: 2895 kg
Abmessungen: Spannweite 9,90 m; Länge 8,84 m; Tragflügelfläche 16,16 m²
Datum der Indienststellung von Bf 109F-4: Frühjahr 1941

vor dem Ziel nahmen die Flugzeuge den Bug nach unten und leiteten flache Sinkflugangriffe ein, um ihre Bomben mit der größtmöglichen Genauigkeit abzuwerfen. Der Angriff erfolgte 6.00 Uhr, ein paar Stunden nach der Eröffnung des Bombardements, dennoch standen mehr als 20 Tupolew-SB-2-Bomber aufgereiht an einer Seite des Flugplatzes. Lukesch fuhr fort:

> Es gab keine Flak, und obwohl der Krieg schon seit drei Stunden tobte, kamen wir immer noch überraschend. Bei unserem ersten Bombenabwurf sahen wir Bodenpersonal auf den Tragflächen stehen und die Maschinen auftanken. Sie schauten erstaunt auf, als wir eindrehten. Als die Bomben langsam explodierten, zogen sie sich schnell in den nahegelegenen Wald zurück. Unsere Bomber griffen in einer langen Linie an, aber es gab etwas Drängelei. Ich wollte gerade meine Bomben ausklinken, als ein anderes Flugzeug von rechts auf mich zukam und seine Bomben abwarf. Ich mußte abdrehen, einen Kreis fliegen und mich ganz hinten zum Angriff einreihen. Ich kam dann als letzter unserer Gruppe an die Reihe. Inzwischen brannten am Boden schon mehrere Flugzeuge, und eine Menge Qualm stieg auf, doch die Baumreihe hinter den Maschinen half mir, mich auf einige Flugzeuge auszurichten, die noch nicht getroffen waren. Während des Angriffs feuerte mein Beobachter mit seinem Maschinengewehr auf Feindflugzeuge. Als wir nach dem Angriff abdrehten tauchten einige russische Jäger auf, „Ratas" und „Tschaikas" [Polikarpow I-16 und I-15]. Sie kamen zwar nahe heran, feuerten aber nicht auf uns; vielleicht hatten sie keine Munition. Mit unserer größeren Geschwindigkeit ließen wir sie bald hinter uns.

An jenem Morgen setzten einige Luftwaffe-Einheiten zum ersten Mal eine neue Waffe im Kampf ein: die 2-kg-SD-2-Splitterbombe (auch als „Schmetterlingsbombe" bezeichnet), die in an Angriffsflugzeugen angebrachten Spezialbehältern mitgeführt wurden. Nach dem Abwurf öffnete sich das Gehäuse der SD-2 und bildete ein Paar „Flügel", mit denen die Waffe wie Ahornsamen zu Boden flatterte. Die 200-kg-Sprengladung explodierte beim Aufprall und schleuderte Hochgeschwindigkeitsbruchstücke in alle Richtungen mit genügend Kraft, ein Flugzeug noch in 12 m

Entfernung ernsthaften Schaden zuzufügen. In den Tieffliegerangriffen auf Sowjetflugplätze erwiesen sich die in großer Zahl abgeworfenen SD-2 als äußerst wirksam gegen Flugzeuge und andere „weiche“ Ziele. In der II. Gruppe des Jagdgeschwaders 27, einer Einheit, die die neuen Waffen verwendete, führten die Bf-109E-Jäger jeweils 96 der kleinen Bomben mit. An jenem Morgen flogen 31 Jäger einen Tieffliegerangriff gegen den Flugplatz Wizna. Diesem Einsatz und einem weiteren, von fünfzehn Sturzbombern ausgeführten Angriff fielen dort insgesamt 31 Sowjetflugzeuge zum Opfer. Zwei Angriffseinheiten nahmen sich den Flugplatz Lomza-Süd vor, wo sie weitere 40 Maschinen zerstörten. Alle Jäger des JG 27 kehrten sicher zurück.

Kampfgeschwader 51 sammelte keine so guten Erfahrungen mit der neuen Waffe. An jenem Tag griffen alle 91 fronteinsatzfähigen Ju 88 sechs größere Sowjetflugplätze im südlichen Frontabschnitt an; jede Maschine führte 360 SD-2 mit. Die Bombardierung und Erdzielbekämpfung auf dem Flugplatz Stryj durch 18 Ju 88 vernichtete 20 Sowjetbomber; die Angreifer flogen weiter zu Flugplatz Lemberg, wo sie 15 Jäger zerstörten. Nach dem Angriff spürten die Besatzungen, daß die neuen Splitterbomben auch sehr gefährliche Begleiter sein konnten. Manche Bomben verklemmten sich im Behälter, und die Flugzeugbesatzung konnte nicht feststellen, ob es solche „Aufhänger“ gab. Aufgrund eines Konstruktionsfehlers konnte sich der Bombenzünder im Flug aktivieren, wonach der kleinste Ruck die Ladung explodieren ließ – mit verheerenden Ergebnissen für das Flugzeug; auch konnte sich eine verklemmte SD-2 bei der Landung losreißen, zu Boden fallen und explodieren. Am ersten Tag des Feldzuges verlor KG 51 fünfzehn Bomber durch Feindeinwirkung oder durch Unfälle mit SD-2 – fast die Hälfte der an dem Tag von der gesamten Luftwaffe eingebüßten Maschinen – und die SD-2 bekamen sofort den bitteren Spitznamen „Teufelseier“.

Während diese Angriffe gegen sowjetische Flugplätze liefen, griffen andere Luftwaffe-Einheiten Ziele zur Unterstützung der vorrückenden deutschen Bodentruppen an. Sturzkampfbomber griffen befestigte Stellungen, Hauptquartiere, Artilleriestellungen und Kasernen an. Horst

POLIKARPOW I-16 TYP 24

Typ: Jagdeinsitzer
Triebwerk: ein Schwezow M-62 9-Zylinder-Sternmotor mit 1000 PS beim Start
Bewaffnung: zwei SchWAK 20-mm-Kanonen; zwei SchKAS 7,62-mm-Maschinengewehre
Leistung: Höchstgeschwindigkeit 524 km/h in Meeresspiegelhöhe; 460 km/h in 4500 m Höhe; Steigzeit auf 5000 m Höhe 5 Minuten 48 Sekunden
Normale Startmasse bei Kampfeinsätzen: 1909 kg
Abmessungen: Spannweite 9,00 m; Länge 6,10 m; Tragflügelfläche 14,96 m^2
Datum der Indienststellung von I-16 Typ 24: Sommer 1939

Schultzes Gruppe, die II. des KG 3, entsandte mehrere Ju 88 auf einzelne bewaffnete Aufklärungsmissionen entlang der Straßen in Gebieten hinter der Front. Er erinnerte sich:

> Wir gingen auf freie Jagd bei unserer ersten Mission [über der UdSSR], flogen in 1200 m Höhe und hielten Ausschau nach feindlichem Straßenverkehr. Wir ließen unsere Bomben auf eine Straße voller Truppen und Artillerie fallen, sowie auf eine Brücke, über die Truppen zogen.

Gleichzeitig strichen Scharen von deutschen Jägern über das Kampfgebiet auf der Suche nach sowjetischen Flugzeugen, die es in die Luft geschafft hatten. Erneut gab es einen einseitigen Kampf. In Bodennähe war der Hauptjägertyp der Sowjets, die Polikarpow I-16 Typ 24, fast genauso schnell wie die Bf 109F, über die die meisten Jägereinheiten der Luftwaffe verfügten. Doch der Radialmotor von Typ 24 war für Operationen in niedriger Höhe optimiert, und mit steigender Höhe verringerte sich die Leistung ständig: bei 6100 m erwies sich die I-16 als etwa 160 km/h langsamer als der deutsche Jäger. Die sowjetischen Jagdflugzeuge ließen sich besser manövrieren als die deutschen, doch in einem Kampf Jäger gegen Jäger schlug sich dieser Vorteil nur darin nieder, daß der Pilot einen Abschuß vermeiden konnte, wenn er seinen Angreifer rechtzeitig entdeckte. Der schnellere Jäger behielt immer die Initiative, sein Pilot diktierte die Kampfbedingungen und konnte nach Belieben angreifen oder den Kampf abbrechen. Die sowjetischen Jagdpiloten ihrerseits mußten nach der Pfeife ihrer Gegner tanzen.

Ein typisches Beispiel für die an diesem Morgen stattfindenden sporadischen Luftkämpfe stellt die von Unteroffizier Reibel der I. Gruppe des Jagdgeschwaders 53 beschriebene Aktion dar:

> Ich flog als Flügelmann von Leutnant Zellot. Es ging von Labinka in Richtung Brest. Als mein Führer eine 180-Grad-Wende befahl, sah ich zwei Doppeldecker vor uns. Ich meldete sie sofort, und wir griffen sie an. Wir waren auf etwa 200 m heran, als beide plötzlich in eine scharfe Rechtskurve drehten. Wir zogen hoch und leiteten einen neuen Angriff ein, doch obwohl wir beide das Feuer eröffneten, blieben wir erfolglos. Bald befanden sich etwa zehn weitere [Feind-]Flugzeuge in der Luft. Mein Führer flog zum Angriff auf ein Flugzeug an, während ich oben blieb, um ihn zu decken. Dann kam eine I-15 etwas von den anderen ab. Ich bereitete sofort einen Angriff vor, mußte jedoch abdrehen, als eine weitere Feindmaschine, die ich nicht gesehen hatte, plötzlich 50 m vor mir auftauchte. Ich eröffnete sofort das Feuer mit Maschinengewehren und der Kanone, und sie geriet in Brand und außer Kontrolle. Offensichtlich war der Pilot abgesprungen. Dann mußte ich abdrehen, weil ich zwei [Feind-]Maschinen hinter mir hatte.

Mit ihrer überlegenen Geschwindigkeit konnten die deutschen Jäger leicht vor ihren Verfolgern wegziehen.

JG 27 verlor seinen Kommandeur, Major Wolfgang Schellmann, bei Grodno, als er aus Nahdistanz eine I-16 angriff. Nach einem genauen

TUPOLEW SB-2bis

Typ: dreisitziger leichter Bomber
Triebwerk: zwei M-103 Reihenmotoren mit je 960 PS beim Start
Bewaffnung: normale operative Bombenzuladung 997 kg; fünf 7,62-mm-Maschinengewehre, zwei im Rumpfdrehturm, zwei bewegliche im Bug und ein nach unten heckwärtsfeuerndes Maschinengewehr in der Bodenwanne
Leistung: Höchstgeschwindigkeit 450 km/h in 3930 m Höhe; Aktionsradius mit einer 997 kg Bombenzuladung 322 km
Normale Startmasse bei Kampfeinsätzen: 4757 kg
Abmessungen: Spannweite 20,33 m; Länge 12,56 m; Tragflügelfläche 56,67 m^2
Datum der Indienststellung von SB-2bis: 1937

Feuerstoß explodierte der sowjetische Jäger, und Trümmer dieser Maschine trafen seinen Jäger. Schellmann sah sich gezwungen abzuspringen und wurde gefangengenommen. Wahrscheinlich wurde er kurz darauf von den Sowjets erschossen.

Deutsche zweimotorige Bomber und Sturzkampfbomber hatten bis 10.00 Uhr morgens insgesamt 637 Einsätze geflogen, 31 Flugplätze sowie Kampfstellungen und Nachschubrouten angegriffen. Der Erfolg dieser Angriffe auf die sowjetischen Luftstreitkräfte wird von der offiziellen sowjetischen Nachkriegsveröffentlichung „Geschichte des Großen Vaterländischen Krieges der Sowjetunion“ (eine Quelle, die bestimmt die deutschen Erfolge nicht übertreibt) bestätigt:

> In den ersten Kriegstagen führten die feindlichen Bomberverbände massive Angriffe auf 66 Flugplätze im Frontbereich aus, insbesondere auf die, wo die neuen sowjetischen Jägertypen stationiert waren. Im Ergebnis dieser Überfälle und der heftigen Luftkämpfe beklagten wir bis zum Mittag des 22. Juni den Verlust von etwa 1200 Flugzeugen, einschließlich mehr als 800 am Boden zerstörter Maschinen.

Ab Mittag versuchten kleine Kräfte sowjetischer Bomber, Vergeltungsangriffe auf Flugplätze der Luftwaffe zu fliegen, doch mit nur wenig Erfolg. Etwa ein Dutzend Tupolew SB-2 führten einen Bombenhochwurfangriff auf den Flugplatz Biala-Podlaska am Rande des von Deutschland besetzten Polens aus, Heimatflugplatz der Sturzbomber Junkers Ju 87 der I. Gruppe des Sturzkampfgeschwaders 77. Die Stuka wurden nach ihrer ersten Mission gerade wieder aufgetankt und aufmunitioniert, doch im Gegensatz zu ihrem Feind waren die deutschen Flugzeuge um den Flugplatz verteilt und getarnt. Eine in der Nähe stationierte Flakbatterie trat gegen die Angreifer in Aktion, und obwohl einige Bomben auf dem Flugplatz explodierten, kam kein Stuka zu Schaden.

Durch die Flakabwehr auf den Plan gerufen, flogen deutsche Jäger bald von mehreren Seiten auf die Tupolew zu. Eine an dieser Kampfhandlung beteiligte Bf 109F führte Oberleutnant Ohly von der I. Gruppe des JG 53 als Pilot, der später vermeldete, er habe nach einer Meldung über Feindflugzeuge auf Westkurs im Raum Brest-Litowsk um 12.18 Uhr mit vier Jägern einen Alarmstart ausgeführt:

> Etwa [in 5500 m Höhe] über Biala-Polkaska sah ich Flaksalven und eine Formation von etwa einem Dutzend mehrmotoriger Eindecker, die sich als SB-2 herausstellten. Beim Steigflug verlor ich Kontakt zu den beiden anderen Piloten, deshalb wandten wir uns nur zu zweit den SB-2 zu. Diese [Feind-]Maschinen wurden schon von anderen Jägern in Kämpfe verwickelt und flogen zum [Fluß] Bug. Ich griff drei in V-Kette fliegende SB-2 an und schoß mit Kanone und Maschinengewehren aus etwa 150 bis 75 m auf die rechte Maschine. Ich war zu schnell und mußte hochziehen [um einen Zusammenstoß zu vermeiden mit] der SB-2; als ich vorbeiflog, bekam mein Flugzeug Treffer am Kühler und Rumpf. Ich flog eine Linkskurve, um zu prüfen, ob meine Maschine auf Befehle reagierte. Dabei verschwand die Maschine, die ich angegriffen hatte, aus dem Blickfeld. Ich drehte durch 360 Grad, und die SB-2 kam wieder in Sicht. Ich beobachtete, wie mein Flügelmann und ein anderer Jäger drei SB-2 abschossen. Gleichzeitig stürzten mehrere weitere, von anderen Jägern angegriffene SB-2 ab. Ich kann nicht sagen, ob der, den ich getroffen hatte, abgeschossen wurde.

Die sowjetische Bomberformation verlor etwa drei Viertel ihrer Flugzeuge in den Angriffen durch deutsche Jäger. Als Fußnote zu den Luftkämpfen des Tages wurden fünf Fälle vermeldet, bei denen sowjetische Jäger absichtlich Feindflugzeuge rammten. Diese Praxis führte oft zum Tod aller Besatzungsmitglieder beider Flugzeuge, und stellte einen grausigen Vorboten dessen dar, was die Luftwaffe erwartete, wenn der schnelle Blitzkrieg in einen langanhaltenden Zermürbungskrieg überging.

Am Ende des ersten Tages des Rußlandfeldzuges hatte die Luftwaffe insgesamt 1766 Einsätze von einmotorigen und zweimotorigen Bombern und 506 von Jägern geflogen. Im Verlauf dieser Operationen gingen 35 Flugzeuge verloren. Offizielle deutsche Quellen vermeldeten die Zerstörung von 322 sowjetischen Flugzeugen in Luftkämpfen oder durch Flak, und 1489 am Boden zerstörte Maschinen. Angesichts der Größe der von den Sowjets bis Mittag an jenem schicksalsschweren Tag zugegebenen Flugzeugverluste klingen die deutschen Angaben zweifellos wahrheitsgemäß. Bestimmt ging dieser Tag in die Rekordannalen des Flugwesens ein. Die Verluste der sowjetischen Luftstreitkräfte im Laufe der 18 Stunden zwischen 3.15 Uhr und Sonnenuntergang stellen mit Abstand die größte Zahl der jemals an einem Kampftag zerstörten Flugzeuge dar. Das war auch die umfassendste Niederlage, die je einer Luftwaffe von einer anderen in der langen Geschichte des Luftkrieges beigebracht wurde. Zwar wurden fünf Sechstel der sowjetischen Maschinen am Boden vernichtet, doch 322 Flugzeuge gingen im Luftkampf verloren; das bedeutet die höchste Zahl an Flugzeugen, die je an einem Tag abgeschossen wurden.

In den folgenden Tagen stießen Panzereinheiten schnell in die Tiefe des Landes und überrannten jeden Flugplatz, den die Luftwaffe am ersten Tag angegriffen hatte. Das verschlimmerte noch die Wirkung der früheren Verluste, denn aufgrund von Schlachtschäden fluguntüchtige Maschinen oder Flugzeuge, die aus anderen Gründen nicht einsatzbereit waren, mußten von den fliehenden Streitkräften zerstört werden, oder sie wurden zurückgelassen und fielen in die Hände des Feindes. Die Besetzung von Feindflughäfen durch Bodentruppen stellt ein äußerst wirkungsvolles Mittel zur Reduzierung der Kampfbereitschaft einer feindlichen Luftwaffe dar, etwas, das bei der Betrachtung dieses Aspekts der Kriegsführung oft außer Acht gelassen wird.

Doch trotz des riesigen Umfangs an materiellen Verlusten für die sowjetischen Luftstreitkräfte in den Anfangstagen des Krieges hatten diese nur kurz- und mittelfristig eine lähmende Wirkung. Im Juni 1941 lief das Umrüstprogramm der sowjetischen Fronteinheiten auf moderne Flugzeuge gerade erst an; bei der großen Mehrheit der verlorenen Flugzeuge handelte es sich deshalb um veraltete Typen, die in der nahen Zukunft ohnehin ausgetauscht werden sollten. Außerdem gab es bei den Angriffen auf die Flugplätze oder bei deren späterer Einnahme kaum Verluste bei den sowjetischen Flugzeugbesatzungen, so daß es nicht an ausgebildetem Personal für den Einsatz modernen Flugzeuge mangelte, als die neuen Maschinen vom Band liefen. Trotz der ungeheuren Wucht des anfänglichen Angriffs konnten die deutschen Streitkräfte nicht in den erwarteten fünf Monaten den Sieg an der Ostfront erringen; am Ende dieser Zeit sahen sie sich wesentlich verbesserten sowjetischen Bodentruppen und wiederbelebten sowjetischen Luftstreitkräften gegenüber. Der Traum vom Blitzkrieg war ausgeträumt.

4

FERNLENKRAKETEN GEBEN IHRE VISITENKARTE AB (1)

Der Begriff „Lenkrakete" läßt sich definieren als „eine Waffe, deren Bahn während des Flugs korrigiert werden kann, entweder automatisch oder über Fernsteuerung, um sie auf das Ziel zu lenken". Diese Definition, so wird man feststellen, erwähnt weder das Medium, durch das die Waffe geht, noch die Geschwindigkeit. Gewiß, die meisten Lenkwaffen fliegen mit hoher Geschwindigkeit durch die Luft. Doch das trifft auf die erste aus der Luft gestartete Waffe dieser Art nicht zu – den gegen U-Boote eingesetzten akustischen Zielsuchtorpedo mit einer Höchstgeschwindigkeit unter Wasser von 12 kn. Im II. Weltkrieg waren diese Torpedos wie auch ihre Erfolge ein streng gehütetes Geheimnis.

Wissenschaftler und Techniker arbeiteten 1942 in den Vereinigten Staaten, Großbritannien und Kanada an verschiedenen Erfassungs- und Ortungsgeräten und Waffen zur Bekämpfung von U-Booten. Die von der US Navy auf diesem Gebiet entwickelte Waffe, der erste luftgestützte akustische Zielsuchtorpedo gegen U-Boote, unterlag einer so strengen Geheimhaltung, daß ein absichtlich irreführender Codename gewählt wurde: „Mark 24 Mine". Obwohl die Waffe eine Laufgeschwindigkeit von nur 12 kn entwickelte, handelte es sich nach den meisten Definitionen um eine zielsuchende Lenkwaffe.

Ihr Durchmesser von 48,3 cm glich etwa dem des Standardtorpedos; doch mit 2,14 m war er weniger als halb so lang wie ein normaler Torpedo, was Mark 24 Mine ein unverhältnismäßig plumpes Aussehen verlieh. Er sollte gegen U-Boote eingesetzt werden, die unter Wasser fuhren oder kurz vorher einen Alarmtauchgang eingeleitet hatten. Der Zielsuchtorpedo wog 290 kg, der hochexplosive Gefechtskopf mit einem Kontaktzünder am Bug 42 kg.

Mark 24 Mine funktionierte so: Die Waffe wurde auf den vom Boot beim Tauchgang zurückgelassenen Tauchwirbel oder auf den genauestmöglichen Bezugspunkt, der vom Aufenthaltsort des U-Bootes zur Verfügung stand, gezielt und aus etwa 75 m Höhe abgelassen. Beim Eintritt ins Wasser lief ein Elektromotor an, und der Torpedo begann sein Suchmuster, indem er einen Kreis von etwa 3650 m Umfang durchlief. Der akustische Zielsuchkopf orientierte sich auf charakteristische Kavitationsgeräusche, das Geräusch von platzenden Blasen, das durch eine schnell rotierende Schiffsschraube im Wasser verursacht wird.

Wenn der Zielsuchkopf diese Geräusche aufnahm, schätzte er die Richtung und Tiefe ihrer Quelle ein und steuerte die Waffe in diese Richtung, bis sie auftraf. Wenn der Akustikkopf aus beliebigem Grund die Geräuschquelle verlor, auf die er sich ausrichten konnte, nahm der Torpedo sein Suchmuster wieder auf. Die Waffe hatte eine Maximallaufzeit von zehn Minuten, wonach sie auf den Meeresboden sank, um nicht in die falschen Hände zu gelangen.

Ende 1942 ging Mark 24 Mine in die Serienproduktion und war so die erste zielsuchende Lenkwaffe der Welt. Tests zeigten, daß die Waffe unter idealen Bedingungen – bei ruhiger See und das U-Boot knapp unter Wasser in Fahrt – aus einer Entfernung von 1 km ihr Ziel finden konnte. Doch nach einem Alarmtauchgang war es wahrscheinlich, daß ein Boot in voller Fahrt läuft, weil der Kommandeur so schnell wie möglich aus dem verräterischen Tauchwirbel herauskommen wollte. Der Zielsuchtorpedo versprach also hocheffektiv gegen einen ahnungslosen Feind zu sein, aber die Schwachstelle seines Konzepts wäre offensichtlich für einen Gegner, der dessen Operationsprinzip kannte. Der Akustikkopf konnte nur eine *Kavitationsgeräusche produzierende* Schiffsschraube orten, das U-Boot wäre demnach sicher, wenn sein Kommandeur seine Instinkte unterdrückte und das Boot unter Kavitationsgeschwindigkeit verlangsamte, sobald es sich unter Wasser befand. Wenn der Feind von dem Zielsuchtorpedo Wind bekam, wäre er nutzlos. Daher umgaben übertriebene Sicherheitsvorkehrungen diese Waffe. Zur Verringerung der Möglichkeit der Entdeckung sollte er nicht in der Nähe von Küsten in Feindeshand eingesetzt werden; darüber hinaus sollte er auch nicht in Gebieten verwendet werden, in denen ein Angriff durch den Feind beobachtet und so die Wirkungsweise der Waffe abgeleitet werden konnte.

Ein altes Sprichwort versichert uns: „Es ist fast unmöglich, ein System völlig idiotensicher zu machen, denn Idioten sind zu einfallsreich." Und Mark 24 Mine wäre beinahe dieser Logik einige Monate vor der Einsatzbereitschaft zum Opfer gefallen. Im Februar 1943 wurde eine frühe Produktionsvariante des Torpedos an Bord des Liniendampfers *Empress of Scotland* nach Großbritannien transportiert. Group Captain Jeaff Greswell, der vom Besuch einer Partnereinheit aus den USA zurückkehrte, bewachte die streng geheime Waffe, und er beschrieb die in diesem Zusammenhang getroffenen ausgefeilten Sicherheitsvorkehrungen:

> Der Zielsuchtorpedo kam in einem von bewaffneten Wachen eskortierten Lastkraftwagen der US Navy am Kai in New York an; überall schienen Schußwaffen zu sein. Der Torpedo war in drei große Kisten gepackt: eine enthielt den Bug, eine das Mittelstück und eine das Heck. Diese brachten die Seeleute auf das Schiff, übergaben sie mir in aller Form, und ich unterschrieb dafür. Dann bezeugte ich das Verstauen der Kisten im Safe des Kapitäns, und er gab mit eine Quittung. In Liverpool geschah das Gleiche in umgekehrter Reihenfolge. Wir wurden von einem RAF-Lastkraftwagen in Empfang genommen, wiederum mit bewaffneten Wachen. Ich erhielt die

Kisten vom Kapitän und unterschrieb für sie, dann übergab ich sie dem RAF-Offizier und erhielt eine Quittung. Die Geheimhaltungsvorschriften wurden bis aufs i-Tüpfelchen eingehalten. Nun hatte sich mein Anteil an der Operation erledigt, und ich nahm einige Tage Urlaub. Ich war kaum ein paar Tage zu Hause, da erhielt ich mit der gewöhnlichen Post einen gelbbraunen Umschlag mit dem Aufdruck „Im Dienste Seiner Majestät". Er enthielt einen Brief vom Königlich-Britischen Zollamt; man wollte wissen, warum ich in das Vereinigte Königreich einige „Kisten mit wahrscheinlich einer Art von luftgestartetem Zielsuchtorpedo zum Einsatz gegen U-Boote" importiert hätte. Weshalb hatte ich das in der Zollerklärung nicht angegeben?

Greswell schickte den Brief mit einem geheimen Anschreiben an Air Chief Marshal Sir Philip Joubert, den Oberkommandierenden von Coastal Command, mit dem verzweifelten Appell: „Um Gottes Willen unternehmen Sie etwas in dieser Sache!" Der Group Captain hörte danach nichts mehr von den Bürokraten.

Im Mai war der Zielsuchtorpedo einsatzbereit. Zu den ersten Einheiten, die ihn erhielten, gehörte die in Island stationierte US Navy Patrol Squadron VP-84, die mit Catalina-Amphibienflugzeugen ausgerüstet war, und zwei RAF-Liberator-Einheiten, No 86 Squadron mit Stützpunkt in Aldergrove in Nordirland und No 120 Squadron mit Basis in Reykjavik in Island. Alle drei Staffeln beteiligten sich an Streifenflügen gegen U-Boote zur Unterstützung der Atlantikgeleitzüge.

In der ersten Maihälfte verließen die beiden Geleitzüge HX. 237 und SC. 129 Neufundland in Richtung Liverpool, und aus entschlüsselten Signalen erfuhren Aufklärungsoffiziere der Royal Navy, daß ein Wolfsrudel mit mindestens 36 U-Booten Position bezog, um die Handelsschiffe anzugreifen. Am Morgen des 12. näherten sich die U-Boote ihrer Beute, und drei Liberator der No 86 Squadron wurden auf Luftstreife vor die Geleitzüge geschickt, mit dem Ziel, die U-Boote unter Wasser zu zwingen, damit sie ihre Angriffspositionen nicht einnehmen konnten. Jede Maschine flog mit vier 113-kg-Wasserbomben und zwei Mark 24 Mines. Wenn ein Flugzeug ein U-Boot entdeckte und dieses über Wasser blieb, sollten Wasserbomben abgeworfen werden; tauchte das Boot, dann würde ein Zielsuchtorpedo eingesetzt.

Die Ehre des Ersteinsatzes einer Lenkwaffe unter Kampfbedingungen gebührt Flight Lieutenant J. Wright und seiner Liberator-Besatzung. Sie sichteten *U456* an der Oberfläche, und als sie zum Angriff anflogen, tauchte das Boot freundlicherweise ab. Wright nahm die Maschine tief über den Tauchwirbel und setzte einen Zielsuchtorpedo zusammen mit einer Rauchboje zur Markierung des Eintrittspunktes ab. Dann ging er mit dem Flugzeug in einen weiten Kreis, während er und seine Besatzung auf ein Zeichen wartete, daß die neue Waffe Wirkung zeigte. Zwei lange Minuten passierte nichts, doch dann gab es etwa 825 m von der Eintrittsstelle des Torpedos entfernt eine kleine Aufwölbung, als ob eine

CONSOLIDATED LIBERATOR III (Modifizierte B-24D)

Typ: achtsitziger Seeaufklärer und U-Bootabwehr-Flugzeug
Triebwerk: vier Pratt & Whitney R-1830 14-Zylinder-Sternmotor mit je 1200 PS beim Start
Bewaffnung: Die Waffenzuladung hing von der Art des zu fliegenden Einsatzes ab; bei der U-Bootabwehr waren vier oder sechs 113-kg-Wasserbomben und zwei Mark 24 Mine Zielsuchtorpedos typisch. Die Maschinengewehrbewaffnung variierte auch, aber typisch waren vier 7,7-mm-Maschinengewehre im Heckdrehturm und ein bewegliches 12,7-mm-Maschinengewehr im Bug und eins in jeder Mittelseite des Rumpfes.
Leistung: Typische Geschwindigkeit beim Angriff mit Mark 24 Mine: 322 km/h in 75 m Höhe; Wasserbomben wurden aus Höhen von 15 bis 45 m geworfen. Typische Marschgeschwindigkeit: 233 km/h in 1500 m Höhe. Mit einer maximalen Treibstoffkapazität von 11 365 l, einschließlich des Tanks im Bombenschacht, konnte dieses Flugzeug in 1770 km Entfernung von der Basis drei Stunden Patrouille fliegen. Maximale Flugdauer mit operativen Treibstoffreserven: 16 Stunden.
Normale Startmasse bei Kampfeinsätzen: 28 992 kg
Abmessungen: Spannweite 33,53 m; Länge 20,22 m; Tragflügelfläche 97,36 m^2
Datum der Indienststellung von B-24D: Ende 1941
Anmerkung: Die RAF führte zahlreiche Modifikationen an dem strategischen Bomber aus, um ihn für die See-Patrouillen-Aufgaben nutzbar zu machen, einschließlich des Ausbaus der selbstabdichtenden Auskleidung der Treibstofftanks, der Turbolader für die Motoren, der Drehtürme ober- und unterhalb des Rumpfes und eines Teils des Panzerschutzes der Besatzung. Zusätzliche Treibstofftanks wurden in die Tragflächen eingebaut.

Wasserbombe mit weniger als ihrer normalen Stärke explodiert wäre (der Zielgefechtskopf des Torpedos enthielt weniger als die Hälfte der Sprengladung einer vom Flugzeug abgeworfenen Wasserbombe). Kurze Zeit später tauchte das beschädigte U-Boot wieder auf, doch inzwischen hatte die Liberator nicht mehr genügend Reserven, und Wright sah sich gezwungen, zur Basis zurückzukehren. Aus deutschen Quellen ist bekannt, daß das U-Boot per Funk meldete, es habe durch einen Luftangriff Schaden genommen, könne nicht mehr tauchen und ersuche um Unterstützung. Das Boot überstand die Nacht, doch am nächsten Tag versetzten ihm zwei Geleitzugschutzschiffe den Todesstoß.

Die Kampfhandlungen um die beiden Geleitzüge gingen weiter, und am 14. Mai führten Flugzeuge zweimal Angriffe mit Zielsuchtorpedos aus. In getrennten Aktionen gegen zwei beim Flugzeuganflug abgetauchte U-Boote ließen eine Liberator der No 86 Squadron und eine Catalina von VP-84 je einen Torpedo neben dem Tauchwirbel ab. In beiden Fällen erschien mehr als eine Minute später eine pilzartige Turbulenz auf dem Wasser in einiger Entfernung vom Eintrittspunkt. Keine weiteren Ergebnisse wurden beobachtet, doch aus deutschen Quellen wird ersichtlich, daß *U226* und *U657* spurlos aus Positionen, die diesen Angriffen entsprachen, verschwanden, und dem Zielsuchtorpedo wird ihre Zerstörung angerechnet. Am 19. Mai setzte eine Liberator der No 120 Squadron die neue Waffe zur Vernichtung von *U954* ein.

Ab dieser Zeit forderte die Mark 24 Mine, von den Einsatzkräften liebevoll „Wandering Annie“ genannt, einen immer höheren Tribut bei den deutschen U-Booten. Im Frühsommer 1943 nahm der Geleitschutz-Flugzeugträger *Santee* an Kampfhandlungen bei den Azoren teil und entwickelte eine wirksame Technik gegen U-Boote, die an der Oberfläche blieben und ihre Luftverteidigungswaffen zur Abwehr der Angreifer einsetzten. Der Flugzeugträger ließ bei U-Boot-Jagden Flugzeuge paarweise aufsteigen, einen Jäger, Grumman F4F Wildcat, zusammen mit einem Bomber, Grumman TBF Avenger. Die Avenger nutzte ihren Radar zur Ortung des an der Oberfläche fahrenden U-Bootes und leitete die Wildcat in eine Position, von der aus sie einen Tieffliegerangriff vortragen und das U-Boot zum Tauchgang zwingen konnte. Dann setzte die Avenger ein Zielsuchtorpedo neben den Tauchwirbel. Mit dieser Taktik versenkten die Flugzeuge der *Santee* im Juli 1943 drei U-Boote.

1944 stellte die taktische Entwicklungseinheit von Coastal Command ein ausgefeiltes Verfahren zum Einsatz der Mark 24 Mine beim Angriff auf U-Boote zusammen, die sich schon länger unter Wasser befanden und deren Tauchwirbel nicht sichtbar war (z. B. bei schlechtem Wetter oder nachts). Zuerst legte ein Flugzeug ein Muster von fünf Schallortungsbojen mit je einer Rauchmarkierungsboje (nachts einem Flammenschwimmer) zur Positionsmarkierung aus. Ein Flugzeugbesatzungsmitglied hörte sich abwechselnd die von jeder Boje übertragenen Geräusche an und nahm eine „Grobschätzung“ der Position des U-Bootes vor. Dann flog die Maschine im Tiefflug an und ließ einen oder mehrere Zielsuchtorpedos an der so ermittelten Position ab. Diese Taktik forderte der frühen ungerichteten Schallortungsboje und der Mark 24 Mine das Äußerste ab, und zum Erfolg benötigten sie ein hohes Maß an Geschick und Zusammenarbeit der Flugzeugbesatzung, und dazu auch noch eine Portion Glück.

Die Technik brachte am 20. März 1945 ihren ersten Erfolg. „Ultra“-Dechiffrierungen zeigten an, daß ein U-Boot auf dem Weg zu seinem Streifengebiet am Abend an den Orkneyinseln vorbeikäme, und eine Liberator der No 86 Squadron wurde auf das Boot angesetzt. Es dunkelte bereits, als Flight Lieutenant N. Smith und seine Besatzung ihre Suche einleiteten, und kurz darauf meldete der Flugzeugradar ein verdächtiges Objekt in 5 km Entfernung. Smith flog darauf zu, doch als die Liberator auf einen knappen Kilometer herankam, verschwand das Objekt im Meeresecho. In der Dunkelheit ließ sich vom Flugzeug aus nichts erkennen, und zu diesem Zeitpunkt wäre der Einsatz einer teuren Waffe nicht gerechtfertigt gewesen: bei dem Objekt hätte es sich ja auch um nichts Wichtigeres als ein Stück Treibgut handeln können.

Smiths Verdacht war jedoch erweckt, und er entschied sich dafür, Schallortungsbojen in einem Punktmuster abzusetzen, um festzustellen, worum es sich handelte. Die erste Boje wurde an der Stelle abgelassen, an der das Objekt auf dem Radarschirm aufgetaucht war. Um diesen Punkt herum kamen im Quadrat vier weitere Bojen ins Wasser, jede im Abstand von 4 km von der zentralen Boje. Ein Flammenschwimmer wurde mit jeder Boje zur Positionsmarkierung ausgebracht.

Das Auslegen des Schallbojenmusters erwies sich als ein komplizierter Prozeß, bei dem sehr genau angeflogen werden mußte; die Besatzung benötigte 13 Minuten zum Positionieren aller fünf Bojen. Doch als die erste Schallortungsboje sendete, wurde sie sofort für ihre Mühe belohnt: der Funker hörte das unverkennbare Kavitationsgeräusch einer Schiffsschraube bei 114 U/min. – ein U-Boot unter Wasser. Die Schallortungsbojen begannen nacheinander mit ihren Signalen, und der Funker konnte die Position des Bootes auf einen bestimmten Sektor des Musters einengen. Gleichzeitig tauchte auf dem Radar noch einmal ganz kurz das zuvor entdeckte Objekt auf. Nun gab es keinen Zweifel mehr: es handelte sich bei dem geheimnisvollen Objekt um ein dicht unter der Oberfläche fahrendes U-Boot. Nach ausreichender Identifizierung und Lokalisierung des Ziels nahm Smith die Liberator zum gegenüberliegenden Sektor des Musters und leitete seinen Zielangriffsflug ein. Als die Maschine den Flammenschwimmer in der Mitte des Musters überflog, begann der Navigator bis zur Abwurfstelle die Sekunden abzuzählen. Als das Flugzeug die berechnete Position des Bootes erreichte, ließ Smith einen Zielsuchtorpedo ab und in einem gewissen Abstand einen zweiten.

Die mühselige Flugaktion über diesem Stück Wasser nahm mehr als 20 Minuten in Anspruch, in denen die ahnungslose U-Boot-Besatzung weiter auf ihr Einsatzgebiet zustrebte. Es dauerte weitere sechs Minuten, bis ein Torpedo das Boot eingeholt hatte; der für die Schallbojen verantwortliche Funker in der Liberator hörte ein langes, nachhallendes Geräusch in seinen Kopfhörern und danach nur noch Meeresrauschen. Das war zu dieser Zeit der einzige Beweis für den erfolgreichen Angriff, doch aus deutschen Unterlagen geht hervor, daß *U905* in diesem Gebiet etwa um die Zeit von Smiths Angriff verschwand.

Zwischen Mai 1943 und dem Kriegsende wurden insgesamt 346 Mark 24 Mines bei Kampfhandlungen abgeworfen, und der Waffe schrieb man die Vernichtung von 38 U-Booten und der Beschädigung weiterer 33 zu. Die erste bei Kämpfen eingesetzte luftgestützte Lenkwaffe erwies sich auch als die erfolgreichste ihrer Art im II. Weltkrieg: unter Kampfbedingungen erzielten etwa 20 Prozent der eingesetzten Torpedos Treffer auf ihre Ziele.

5

FERNLENKRAKETEN GEBEN IHRE VISITENKARTE AB (2)

Im letzten Kapitel betrachteten wir die Entwicklung und den Einsatz der ersten „Lenkwaffe“ im Kampfeinsatz. Binnen weniger Monate tauchten zwei weitere Arten von Lenkwaffen im Kampfgeschehen auf, die sich stark voneinander und von früher verwendeten unterschieden. In diesem Kapitel beschreiben wir die Operationen der deutschen Luftwaffe gegen den alliierten Schiffsverkehr, bei denen die neuen Kampfmittel eingesetzt wurden.

Im II. Weltkrieg standen Deutschland zwei der weltgrößten Seemächte gegenüber, die beide über deutlich größere Flotten verfügten. Beim Ausgleich dieses Ungleichgewichts in Seestreitkräften hing vieles von der Fähigkeit der deutschen Luftwaffe ab, wirksame Angriffe auf Marineziele durchzuführen. In der Anfangsphase des Krieges besaßen die alliierten Schiffe nur schwache Luftverteidigungssysteme, so daß Flugzeuge genaue Tieffliegerangriffe mit konventionellen Sprengbomben vortragen konnten. Diese Phase ging jedoch schnell vorüber, und die Flugzeugbesatzungen mußten sich auf weniger risikovolle Angriffsmethoden umstellen, wenn sie überleben wollten. Bombenhochwurf erwies sich als generell unwirksam gegen Kriegsschiffe, die mit hoher Geschwindigkeit im offenen Meer operierten. Sturzflugbombardierung stellte zwar ein effektives Mittel gegen solche Ziele dar, doch dazu war klarer Himmel bis in 3000 m Höhe erforderlich, und die geringe Einsatzreichweite der Junkers Ju 87 Stuka schloß sie vom Angriff auf weit von der Küste entfernte Ziele aus. Deutsche Torpedobomber erzielten einige Erfolge, sie erforderten aber regelmäßiges Training, damit die Besatzungen auf der Höhe ihrer Aufgaben blieben. Diese Kräfte konnten zu keinen anderen Arten von Kriegshandlungen herangezogen werden, und es gab für sie nur selten die Gelegenheit, in Aktion zu treten.

Wegen dieser Beschränkungen räumte die Luftwaffe der Entwicklung effektiverer Waffen zum Einsatz gegen feindlichen Schiffsverkehr höchste Priorität ein. Im November 1941 begannen über der Ostsee Flugversuche mit einer vollkommen neuen funkgesteuerten Waffe, der Henschel-Hs-293-Gleitbombe. Die Hs 293 sollte bei Angriffen auf ungepanzerte Kriegs- oder Transportschiffe eingesetzt werden; sie erinnerte an ein kleines Tragflächenflugzeug und beförderte in ihrem Bug einen 500-kg-Gefechtskopf. Nach dem Ablassen vom Flugzeug beschleunigte ein Raketenmotor die Waffe auf eine Höchstgeschwindigkeit von

HENSCHEL Hs 293A

Typ: luftgestütze Lenkwaffe, konstruiert für den Einsatz gegen Schiffe
Triebwerk: ein Walter HWK 109-507 Flüssigkeitsraketen-Triebwerk mit 590 kg Schub für 12 Sekunden
Gefechtskopf: 500-kg-Sprengstoff-Gefechtskopf im Bug
Leistung: Höchstgeschwindigkeit am Ende der Brenndauer der Rakete 603 km/h, nach welchem die Waffe antriebslos ins Ziel gleitet; die effektive Reichweite unter Einsatzbedingungen hing von der Starthöhe ab, aber typisch waren etwa 8 km; die minimale operative Reichweite betrug etwa 4 km; entscheidend ist die Zeit, die benötigt wird, um die Kontrolle über die Rakete zu bekommen und sie in Visierlinie zum Ziel zu bringen.
Normale Startmasse: 900 kg
Abmessungen: Spannweite 3,14 m; Länge 3,44 m
Methode der Lenkung: mit Funksteuerung in Visierlinie
Datum des ersten Einsatzes: August 1943

etwa 600 km/h. Nach einer Brenndauer von zwölf Sekunden setzte das Raketentriebwerk aus und die Bombe flog dann auf das Ziel zu, wobei sie von einem Beobachter im Bug des Flugzeuges mittels einer Joystick-Knüppelsteuerung, die mit einem Funksender gekoppelt war, gelenkt wurde. Ein Leuchtzeichen im Heck der Waffe half bei der Kursführung, und die Aufgabe des Beobachters bestand darin, das Leuchtzeichen mit dem Ziel zu überlagern, bis die Waffe aufschlug. Um mehreren Flugzeugen gleichzeitige Gleitbombenangriffe zu ermöglichen, ohne daß bei den verschiedenen Leitsignalen Interferenzen auftraten, war jede Hs 293 voreingestellt auf die Verwendung eines von 18 unterschiedlichen Funkkanalen.

Anfang 1942 begannen Flugversuche mit einer zweiten Art von funkgesteuerten Lenkwaffen, der Ruhrstahl Fritz-X. Es handelte sich um eine Freifallbombe ohne Antrieb mit 1400 kg Gewicht, die feste Kreuzflügel in der Mitte des Bombenkörpers und bewegliche Steuerklappen am Heck zur Lenkung während des Fluges besaß. Nach dem Abwurf konnte die Waffe mit einem ähnlichen Funksteuerungssystem aufs Ziel gelenkt werden, wie es die Hs 293 hatte. Die Fritz-X war ausgelegt zum Einsatz gegen gepanzerte Kriegsschiffe; aus Höhen über 6100 m abgeworfene Bomben erreichten eine Aufschlaggeschwindigkeit, die zum Durchschlagen der Deckpanzerung eines Schlachtschiffs ausreichte.

Nach einer mehr als einjährigen Entwicklungs- und Erprobungsphase gingen die zwei neuen Waffen im Frühjahr 1943 in die Serienproduktion. Zwei Gruppen des Kampfgeschwaders 100 wurden auf speziell zum Führen dieser Bomben modifizierte Versionen der Dornier Do 217 umgestellt: die II. Gruppe erhielt die E-5-Variante, die unter jeder Außentragflächensektion eine Hs 293 tragen konnte, während die III. Gruppe die K-2-Variante erhielt, die eine Fritz-X-Bombe unter jeder Innentragfläche zwischen dem Motor und dem Rumpf führte. Die K-2 hatte Tragflächen mit einer 5,80 m größeren Spannweite als die anderen Bombervarianten, um die Fritz-X-Bomben auf Höhen über 6100 m zu bringen, damit diese während des Falls die benötigte Geschwindigkeit erreichten, um schwer gepanzerte Ziele zu durchschlagen. Beide Gruppen des KG 100 durchliefen über der Ostsee eine intensive Übungsphase mit den neuen Flugzeugen.

Anfang Juli 1943 wurde die III. Gruppe zu ihrer Operationsbasis in Marseilles/Istres im Süden Frankreichs verlegt. Die Einheit begann kurz darauf mit Kampfeinsätzen, doch anfangs erwies sich die Leistung der Fritz-X als enttäuschend. In der Abenddämmerung des 21. Juli griffen drei Maschinen alliierte Schiffe im Hafen von Augusta auf Sizilien an. Keine Treffer wurden erzielt. Ein Angriff auf Schiffe vor Syrakus zwei Tage später blieb ebenso erfolglos, wie auch Bombenabwürfe gegen Schiffe vor Palermo und Syrakus am 1. und 10. August. Zudem kosteten die letzten beiden Missionen die Gruppe drei Dornier und deren Besatzungen.

Inzwischen hatte die II. Gruppe ihren Einsatzstützpunkt bei Cognac in Westfrankreich bezogen. Die Einheit trat erstmals am 25. August mit ihren Gleitbomben in Aktion, als Hauptmann Heinz Molinnus zwölf Dornier zum Angriff auf eine U-Boot-Jagdgruppe der Royal Navy vor der Nordwestspitze Spaniens führte. Jede Maschine trug nur unter der Backbordtragfläche eine Hs 293 und führte unter der Steuerbordtragfläche einen 300-l-Abwurftank mit. Dieser Angriff erwies sich als kaum erfolgreicher als die vorherigen mit der Fritz-X, und nur der Zerstörer HMS *Landguard* wurde von einem Nahtreffer beschädigt.

In einem Folgeangriff zwei Tage danach zeigte sich die II. Gruppe weitaus erfolgreicher. Eine Streitmacht von 18 Dornier griff eine andere U-Boot-Jagdgruppe an, und diesmal erzielte eine Gleitbombe einen Volltreffer auf die HMS *Egret.* Die Explosion löste einen heftigen Brand aus, der die Munition im Achtermagazin des Schiffes zum Detonieren brachte. Das Schiff brach auseinander und versank mit schweren Menschenverlusten. In derselben Kampfhandlung erlitt der Zerstörer HMCS

RUHRSTAHL FRITZ-X

Typ: luftgestützte Lenkwaffe, primär konstruiert für den Einsatz gegen schwer gepanzerte Kriegsschiffe
Triebwerk: nicht vorhanden
Gefechtkopf: panzerbrechende 1400-kg-Bombe mit 300 kg Sprengstoff
Leistung: Die Waffe wird durch die Schwerkraft beschleunigt, so daß die Aufschlaggeschwindigkeit von der Abwurfhöhe abhängt. Bei einer Abwurfhöhe von 6700 m beträgt die Aufschlaggeschwindigkeit etwa 1200 km/h.
Abmessungen: Spannweite (über die kreuzförmigen Stabilisierungsflächen) 1,30 m; Länge 3,13 m
Methode der Lenkung: mit Funksteuerung in Visierlinie
Datum des ersten Einsatzes: August 1943

Athabaskan Explosions- und Splitterschäden, als eine Rakete in unmittelbarer Nähe im Wasser explodierte, doch erneut verfehlten die meisten Gleitbomben ihr Ziel.

Offensichtlich ließ sich ein beunruhigend hoher Anteil der Raketen nach dem Ablassen nicht richtig lenken, und eine technische Untersuchung wurde angeordnet. Sie brachte schnell Beweise für Sabotage am Flugzeug ans Licht. Feldwebel Fritz Trenkle, ein Techniker, der an den Funksystemen der Rakete arbeitete, erklärte, wie das bewerkstelligt wurde:

> Die Kommandolenksignale vom Flugzeugsender wurden über ein Koaxialkabel zur Antenne geführt, und irgend jemand hatte den zentralen Kontaktdraht etwa auf halber Länge durchgeschnitten und dann das Kabel wieder zusammengesetzt. Das war sehr geschickt, und offensichtlich von einem Fachmann gemacht. Als wir die Sender am Boden vor Anlassen der Motoren testeten, gab der zentrale Kontaktdraht noch ausreichenden Kontakt, und die Signale wurden richtig abgestrahlt. Doch bei laufenden Motoren verursachte die Vibration an der durchschnittenen Stelle einen Wackelkontakt, so daß längere Zeit die Lenksignale die Antenne nicht erreichten. Als wir den Grund für das Versagen entdeckt hatten, überprüften wir alle Maschinen für die 293 und stellten fest, daß etwa die Hälfte von ihnen auf diese Weise „präpariert“ worden waren.

Der deutsche Sicherheitsdienst führte umfassende Nachforschungen durch, um den Schuldigen zu finden, doch ohne Erfolg. Wir werden niemals erfahren, wie viele alliierte Matrosen ihr Leben der List und dem Geschick des namenlosen Saboteurs verdanken. Als der Grund für das Versagen bekannt war, behob man die Defekte schnell, und plötzlich bewiesen die neuen Lenkwaffen ihre furchtbare zerstörerische Wirkung.

DORNIER Do 217K-2

Typ: viersitziger Bomber und Raketenträger
Triebwerk: zwei BMW 801D 14-Zylinder-Sternmotor mit je 1700 PS beim Start
Bewaffnung: normale operative Bombenzuladung etwa 2220 kg (bis zu 906 kg mehr bei Kurzstrecken-Angriffen); oder eine oder zwei Fritz-X-Lenkbomben (bei Kurzstrecken-Angriffen) jede mit einem Gewicht von 1400 kg an externen Bombenträgern unter den Tragflächen zwischen dem Motor und dem Rumpf; ein MG 151 15-mm-Maschinengewehr im Drehturm auf dem Rumpfrücken, zwei bewegliche MG 131 13-mm-Maschinengewehre und drei MG 81 7,9-mm-Zwillings-Maschinengewehre, die vorwärts, heckwärts und nach je einer Seite der Kabine feuerten
Leistung: Höchstgeschwindigkeit 504 km/h in 3840 m Höhe; maximale Marschgeschwindigkeit 450 km/h in 3840 m Höhe; normale Angriffsgeschwindigkeit mit Fritz-X-Waffe 470 km/h in 6400 m Höhe; Aktionsradius mit einer Fritz-X-Bombe mit normalen operativen Reserven 1320 km
Normale Startmasse bei Kampfeinsätzen: 16 591 kg
Abmessungen: Spannweite 24,49 m; Länge 17,00 m; Tragflügelfläche 66,98 m^2
Datum der Indienststellung von Do 217K-2: Frühjahr 1943

Am 9. September verkündete die italienische Regierung, daß sie mit den Alliierten Frieden schließt. Unter den Bedingungen des Waffenstillstandes sollte die italienische Kampfflotte nach Malta zur Kapitulation fahren. Major Bernhard Jope, der Kommandeur der III. Gruppe, war eine Woche vorher von dieser Möglichkeit unterrichtet worden (deutsche Kryptographen konnten während des größten Teils des Krieges die italienischen Marinecodes entziffern). Während also Deutschland und Italien nominell auf derselben Seite kämpften, hatte Jope in Istres Flugzeuge in Bereitschaft für den Angriff auf Kriegsschiffe des „Verbündeten".

Als sich die Armada von drei Schlachtschiffen, sechs Kreuzern und acht Zerstörern der Meeresenge von Bonifacio zwischen Korsika und Sardinien näherte, holte Jope an der Spitze von zwölf Dornier die Schiffe ein. Jedes Flugzeug trug eine Fritz-X, und die Bomber führten Angriffe aus Höhen von etwa 6700 m aus, wobei sie sich auf die Schlachtschiffe konzentrierten. Trotz heftiger Ausweichbewegungen durch die Schiffe und konzentriertem Luftverteidigungsfeuer erzielte eine der Raketen einen Volltreffer auf das italienische Flaggschiff, das moderne Schlachtschiff *Roma*. Die Waffe traf mittschiffs mit einer Geschwindigkeit von etwa 1200 km/h auf und durchschlug glatt den Rumpf, bevor sie unmittelbar unter dem Schiff detonierte. Die gewaltige Explosion zerstörte die Dampfturbinen auf der Steuerbordseite des Kriegsschiffes, wodurch es an Geschwindigkeit verlor. Wenige Minuten später nahm die *Roma* einen zweiten Treffer direkt vor der Brücke, der den übrigen Teil ihrer Maschinen außer Betrieb setzte. Das Kriegsschiff verlor nun schnell an Geschwindigkeit und heftige Brände tobten im Rumpf. Ein Teil der Feuersbrunst erreichte das vordere Magazin und brachte die dort gelagerte Munition zur Detonation. Der Rumpf war durch den ersten Treffer bereits geschwächt, nun riß die zweite riesige Explosion das Schiff in zwei Teile, wobei der größte Teil der Mannschaft mit dem Wrack unterging. In derselben Aktion erhielt die *Italia,* ein Schwesternschiff der *Roma* mit dem früheren Namen *Littorio,* einen Treffer von einer Fritz-X. Sie nahm 800 m^3 Wasser auf, konnte jedoch ihre Fahrt mit leicht verringerter Geschwindigkeit nach Malta fortsetzen. Die Waffen verursachten auch Schäden an zwei Zerstörern.

Am selben Tag landeten alliierte Truppen bei Salerno in Süditalien, und in den folgenden Tagen wurden die Schiffskonzentrationen vor der Küste wiederholt von Lenkwaffen tragenden Dornier angegriffen. Am 11. September traf eine Fritz-X den Kreuzer USS *Savannah* am vorderen Geschützturm, detonierte im Munitionsbereitstellungsraum und tötete oder verwundete 270 Mann. Die Wucht der Explosion riß ein Loch in die Unterseite des Schiffes, wobei durch die aufgerissene Naht Meerwasser einströmte und die Kessel des Schiffs löschte. Nur das schnelle Handeln der Schadensbegrenzungsteams rettete das Schiff. Zwei Tage später verursachte ein ähnlicher Angriff auf den Kreuzer HMS *Uganda* der Royal Navy schwere Schäden, die eine mehr als einjährige Reparatur erforderlich machten.

Am 16. September leistete das Schlachtschiff *Warspite* der Royal Navy in Küstennähe Gefechtsunterstützung für die Bodentruppen, als es mit drei Fritz-X attackiert wurde. Eine schlug mittschiffs nahe dem Schornstein ein, durchschlug sechs Decks und explodierte dann auf dem doppelten Schiffsboden, in den sie ein Loch riß. Die beiden anderen Bomben erzielten Nahtreffer, die tiefe Schlitze in die Steuerbordschotten rissen. Das Schiff verlor Dampf und ließ sich nicht mehr steuern, der Radar sowie die Waffensysteme funktionierten nicht mehr, und es nahm 5000 m^3 Wasser auf. Das Schlachtschiff wurde zu Reparaturen nach Malta geschleppt, blieb aber fast ein Jahr gefechtsuntauglich.

Die II. Gruppe trat in dieser Zeit ebenfalls in Aktion, doch in mehreren Fällen erweist es sich als schwierig festzustellen, welcher Typ von Lenkwaffen den Verlust eines bestimmten versenkten Schiffs bewirkte. In den sechs Wochen nach der alliierten Landung in Salerno verursachten die Lenkwaffen tragenden Dornier ernste Schäden an vier weiteren Kriegsschiffen und versenkten vier kleinere Schiffe. Als der alliierte Brückenkopf ausgebaut wurde, verbesserte sich die Luftverteidigung spürbar, und in den bewußten 42 Tagen verloren die beiden Gruppen zwölf Besatzungen im Kampf. Bis zum Jahresende griffen die Lenkwaffen tragenden Dornier von Zeit zu Zeit alliierte Geleitzüge durch das Mittelmeer an. In einer solchen Auseinandersetzung am 11. November nahmen sechzehn Dornier 217 der II. Gruppe zusammen mit vierzig Torpedobomber He 111 und Ju 88 vom Kampfgeschwader 26 an einem koordinierten Angriff gegen einen Geleitzug vor Oran teil. Drei große Frachter und ein Tanker wurden versenkt bei Eigenverlusten von einer Dornier und sechs Torpedobombern.

Mit nur unvollständigen Informationen über die Arbeitsweise der deutschen Flugkörper stellte das US-Marineforschungslaboratorium in Annapolis eine kleine Serie von provisorischen Störsendern her. Zwei von ihnen wurden auf den Zerstörern USS *Davies* und USS *Jones* installiert, die im Mittelmeer zum Einsatz kamen.

Im November 1943 war eine dritte Luftwaffeneinheit mit He 293 einsatzfähig, die mit den schweren Bombern Heinkel He 177 ausgerüstete II. Gruppe des Kampfgeschwaders 40. Bei der ersten Kampfhandlung mit Gleitbomben gegen einen Geleitzug westlich der Biskaya versenkte die Gruppe am 21. November ein Handelsschiff und beschädigte ein weiteres.

Am 26. November traten die Heinkel 177 erneut in Aktion, als Major Rudolf Mons 21 Maschinen mit je zwei Gleitbomben zum Angriff auf einen Geleitzug nahe Algier führte. Die Zerstörer *Davies* und *Jones* gehörten zum Geleitschutz des Konvois, und sie begannen sofort nach der Registrierung von Raketenlenksignalen mit der Funkstörung. Wie sich später herausstellte, blieb die Störmodulation wirkungslos, und es ist zweifelhaft, ob sie eine der Raketen ablenkte. Die Gleitbomben erzielten Treffer am großen Truppentransporter *Rohna* und versenkten ihn, wobei viele Männer das Leben verloren. Dann erschienen alliierte Jäger im Kampfgebiet, und ihr intensiver Gegenangriff zwang die Heinkel, die Lenkung der Flugkörper einzustellen und den Rest der Gleitbomben ins Meer zu werfen. Sechs Bomber wurden abgeschossen, weitere beschädigt. Rudolf Mons, einer der erfolgreichsten deutschen Piloten im Kampf gegen Schiffe, kam dabei ums Leben.

Die nächste größere Landeoperation der Alliierten im Mittelmeer erfolgte am 21. Januar 1944 bei Anzio. Die Dornier der II./KG 100 gingen erneut in den Kampf, doch inzwischen hatten die Alliierten die außerordentliche Bedeutung von starker Jägerunterstützung und wirkungsvollen Flakstellungen erkannt, die so bald wie möglich nach der Landung einzurichten waren. Daher gab es für die Lenkwaffen tragenden Bomber keine leichten Ziele mehr. In den dreieinhalb Wochen nach der Landung versenkten Gleitbomben den Kreuzer HMS *Spartan,* zwei Zerstörer und mindestens vier Transportschiffe bei Eigenverlusten der Gruppe von sieben Besatzungen.

Typisch für die Angriffe der II. Gruppe in dieser Zeit war der am Abend des 15. Februar. Neun Do 217 mit je zwei Gleitbomben starteten von Bergamo bei Mailand zum Angriff auf den Schiffsverkehr vor dem Brückenkopf. Es herrschte beinahe Dunkelheit, als die einzeln fliegenden Bomber im Zielgebiet eintrafen. Oberfeldwebel Paul Balke, Flugmechaniker in einer Dornier, beschrieb die Kampfhandlung aus seiner Sicht:

> Als wir ankamen, lief der Angriff bereits. Wir sahen zwar keine andere Dornier, doch von der Heftigkeit des Flakfeuers konnte man ihre Anwesenheit ablesen. Die Schiffe schossen ein schreckliches Sperrfeuer, wie auch die Batterien an Land; einige der Kriegsschiffe legten auch Rauchvorhänge. Wir stiegen auf etwa 2500 m und umkreisten das Ziel, dann wählten wir ein Schiff aus und steuerten darauf zu. Hauptmann Schacke, der Beobachter, ließ die linke Bombe aus etwa 7 km Entfernung ab, was hieß, daß die Bombe eine Flugzeit von etwa 50 Sekunden hatte. Nach dem Aussetzen konnten wir das rote Leuchtsignal im Heck des Flugkörpers genau sehen, als Schacke ihn zum Schiff lenkte. Aus meiner Sicht schien das Leuchtsignal fast stationär zu sein; jedes Mal, wenn es sich etwas vom Ziel entfernte, lenkte Schacke es wieder zurück. Mit größerer Entfernung wurde das Leuchtsignal immer schwächer, dann gab es eine weiße Explosion, als die Bombe fast mittschiffs einschlug.

Die Dornier wendete und zog aus dem verteidigten Gebiet heraus, wendete dann erneut zu einem zweiten Angriff, und die Besatzung richtete die Maschine auf ein anderes Schiff aus. Doch bald nach dem Start der zweiten Gleitbombe konzentrierten mehrere Schiffe ihr Feuer auf den Bomber. Bei der folgenden Fülle an Leuchtspurgeschossen verlor Schacke das Leuchtsignal des Flugkörpers aus den Augen und konnte daher keinen Einfluß mehr auf die Flugbahn nehmen.

Per Zeppelin nach Afrika
Oben: Die 22-Mann-Besatzung der *L59* nach ihrer Rückkehr von ihrem dramatischen Flug nach Afrika. Kapitänleutnant Ludwig Bockholt, der Kapitän des Luftschiffs, ist in der Mitte der hinteren Reihe mit dunkler Schirmmütze und dunklem Ledermantel zu sehen. (WM)

Tag der Luftschlacht um England: 15. September 1940
Unten: Das Foto vom Morgen des 15. September zeigt die Besatzung einer Dornier Do 17 des Kampfgeschwaders 76 in Beauvais vor dem Start zum Angriff auf London. Reichlich zwei Stunden später wurde der Bomber von britischen Jägern abgeschossen. Oberleutnant Wilke (zweiter von links) und Feldwebel Zrenner (rechts) sprangen ab und wurden gefangengenommen; die übrigen fanden den Tod. (Rehm)

Unten links: Mit abgerissenem Heck nach dem Rammen durch Ray Holmes machte diese Dornier einen plötzlichen Abschwung, und beide Verkleidungsbleche der äußeren Tragflächen brachen ab. Dann fiel der Bomber mit heftigem Trudeln vom Himmel. Die Hurricane von Ray Holmes ist darunter im unkontrollierten Sturzflug zu sehen.
Unten rechts: Das abgetrennte Heck der Dornier beim Absturz über Londons Zentrum. Es fiel auf das Dach eines Hauses in der Horseferry Road.

Oben: Sergeant Ray Holmes der No 501 Squadron, der glücklich mit dem Leben davonkam. (Holmes)

Rechts: Oberleutnant Peter Schierning vom Kampfgeschwader 53, dessen Heinkel He 111 in den Kampfhandlungen am Nachmittag des 15. September durch Flak bei Chatham beschädigt wurde, was ihn zum Verlassen der Formation zwang. Der Bomber wurde von Hurricanes abgeschossen.

Präventivschlag

Gegenüber, oben: Leutnant Diether Lukesch der III. Gruppe des Kampfgeschwaders 76, links im Bild, dessen Beschreibung des Angriffs auf den Flugplatz Krudziai in Litauen am 22. Juni 1941 in diesem Bericht enthalten ist. Er und sein Beobachter, Leutnant Dipesen, stehen im Bild vor ihrem Bomber Junkers Ju 88. (Lukesch)

Gegenüber, unten: Blick auf den Flugplatz Krudziai, als die Ju 88 des KG 76 zum Angriff anflogen. Obwohl der Angriff mehrere Stunden nach Beginn der deutschen Offensive stattfand, kam er völlig überraschend. Die Bomber Tupolew SB-2 sind noch immer in schöner Reihe vor dem Wald aufgestellt. (Lukesch)

Oben: Feldflugplatz Schaulen in Litauen nach der Einnahme durch deutsche Truppen. Im Vordergrund eine Polikarpow I-16, der häufigste sowjetische Jägertyp im Sommer 1941. Der Schaden an der Tragfläche des SB-2-Bombers ganz rechts im Bild entstand wahrscheinlich durch einen direkten Treffer mit einer SD-2-Splitterbombe. Über dem Heck der I-16 ist eine Gloster Gladiator zu sehen, eine der Maschinen, die der litauischen Luftwaffe vor dem Krieg geliefert wurden. (Lukesch)

Unten links: Die SD-2, eine 2-kg-Splitterbombe, die während des Feldzuges gegen die Sowjetunion in großer Zahl eingesetzt wurde. Diese Waffen erwiesen sich manchmal als gefährlich für die Verwender, und in der Luftwaffe trugen sie den Spitznamen „Teufelseier".

Unten rechts: Ein deutscher Tiefflieger klinkt eine Reihe von SD-2-Bomben über einem sowjetischen Flugplatz aus. Im Vordergrund ein Polikarpow I-15-Doppeldecker und ein Tankfahrzeug. (Dierich)

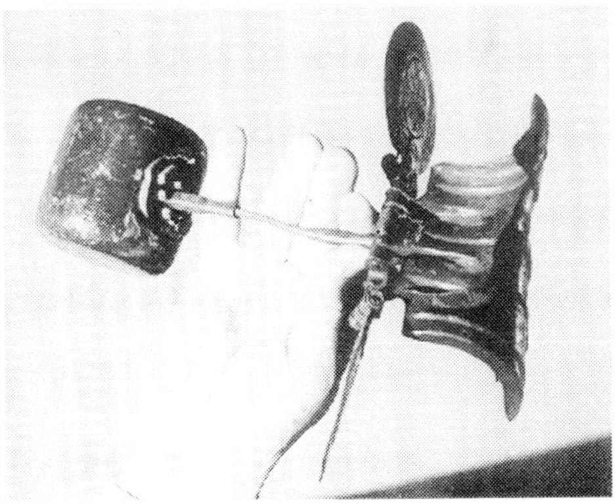

Fernlenkraketen geben ihre Visitenkarte ab

Vorhergehende Doppelseite: Ein Liberator-Patrouillenflugzeug der Royal Air Force, ein Typ, der den Zielsuchtorpedo „Mark 24 Mine" ins Gefecht führte. Um die U-Boote zum Tauchgang zu zwingen, damit sie mit der neuen Waffe angegriffen werden können, trägt das Flugzeug Startvorrichtungen für acht 27-kg-Raketen an den Seiten des Rumpfes.

Oben: Eine Dornier Do 217 der II. Gruppe des Kampfgeschwaders 100 mit einer Gleitbombe Henschel Hs 293 am Bombenträger unter der äußeren Steuerbordtragfläche. (via Girbig)

Unten: Ein dramatisches Standbild aus einem Schmalfilm eines Offiziers der Royal Navy während eines Gleitbombenangriffs auf sein Schiff. Die Waffe verfehlte ihr Ziel – doch nicht um viel!

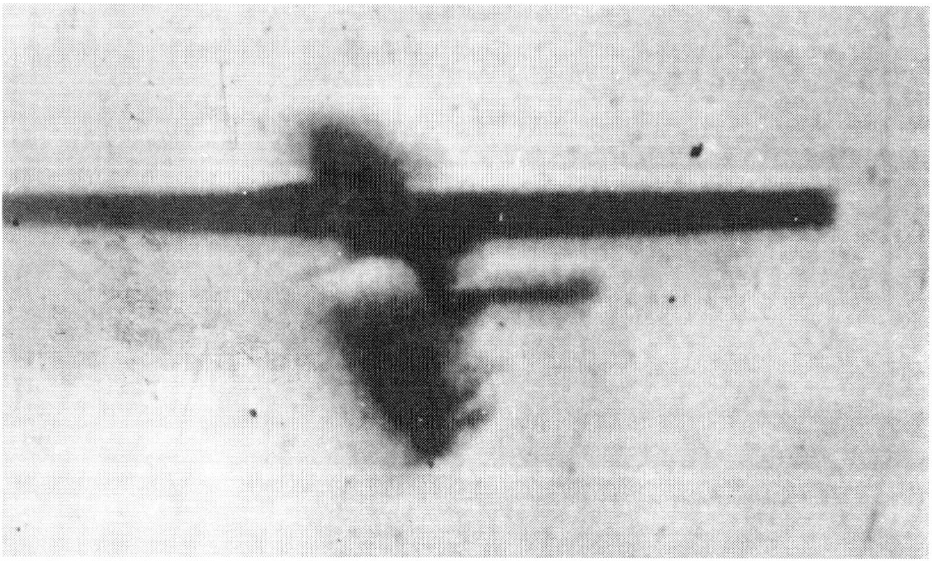

Oben: Die Fregatte *Egret* der Royal Navy explodiert am 27. August 1943, nachdem ein Treffer mit einer Gleitbombe die Munition im Achtermagazin detonieren läßt.

Unten: Eine Fritz-X-Lenkbombe unter dem Rumpf eines Heinkel He 177 Bombers. Aus einer Höhe von etwa 6100 m erreichte diese antriebslose Waffe beim Aufschlagen fast Schallgeschwindigkeit.

Bildstelle
III. K.G. 100
C = Körper
---- = Leuchtsatzschweif
Ø = Einschlag
Volltreffer auf Ital. Schlachtschiff
Klasse „Littorio" 35000 t
Aufgen. u. geworfen am 9.9.43 + 15,40
Beob. Uffz. Degan
Maßstab etwa 1: 9400
Treffer auf Achterdeck

Links: Ein Foto vom Nachmittag des 9. September 1943, während des Angriffs von Dornier Do 217 auf das italienische Schlachtschiff *Roma*. Das Schiff nimmt ein Hochgeschwindigkeitsausweichmanöver nach Backbord vor. Eine Bombe hat im Achterdeck eingeschlagen, eine weitere wird von rechts auf sie gelenkt (das Kursführungsleuchtsignal ist mit einer gestrichelten Linie und einem Halbkreis gekennzeichnet). (Jope)

Bombenhagel auf Berlin

Unten: Colonel „Hub" Zemke führte die Begleitschutzjäger P-47 Thunderbolt der 56th Fighter Group in den Kampfhandlungen am 6. März 1944. Während der Anfangskämpfe über Haselünne schoß er die FW 190 von Leutnant Wolfgang Kretschmer der II. Gruppe, Jagdgeschwader 1, ab. (USAF)

Links: Kretschmer sprang aus seiner brennenden Maschine mit dem Fallschirm in Sicherheit. (Kretschmer)

Unten: „Flak so dicht, daß man darauf laufen könnte", hier von einer B-24 Liberator der 453rd Bomb Group am 6. März 1944 über Berlin aufgenommen. (Cripe)

Gegenüber, oben: Eine Bombenreihe von zwölf 225-kg-Bomben fällt aus einer Liberator der 446th Bomb Group. Am oberen Bildrand einer der Havelseen am Berliner Stadtrand. (USAF)

Gegenüber, unten: Ein täuschend friedliches Bild einer B-17 „Flakstop" von der 452nd Bomb Group beim Flug über Bremen auf dem Rückweg von Berlin am 6. März 1944. Etwa zehn Minuten nach dieser Aufnahme wurde der Bomber von deutschen Jägern abgeschossen. (USAF)

L
V

Oben: B-24 Liberator der 392nd Bomb Group nach der Bruchlandung bei Amersfoort in Holland. Alle Besatzungsmitglieder wurden gefangengenommen.

Kampf gegen die amerikanische Flotte
Unten: Das Mitsubishi A6M5 Modell 52 („Zeke"), der Standardjäger der japanischen Trägerkräfte im Sommer 1944, war der Hellcat in fast allen Leistungsparametern unterlegen, die für Luftkämpfe zwischen Jägern von Bedeutung sind.

Luftaufklärung über der Normandie
Gegenüber: Leutnant Erich Sommer flog am 2. August 1944 die erste Aufklärungsmission der Welt in einer Düsenmaschine, als er am Steuer einer Arado Ar 234 fast das gesamte Festsetzungsgebiet der Alliierten in der Normandie aufnahm. (Sommer)

Oben: Ein Ar 234 Prototyp kurz nach dem Abheben von seinem ungewöhnlichen Startwagen. Der Fallschirm zur Verlangsamung des Startwagens ist gerade beim Öffnen. Das Fehlen eines solchen Wagens in Juvincourt verzögerte die erste Aufklärungsmission per Düsenflugzeug um eine Woche.

Unten: Eines der Fotos, das während des Aufklärungsflugs von Erich Sommer am 2. August 1944 über der Normandie aufgenommen wurde, zeigt den „vorgefertigten Hafen" der Alliierten bei Asnelles-sur-Mer.

An jenem Abend versenkten Gleitbomben den 7000-Tonnen-Transporter *Elihu Yale* und ein Tanklandefahrzeug. Trotz der Heftigkeit der Luftabwehr kehrten alle Dornier sicher nach Bergamo zurück; gewöhnlich hatten sie weniger Glück.

Inzwischen hatten die Alliierten ein unversehrtes Muster des Empfängers der Hs 293 erbeutet, das schnell seine Geheimnisse preisgab. Sobald die genaue Wirkungsweise entdeckt war, entwickelte das Marineforschungslaboratorium den leistungsstarken MAS-Störsender gegen die deutschen Lenkwaffen. Der Schwachpunkt des Lenksystems bestand darin, daß es Tonmodulationen auf 1, 1,5, 8 und 12 kHz verwendete, um die entsprechenden Befehle „hoch", „nieder", „nach links" oder „nach rechts" während des Flugs zu übermitteln. Der MAS-Störsender konzentrierte seine ganze Leistung auf nur eine der Tonmodulationsfrequenzen und nutzte somit die verfügbare Leistung am wirkungsvollsten aus. Bei Versuchen mit dem erbeuteten Empfänger demonstrierte das MAS-Gerät seine Wirksamkeit, und die Produktion des Störsenders wurde angewiesen. Fünfzig dieser Sender wurden hergestellt und in Geleitschutzschiffe eingebaut.

Die Luftwaffe erwartete voller Zuversicht, daß die Hs 293 und die Fritz-X den Alliierten bei ihrer überfälligen Landung in Nordeuropa schwere Verluste beibringen würden. Die spezialisierten Schiffsbekämpfungseinheiten wurden im Fliegerkorps X mit Stützpunkt in Südfrankreich unter dem Kommando von Generalleutnant Alexander Holle zusammengefaßt. Frühere Angriffe mit Lenkbombeneinsatz erfolgten mit 25 oder weniger Flugzeugen. Durch sorgfältiges Haushalten mit allen Mitteln hatte Holle Ende Mai 1944 eine beachtliche Streitmacht an Raketenbombern versammelt – vier Gruppen mit einer Gesamtstärke von 136 Heinkel He 177, Dornier Do 217 und Focke Wulf FW 200. Diese ergänzten vier Gruppen mit 136 Torpedobombern Junkers Ju 88.

Nach Einbruch der Dunkelheit am Abend des D-Tages (6. Juni 1944) startete Fliegerkorps X etwa vierzig Raketen- und Torpedobomber zum Angriff auf alliierte Schiffskonzentrationen vor dem Brückenkopf. Als die Bomber im Landungsgebiet ankamen, erwartete sie ein heftiger Empfang von den Schiffskanonen, während Geleitschutzschiffe mit Rauchvorhängen und Störung der Funkkanäle zusätzliche Probleme für die Gleitbombenlenkung bereiteten.

Davon ganz abgesehen erwiesen sich Nachtangriffe mit Lenkwaffen viel schwieriger als Tagaktionen. Im Fall der Hs 293 gab es eine Mindeststartentfernung von 4 km, und unter Gefechtsbedingungen war es erforderlich, das Ziel erstmals in doppelter Entfernung zu erfassen, damit das Flugzeug vor dem Start auf das Ziel ausgerichtet werden konnte. Außer bei hellem Mondlicht mußten andere Flugzeuge Leuchtraketen abwerfen, um die Ziele zu beleuchten. Bei so vielen Schiffen im Invasionsgebiet gab es die Schwierigkeit der Koordination der Aktivitäten der Leuchtraketen- und der Angriffsflugzeuge. Infolgedessen befanden sich die beleuchteten Schiffe oft zu weit entfernt von den Bombern, und wenn sich dann diese in Position gebracht hatten, erloschen die Leuchtraketen. Wegen der Stärke der Luftverteidigung mußten die Angriffe gewöhnlich in großer Eile ausgeführt werden. Zusammen mit der Dunkelheit, der Funkstörung durch MAS-Geräte und den Rauchvorhängen reduzierte sich die Wirksamkeit der Gleitbomben erheblich.

Einige Flugzeuge versuchten Angriffe mit Fritz-X-Bomben zu fliegen, doch um Treffer zu erzielen, mußte das Ziel mindestens aus 4575 m Höhe sichtbar sein. Klarer Himmel war also eine unabdingbare Voraussetzung für einen erfolgreichen Angriff, und solche Bedingungen sind über dem Ärmelkanal ziemlich rar.

In den Wochen nach der Landung in der Normandie warf sich das Fliegerkorps gegen die starken Verteidigungskräfte, die die alliierten Schiffskonzentrationen beschützten. Sie konnten allerdings nur wenige Erfolge vorweisen. In den zwei Wochen nach dem D-Tag wurden im Ergebnis von Luftangriffen mit konventionellen Bomben oder Lenkwaffen bloß zwei alliierte Schiffe versenkt und sieben beschädigt.

Gleitbomben und Lenkbomben fanden größtenteils nur bei Angriffen auf Seeziele Anwendung, um die Wahrscheinlichkeit zu verringern, daß eine dieser Waffen in die Hände der Alliierten fällt (ein Gebot, daß noch lange bestand, nachdem die Alliierten genügend Teile von beiden Waffen erbeutet hatten, um sich die Operationsprinzipien zu erschließen). Ende Juli 1944 nahmen amerikanische Truppen intakte Brücken über die beiden Flüsse am Südende der Halbinsel von Cherbourg ein; mehrere Divisionen strömten über die Brücken und schwärmten in das unverteidigte Land dahinter aus. In dem verzweifelten Versuch, den Vormarsch zu verlangsamen, erhielt die Luftwaffe die Erlaubnis, die Hs 293 erstmals gegen Landziele einzusetzen. Die Do 217 der III. Gruppe des KG 100 griffen am 2., 4., 5. und 6. August nachts diese Brücken an und verloren dabei sechs Maschinen und Besatzungen. Eine Brücke erhielt Treffer, doch es entstand kein schwerer Schaden; nach provisorischen Reparaturen durch Pioniere der US Army konnte sie weiter genutzt werden.

Nach dem Rückzug der Reste des Fliegerkorps X aus Frankreich im August 1944 kam die Fritz-X nicht mehr zum Einsatz und auch die Hs 293 erlebte kaum noch einen Kampf. Der letzte erfaßte Angriff mit Gleitbomben erfolgte am 12. April 1945, als ein Dutzend Do 217 des Kampfgeschwaders 200 diese Waffen gegen von der Sowjetarmee eingenommene Brücken über die Oder einsetzte, über die die Truppen nach Westen strömten. Die Angreifer vermeldeten zwar einige Treffer, doch die meisten Brücken blieben verwendungsfähig und der erbarmungslose Vormarsch der Sowjets setzte sich fort.

Die von den Hs 293 und Fritz-X erzielten Erfolge rechtfertigten vollkommen den Einsatz der Mittel für ihre Entwicklung und Herstellung. Fast alle diese Erfolge kamen jedoch innerhalb von zwei Monaten nach Ersteinsatz dieser Waffen, und danach verschlechterte sich ihre Effektivität ständig. Dafür gab es zwei Gründe. Erstens sollte immer berücksichtigt werden, daß eine aus der Luft gestartete Waffe keinen Deut besser ist als die Fähigkeit des Trägerflugzeugs, sie in Zielreichweite zu bringen und sie – wie im Fall beider deutscher Waffen – auch während des Fluges bis zum Aufschlag zu lenken. Sobald die Alliierten von der Existenz der neuen Waffen Kenntnis hatten, tauchte nur noch selten ein lohnendes Seeziel in Reichweite der deutschen Bomber ohne starke Jägerunterstützung auf. Wenn das lenkende Flugzeug in der Bombenflugphase Manöver zur Vermeidung von Jägerangriffen fliegen mußte, wurde eine weitere Lenkung unmöglich. Zweitens ist es fast unvermeidlich, daß einzelne neue Waffen intakt in Feindeshand gelangen, wenn sie bei Kämpfen verwendet werden. Das führt zur Aufdeckung der Schwachpunkte des Systems und der Feind nutzt diese zur Entwicklung geeigneter Gegenmaßnahmen. Im Fall der deutschen Lenkwaffen erwies sich das tonmodulierte Lenksystem, das sich durch die MAS-Geräte stören ließ, als Achillesferse. Nach Installation des neuen Störgeräts an Bord der Marinegeleitschiffe der Alliierten erreichten die deutschen Waffen nur noch wenig.

6

BOMBENHAGEL AUF BERLIN

Die Bomberoffensive der USA gegen Deutschland setzte einige der größten Luftgefechte der Geschichte in Gang. Am 6. März 1944 schlug die Eighth Air Force ihre schwerste Schlacht gegen die deutsche Luftwaffe und erlitt ihre größten Verluste im Verlauf des ersten großangelegten Tagangriffs auf „The Big B“ – Berlin. Dieses Kapitel berichtet über jene Kämpfe.

Anfang März 1944 hielt sich die US Eighth Air Force für stark genug, sich der höchsten Herausforderung zu stellen – einem großangelegten Tagangriff auf Berlin, dem am stärksten verteidigten Ziel Deutschlands. Nach einigen Anläufen fand der Angriff am 6. März statt.

An der Berlin-Mission nahmen insgesamt 563 B-17 „Fliegende Festungen“ und 249 B-24 Liberator teil. Die 1st Bomb Division mit 301 B-17 sollte in fünf Geschwaderformationen die VKF Kugellagerfabrik in Erkner, die drittgrößte ihrer Art in Deutschland, angreifen. Die 2nd Bomb Division mit 249 B-24 Liberator sollte in drei Geschwaderformationen die Daimler-Benz-Werke in Genshagen bombardieren, die damals mehr als eintausend Flugzeugmotoren pro Monat herstellten. Das Angriffsziel der 3rd Bomb Division mit 262 B-17 in sechs Geschwaderformationen galt dem Bosch-Werk Kleinmachnow, das elektrische Ausrüstungen für Flugzeuge und Militärfahrzeuge herstellte.

Für ein so weitreichendes Vordringen in feindlichen Luftraum – 1300 km von der holländischen Küste bis Berlin und zurück – hing viel vom Geschick des Begleitschutzes ab, um sich der unvermeidlichen Angriffe deutscher Jäger zu erwehren. 15 Gruppen P-38 Lightning, P-47 Thunderbolt und P-51 Mustang der Ninth Air Force und drei Mustang-Staffeln der RAF – insgesamt 691 Jäger – waren zur Unterstützung der Operation vorgesehen. Nachdem sie den Bombern in der Anfangsphase des Vordringens in feindlichen Luftraum Deckung gegeben hatten, kehrten 130 Thunderbolt laut Plan zum Auftanken und Aufmunitionieren zur Basis zurück, um dann nach Ostholland zurückzufliegen und den Bombern beim letzten Teil des Rückfluges Deckung zu geben.

Zahlenmäßig gesehen war der Begleitschutz übermächtig, doch zwei Faktoren setzten ihm Grenzen bezüglich der Anzahl der Begleitjäger, die die Bomber vor Angriffen der deutschen Jäger schützen konnten. Die erste Beschränkung betraf den begrenzten Aktionsradius der Begleiter; mit Abwurftanks vermochten die Jäger tief nach Deutschland einzudringen, aber nur, wenn sie in gerader Linie flogen. Als Bomberbegleitschutz mußten sie ihre Kampfgeschwindigkeit beibehalten und dennoch ihr Tempo an das der langsameren Bomber anpassen. Deshalb flogen sie einen Zickzackkurs, was die zurückgelegte Strecke deutlich verlängerte. Außerdem benötigten die Begleitjäger eine Treibstoffreserve, wenn sie in den Kampf gingen. Diese Faktoren beschränkten die Zeit, die eine Jägergruppe bei den Bombern über Deutschland blieb, auf etwa eine halbe Stunde oder 160 km der vom Bomberverband geflogenen Strecke. Dann übernahm, wenn alles klappte, eine andere Jägergruppe. So glich der Begleitschutz bei einem Angriff tief in Feindesland einem Staffellauf. Einige Jägereinheiten begaben sich zu den Bombern, einige begleiteten sie und andere kehrten von ihnen zurück. Zu jedem Zeitpunkt befanden sich also immer nur etwa 140 alliierte Jäger als Begleitschutz beim Bomberstrom, d. h. weniger als ein Sechstel der Zahl der Bomber, die an jenem Tag Einsätze flogen.

Die zweite ernsthafte Beschränkung ergab sich aus der großen Länge des Bomberstroms: 150 km beim Angriff auf Berlin. Würden sich die 140 Begleitjäger über die ganze Strecke gleichmäßig verteilen, kämen nur drei Jäger als Schutz auf 3½ km Bomberstrom. Taktisch gesehen, wäre das eine nutzlose Verteilung gewesen. Die Lösung bestand darin, etwa die Hälfte des Begleitschutzes um die zwei an der Spitze fliegenden Kampfbombergeschwader zu konzentrieren, denn dieser Teil des Verbandes würde mit größter Wahrscheinlichkeit von den deutschen Jägern angegriffen. Die übrigen Begleitjäger teilten sich in Achterformationen, die an den Flanken des übrigen Bomberstroms patrouillierten. Das bedeutete, daß zu jedem Zeitpunkt die meisten Bombergeschwaderformationen keinen Begleitschutz besaßen, der in der Lage gewesen wäre, sofort auf Angriffe deutscher Jäger zu reagieren. Bis zum Eintreffen von Hilfe mußten sich die Bomber auf ihre eigene defensive Feuerkraft verlassen, um die Angreifer abzuwehren.

Früh 7.50 Uhr begannen die Bomber der Eighth Air Force von ihren Basen in Ostengland zu starten. In der Luft sammelten sie sich zu Gruppenformationen, dann fanden sich die Gruppen zu Kampfbombergeschwader zusammen. Beim Überqueren der Küste Englands an festgelegten Stellen und zum geplanten Zeitpunkt scherten die Geschwader in Position, um Divisionen zu bilden. Um 10.53 Uhr passierte die Spitze der führenden 1st Bomb Division die holländische Küste, also reichlich drei Stunden nach dem Start der ersten Maschinen.

Als sich die Bomber zu Formationen gruppierten, wurden sie aufmerksam von deutschen *Mammut*- und *Wassermann*-Frühwarnradarstationen in Holland und Belgien beobachtet. Deren Meldungen gingen an die Jägerleitbunker, von denen aus die Luftverteidigung des deutschen Heimatlandes gelenkt wurde. Die bald beginnenden Kampfhandlungen wurden vom Hauptquartier der 3. Jägerdivision bei Arnheim in Holland, dem der 2. Jägerdivision in Stade bei Hamburg und dem der 1. Jägerdivision in Döberitz bei Berlin geleitet.

Die drei Bomberdivisionen, die 1. und 3. mit „Fliegenden Festungen“, danach die 2. mit Liberator-Bombern, dröhnten mit knapp 5 km pro Minute in einer Höhe von etwa 6100 m ostwärts über Holland hinweg. Die gesamte Armada benötigte eine halbe Stunde, um einen beliebigen Punkt zu überfliegen und stellte für Betrachter ein ehrfurchtgebietendes Schaustück militärischer Macht dar.

Einige Kommentatoren verglichen die Aktionen der schweren amerikanischen Bomber über Deutschland mit denen der deutschen Luftwaffe während der Luftschlacht über England im Sommer 1940. Bei beiden handelte es sich um großangelegte Tagangriffe, bei denen zahlenmäßig unterlegene Verteidigungskräfte versuchten, ihr Heimatland gegen die Bombardements der von starken Jägerkräften begleiteten feindlichen Bomber zu schützen. Sicher gab es Parallelen zwischen den beiden Ereignissen, doch die weit größeren Entfernungen zu den Zielen in Deutschland bedeuteten, daß den Verteidigern mehr Zeit zur Verfügung stand, ihre Kräfte zu bündeln und einen geordneten Gegenschlag zu führen, als das für die Briten der Fall war. In der Luftschlacht um England benötigten die deutschen Angreifer nur eine halbe Stunde nach London, einem der entfernteren Ziele von der Südküste. 1944 befanden sich die amerikanischen Bomber oft mehr als die vierfache Zeit über feindlichem Gebiet, um ihre Ziele in Deutschland zu erreichen. Im Gegensatz zu den hektischen Reaktionen der britischen Jäger um 1940, hatten die deutschen Jägerleitstellen gewöhnlich genug Zeit, um ihre Aktionen vorzubereiten und ihre Jäger in entsprechende Positionen zu dirigieren. Das traf auch auf den 6. März 1944 zu.

Auf den Flugplätzen in ganz Deutschland, Holland, Belgien und Nordfrankreich wurden die Jägereinheiten in steigende Stufen der Bereit-

BOEING B-17G FLYING FORTRESS

Typ: viermotoriger schwerer Bomber
Triebwerk: vier Wright R-1820 14-Zylinder-Sternmotoren mit Turbolader mit je 1200 PS beim Start
Bewaffnung: Die Bombenzuladung hing von der zu fliegenden Strecke ab. Beim Angriff auf Berlin betrug die Bombenzuladung zehn 225-kg-Sprengbomben. Zwei bewegliche Browning 7,62-mm-Maschinengewehre im Bug, zwei Browning 12,7-mm-Maschinengewehre in jedem der Drehtürme über und unter dem Rumpf, zwei bewegliche im Heck, eines in jeder Mittelseite des Rumpfes und ein von Höhe des Bordfunkers oberhalb des Rumpfes feuerndes Maschinengewehr
Leistung: typische Marschgeschwindigkeit in Formation mit Bombenzuladung 290 km/h in 6700 m Höhe; demonstrierter operativer Aktionsradius während der Berlin-Mission (einschließlich der Bildung der Formation, Flug in Formation, operativen Treibstoffreserven und einer 2250 kg Bombenzuladung, abgeworfen nach fast der Hälfte der Flugstrecke) 885 km
Normale Startmasse bei Kampfeinsätzen: 24915 kg
Abmessungen: Spannweite 31,64 m; Länge 22,68 m; Tragflügelfläche 131,92 m^2
Datum der Indienststellung von B-17G: September 1943

MESSERSCHMITT Me 410A

Typ: zweisitziger Bomberzerstörer
Triebwerk: zwei Daimler Benz DB 603A 12-Zylinder-Reihenmotor mit je 1750 PS beim Start
Bewaffnung: sechs MG 151 20-mm-Kanonen im Bug; vier Aufhängungen für 21-cm-Wgr-Raketen unter den äußeren Tragflächen; zwei heckwärtsfeuernde MG 131 13-mm-Maschinengewehre in ferngesteuerten Gondeln an den Rumpfseiten
Leistung: Höchstgeschwindigkeit 563 km/h in 6700 m Höhe
Normale Startmasse bei Kampfeinsätzen: 9638 kg
Abmessungen: Spannweite 16,35 m; Länge 12,48 m; Tragflügelfläche 36,23 m^2
Datum der Indienststellung von Me 410A: März 1943

schaft versetzt, bis die Piloten im Cockpit auf den Startbefehl warteten. Als der Bomberverband Holland genau in östlicher Richtung überquerte, schlußfolgerten die Jägerleitstellen, daß die Bomber wahrscheinlich ein Ziel in Norddeutschland ansteuerten.

An diesem Tag standen der Luftwaffe über 900 einsatzbereite Jäger zur Verteidigung des Reiches zur Verfügung. 80 davon waren zweimotorige Messerschmitt Bf 110 und Me 410, mit Batterien schwerer Kanonen und Abschußrampen für 21-cm-Raketen bestückte spezialisierte Bomberzerstörer. Dazu kamen fast 600 einmotorige Jäger, Messerschmitt 109 und Focke Wulf 190, unterstützt von mehr als 200 Nachtjägern, Messerschmitt Bf 110 und Junkers Ju 88, die auch tagsüber eingesetzt werden konnten.

Genau wie es Operationszwänge gab, die die Möglichkeiten der Begleitjäger zum Schutz der amerikanischen Bomber eindämmten, beschränkten andere Hindernisse den Prozentsatz der verteidigenden Jägerkräfte, die gegen sie eingesetzt werden konnten. Das Problem von Entfernung und Reichweite traf Angreifer und Verteidiger in gleicher Weise, denn die Verteidiger mußten darauf eingestellt sein, Ziele in Frankreich, Holland und Belgien sowie auch in fast ganz Deutschland zu schützen. Um die Einheiten, die weit entfernt von der Bomberroute stationiert waren, z. B. in Ostfrankreich oder Süddeutschland, in das Kampfgeschehen einzubeziehen, brauchten die Jägerleitstellen ein beträchtliches Maß an Voraussicht und auch Glück. Obgleich die Bomberzerstörer genügend Reichweite besaßen, jeden Punkt in Deutschland anzufliegen, hätten diese großen, schwerfälligen Maschinen sicher beträchtliche Verluste zu erleiden, wenn sie von den Begleitjägern gestellt würden. Deshalb kamen die zweimotorigen Kampfmaschinen nur in Gefechten östlich der Linie Bremen-Kassel-Frankfurt zum Einsatz. Die Nachtjäger, die vom Gewicht ihrer Radarausrüstung und dem Luftwiderstand ihrer komplizierten Antennenanlagen gebremst wurden, konnten sich nur an der Vernichtung von Versprengten beteiligen.

FOCKE WULF FW 190A-8

Typ: einsitziger Mehrzweck-Tagjäger
Triebwerk: ein BMW 801D-2 14-Zylinder-Sternmotor mit 1770 PS beim Start
Bewaffnung: vier MG 151 20-mm-Kanonen in den Tragflächen und zwei MG 131 13-mm-Maschinengewehre über dem Motor
Leistung: Höchstgeschwindigkeit 647 km/h 5490 m Höhe; Steigzeit auf 6450 m Höhe 9 Minuten 54 Sekunden
Normale Startmasse bei Kampfeinsätzen: 4376 kg
Abmessungen: Spannweite 10,50 m; Länge 8,95 m; Tragflügelfläche 18,30 m²
Datum der Indienststellung von FW 190A-8: Januar 1944

Das Risiko der Anwesenheit von Begleitschutzjägern bei den Bombern und die schwere defensive Bewaffnung der Bomber selbst stellten die deutschen Jägerpiloten vor weitere Probleme. Zur Überwindung des Begleitschutzes mußten die Deutschen mit einer Vielzahl von Maschinen angreifen, doch es dauerte seine Zeit, bis sich die einzelnen Einheiten zu einer großen Formation zusammengeschlossen hatten. Um die Effektivität des Erwiderungsfeuers der Bomber zu reduzieren, sollten die Jäger ihre Angriffe frontal vortragen, und das erforderte sorgfältige Einweisungen von der Bodenleitstelle und ein geschicktes taktisches Vorgehen des Formationsführers.

Um 11.00 Uhr, sieben Minuten, nachdem die führenden Bomber die holländische Küste überquert hatten, begannen die ersten deutschen Jägereinheiten zu starten, um die Eindringlinge zu bekämpfen – 107 Bf 109 und FW 190 aus der I. und II. Gruppe des Jagdgeschwaders 1; die I., II. und III. Gruppe von JG 11; und die III. Gruppe von JG 54. In der Luft bildeten die Jäger Gruppenformationen und stiegen dann auf Höhe. Währenddessen bewegten sie sich auf die klar erkennbaren Umrisse des Steinhuder Meers bei Hannover zu, dem angewiesenen Sammelpunkt für die Kampfformation. Obwohl dieses „große Geschwader" doppelt so groß war wie das von Douglas Bader in der Luftschlacht über England in den Kampf geführte, gab es die damaligen Mängel in der Taktik hier nicht. Zum einen nahmen die amerikanischen Bomberformationen einen viel größeren Luftraum ein als die Luftwaffenbomber 1940. Zum anderen ließ ein Frontalangriff nur Zeit für einen kurzen Feuerstoß. Diese Faktoren garantierten, daß sich die Jäger bei den konkreten Kampfhandlungen kaum gegenseitig behinderten.

In der ersten Phase des Eindringens nach Deutschland begleiteten 140 Thunderbolt der 56th, 78th und 353rd Fighter Group den Bomberverband. Der Begleitschutz war damit den deutschen Jägern, die sich gerade auf den Kampf mit den Bombern vorbereiteten, zwar zahlenmäßig überlegen, dennoch ging die Rechnung nicht zu ihren Gunsten auf. Die deutschen Jägerpiloten konzentrierten ihren Angriff auf eine einzige Geschwaderformation, doch bis zur letzten Minute konnten die Begleitjäger nicht wissen, wo der Schlag geführt wird, und mußten demzufolge ihre Kräfte unter verschiedenen Geschwaderformationen aufteilen.

Kurz nachdem die Vorhut des Bomberverbands die holländische Küste überquert hatte, gab es bei der Pfadfinder-B-17 an der Spitze einen Radarausfall. Infolgedessen flog sie einen Kurs leicht südlich von der geplanten Route. Die restlichen Bomber der 1st Bomb Division folgten, desgleichen die an der Spitze der 3rd Division. Als die Führungsmaschine 30 km Abweichung von der geplanten Strecke hatte, wurde der Fehler bemerkt, und die Pfadfinder-Maschine richtete ihren Kurs mehr nach Norden aus, um wieder auf die geplante Route zu stoßen. Doch der Schaden ließ sich schon nicht mehr beheben, denn das 13. Geschwader in der Mitte des Bomberstroms erreichte die holländische Küste mit ein paar Minuten Verspätung – und der Sichtkontakt zum 4. Geschwader vor ihm ging verloren. Das 13. Geschwader wußte daher nichts von der Abweichung von der vorgegebenen Route und hielt sich an den ursprünglichen Flugplan. Für diese Häufung relativ geringfügiger Fehler würde das Geschwader bald einen schrecklichen Preis zahlen.

Um 11.55 Uhr sichtete Hauptmann Rolf Hermichen, der Führer der deutschen Kampfformation den Schwarm schwarzer Punkte vor sich. Das hatte er schon oft gesehen: eine Formation schwerer amerikanischer Bomber in weiter Entfernung. Die Punkte erschienen auf seiner Windschutzscheibe fast stationär – die beiden Kräfte bewegten sich fast frontal aufeinander zu. Die deutsche Bodenleitstelle hatte gründliche Arbeit geleistet. Wie Hermichen wußte, konnte man aus dieser Entfernung einen eventuellen Begleitschutz der Bomber wegen der geringen Größe der Jäger noch nicht sehen. Er hoffte es wohl, war jedoch Realist genug, sich nicht darauf zu verlassen.

Es erwies sich als ausgemachtes Pech für die beteiligten amerikanischen Bomberbesatzungen, daß die jetzt bedrohte Formation nicht den Bomberstrom anführte, sonst hätte sie mehr als die Hälfte der Thunderbolt begleitet: Es handelte sich um das 13. Geschwader, das die losgelöste zweite Hälfte des Bomberstromes fast gänzlich ohne Schutz führte. Lieutenant Robert Johnson von der 56th Fighter Group befand sich an einer Seite des Geschwaders, als er plötzlich Hermichens Kräfte schnell heranahen sah:

> Ich war links der Bomber und flog 180 Grad auf sie zu, als ich einen großen Verband in derselben Höhe auf uns zukommen sah. Es waren etwa 40 oder 50 pro Formation, und ich konnte auf unserer Höhe zwei Formationen sehen und eine in 8250 oder 8550 m Höhe. Ich meldete, sie seien zu beobachten, und dann, es seien FW 190. Wir waren nur acht ...

Die wenigen Thunderbolt versuchten, den Angriff zu stören, doch die deutschen Piloten ignorierten sie einfach, als sie sich auf die Bomber stürzten. Die Gegner trafen mittags in 6400 m Höhe über der Kleinstadt Haselünne nahe der holländischen Grenze aufeinander.

Ein Frontalangriff auf einen Bomber erfordert ein hohes Maß an Geschick vom Jägerpiloten, wenn er erfolgreich sein soll. Er rast mit einer Geschwindigkeit von 185 m/s auf sein Ziel zu und hat nur Zeit für einen kurzen Feuerstoß aus 450 m Entfernung, bevor er abdrehen muß, um eine Kollision mit seinem Ziel zu vermeiden. Für erfahrene Piloten wie Hauptmann Anton Hackl, das Jäger-As an der Spitze der Focke Wulf der III. Gruppe des Jagdgeschwaders 11 an jenem Tag, reichte das durchaus:

> Ein präziser Feuerstoß von einer halben Sekunde von vorn [auf einen viermotorigen Bomber], und der Abschuß war sicher. Garantiert!

Feldwebel Friedrich Ungar vom Jagdgeschwader 54 mit einer Bf 109 sah seine Schüsse am Motor eines Bombers explodieren und Teile absplittern:

> Zum Jubilieren blieb keine Zeit. Als nächstes fand ich mich innerhalb der Feindformation wieder und versuchte durchzukommen, ohne jemanden zu rammen. Niemand schoß auf mich, sie hatten zu große Angst, sich gegenseitig zu treffen. Als wir aus der Formation raus waren, ging der Tanz erst richtig los; die Heckschützen von etwa 30 Bombern feuerten auf uns aus allen Rohren. Zusammen mit einem Teil unserer Gruppe zog ich seitlich heraus scharf nach links oben. Ich blickte zurück und sah die „Fliegende Festung", die ich getroffen hatte, mit dem Bug nach oben kippen und dann mit einer dicken Rauchfahne nach rechts unten gehen.

Sergeant van Pinner, Schütze im Rückenturm bei der 100th Bomb Group, erinnert sich, daß er weit mehr Ziele hatte, als er unter Beschuß nehmen konnte:

> Die Jäger waren überall. Sie schienen in Viererketten an uns vorbeizukommen. Wenn ich mich den ersten drei zuwandte, stürzte sich schon der vierte auf mich, bevor ich meine Kanonen auf ihn richten konnte. Ich wußte, daß unsere Maschine mächtig was abbekam – wir verloren den Drehturmschützen zu Anfang des Kampfes …

Der erste Frontalangriff war in weniger als einer Minute vorüber, und beinahe wie in Zeitlupe begannen eine Reihe tödlich verwundeter „Festungen" aus der Formation zu gleiten. Das 13. Geschwader bestand aus den Formationen A und B, die mit einem Abstand von 1,5 km voneinander fast in einer Linie nebeneinander flogen. Die Formation B umfaßte 38 „Fliegende Festungen" von der 100th und 390th Bomb Group, und ihre Low Box mit 16 B-17 zu Beginn der Kampfhandlung bekam das meiste ab. Alle sechs Bomber ihrer oberen Staffel wurden abgeschossen, ebenso wie zwei der sechs Maschinen ihrer Führungsstaffel und zwei der vier Flugzeuge der unteren Staffel.

Lieutenant John Harrison, Kommandant eines Bombers der 100th Bomb Group starrte ungläubig auf die um ihn herum abstürzenden Flugzeuge:

> Der Motor einer „Festung" spie plötzlich Flammen, und bald brannte die ganze Maschine. Eine weitere brannte von der Mitte bis zum Heck. Es schien, [daß] sowohl der Pilot als auch der Kopilot einer weiteren Maschine getötet worden waren. Sie raste außer Kontrolle auf uns zu. Ich wich mit der Staffel aus. Sie kam immer noch. Wir wichen wieder aus. Jetzt ging die mitgenommene „Festung" unter kritische Geschwindigkeit, bäumte sich mit dem Heck auf und stürzte dann nach unten.

Nach dem ersten Feuerangriff teilten sich die deutschen Jäger in Zweier- und Vierergruppen und kurvten in Position zu einem neuen Angriff auf dieselbe Formation. Einige überholten die Bomber und flogen vor ihnen her, damit sie in die richtige Position für weitere Frontalangriffe kamen. Andere deutsche Jäger stellten die Bomberformation von hinten zum Kampf, und weitere tauchten den beschädigten B-17 nach, die die Formation verlassen mußten und nach Westen zu entkommen versuchten.

Lieutenant Lowell Watts, Kommandant eines Bombers in der nächsten Formation im Strom, war ein unfreiwilliger Zeuge des ungleichen Kampfes:

> Etwa 3 bis 4 km vor uns befand sich das 13. Kampfgeschwader. Ihre Formation war enger zusammengerückt, seit ich sie zuletzt gesehen hatte. Kleine Punkte, die deutschen Jäger, tauchten in die Formation, zogen Kreise, griffen wieder an. Aus einer oberen Staffel scherte langsam eine B-17 nach oben aus, ihre ganze rechte Tragfläche ein einziges Flammenmeer. Eine Sekunde später plötzlich ein Feuerblitz – dann nichts außer kleinen Fetzen, die nach unten schwebten. Sekunden später ging eine Tragfläche eines weiteren Bombers hoch, der Bomber rollte sich und stürzte steil nach unten. Kleine weiße Fallschirmpilze begannen unter uns herumzuschweben, dann blieben sie zurück, da wir weiter auf unser Ziel zuflogen.

Vom ersten Augenblick an, an dem die deutschen Jäger gesichtet wurden, hatte das 13. Geschwader dringende Funksprüche abgesetzt, um Hilfe von Begleitjägern zu bekommen. Colonel Hub Zemke, Kommandeur der 56th Fighter Group und Führer eines Schwarms von acht Thunderbolt, traf in dem Moment bei der bedrängten Einheit ein, als sich Oberleutnant Wolfgang Kretschmer vom JG 1 zu einem neuen Angriffsflug ausrichtete. Zemke entdeckte die einzelne Focke Wulf unter sich und befahl vier Maschinen, auf Höhe zu bleiben und ihm Deckung zu geben, während er die übrigen vier Maschinen nach unten zum Angriff führte.

Kretschmer warf einen Blick zurück, um zu prüfen, ob die Luft wirklich rein sei, bevor er das Feuer auf den von ihm ausgewählten Bomber eröffnete. Mit Entsetzen sah der deutsche Pilot Zemkes Thunderbolt schnell näherkommen, gefolgt von drei weiteren Maschinen. Kretschmer nahm als Ausweichmanöver die Focke Wulf in eine scharfe Linkskurve, doch es war bereits zu spät. Zemke hatte die Feuerposition schon erreicht, und 12,7-mm-Geschosse aus einer präzisen Salve durchbohrten Tragflächen und den Rumpf des deutschen Jägers. Als Zemke nach oben zog, um Höhe zu gewinnen, blickte er zurück und sah den feindlichen Jäger in Flammen gehüllt vom Himmel fallen. Kretschmer kämpfte sich noch aus dem Cockpit seiner brennenden Maschine und sprang ab. Er landete am Fallschirm mit leichten Verbrennungen an Händen und Gesicht sowie Granatsplittern im Oberschenkel.

Der Hauptteil der ersten Kampfhandlungen dauerte etwa zehn Minuten. Dann ging den deutschen Jägern die Munition aus, und sie drehten ab, um den wütenden Begleitjägern zu entkommen. Doch als die erste Angriffswelle ihrem Ende entgegenging, kam schon eine zweite deutsche Schlachtformation und brachte sich in Position gegen die Bomber. Die Einsatzleitstelle der 1. Jägerdivision in ihrem Bunker in Döberitz hatte jeden in diesem Teil Deutschlands verfügbaren Jäger heranbefohlen. Den Kern der Schlachtformation bildeten die Bomberzerstörer, 42 Messerschmitt Bf 110 und Me 410 von der II. und III. Gruppe des Zerstörergeschwaders 26, der I., II. und IV. Gruppe des Jagdgeschwaders 3, der I. Gruppe des JG 302 sowie der Sturmstaffel 1. Die Formation stand unter Führung von Major Hans Kogler, dem Kommandeur der III./ZG 26, in einer Bf 110.

Wiederum stürmten zahlreiche deutsche Jäger frontal in ein Formationspaar „Fliegender Festungen“, die in einer Linie nebeneinander flogen: das 1st Combat Wing mit 51 Maschinen aus der 91st und 381st Bomb Group sowie ein paar Kilometer daneben das 94th Combat Wing mit 61 „Fliegenden Festungen“ aus der 401st und 457th Bomb Group. Doch diese beiden Geschwader befanden sich an der Spitze des Bomberstroms und wurden von einem großen Teil der vorhandenen Begleitjäger geschützt – 80 Mustang von der 4th und 354th Fighter Group. Dieses Mal war der Begleitschutz zur richtigen Zeit in genügender Anzahl am richtigen Ort, um dem deutschen Angriff den Wind aus den Segeln zu nehmen. Lieutenant Nicholas Megura von der 4th Fighter Group beschrieb das Vorgehen der Verteidigerformation:

> Mehr als zwölf Kondensstreifen wurden von 12 Uhr und hoch gesichtet, 50 km vor uns. Der Gruppenführer positionierte die Group vor der Sonne unterhalb der Kondenshöhe und wartete. Die Kondensstreifen positionierten sich schließlich auf 9 Uhr zu den Bombern und begannen den Anflug. 1830 m unter den Kondensstreifen kamen reichlich zwanzig einmotorige Jäger in einer Reihe nebeneinander und sicherten den Luftraum für gut zwanzig zweimotorige raketenbestückte Maschinen. Der Gruppenführer dirigierte die Einheit zum Frontalangriff auf die vordere Welle der Feindmaschinen.

Die Störtaktik der Mustang zwang mehrere deutsche Jäger, den Angriff abzubrechen, doch andere machten verbissen weiter, um ihre schweren 21-cm-Raketen frontal in die Bomberformation zu schießen.

Versehentlich oder absichtlich streifte oder rammte eine Me 410 frontal eine „Fliegende Festung“ der 457th Bomb Group und riß dem Bomber einen großen Teil des Hecks ab. Der arg beschädigte Bomber, der auf der rechten Seite der oberen Staffel geflogen war, geriet außer Kontrolle und ging in eine steile Sturzflugkurve nach links. Nachdem er einige Bomber der Formation nur knapp verfehlt hatte, krachte er in die äußerste linke Maschine der unteren Staffel. Nur ein Mann von den drei in den Zwischenfall verwickelten Flugzeugen überlebte – der Heckschütze des zuletzt getroffenen Bombers. Als die Bomberzerstörer hinter der Formation wieder auftauchten, stürzten sich andere Mustang auf sie und leisteten ganze Arbeit: 14 der zweimotorigen Kampfflugzeuge wurden abgeschossen.

Dicht auf den Fersen der schweren Kampfmaschinen folgte die Hauptkraft der Angriffsformation – 70 einsitzige Messerschmitt und Focke Wulf. Leutnant Hans Iffland vom Jagdgeschwader 3 flog eine Messerschmitt Bf 109:

> Während des Zielanflugs passierte alles sehr schnell, bei einer Annäherungsgeschwindigkeit von etwa 800 km/h. Nach meinem kurzen Feuerstoß auf eine B-17 zog ich nach oben weg. Ich hatte sie von schräg oben mit leichtem Seitenablenkungswinkel angegriffen und auf den Bug gezielt. Ich sah meine Geschosse um die Tragflächenwurzel explodieren und Leuchtspurgeschosse von den Bombern an mir vorbeiblitzen. Als ich nach oben über den Bomber zog, senkte ich meine linke Tragfläche, um das Resultat meines Angriffs zu sehen und um so wenig wie möglich Zielfläche für die Bomberschützen zu bieten. Von dem Bomber brachen Teile ab, und er begann aus der Formation zu gleiten.

Die Kampfhandlungen um die führenden Formationen dauerten kaum länger als zehn Minuten, und dank der Anstrengungen der Mustang blieben die Verluste bei den Bombern deutlich unter denen vom vorherigen Angriff: sieben wurden entweder abgeschossen oder so schwer beschädigt, daß sie die Formation verlassen mußten und als Versprengte Abschußopfer wurden.

Kurz nach 13.00 Uhr näherten sich die amerikanischen Einheiten den Positionen, von denen sie die Bombenzielanflüge auf Berlin einleiteten. Die Hauptstadt wurde von der 1. Flakdivision unter dem Kommando von Generalmajor Max Schaller verteidigt. Sie umfaßte das 22., 53., 126. und 172. Flakregiment mit mehr als 400 8,8-cm-, 10,5-cm- und 12,8-cm-Kanonen. Die deutschen Jägerpiloten brachen nun die Kampfhandlungen ab und verfolgten die Amerikaner nicht in das Flakinferno, das bald über der Stadt losbrechen würde.

Als die Bomber ihren Zielen näherkamen, teilten sie sich wieder in die drei Divisionen auf und richteten sich für den Bombenabwurf aus. Die ersten, die die geballte Wut der Luftverteidigung zu spüren bekamen, waren die „Fliegenden Festungen“ der 1st Bomb Division. Captain Ed Curry, Bombenschütze bei der 401st Bomb Group, wird die Kanonade nie vergessen:

> Ich war in Oschersleben und an der Ruhr gewesen, aber so schwere Flak wie über Berlin hatte ich noch nie gesehen. Es war nicht bloß mal hier und da ein schwarzes Wölkchen, alles war völlig dicht; nicht nur in einer Höhe, sondern hoch und tief. Es hieß, daß man nach einer Explosion nur den Rauch sieht, aber an jenem Tag sahen wir tatsächlich das Rot der Explosionen. Eine Granate barst ganz in unserer Nähe, und die Splitter bohrten sich in den Funkraum und in den Bombenschacht.

Doch nun schützte das Wetter die Primärziele viel effektiver als es die deutsche Luftverteidigung je vermocht hätte. Erst sah es so aus, als ob die Bombenschützen visuelle Bombenabwürfe auf die Ziele durch die aufgelockerten Wolken vornehmen könnten, doch im entscheidenden Moment verhüllten sich die Zielpunkte. Kein Flugzeug der 1st Division traf das Primärziel in Erkner. Die Amerikaner warfen ihre Bomben auf die Stadtbezirke Köpenick und Weißensee.

Ähnliches wiederholte sich bei der 3rd Bomb Division, deren „Fliegende Festungen" das Primärziel Kleinmachnow verfehlten und dafür die Stadtbezirke Steglitz und Zehlendorf bombardierten. Lowell Watts war bei seinem Bombenzielanflug, als die Flakschützen das Feuer auf seine Formation konzentrierten:

> Sie fingen nicht mit wilden Schüssen an, um sich dann langsam auf das Ziel einzuschießen. Die erste Salve, die sie uns hochschickten, traf bereits. Wir hörten das Metall unseres Flugzeugs bei der Explosion jeder Salve knirschen und reißen. Die Treffer waren nicht direkt. Sie gingen gerade weit genug daneben, daß sie uns nicht eine Tragfläche oder das Heck abschossen oder die Maschine zur Explosion brachten. Sie zerschossen die Maschine, ohne sie völlig außer Gefecht zu setzen. Große, gezackte Löcher erschienen in den Tragflächen und im Rumpf. Kennedy, unser Kopilot, beobachtete nur seine Instrumente und wartete auf verräterische Anzeichen dafür, daß ein Motor beschädigt ist oder ausfällt. Doch das Flakgetöse ging unvermindert weiter, während das Flugzeug durch die Nähe der Explosionen durchgeschüttelt wurde … Die Flak kam immer näher und wurde sogar noch intensiver. Rechts über uns kam eine Bombenkette aus unserer Führungsmaschine. Gleichzeitig sprang unsere Maschine nach oben, als sie sich auf den Ruf über Bordfunk „Bomben ab!" ihrer explosiven Last entledigte. Der Bomber an unserer linken Seite hatte einen Propeller auf Segelstellung und fiel hinter die Formation zurück. Damit waren wir nur noch vier in der unteren Staffel. Ein paar Minuten später hörte die Flak auf. Wir waren durchgekommen, und alle vier Motoren schnurrten noch.

Nur wenige Liberator der 2nd Bomb Division, der letzten Angreifer, setzten ihre Bomben auf das Primärziel, die Daimler-Benz-Flugzeugmotorenwerke in Genshagen; die restlichen Bomben fielen auf zweitrangige Ziele in und um die Hauptstadt.

Die heftige Flakabwehr brachte nur vier Bomber zum direkten Absturz, sie verursachte jedoch schwere Schäden an mehreren anderen Maschinen, die dadurch ihre Formation verlassen mußten. Zudem beschädigte das Flakfeuer die Hälfte der Bomber, die Berlin erreichten, in unterschiedlichem Maße.

Als die Bomber die Flakzonen hinter sich gelassen hatten, versuchten einige deutsche einsitzige Jäger, Angriffe auszuführen, während sich vierzehn Messerschmitt-110-Nachtjäger vom Nachtjagdgeschwader 5 um den Abschuß von Versprengten bemühten. Der Begleitschutz hatte die Situation jedoch schnell im Griff. Die Einsitzer wurden verjagt, und bei den Nachtjägern, die den Verfolgern nicht so schnell entkommen konnten, gingen in wenigen Minuten zehn Maschinen verloren. Die deutschen Jäger hatten nun erst einmal ihr Pulver verschossen, und während der nächsten halben Stunde trat eine Kampfflaute ein.

Als sie von frischen Thunderbolt-Staffeln abgelöst wurden, drehten die Mustang von den Bombern ab und machten sich auf den Rückflug. Beim Flug über Bremen traf ein Teil der Mustang von der 357th Fighter Group auf eine einzelne Bf 109, und Lieutenant Howell und Lieutenant Carder schossen sie ab. Oberleutnant Gerhard Loos vom Jagdgeschwader 54, ein führender Experte mit 92 Siegen auf seinem Konto, fand dabei den Tod.

Der Luftkampf um die Bomber begann erneut um 14.40 Uhr mit Angriffen von Bf 109 und FW 190, die nach Teilnahme an den mittäglichen Luftkämpfen bei Haselünne zum Auftanken und Aufmunitionieren gelandet waren. Dazu kamen andere Jäger von Einheiten aus Frankreich und Belgien, die die amerikanischen Bomber auf dem Hinflug verpaßt hatten.

Bei diesen Auseinandersetzungen wurde das 45th Combat Bomb Wing am schwersten getroffen. Wiederum berichtet Lowell Watts von der 388th Bomb Group:

> Der Bordfunk ging an: „Focke Wulf auf drei Uhr!" Ja, da waren sie – nach hastiger Zählung etwa 30 Jäger, die neben uns etwas außerhalb der Schußweite flogen. Sie zogen vor uns, bogen in unsere Flugbahn und griffen frontal leicht von unten an. Die Drehtürme in der ganzen Formation schwangen nach vorn und begannen die 12,7-mm-Geschosse auszuspucken. Einige Focke Wulf zogen über uns und beschossen uns von hinten, während die meisten im Sturzflug von vorn zwischen 11 und 1 Uhr kamen, so dicht beieinander, daß nur jedes zweite oder dritte Flugzeug von unseren Schützen ins Visier genommen werden konnte. Und sie kamen weiter, rollten ein, feuerten, tauchten weg und griffen dann wieder an.

Er beobachtete, wie zwei Bomber aus der Formation fielen, dann wurde seine eigene Maschine angegriffen:

> Brassfield rief von der Heckposition, „Ich hab' einen erwischt, einen erwischt!" Dann fast im selben Atemzug, „Mich hat's erwischt!" Kaum war der Bordfunk nach dieser Mitteilung verstummt, als schon eine noch unheilvollere in unsere Kopfhörer knatterte: „Wir brennen!" Von vorn sah ich eine Focke Wulf im toten Winkel von 12 Uhr auf uns zukommen. Das Feuer von unserem Rückenturm und dem Kinn-Waffenstand erschütterte die B-17. Im selben Moment leuchteten die Tragflächen der Focke Wulf auf vom

> Feuer ihrer Kanonen. Die 20-mm-Geschosse krachten durch unseren Bug und explodierten unter meinen Füßen zwischen den Sauerstofftanks. Gleichzeitig rissen sie sich durch einige Treibstoffringleitungen. Die hier entstehenden Flammen wurden von reinem Sauerstoff und Treibstoff gespeist und setzten fast explosionsartig das gesamte Vorderteil der Maschine in Brand. Der Gang zum Bug, das Cockpit und die Bombenschächte bildeten eine geschlossene Feuerwand.

Watts kämpfte, den Bomber im Horizontalflug zu halten, während die Besatzung absprang. Durch die Flammen konnte er vor sich nichts sehen und daher auch nicht wissen, daß sein Flugzeug immer dichter an den Bomber einer anderen Formation geriet. Mit einem Krachen des geschundenen Metalls stießen die beiden Bomber zusammen, brachen auseinander, verloren Teile und begannen ihren langen Fall zur Erde.

Watts hatte die Kollision nicht wahrgenommen, merkte aber, daß er den Bomber nicht mehr unter Kontrolle hatte. Zudem war aus keinem erkennbaren Grund plötzlich fast das ganze Kabinendach über seinem Kopf verschwunden:

> Von da an ging es drunter und drüber. Wir hatten uns kopfüber gerollt, soviel stand fest, denn mein Sicherheitsgurt hatte sich gelöst, und ich fiel vom Sitz herunter, konnte mich aber mit festem Griff am Steuerknüppel festklammern. Nach ein paar merkwürdigen Empfindungen wurde ich wieder in meinen Sitz gedrückt, konnte mich nicht bewegen, nicht einmal die Hand heben, um das Gas zurückzunehmen oder zu versuchen, die Innenmotoren abzustellen. Meinen linken Fuß hatte es vom Seitenruderpedal gerissen, als wir uns in Rückenlage befanden. Nun konnte ich ihn nicht einmal über den Boden schleifen, um ihn auf das Pedal zurückzubekommen. Die Flammen strichen an meinem Gesicht vorbei, zwischen die Beine, an den Armen hoch, als würden sie von einem riesigen Vakuum angesaugt. Ich sah nichts und fühlte nur, daß wir uns drehten und in schrecklichem Tempo nach unten rasten. Dieser wilde Höllenflug in die Tiefe mit einem abstürzenden, brennenden Bomber geistert mir immer wieder durch den Kopf. Doch nicht nur die Todesangst bewegte mich, sondern die unendliche Verwirrung und Qual eines hoffnungslosen Fluges wie auch die Sorge um die anderen neun Männer, für die ich verantwortlich war. Im Gegensatz zu den üblichen Geschichten zog mein bisheriges Leben nicht in Sekundenschnelle an mir vorüber. Mich beschäftigte zu sehr der Kampf, dieses Leben zu behalten.

Als nächstes merkte Watts, wie er in deutlichem Abstand vom brennenden Bomber durch die Luft stürzte. Er öffnete seinen Fallschirm und landete wie auch fünf weitere Mitglieder seiner Besatzung sicher auf dem Boden. Sechs Männer aus dem anderen in die Kollision verwickelten Bomber retteten sich auch per Fallschirm.

In diesem harten Gefecht verlor die 388th Bomb Group insgesamt sieben Maschinen. Verluste gab es aber nicht nur auf einer Seite. Hauptmann Hugo Frey vom Jagdgeschwader 11, ein Flug-As, der bereits 26 schwere amerikanische Bomber abgeschossen hatte, kam ums Leben, als seine FW 190 durch das Gegenfeuer der Bomber abgeschossen wurde.

Am 6. März starteten insgesamt 812 „Fliegende Festungen“ und Liberator von England aus. 672 von ihnen bombardierten Primär- oder Sekundärziele im Berliner Raum. 69 B-17 und B-24 kehrten nicht nach England heim, einschließlich vier beschädigter Maschinen, die in Schweden herunterkamen. 60 Bomber kehrten schwer beschädigt und 336 leicht beschädigt zurück. Von den 691 an der Operation beteiligten Jägern wurden elf abgeschossen und acht kehrten schwer beschädigt zurück. In einem konzentrierten Kampf Jäger gegen Bomber wie diesem, beschränkten sich die schweren Verluste auf wenige unglückliche Einheiten; und wie das Schicksal nun mal spielte, flogen sie alle „Fliegende Festungen“. Die schwersten Verluste erlitt die 100th Bomb Group, die 15 von ihren 36 Maschinen, die die holländische Küste überquerten, verlor. Die meisten wurden Opfer des ersten Gefechts bei Haselünne. Die 95th Bomb Group, die zusammen mit der 100th Bomb Group die Geschwaderformation 13B bildete, verlor acht Bomber. Sechs Maschinen der 91st Bomb Group wurden beim Angriff auf Berlin abgeschossen, während die 388th Bomb Group sieben Flugzeuge in einem heftigen Gefecht über Westdeutschland beim Rückflug einbüßte.

Die Verluste dieser vier Gruppen allein machten mehr als die Hälfte der Bomber aus, die nicht zurückkehrten. Naturgemäß konzentrieren sich Berichte dieser Art auf die intensivsten Kampfhandlungen und die Einheiten mit den größten Verlusten. Um die Dinge in eine richtige Perspektive zu rücken, sollte betont werden, daß die übrigen 33 abgeschossenen Bomber sich etwa zu gleichen Teilen auf 19 Bombergruppen verteilten. Die übrigen sechs Gruppen absolvierten die Kampfmission ohne einen einzigen Verlust.

An dem bewußten Tag flog die deutsche Luftwaffe 528 Jägereinsätze, von denen wahrscheinlich 369 Feindberührung hatten. 62 deutsche Jäger, also 16 % der an Kampfhandlungen beteiligten, wurden abgeschossen und 13 beschädigt. Die zweimotorigen Jägereinheiten erlitten die schwersten Verluste. Das Nachtjagdgeschwader 5 verlor 10 von 14 eingesetzten Nachtjägern Messerschmitt Bf 110, während das Zerstörergeschwader 26 elf ihrer 18 Bomberzerstörer Messerschmitt Bf 110 und Me 410 einbüßte. Insgesamt verlor die Luftwaffe 44 Mann Flugbesatzung, einschließlich zwei führende Flieger-Asse, und hatte 23 Verwundete zu beklagen. Die Flugzeugverluste ließen sich wettmachen, doch die erfahrenen Jägerpiloten erwiesen sich als unersetzlich.

Mit dem Angriff auf Berlin am 6. März 1944 nahm der Bombardierungsfeldzug der Eighth Air Force einen weiteren wichtigen Meilenstein. Ungeachtet der Entfernung von England und der Kampfkraft der Luftverteidigung war von nun an kein Ziel in Deutschland mehr immun vor Tagespräzisionsangriffen.

7

KAMPFEINSATZ GEGEN DIE AMERIKANISCHE FLOTTE

Die Schlacht in der Philippinen-See im Juni 1944 zwischen fünfzehn amerikanischen und neun japanischen Flugzeugträgern mit sämtlichen Begleitschiffen war die größte Auseinandersetzung dieser Art in der Geschichte …

Am 6. Juni 1944, als die Truppen der Alliierten um die Sicherung eines Landekopfes an den Küsten der Normandie kämpften, bereitete am anderen Ende der Welt eine riesige Invasionsstreitmacht ebenfalls ihre ersten Schritte vor. Mit mehr als 600 Schiffen und 127 000 Mann Sturmtruppen bestand ihr Ziel in der Eroberung der Pazifikinsel Saipan in den strategisch gelegenen Marianen.

Die Speerspitze der US-Pazifikflotte war Vice-Admiral Marc Mitschers schnelle Trägerstreitmacht, die Spezialeinheit Task Force 58. Sie umfaßte sieben große und acht kleinere Flugzeugträger mit 467 Hellcat-Jägern. Dazu kamen 425 Angriffsflugzeuge – Dauntless- und Helldiver-Sturzflugbomber sowie Avenger-Mehrzweckbomber, die Bomben oder Torpedos mitführen konnten. Die Flugzeugbesatzungen der US-Träger waren gut ausgebildet und versiert und besaßen mehrere Monate Kampferfahrung. Sie arbeiteten als eingespielte Teams, die auf die Ausrüstung und ihre Fähigkeit vertrauten, den Gegner zu schlagen.

Zusätzlich zu ihren Frontstreitkräften verfügte Task Force 58 über ausreichend Reserven für die kommende Schlacht. Da die Kampfhandlungen etwa 1600 km von der nächsten US-Nachschubbasis, dem Atoll Eniwetok, stattfinden sollten, war die Größe der gegen den Feind mobilisierten Streitmacht darauf begrenzt, was der verfügbare Flottenlogistikzug bewältigen konnte. Deshalb hielt man nicht weniger als fünf Begleitträger mit insgesamt 135 Flugzeugen vor Eniwetok in Reserve, die bereit zum Einsatz in der Kampfzone waren, um außer Gefecht gesetzte Träger zu ersetzen; und etwa 100 Kampfflugzeuge aller Typen samt Besatzungen befanden sich auf hoher See an Bord der Reserveträger, die die Logistiknachschubschiffe begleiteten und Verluste ausgleichen konnten. Unabhängig von der schnellen Trägerstreitmacht operierten acht weitere Geleitträger mit 114 Wildcat-Jägern und 82 Avenger-Bombern, die die Transporter und Landungsboote schützen und den Truppen bei ihren ersten Kampfhandlungen an der Küste Luftunterstützung geben sollten.

Seit der katastrophalen Niederlage in der Seeschlacht bei den Midway-Inseln im Juni 1942, als die japanische Marine an einem einzigen

Tag vier große Flugzeugträger zusammen mit den meisten Luftgeschwadern verlor, hatte Japan fieberhafte Anstrengungen unternommen, um die Flugzeugträgerflotte wieder aufzubauen. Im Frühjahr 1944 stellte sie erneut eine kampfstarke Streitmacht dar, mit drei großen und sechs kleineren Flugzeugträgern mit insgesamt 430 Kampfflugzeugen. Dazu kamen fast 500 Kampfflugzeuge aller Typen auf Flugplätzen in den Marianen und weiteren 100 auf den Karolinen, die in die bevorstehenden Kampfhandlungen eingreifen konnten.

Am 11. Juni erreichte Task Force 58 Positionen in Angriffsreichweite der Marianen und leitete ein Programm offensiver Angriffsflüge zur Herstellung der Luftüberlegenheit über Guam, Saipan und Tinian ein. Zwei Tage später kamen Schlachtschiffe und sie begleitende Kreuzer und Zerstörer vor Saipan an, um Küstenstellungen zu bombardieren und den Minenräumbooten vor der Küste Deckung zu geben, die die Zufahrtswege zu den Invasionsstränden nach Minen und anderen Hindernissen absuchten.

Über die Bedeutung von Saipan und die Verschlechterung der Kriegssituation für Japan im Fall des Verlustes der Insel herrschte beim japanischen Oberkommando völlige Klarheit. Die Insel liegt weniger als 2500 km von Japan selbst entfernt, und bei ihrer Aufgabe befänden sich die japanischen Hauptinseln innerhalb der Reichweite der schweren B-29-Bomber. Fielen die Marianen in die Hände der Amerikaner, stand vor Tokio und den anderen japanischen Städten die Gefahr anhaltender Bombardierungen. Diese Bedrohung konnte nicht ignoriert werden, deshalb unternahm die japanische Marine große Anstrengungen, alle verfügbaren Kräfte für einen wirksamen Gegenschlag zu mobilisieren.

Am 13. Juni brach die japanische Flugzeugträgerstreitmacht unter dem Kommando von Vizeadmiral Jisaburo Ozawa von Tawi Tawi auf Borneo auf und nahm Kurs auf die Marianen. Unterwegs schlossen sich weitere Kriegsschiffsverbände an, und der japanische Oberkommandierende, Admiral Soemu Toyoda, wiederholte für jedes Schiff das berühmte Signal, das der legendäre Admiral Togo vor der entscheidenden Seeschlacht von Tsushima, die 1904 die Niederlage der zaristischen russischen Marine besiegelte, gegeben hatte: „Das Schicksal des Kaiserreichs hängt von dieser Schlacht ab. Jeder Mann sollte sein Äußerstes geben."

Um aus der bevorstehenden Auseinandersetzung als Sieger hervorzugehen, benötigten die japanischen Matrosen und Flugbesatzungen ganz gewiß ein Höchstmaß an Tapferkeit und Einfallsreichtum. Die Trägerflugzeuge waren zahlenmäßig mehr als zwei zu eins denen der Task Force 58 unterlegen, was nur eines ihrer Schwierigkeiten darstellte. Das ernsteste Problem bestand in dem allgemeinen Fehlen von Kampferfahrung, verschlimmert in vielen Fällen noch durch eine unvollständige Ausbildung der japanischen Flugbesatzungen. Die hastig zusammengezogenen Trägerkräfte hatten ihre gegenwärtige Größe nur durch sorgfältiges Haushalten mit Mitteln und Heraushalten der meisten Flugein-

YOKOSUKA D4Y1 („JUDY“)

Typ: zweisitziger trägergestützter Sturzkampfbomber/Aufklärer
Triebwerk: ein Aichi Atsuta 12-Zylinder-Reihenmotor mit 1200 PS beim Start
Bewaffnung: eine 500-kg-Bombe im inneren Bombenschacht; zwei Typ 97 7,7-mm-Maschinengewehre synchronisiert zum Schießen durch den Propeller und ein bewegliches heckwärtsfeuerndes Typ 1 7,92-mm-Maschinengewehr
Leistung: Höchstgeschwindigkeit 534 km/h in 5250 m Höhe
Normale Startmasse bei Kampfeinsätzen: 3749 kg
Abmessungen: Spannweite 11,50 m; Länge 10,22 m; Tragflügelfläche 23,60 m^2
Datum der Indienststellung von D4Y1: Oktober 1942

heiten aus Kampfhandlungen erreicht. Die Flugbemannung der drei größeren Träger verfügte über eine sechsmonatige Ausbildung und wurde für einsatzbereit gehalten (selbst wenn ihr Ausbildungsniveau beträchtlich unter dem ihrer Gegenspieler von der US-Marine lag). An Bord der kleineren japanischen Träger gab es im Durchschnitt einen viel niedrigeren Ausbildungsstand, und viele Besatzungen hatten noch nicht einmal den Mindeststandard der japanischen Einsatzausbildung erreicht.

Die Kontraste in der Qualität der japanischen Flugbesatzungen fanden ihr Gegenstück in den geflogenen Maschinen. Bei den besten japanischen Angriffsflugzeugen, B6N („Jill“) und D4Y1 („Judy“), die zur Ausrüstung der Torpedo- und Sturzbombereinheiten auf den drei größeren japanischen Trägern gehörten, handelte es sich um erstklassige Kampfflugzeuge, die eine gute Höchstgeschwindigkeit aufwiesen und einen höheren Aktionsradius besaßen als die amerikanischen Kontrahenten. Auf den sechs kleineren japanischen Trägern standen die Dinge ganz anders. Deren Flugdecks waren zu klein, um die Hochleistungsflugzeuge „Jill“ und „Judy“ zu betreiben; ihre Angriffseinheiten bestanden aus den veralteten Torpedobombern B5N („Kate“) und Sturzbombern D3A1 („Val“), die aus der Anfangszeit des Pazifikkrieges stammten. Auf den kleinen Trägern operierten auch Einheiten mit dem älteren Jäger A6M2 Model 21 Zero, der zum Sturzbomber mit einer Bombenaufhängevorrichtung für eine einzelne 250-kg-Bombe unter dem Rumpf umfunktio-

NAKAJIMA B6N2 („JILL“)

Typ: dreisitziger trägergestützter Torpedobomber
Triebwerk: ein Mitsubishi Kasei 25 14-Zylinder-Sternmotor mit 1825 PS beim Start
Bewaffnung: ein 800-kg-Torpedo oder das gleiche Gewicht in Bomben; ein vorwärtsfeuerndes Typ 97 7,7-mm-Maschinengewehr synchronisiert zum Schießen durch den Propeller, je ein von der Kabine und unter dem Rumpf aus der Bodeneinstiegsluke heckwärtsfeuerndes Maschinengewehr
Leistung: Höchstgeschwindigkeit 512 km/h in 5940 m Höhe
Normale Startmasse bei Kampfeinsätzen: 5468 kg
Abmessungen: Spannweite 14,94 m; Länge 10,99 m; Tragflügelfläche 36,70 m^2
Datum der Indienststellung von B6N2: Oktober 1943

niert worden war. Die modifizierten Zero hatten jedoch keine Sturzflugbremsen und konnten so nur mittlere oder flache Sinkflugangriffe ausführen, die gegenüber Schiffen in Bewegung weitaus weniger effektiv waren als steile Sturzflugangriffe.

Die schwerwiegendste Schwäche der Lufteinheiten der japanischen Träger bestand jedoch in der relativen Überholtheit des Standard-Luftverteidigungskampfflugzeugs der Flotte, die Mitsubishi A6M5 Typ 52 (alliierter Codename „Zeke 52"). Als Weiterentwicklung der früheren Zero war sie nur wenig effektiver und hatte eine um lächerliche 30 km/h höhere Maximalgeschwindigkeit. Im Vergleich zum Standardjägertyp der US-Marine, der Grumman F6F Hellcat, war Typ 52 in fast jeder Hinsicht unterlegen. Flugversuche mit einer erbeuteten A6M5 Model 52 in Scheinauseinandersetzungen mit der Hellcat offenbarten enorme Leistungsunterschiede zwischen den zwei Flugzeugen. Im Bericht zu den Versuchen heißt es:

> Bezüglich der Höchstgeschwindigkeit erwies sich die F6F als 40 km/h schneller auf Meerespiegelhöhe und 120 km/h schneller in 7625 m Höhe. Im Steigvermögen zeigte sich Model 52 unter 4270 m Höhe überlegen, doch darüber war die F6F das bessere Flugzeug. Unter 370 km/h gab es eine ähnliche Rollgeschwindigkeit der beiden Jäger, bei höherer Geschwindigkeit erwies sich die F6F-5 als deutlich besser. Unter 320 km/h war die Model 52 weitaus manövrierfähiger als die F6F, bei Geschwindigkeiten über 370 km/h hatte die F6F ein besseres Manövrierverhalten.

Für Luftkämpfe mit der Zeke 52 riet man Hellcat-Piloten, die höhere Geschwindigkeit und Höhenleistung voll auszunutzen. Keinesfalls sollten sie sich in Luftnahkämpfe mit dem sehr wendigen, aber langsameren japanischen Jäger einlassen. Eine wirksame Taktik bei Sichtung von japanischen Jägern bestand darin, die Geschwindigkeit auf 480 km/h zu erhöhen, dann einen Steilflug nach oben einzuleiten und damit Geschwindigkeit in Höhe umzuwandeln. Auf diese Weise gelangten die amerikanischen Piloten in deutlich größere Höhen als ihre Gegner und außerhalb deren Reichweite. Von dort aus konnten sie die Initiative ergreifen und die Kampfbedingungen diktieren, indem sie mit hoher Geschwindigkeit vernichtende Angriffe auf die Zeke vortrugen und sofort wieder im Steilflug auf Höhe gingen, wodurch es keine Gelegenheit zu japanischen Vergeltungsangriffen gab. Unter solchen Bedingungen erwies sich die bessere Manövrierfähigkeit des japanischen Jägers bei niedriger Geschwindigkeit als nutzlos.

Am 15. Juni stürmte amerikanische Marineinfanterie auf Saipan an Land, und bei Einbruch der Dunkelheit hatte sie zwei Landeköpfe etabliert. Diese Entwicklung gab der Mission der japanischen Flotte, die sich jetzt der Insel näherte, noch zusätzliche Dringlichkeit. In der Anfangsphase der Schlacht erfreute sich Admiral Toyoda dreier wichtiger Vorteile gegenüber dem Kommandeur der US-Flotte, Admiral Raymond

MITSUBISHI A6M5 MODELL 52 („ZEKE 52")

Typ: trägergestützter Jagdeinsitzer
Triebwerk: ein Nakajima Sakae 21 14-Zylinder-Sternmotor mit 1130 PS beim Start
Bewaffnung: zwei Typ 99 20-mm-Kanonen und zwei Typ 97 7,7-mm-Maschinengewehre
Leistung: Höchstgeschwindigkeit 576 km/h in 6700 m Höhe
Normale Startmasse bei Kampfeinsätzen: 2741 kg
Abmessungen: Spannweite 11,00 m; Länge 9,06 m; Tragflügelfläche 22,20 m^2
Datum der Indienststellung von A6M5: Herbst 1943

Spruance. Der erste Vorteil lag in der Bewegungsfreiheit: Toyoda konnte seine Träger je nach Anforderungen der taktischen Situation stationieren, während Spruance seine schnellen Träger in der Nähe von Saipan halten mußte, um die Landeoperation und die verwundbaren Transportschiffe vor der Küste zu schützen. Toyodas zweiter Vorteil bestand darin, daß seine weiträumige Luftaufklärung weitaus effektiver war, denn von den Marianen gestartete Flugzeuge beschatteten bereits die verschiedenen US-Schiffsverbände. Ihrerseits befanden sich die japanischen Träger noch außerhalb des 560-km-Operationsradius der Aufklärungsflugzeuge der US-Träger, so daß sich Spruance bezüglich des Aufenthaltsortes seiner Gegner auf die sporadischen und oft irreführenden Sichtungsmeldungen von U-Booten verlassen mußte. Der dritte große Vorteil für den japanischen Kommandeur bestand darin, daß seine Trägerflugzeuge einen 480 km großen Angriffsradius hatten, dieser war 160 km größer, als jener der amerikanischen Flugzeuge, die eine stärkere Panzerung und selbstabdichtende Kraftstofftanks besaßen.

Toyoda erhielt regelmäßig Berichte über Bewegung und annähernde Zusammensetzung der Sondergruppen der US Navy, Spruance hingegen hatte nur eine vage Vorstellung über die Positionen der japanischen Träger. Solange diese Situation fortbestand, würden unweigerlich die Japaner als erste einen Luftangriff starten und die amerikanischen Schiffe müßten sich auf eine Verteidigungsschlacht vorbereiten.

GRUMMAN F6F-3 HELLCAT

Typ: trägergestützter Jagdeinsitzer
Triebwerk: ein Pratt & Whitney R-2800-10 Double Wasp 18-Zylinder-Sternmotor mit 2000 PS beim Start
Bewaffnung: sechs Browning 12,7-mm-Maschinengewehre in den Tragflächen
Leistung: Höchstgeschwindigkeit 600 km/h in 7225 m Höhe; Steigzeit auf 4570 m Höhe 7 Minuten 42 Sekunden
Normale Startmasse bei Kampfeinsätzen: 5520 kg
Abmessungen: Spannweite 13,06 m; Länge 10,16 m; Tragflügelfläche 31,03 m^2
Datum der Indienststellung von F6F-3: Oktober 1942

Die ersten Angriffe auf die amerikanischen Schiffe kamen nicht von den japanischen Trägerflugzeugen, auch nicht von den in den Marianen stationierten, sondern von Maschinen vom Stützpunkt Yap auf den Karolinen. Am 17. Juni versenkten Torpedobomber B5N „Kate“ am Nachmittag ein Landungsboot (Infanterie). Am selben Abend griffen siebzehn Sturzkampfbomber D4Y „Judy“ und zwei Torpedobomber P1Y1 „Frances“ mit starkem Jägerbegleitschutz Transportschiffe und Geleitträger vor dem Landekopf an und beschädigten einen der kleineren Flugzeugträger so schwer, daß er von der Operation zurückgezogen werden mußte. Bei weiteren Luftangriffen am folgenden Tag wurde ein Flottenbeölungsschiff beschädigt.

Vor der Morgendämmerung des 19. Juni erreichten Admiral Ozawas Träger eine Position, von der aus sie einen massiven Luftschlag gegen Task Force 58 ausführen konnten. Japanische Aufklärungsflugzeuge verstärkten ihre Beobachtungstätigkeit bezüglich der US- Sondergruppen, eine wesentliche Aufgabe vor dem Angriff, doch auch eine sehr kostspielige: von den etwa 60 von Trägern oder von Land aus gestarteten Maschinen mit diesem Auftrag wurden nicht weniger als 35 von den Hellcat abgeschossen.

Zeitig an jenem Morgen drehten die japanischen Träger in den Wind und begannen mit dem Flugzeugstart. Die Operation ging jedoch nicht ungehindert vonstatten, denn das U-Boot USS *Albacore* konnte sich an den Begleitzerstörern vorbeischmuggeln und eine Torpedosalve auf den großen japanischen Träger *Taiho* ablassen. Eine der Waffen schlug bei dem Kriegsschiff ein, verursachte aber nur geringen Schaden am Rumpf, so daß von der *Taiho* nach kurzer Unterbrechung weiter Flugzeuge starten konnten.

Die erste Welle der ankommenden Angreifer mit 43 Zero-Sturzbombern und sieben B6N („Jill“) Torpedobombern sowie vierzehn „Zeke 52“ als Begleitschutz wurden in noch 240 km Entfernung von den US-Flugzeugträgern auf dem Radarschirm entdeckt. Noch mögliche Zweifel über die Absichten der Streitmacht zerstreute bald darauf eine Anweisung des japanischen Kommandeurs der Lufteinheit, die per Funk an die Besatzungen übermittelt und von einer Mithöreinrichtung an Bord eines US-Kriegsschiffs abgehört wurde.

Die amerikanischen Träger begannen sofort, die Decks zum Gefecht zu räumen. Die Hellcat bildeten Ketten und stiegen nach Westen auf, um der Gefahr zu begegnen, während die Angriffsbomber sich nach Osten aus der Gefahrenzone heraus bewegten, bis eine sichere Rückkehr wieder möglich war. Als die japanische Streitmacht entdeckt wurde, befanden sich 59 Hellcat in der Luft auf Patrouillenflügen zum Schutz der Sondereinheit, und jetzt kamen noch weitere 140 Jäger dazu.

Der wolkenlose Himmel und der reiche Fluß an Radarinformationen über das Nahen der Feinde bot ideale Bedingungen für die Abfangjäger, und sie nutzten ihren Vorteil weidlich aus. Als erste nahmen acht Hellcat von der USS *Essex* ihre Kampftätigkeit auf, die die japanischen Maschinen in 110 km Entfernung von den amerikanischen Trägern abfingen. Mit einem Höhenvorteil von 1830 m leitete Commander C. Brewster einen Sturzflugangriff auf die Zero-Sturzbomber ein, der für zwei von ihnen das Aus bedeutete; dann griffen die begleitenden „Zeke“ in den Kampf ein, und ein wildes Kampfgetümmel kam zustande. Bald darauf griffen zwanzig Hellcat von der *Hornet* und der *Princetown* in den Kampf ein, gefolgt von weiteren vierzehn von der *Cowpens* und der *Monterey*. Weitere Jäger, die gerade von den Trägern gestartet waren, stürzten sich in die Kampfhandlungen, während sich die japanischen Flugzeuge den amerikanischen Trägern näherten. Durch eine Vielzahl von brutalen Überfällen von oben gab es bei den japanischen Angreifern schwere Verluste. Bei einigen japanischen Angriffsformationen ging der Zusammenhalt verloren, dennoch dachten die Piloten nicht an Rückzug und kämpften sich verbissen weiter zu ihren Zielen vor. Obwohl alles gegen sie sprach, brachen etwa zwanzig japanische Angriffsbomber durch die Jägerbarrieren und richteten sich zum Bombenanflug auf die US-Kriegsschiffe aus.

Es bedarf langer Ausbildung und vieler Übungen, einen genauen Sturzflugangriff oder einen Torpedoangriff auf ein im offenen Gewässer manövrierendes Kriegsschiff vorzutragen, doch die Fähigkeiten der japanischen Besatzungen entsprachen bei weitem nicht der eisernen Entschlossenheit, die sie beim Durchbruch auf ihre Ziele gezeigt hatten. Den einzigen Bombentreffer bekam das Schlachtschiff *South Dakota* ab; er verursachte nur begrenzten Schaden und etwa fünfzig Tote und Verwundete, machte das Kriegsschiff aber nicht kampfunfähig. 42 der 64 Angreifer wurden abgeschossen, wobei nur drei Hellcat verlorengingen.

Der ersten japanischen Angriffswelle hart auf den Fersen folgte die zweite. Die von den drei größten japanischen Trägern gestartete Angriffsstreitmacht umfaßte 53 D4Y1 („Judy“) Sturzbomber und 27 B6N („Jill“) Torpedobomber mit einem Begleitschutz von 48 „Zeke 52“ Jägern. Dabei handelte es sich um die modernsten japanischen Trägerangriffsflugzeuge, und sie wurden von den am besten ausgebildeten der verfügbaren Besatzungen geflogen. Erneut wurden die Japaner in mehr als 160 km Entfernung von den amerikanischen Trägern auf dem Radarschirm entdeckt, und erneut hörte ein Mithörgerät die Funkanweisungen des japanischen Angriffskommandeurs ab. Inzwischen war genügend Zeit seit dem früheren Start vergangen, um die Anzahl der Hellcat auf dem Deck des US-Trägers zu erhöhen. Zusätzlich zu den gegen die erste Angriffswelle aufgestiegenen Jägern, von denen viele noch genügend Treibstoff und Munition zur Fortsetzung des Kampfes hatten, starteten mehr als 160 neue Jäger zur Verstärkung der Verteidigung.

Das zweite Gefecht war fast eine Kopie des ersten. Erneut erlitten die Angreifer schwere Verluste beim Anflug, doch wiederum durchbrachen etwa zwanzig den Verteidigungsgürtel. Und aufs neue unterstrich der folgende Angriff die schlechte Ausbildung der japanischen Besatzungen und ihre fehlende Kampferfahrung. Die Flugzeugträger *Wasp* und *Bunker Hill* erlitten geringfügigen Schaden und einige wurden Opfer durch Bombennahtreffer, während andere Schiffe nur knapp von Torpedos verfehlt wurden. Eine „Jill" krachte in die *Indiana,* doch der Panzergürtel des Schlachtschiffs widerstand der Kraft der Explosion, so daß sich das Kriegsschiff weiter am Kampfgeschehen beteiligen konnte. Wie zuvor forderten die Abfangjäger einen hohen Tribut, und von den 128 an der Angriffswelle beteiligten Flugzeugen wurden 94 abgeschossen, während die Amerikaner nur vier Hellcat einbüßten.

Wegen einer ungenauen Meldung zur Position des Zieles erreichten die 49 Flugzeuge der dritten japanischen Angriffswelle die US-Sondereinheit nicht. Nur die sie begleitenden sechzehn „Zeke 52" traten in Aktion; die Hellcat schossen sieben japanische Jäger bei einem Eigenverlust einer Maschine ab.

Die vierte Angriffswelle mit 46 „Judy"-, „Val"- und Zero-Sturzbombern, sechs „Jill"-Torpedobombern und einem Begleitschutz von dreißig „Zeke 52" erreichte nicht mehr als die ersten beiden Angriffsversuche. Einige japanische Flugzeuge schafften es dennoch, die Jägergürtel zu durchbrechen und Angriffe gegen die US-Träger auszuführen, ohne jedoch einen Treffer zu erzielen. 38 Maschinen dieser Welle wurden abgeschossen, entweder in der Nähe der amerikanischen Träger oder beim Landeanflug auf den Flugplatz Orote auf Guam, wo sie von Hellcat-Jägern abgefangen wurden.

Während der Serie von Luftkämpfen kamen vier japanische trägergestützte Angriffsformationen mit insgesamt 323 Flugzeugen zum Einsatz gegen Task Force 58. Davon wurden 181 abgeschossen – 60 % der Angriffskräfte. Sieben Hellcat gingen in den Nahkämpfen in der Luft verloren, doch kein Schiff hatte ernsten Schaden genommen; alle konnten ihre Kampfeinsätze weiterführen.

Inzwischen versetzten die amerikanischen U-Booten den japanischen Trägergruppen weit im Westen weitere Nadelstiche. Kurz nachdem die Überlebenden der vier Angriffswellen zu ihren Schiffen zurückkehrten, gelangen der USS *Cavalla* drei Torpedotreffer auf den großen Träger *Shokaku.* Trotz der verzweifelten Bemühungen der Schiffsmannschaft, die Feuer einzudämmen, gerieten die Brände bald völlig außer Kontrolle. Nach einer schweren Explosion ging das Schiff unter. Bald darauf folgte der Untergang der *Taiho;* der einzelne Torpedotreffer zu Tagesanfang hatte zwar nur wenig strukturellen Schaden angerichtet, aber Dämpfe von einem gerissenen Flugbenzintank waren in den Rumpf gelangt. Ein zufälliger Funke entzündete diese und führte zu einer Reihe von Explosionen zunehmender Stärke, bis der Träger schließlich sank. 22 Flugzeuge folgten den beiden japanischen Trägern auf den Grund.

Am Morgen des 20. Juni waren die japanischen Trägerflugzeuggruppen auf einen Schatten ihrer früheren Stärke geschrumpft: es blieben nur noch 68 „Zeke 52" und Zero, drei D4Y „Judy"-Sturzbomber und 29

B5N „Kate“- und B6N „Jill“-Torpedobomber. Ozawa blieb keine andere Wahl als seinen übriggebliebenen sieben Trägern den Befehl zum Rückzug nach Westen zu geben. Auf Guam lag die japanische Luftwaffe nach dem Verlust von 110 Flugzeugen und der Beschädigung vieler weiterer Maschinen bei amerikanischen Luftangriffen auf die Flugplätze fast in den letzten Zügen.

Trotz großer Anstrengungen der Aufklärungsflugzeuge der US-Träger erhielt Admiral Mitscher erst am Nachmittag des 20. Juni erste klare Berichte über die Position der japanischen Trägergruppen. Endlich konnte Task Force 58 den Gegenschlag ausführen. Die Angriffsformation bestand aus 77 Helldiver- und Dauntless-Sturzbomber, 54 Avenger-Torpedobomber und einem Begleitschutz von 85 Hellcat. Der Angriff sollte im äußersten Reichweitebereich stattfinden, und bald nach Aufbruch der Streitmacht gab es eine unerwartete Planänderung. Lieutenant-Commander James Ramage, der die Dauntless der VB-10 Squadron von der *Enterprise* führte, erinnert sich:

> Die *Enterprise* und Air Group 10 mußten lange auf eine Gelegenheit warten, die Kampfhandlungen gegen die japanische Flotte aufzunehmen. Wir hatten es besonders auf ihre Träger abgesehen. Nach dem Start und Rendezvous meiner Kampfgruppe machte sich ziemliche Enttäuschung breit, als wir von der *Enterprise* die Mitteilung erhielten, daß die uns in der Einsatzbesprechung gegebene Position der japanischen Flotte einen Längengrad weiter entfernt sei. Das bedeutete, die Flotte befand sich ungefähr 100km weiter westlich als ursprünglich angenommen.

Sprachlos über die zusätzlichen 200 km bei ihrer Mission flogen die Angriffskräfte dennoch entschlossen ihrem Ziel entgegen. Vor den japanischen Trägern lieferten etwa 40 „Zeke 52“ eine mutige Luftverteidigungsschlacht, bei der sie sechs Hellcat und vierzehn Angriffsbomber abschossen, dabei aber auch 25 ihrer eigenen Maschinen einbüßten. Die übrigen amerikanischen Flugzeuge trugen dann ihren Angriff vor, bei dem die Avenger den kleinen Träger *Hiyo* mit Torpedos versenkten. Sturzkampfbomber beschädigten den großen Träger *Zuikaku* und die kleinen Träger *Chiyoda* und *Ryuho*.

Es war bereits dunkel, als die US-Maschinen, in vielen Fällen mit den letzten Tropfen Benzin, das Gebiet erreichten, wo ihre Träger und die Begleitschiffe auf sie warteten. Zur Unterstützung der Rückkehrer erhielten die Kriegsschiffe den Befehl, ihre Scheinwerfer anzustellen und Sternleuchtkugeln abzuschießen, doch das erwies sich als nicht so hilfreich wie gedacht. James Ramage erklärt:

> Die Idee war zwar gut, doch sie wurde nicht richtig ausgeführt. Hätte der Befehl gelautet, nur die Flugzeugträger sollten ihre Scheinwerfer anstellen, dann wäre es für uns eine große Hilfe gewesen. So aber trug es nur zu weiterer Verwirrung bei. Jedes Schiff war beleuchtet, und es erschien einfach unmöglich, zwischen den Trägern und den anderen Schiffen zu un-

terscheiden, bis man ganz nahe heran war. Trotzdem schaffte ich es, die *Enterprise*-Gruppe zurückzuführen, die sich noch um etwa 30 bis 40 Versprengte vergrößert hatte, die wir unterwegs aufgelesen hatten. Ich scherte aus der Formation zum Landeanflug auf die *Enterprise* aus, doch das Deck war wegen der Bruchlandung einer Maschine eines anderen Trägers unbenutzbar, deshalb flog ich zur *Yorktown* weiter und legte mit den allerletzten Tropfen Benzin eine sehr unspektakuläre Nachtlandung hin.

In dem allgemeinen Durcheinander ging 80 Flugzeugen der Treibstoff aus, so daß sie notwassern mußten. Wegen des warmen Wassers und einer effektiven Rettungsoperation am folgenden Tag wurden mehr als drei Viertel der betroffenen 209 Mann Flugbesatzung lebend aus dem Wasser gefischt.

Die Seeschlacht in der Philippinen-See stellte für die japanische Flugzeugträgerflotte eine ebenso große Katastrophe dar, wie die Niederlage in der Schlacht bei den Midway-Inseln. Von den drei großen Trägern – die einzigen, die die neuen japanischen hochleistungsfähigen Angriffsflugzeuge aufnehmen konnten – waren zwei versenkt und einer beschädigt worden. Ein kleiner japanischer Träger war versenkt und zwei beschädigt worden. Und darüber hinaus hatten die japanischen Trägerlufteinheiten trotz des Verlustes von etwa drei Viertel ihrer Flugzeuge und Besatzungen den gegnerischen Marinekräften keine nennenswerten Schäden beigebracht.

Um erfolgreich zu sein, benötigen trägergestützte Luftangriffe ein besonders hohes Maß an Ausbildung und Kampferfahrung bei den Besatzungen. In den Kampfhandlungen bei den Marianen besaßen die Lufteinheiten der US Navy jene Qualitäten, während ihre Gegner sie vermissen ließen. Das und die ausgezeichnete Leistung der zahlreich vorhandenen Grumman Hellcat erstickten einfach die japanischen Angriffe. Die Luftkämpfe um die Task Force 58 vor Saipan am Morgen des 19. Juni 1944 gehören zu den intensivsten Luftschlachten überhaupt. Mehr als 700 Trägerflugzeuge nahmen am Kampf teil, und 188 davon, oder reichlich ein Viertel, wurden abgeschossen. Wie schon erwähnt kamen 181 der in einem einseitigen Kampf verlorengegangenen Maschinen von der japanischen Marine, was 60 Prozent der in den Kampf geschickten Kräfte gleichkommt. Die große Mehrheit der Abschüsse erzielten die amerikanischen Jäger, obwohl die Schiffskanonen auch einige Maschinen vom Himmel holten.

Die brillante Verteidigungsstrategie der Task Force 58 brachte den japanischen Trägerlufteinheiten eine Niederlage bei, von der sie sich nicht wieder erholten. Der Krieg im Pazifik ging noch vierzehn Monate weiter, doch die japanischen Flugzeugträger spielten kaum noch eine Rolle dabei.

8

LUFTAUFKLÄRUNG ÜBER DER NORMANDIE

Die alliierten Armeekommandeure erhielten vom Beginn der Invasion in der Normandie im Juni 1944 häufige und umfassende Luftaufklärungsinformationen über die vor ihnen liegenden Feindgebiete. Im Gegensatz dazu bekamen ihre deutschen Kontrahenten in der ersten Phase des Landkrieges nur dürftige Einblicke davon, was im Landekopfgebiet vor sich ging. Oft war das vorbereitende Artilleriebombardement oder die Sichtung feindlicher Vorausabteilungen durch deutsche Vorposten für sie das erste Anzeichen für eine bevorstehende alliierte Offensive. Die Luftwaffe versuchte, diesen gefährlichen Mangel wettzumachen, indem sie einen neuen und noch völlig unerprobten Flugzeugtyp einsetzte.

Der Luftwaffe fehlte es nicht etwa an Aufklärungsmaschinen. Am D-Tag verfügte die Luftflotte 3 in Frankreich über vier Fernaufklärungsgruppen mit insgesamt 60 Maschinen, meistenteils Junkers Ju 88, Ju 188 und Messerschmitt Me 410. Außerdem gab es eine taktische Aufklärungsgruppe mit 42 Messerschmitt Bf 109 mit Kameraausstattung und reduzierter Bewaffnung. Allerdings waren die zweimotorigen deutschen Aufklärungsmaschinen nicht leistungsstark genug, um trotz alliierter Tagjägerpatrouillen zu operieren, und so mußten sie sich mit Nachtluftbildmissionen mit Hilfe von Leuchtraketen begnügen. Doch Nachtaufnahmen lieferten weit weniger Informationen als Tagaufnahmen.

Die Bf 109 Aufklärungsjäger flogen bei Tag in niedriger Höhe Fotomissionen über alliierten Positionen, aber ihr Eindringen endete gewöhnlich mit einer rasanten Flucht vor den feindlichen Jägern und brachte kein umfassendes Bild. Diese Missionen forderten zudem große Opfer an Maschinen und Besatzungen und lieferten nur fragmentarische Aufnahmen der alliierten Aufstellungen. Das Fehlen effektiver Luftaufklärung machte sich Ende Juli 1944 durch seine unvermeidlichen Folgen bemerkbar, als die amerikanischen Truppen massiv aus der westlichen Seite des Festsetzungsgebietes ausbrachen und schnell auf der Westseite der Halbinsel von Cherbourg vorrückten. Bevor die deutschen Truppenkommandeure die Lage voll erkannten, war es bereits zu spät für Gegenmaßnahmen.

Kurz nach Beginn der Invasion wurde Oberleutnant Horst Götz zum Kommandeur einer neuen Luftaufklärungseinheit ernannt, die dem Luft-

ARADO Ar 234A

Typ: einsitziges Aufklärungsflugzeug
Triebwerk: zwei Junkers Jumo 004A Strahlturbinen mit je 897 kg Schub; zwei Walter HWK 500A Flüssigtreibstoff-Startraketen in Behältern unter den äußeren Tragflächen, jede mit 500 kg Schub für 30 Sekunden (wenn der Treibstoff verbraucht war, wurden diese Behälter abgeworfen und fielen an Fallschirmen herab, nach der Landung wurden sie zur Weiterverwendung eingesammelt)
Bewaffnung: nicht vorhanden; Die militärische Zuladung in der beschriebenen Mission bestand aus zwei Rb 50/30 Kameras mit 500 mm Brennweite im hinteren Teil des Rumpfes.
Leistung: Höchstgeschwindigkeit 780 km/h in 6000 m Höhe; Typische Geschwindigkeit und Höhe bei Höhenaufklärungsaufnahmen waren 740 km/h in 10 420 m.
Normale Startmasse bei Kampfeinsätzen: 7991 kg
Abmessungen: Spannweite 14,11 m; Länge 12,64 m; Tragflügelfläche 26,38 m^2
Datum der Indienststellung von Ar 234A: August 1943; Diese Version des Flugzeugs wurde nicht in die Serienfertigung überführt.

waffenoberkommando direkt unterstellt war (Versuchsstaffel des Oberkommandos der Luftwaffe). Die Einheit wurde in Oranienburg bei Berlin gebildet und erhielt den 5. und 7. Prototyp des neuen einsitzigen zweistrahligen Aufklärungsflugzeugs Arado Ar 234A. Jede Maschine war mit zwei Luftbildkameras mit 500 mm Brennweite im hinteren Rumpf ausgestattet. Sie zeigten nach unten und leicht voneinander weg, und erbrachten so sich überschneidende Bilder von der Erdoberfläche unter dem Flugzeug. Die Arado konnte in 9150 m Höhe mit mehr als 725 km/h fliegen, und man erwartete mit einiger Zuversicht, daß sie in der Lage sein müßte, mit Leichtigkeit die alliierten Jägerverteidigungen zu durchdringen.

Der Besitz von ein paar supermodernen Flugzeugen war die eine Sache, doch sie, ihre Besatzungen und das technische Personal soweit zu bringen, daß sie ihre Missionen über Feindgebiet fliegen konnten, war eine ganz andere. Ersatzteile erwiesen sich als ein ständiges Problem, denn bei den Maschinen handelte es sich um einzelgefertigte Prototypen, so daß Teile nur vom Hersteller kommen konnten. Es gab keine regulären technischen Handbücher für die Arado, und das Bodenpersonal mußte sich die technischen Eigenheiten der neuen Maschine im praktischen Umgang erarbeiten. Götz und sein Stellvertreter, Leutnant Erich Sommer, mußten sich selbst das Fliegen mit der neuen Maschine (es gab keine zweisitzige Ausbildungsversion) sowie auch die Grundelemente der Bedienung der temperamentvollen Nullserien-Düsenmotoren Jumo 004 beibringen.

Ganz abgesehen von den Turbostrahltriebwerken hatte die Maschine eine Reihe weiterer neuartiger Besonderheiten. Für die erforderliche Anfangsgeschwindigkeit beim Start mit voller Treibstofflast hatte die Ar 234 zwei Starthilfsraketen unter den Tragflächen, von denen jede für

30 Sekunden eine Schubkraft von 500 kg entwickelte. War der Treibstoff verbraucht, wurden die Raketenbehälter abgeworfen und fielen langsam per Fallschirm zur Erde. Danach ließen sie sich wieder verwenden.

Die Arado-Konstrukteure sahen sich wegen der strengen Reichweitenauflagen in der Luftwaffenspezifikation für Düsenmaschinen gezwungen, das konventionelle Fahrwerk wegzulassen, um Platz für zusätzliche Treibstofftanks zu schaffen. Die Maschine startete mit Hilfe eines Startwagens, der beim Abheben auf dem Boden blieb. Nach dem Flug landete die Arado auf ausfahrbaren Landekufen, die unter den Rumpf und die Triebwerksgondeln reichten. Die Verwendung des abtrennbaren Startwagens verhalf der AR 234A zu einer glänzenden Leistung, doch das ging sehr auf Kosten der Flexibilität. Die Maschine konnte nur von einem Flugplatz starten, der einen solchen Startwagen zur Verfügung hatte. Und im Fall der Prototypen war nur ein Startwagen für jede Maschine hergestellt worden. Wegen geringfügiger Unterschiede zwischen den Flugzeugen ließ sich der Startwagen einer anderen Maschine nicht verwenden. Die ganze Tragweite dieses Handicaps zeigte sich, als die Zeit des Einsatzes für die neuen Flugzeuge heranrückte.

Im Idealfall hätte Götz mindestens drei Monate Zeit haben müssen, um seine Einheit auf den Einsatz vorzubereiten, doch die schnelle Verschlechterung der militärischen Lage in Frankreich verhinderte das. Am 25. Juli starteten die beiden Ar 234A in Oranienburg und nahmen Kurs auf ihre Operationsbasis in Juvincourt bei Reims. Unterwegs fiel ein Triebwerk an Götzes Maschine aus, und er flog zu dem einzigen Ort, wo es Ersatztriebwerke und einen Startwagen gab – zurück nach Oranienburg.

Erich Sommer dagegen erreichte den französischen Landeplatz ohne Zwischenfälle. Nach der Landung wurde die Arado auf einen Tieflader gehievt und in den Hangar gefahren, um sie vor spionierenden alliierten Aufklärungsflugzeugen zu schützen. Und so blieb das modernste Aufklärungsflugzeug der Welt, obgleich seine Dienste dringend benötigt wurden, über eine Woche im Hangar (währenddessen sich die amerikanischen Truppen unbeobachtet für ihre Durchbruchsoperation formierten). Wegen des Risikos angreifender alliierter Jäger konnten der unabdingbare Startwagen, die Raketenbehälter und andere notwendige Ausrüstungsgegenstände nicht mit Transportmaschinen eingeflogen werden. Sie wurden statt dessen mit der Bahn befördert und brauchten trotz höchster Eilstufe über eine Woche, um über das kriegsgeschädigte französische Schienennetz einzutreffen.

Erst am Morgen des 2. August war die AR 234 für ihre erste Kampfmission startklar. Auf seinem Startwagen wurde das eigenartig aussehende Flugzeug an das Rollbahnende in Windrichtung gezogen. Juvincourt war zwar mehrmals bombardiert worden, aber die Bombenkrater auf der Start- und Landebahn hatte man verfüllt und glatt gewalzt. Sommer stieg in sein kleines Cockpit und schnallte sich an. Er ging die Startklarliste durch und startete dann die beiden Strahltriebwerke, und als sich die Temperaturen eingepegelt hatten, löste er die Bremsen und gab Gas. Langsam gewann die Arado an Fahrt, als sie über die Grasoberfläche holperte. Als der Pilot mit den Reaktionen der Maschine zufrieden war, drückte er den Startknopf für die Starthilfsraketen. Sommer fühlte den erwarteten Druck in seinem Rücken, als die Raketen vollen Schub entwickelten und die Beschleunigung rasant zunahm. Als das Flugzeug 160 km/h erreicht hatte, spürte Sommer, wie der Bug vom Boden abhob und die Maschine sich in die Luft erheben wollte. Daher zog die mechanische Entriegelung des Startwagens. Von diesem Gewicht und Widerstand befreit hob sich das Flugzeug in die Luft. Kurz darauf waren die Starthilfsraketen leer, und die Beschleunigung ließ nach. Der Pilot klinkte die beiden Behälter aus, die sich nun von den Tragflächen ablösten. Die erste Düsenaufklärungsmission der Welt nahm ihren Anfang.

Als die Maschine gleichmäßig stieg, lenkte Sommer den Bug langsam in Richtung des Hafens von Cherbourg. Die geschmeidige Düsenmaschine benötigte 20 Minuten, um ihre Dienstgipfelhöhe von 10 000 m zu erreichen. Die rückwärtige Sicht aus dem Cockpit der Arado war schlecht, und von Zeit zu Zeit ging der Pilot erst mit dem einen, dann mit dem anderen Flügel nach unten, um über sein Heck nach feindlichen Verfolgern Ausschau zu halten. Sommer mußte auch sichergehen, keinen verräterischen Kondensstreifen zu hinterlassen, der seine Position an den Feind verriete. Wie er feststellte, gab es keine Probleme damit.

Über Cherbourg zog Sommer die Arado auf einen östlichen Kurs herum, nahm den Bug nach unten, bis sich die Geschwindigkeit auf 740 km/h erhöhte, und ging in 9760 m Höhe zum Horizontalflug über. Ein Knopfdruck genügte, und die beiden Kameras begannen im 11-Sekunden-Takt zu klicken, wobei sie jedes Mal einen ca. 9,5 km breiten Ausschnitt fotografierten. An dem klaren und sonnigen Tag gab es kaum ein Wölkchen, das die Bilder vom Invasionsstrand, der nun unter dem Flugzeug entlang glitt, getrübt hätte. Aus seinem Blickwinkel in mehr als 9,5 km Höhe konnte Sommer nichts erkennen vom Kampf auf Leben und Tod, der unter ihm stattfand. Falls wirklich ein alliierter Jäger versuchte, den hoch fliegenden Eindringling zu stellen, kam er nicht nahe genug heran, daß Sommer ihn ausmachen konnte. Der erste Luftaufnahmenüberflug dauerte etwa 10 Minuten und nahm den Küstenstreifen auf. Dann wendete Sommer in einem Halbkreis nach Steuerbord und machte über Land einen zweiten Überflug 9,5 km von der Küste parallel zum ersten. Zehn Minuten später begann er den dritten Überflug, wiederum 9,5 km weiter im Landesinneren. Kurz vor dem Ende des dritten Überflugs hatte er keinen unbelichteten Film mehr übrig.

Sommer hatte den schwierigsten Teil der Mission bewältigt, doch wie jeder Aufklärungspilot wußte er, daß der Einsatz erst nach seiner erfolgreichen Rückkehr zur Basis mit dem wertvollen Filmmaterial beendet war. Als er sich Juvincourt näherte, wurde ein Leuchtpfad ausgelegt, damit er die Landebahn leichter fand. Mit einem wachsamen Auge für mögliche alliierte Jäger ging er schnell nach unten, klappte die Landekufen aus und setzte die Arado forsch auf das Gras. Später erinnerte sich Sommer, daß die Arado mit ihren Landekufen eine viel glattere Landung auf dem Gras machte als eine Maschine mit herkömmlichen Fahrwerk auf einer Rollbahn. Kaum stand die Maschine, als auch schon Personal aus verschiedenen Richtungen auf sie zugerannt kam. Die Kameraluke am hinteren Rumpf wurde geöffnet, die Filmmagazine herausgenommen und schnell zum Entwickeln gebracht. Als nächstes wurde die Arado auf ihren Startwagen gehievt und in den Hangar gezogen.

Mit diesem etwa 90-minütigem Flug erreichte Erich Sommer mehr als die gesamte Aufklärung der Luftwaffe im Westen in den vorangegangenen acht Wochen. Die 380 Fotos, die er zurückbrachte, sorgten für große Aufregung, denn sie zeigten fast jeden Teil des alliierten Festsetzungsgebietes in der Normandie. Wie aus alliierten Quellen ersichtlich, befanden sich zu diesem Zeitpunkt mehr als 1,5 Millionen Mann und 300 000 Fahrzeuge in Frankreich an Land. Das 12-Mann-Bildauswerter-Team der Luftwaffe in Juvincourt benötigte mehr als zwei Tage zur Erstellung einer ersten Analyse der Luftbilder. Eine detaillierte Auswertung des Materials dauerte Wochen.

Kurz nach Sommers spektakulärem Flug erreichte Horst Götz Juvincourt mit der zweiten Arado. In den folgenden drei Wochen flogen die beiden Düsenmaschinen 13 weitere Missionen kreuz und quer über Frankreich und machten Luftbilder von den gewünschten Zielen. Endlich erhielten die deutschen Truppenkommandeure regelmäßige Aufklärungsinformationen über das Geschehen im Landekopfgebiet und über den laufenden Stand des Vormarsches der amerikanischen Truppen in Frankreich. Am 17. August hatten sie Chartres und Orléans eingenommen und drohten, die ganze deutsche Armeegruppe in der Normandie einzukreisen. Unter massivem Druck sahen sich die deutschen Truppen zum Rückzug gezwungen, doch dann brach ihr Widerstand völlig zusammen, und sie zogen fluchtartig ab. Die Zeit, zu der die Luftbilder der Arado noch einen entscheidenden Einfluß auf die Landschlacht hätte nehmen können, war längst vorüber. Nun brachten sie kaum mehr als ein detailliertes Bild einer bereits verlorenen Schlacht. Als die amerikanischen Panzer am 28. August auf Juvincourt vorrückten, erhielt Götz den Befehl, seine Einheit nach Chièvres in Belgien zurückzuziehen.

Während der Kämpfe in Frankreich wurden die hochfliegenden Arado nie von alliierten Jägern behelligt, und es sah so aus, als ob ihre Operationen nicht bemerkt wurden. Trotz sorgfältigen Durchforstens alliierter Dokumente konnte der Autor dieses Buches nichts über deutsche Düsenjägeraufklärungsflüge in der fraglichen Zeit finden. Es scheint auch keine diesbezüglichen Hinweise in den von „Ultra" dechiffrierten Botschaften zu geben. Für Erich Sommer und Horst Götz stellte diese Unkenntnis der Alliierten das größte Kompliment dar, das man ihnen für ihr geschicktes Vorgehen in Ausübung ihrer Pflicht machen konnte. Die Aufgabe des Aufklärungspiloten bestand (und besteht noch heute) darin, zum Ziel vorzudringen, die erforderlichen Luftaufnahmen zu machen und mit den wertvollen Nachrichten zum Stützpunkt zurückzukehren, gleichzeitig dabei aber so wenig Aufmerksamkeit wie möglich auf sich zu lenken. Gelang ihnen das alles, ohne daß der Feind etwas davon bemerkte, war es um so besser.

Anfang September wurde die erste neue Aufklärungsmaschine Arado Ar 234B an die Einheit von Götz geliefert. Diese Version hatte ein normales Bugradfahrwerk, was ihr größere Flexibilität ermöglichte, weil das Flugzeug fast von jedem Flugplatz aus operieren konnte. Die neue Version war 40 km/h langsamer als die Prototypen und ihr Aktionsradius leicht geringer, doch trotz dieser Nachteile flogen die neuen Arado bis Kriegsende fast unbehelligt kreuz und quer über alliiertes Territorium.

Hätte die Arado Ar 234A ein paar Monate früher für Aufklärungsflüge zur Verfügung gestanden, rechtzeitig für den D-Tag, besteht kaum Zweifel, daß die deutschen Truppenkommandeure mit diesen Luftbildern ihre Streitkräfte viel effektiver eingesetzt hätten, als das der Fall war. Und selbst ohne diese Hilfe lieferte die deutsche Armee einen äußerst harten Kampf in der Normandie. Wie es in einer alten Militärredensart heißt: „Für Aufklärungszwecke genutzte Zeit ist selten oder niemals verlorene Zeit."

9

BOMBER GEGEN DIE TIRPITZ

Die letzte Generation der Schlachtschiffe erwiesen sich als ein äußerst schwieriges Ziel bei Luftangriffen. Sie waren zwar groß und schwer zu verbergen, doch sie besaßen auch eine sehr gute Bewaffnung und starken Panzerungsschutz. Befanden sich diese Schiffe im Hafen oder an einem Ankerplatz, dann erfreuten sie sich gewöhnlich zusätzlich des Schutzes von Rauchvorhängen, die spezielle Einheiten legten, von Torpedoschutznetzen, Flakbatterien und normalerweise auch von landgestützten Jägern. Wollte man relativ gute Chancen haben, ein solches Ziel zu vernichten, bedurfte dies entweder einer sehr großen Zahl von Flugzeugen mit konventionellen panzerbrechenden Bomben oder einer kleineren Anzahl von Maschinen mit spezielleren Waffentypen. Bei den letzten Angriffen, die zur Zerstörung des Schlachtschiffs Tirpitz *führten, schlug die Royal Air Force den letzteren Kurs ein …*

Das deutsche Schlachtschiff *Tirpitz* verbrachte fast die ganze Zeit zurückgezogen in den norwegischen Fjorden. Sie war zu kampfstark, um ignoriert zu werden, und stellte eine ständige Bedrohung für die alliierten Geleitzüge um Nordnorwegen mit Nachschub und Ausrüstungsgütern zur Unterstützung der Kriegsanstrengungen der Sowjetunion dar. Die *Tirpitz* stach selten in See, und auch in diesen Fällen nahm sie relativ selten an Kampfhandlungen teil. Doch ihre bloße Gegenwart band eine große Zahl von alliierten Kriegsschiffen, einschließlich Schlachtschiffen, die anderenorts hätten besser gebraucht werden können.

Die *Tirpitz,* das Schwesterschiff der berühmten *Bismarck,* war eines der kampfstärksten Kriegsschiffe ihrer Zeit. Mit einer Wasserverdrängung von 42 900 Tonnen war sie 7900 Tonnen schwerer als die Schlachtschiffe der *King George V* Schlachtschiffklasse, dem nächsten Äquivalent in der britischen Marine. Ein Großteil des Gewichtsunterschied lag an der zusätzlichen Panzerung des deutschen Schiffs. Zum Schutz gegen Schiffsgeschütze und Torpedos verfügte die *Tirpitz* über einen vertikalen Panzergürtel von 32 cm Dicke, der sich von 2,45 m unter der Wasseroberfläche bis zu einer ähnliche Höhe darüber erstreckte; darüber befand sich bis auf Deckniveau ein 14,5 cm dicker vertikaler Panzergürtel. Gegen Bomben aus der Luft trug das Schiff eine fast 8 cm dicke horizontale Panzerung zum Schutz der Maschinenräume und eine 10-cm-Panzerung über den Munitionsmagazinen. Wo die Deckpanzerung auf die Seitenpanzerung traf, war erstere gegen Steilfeuer angewinkelt. Das deutsche Schlachtschiff besaß eine ungewöhnlich große Decksbreite von 36 m, was dem

SCHLACHTSCHIFF TIRPITZ

Wasserverdrängung: 42900 t
Bewaffnung: acht 38-cm-Kanonen Hauptbewaffnung; zwölf 15-cm-Kanonen Nebenbewaffnung; sechzehn schwere 10,5-cm-Flakgeschütze; sechzehn 37-mm- und 20-mm-Flak-Schnellfeuergeschütze; acht 53-cm-Torpedorohre
Leistung: Höchstgeschwindigkeit 30 kn; Reichweite 14480 km bei 19 kn
Abmessungen: Länge über alles 251 m; Breite 36 m
Besatzung: 2400
Datum der Indienststellung: Januar 1942

Schiff ein höheres Maß an Seetüchtigkeit im Vergleich zu ähnlichen Schiffstypen in der britischen oder amerikanischen Marine verlieh (US-Schlachtschiffe mußten schmal genug sein, um die Schleusen des Panamakanals passieren zu können, doch aus offensichtlichen Gründen galt diese Konstruktionsanforderung nicht für deutsche Kriegsschiffe.).

Britische Luft- und Seestreitkräfte griffen die *Tirpitz* häufig an. Beim ersten Angriff am 9. März 1942 befand sie sich vor der Küste Norwegens und wurde von einem Dutzend Albacore-Torpedobombern der HMS *Victorious* bekämpft. Das deutsche Schlachtschiff drehte mit Höchstgeschwindigkeit in den Wind, und die langsamen Doppeldeckermaschinen verfügten nicht über den notwendigen Geschwindigkeitsvorteil für einen koordinierten Angriff auf das Schiff. Auf das schnell manövrierende Kriegsschiff wurden mehrere Torpedos gezielt, doch keiner von ihnen gelangte ins Ziel. Die Nachtangriffe durch RAF-Bomber am 31. März sowie am 28. und 29. April 1942, als sich das Schiff im Föttenfjord bei Trondheim befand, zeigten ebensowenig Erfolg.

Am 22. September 1943 schlichen sich Kleinst-U-Boote der Royal Navy zum Ankerplatz der *Tirpitz* im Kaa-Fjord in Nordnorwegen und legten vier 2-Tonnen-Minen im Seebett unter dem Schiff ab. Die Detonation von zwei dieser Waffen verursachte größere innere Schäden, die mehrere Monate Reparaturen erforderlich machten. Der Erfolg eines solchen Angriffs hing von seiner Neuheit ab und konnte daher nur einmal durchgeführt werden.

Am 3. April 1944 erzielte eine große Formation Barracuda der britischen Marineluftwaffe, Fleet Air Arm, bei einem Sturzflugangriff zwölf Treffer auf das Schlachtschiff. Die meisten Bomben wurden aber aus zu niedriger Höhe abgeworfen und erreichten nicht genügend Geschwindigkeit zum Durchschlagen des Panzerdecks des Schiffes. Obwohl an den Aufbauten einiger Schaden entstand, war das Schlachtschiff binnen Monatsfrist wieder seekriegstauglich. Die Rauchvorhänge um die *Tirpitz* machten ähnliche Angriffe am 17. Juli und 22. August zunichte, reduzierten den am 24. August auf zwei Treffer, die relativ wenig Schaden anrichteten, und ließen den Versuch am 29. August fehlschlagen.

Im September 1944 trat wieder die Royal Air Force zum Kräftemessen mit der *Tirpitz* an. Eine für den Angriff nach Archangelsk in Nordrußland verlegte Streitmacht von 38 Lancaster der No 9 und No 617 Squadron verfügte über zwei neuartige Waffentypen: die 5450-kg-Bombe „Tallboy" und die 225-kg-„Johnny Walker"-Unterwassermine mit Eigenantrieb.

Die vom berühmten Erfinder Barnes Wallis entworfene „Tallboy" war weniger als vier Monate früher erstmals eingesetzt worden. Mit 6,10 m Länge und 91,5 cm Durchmesser nahm sie den gesamten Bombenschacht der Lancaster ein. Die Superbombe enthielt 2315 kg Torpex-Sprengstoff und war so konstruiert, daß sie sich erst tief einbohrte, bevor sie explodierte, womit ein „Erdbeben" verursacht werden sollte, das das Ziel buchstäblich in Stücke riß. Die vier Flossen am Heck der Waffe waren gegenüber dem Luftstrom um 5 Grad geneigt, was der Waffe beim Fall eine Drehung um ihre Längsachse vermittelte. Diese Rotation gab ihr Drehimpulsstabilisierung und hielt sie senkrecht, wenn sie sich der Schallgeschwindigkeit näherte. Die „Tallboy" sollte ursprünglich nicht gegen Kriegsschiffziele verwendet werden, doch niemand bezweifelte, daß ein Voll- oder Nahtreffer mit einer solchen Waffe schwere Schäden an der *Tirpitz* verursachen würde.

Die „Johnny Walker" oder „JW"-Mine war speziell zur Bekämpfung von ankernden Schiffen gedacht. Die Waffe wog ungefähr 180 kg und vor dem Einsatz wurde Blei zur Beschwerung der Mine benutzt, damit sie in dem Meeresgebiet, wo sie abgeworfen wurde, neutralen Auftrieb hatte. Die geringen Abmessungen der „JW" (1,80 m lang, 39 cm Durchmesser) ließen die Zuladung von einem Dutzend dieser Waffen in den Bombenschacht einer Lancaster zu. Sowohl im Aussehen als auch vom Konzept her konnte sich die „JW" kaum noch stärker von der „Tallboy" unterscheiden. Während letztere einfach auf brutale Gewalt setzte, mit der sie sich durch das Panzerdeck von oben ins Schiffsinnere bohrte, nutzte die „JW" subtilere Methoden. Sie sollte *die verwundbare Unterseite* angreifen, wo im Fall der *Tirpitz* die Metallwand nur knapp 2 cm dick war.

AVRO LANCASTER I

Typ: siebensitziger schwerer Bomber
Triebwerk: vier Rolls-Royce Merlin 24 12-Zylinder-Reihenmotor mit je 1640 PS beim Start
Bewaffnung: eine 5450-kg-Bombe „Tallboy" oder zwölf „Jonny Walker"-Minen (während des Angriffs auf die Tirpitz am 15. September 1944); acht Browning 7,7-mm-Maschinengewehre, je zwei im Bug- und Rückenturm und vier im Heckturm
Leistung: Höchstgeschwindigkeit 462 km/h in 3500 m Höhe; normale Marschgeschwindigkeit 354 km/h in 6100 m Höhe; Dienstgipfelhöhe 7470 m
Normale Startmasse bei Kampfeinsätzen: 30 804 kg
Abmessungen: Spannweite 31,09 m; Länge 21,18 m; Tragflügelfläche 120,50 m^2
Datum der Indienststellung von Lancaster I: Oktober 1941

Die „JW“ funktionierte auf die folgende Weise: Nach dem Abwurf vom Flugzeug ging die Mine an einem Schleppfallschirm von 1,20 m Durchmesser nieder. Traf sie auf eine feste Oberfläche auf (z. B. auf den Boden oder die Aufbauten eines Schiffes), dann brachte ein Aufschlagzünder den Gefechtskopf zur Detonation. Fiel die Mine ins Wasser, dann löste sich der Schleppfallschirm, und die Waffe sank nach unten. In einer Tiefe von 18 m öffnete sich ein hydrostatisches Ventil, und Wasserstoff aus einem Hochdruckbehälter am hinteren Teil der Mine drückte das Wasser aus der Auftriebskammer im vorderen Teil. Die Waffe wurde leichter als das umgebende Wasser, sie sank nicht mehr weiter, sondern begann mit dem Kopf nach oben aufzusteigen. Die Flossen an den Seiten der Mine waren so angeordnet, daß die „JW“ im Wasser in einem Winkel von etwa 30 Grad Abweichung von der Vertikalen nach unten oder oben ging, was einer horizontalen Verschiebung von reichlich neun Meter bei jedem Sinken oder Steigen gleichkam. Zeigte der Kopf der Waffe nach oben, aktivierte sich der Zünder, so daß der Gefechtskopf detonierte, wenn die Mine beim Aufsteigen gegen etwas Hartes stieß (die Kielseite eines Schiffes).

Der Gefechtskopf der „JW“ enthielt 45,5 kg Torpex/Aluminium in einer Hohlladung, mit einer mit Weichmetall ausgekleideten konkaven Stelle an der Vorderseite. Der Sprengstoff wurde von hinten zur Detonation gebracht, wodurch sich die Wucht der Explosion auf die Weichmetallauskleidung konzentrierte. Diese löste sich in eine Kugel aus geschmolzenen Metall auf, die vom Gefechtskopf mit sehr hoher Geschwindigkeit nach vorn geschleudert wurde. Diese Kugel verfügte über enorme Durchschlagskraft und konnte nach dem Eindringen in den Schiffsrumpf dort noch erhebliche örtliche Schäden anrichten. Die Wirkung wurde durch das Eindringen von Wasser durch das geschlagene Loch noch erhöht. Diese starke zerstörerische Wirkung bildete jedoch nur einen Teil des Schadens, den die Waffe anrichten sollte. Die Beimengung von Aluminiumpulver in der Sprengladung bedeutete, daß bei der Detonation große Mengen Gas erzeugt wurden. Die auf diese Weise gebildete große Blase war in der Lage, das Schiff zum Zeitpunkt der Detonation plötzlich anzuheben. Gleich darauf löste sich die Blase auf, wodurch das Schiff sofort stark nach unten sackte. Dieses plötzliche Auf und Ab unterwarf den Schiffsrumpf ernsten Belastungen und konnte zum Auseinanderbrechen des Schiffs führen (Seeminen erzeugen einen ähnlichen Effekt).

Wenn die „JW“ beim Aufsteigen etwa bei der 5-m-Marke angelangt war, hatte sie offensichtlich ihr Ziel verfehlt (der Kiel der *Tirpitz* befand sich etwa 10 m unter der Wasseroberfläche). Deshalb stellte das hydrostatische Ventil den Wasserstoffzufluß ab, und ein Schlitz öffnete sich, um das Gas in der Auftriebskammer freizugeben. Wasser floß wieder in die Kammer, und die Mine – nun wieder schwerer als Wasser – drehte sich um und sank wieder mit Kopf nach unten in einem Winkel von 30 Grad. Während des Sinkprozesses sicherte sich der Zünder wieder automatisch; wenn die Waffe nun auf den Meeresboden auftraf, detonierte sie nicht. Erreichte die Mine erneut eine Tiefe von 18 m, stellte das hydrostatische Ventil wieder die Wasserstoffzufuhr an, das Wasser wurde aus der Auftriebskammer gedrückt, und der ganze Prozeß wiederholte sich. Der Behälter am unteren Ende der Waffe verfügte über genügend Wasserstoff, daß sich das „Auf-und-Ab-Laufen" bis zu einer Stunde fortsetzen konnte. Hatte die „JW" dann noch kein Ziel gefunden, betätigte sich der Selbstzerstörungsmechanismus im Gefechtskopf, damit die Geheimwaffe nicht in Feindeshand fiel.

Der Angriff auf die *Tirpitz* erfolgte am 15. September, an dem 27 Lancaster von Archangelsk aufstiegen. Zwanzig Maschinen führten eine einzige „Tallboy"-Bombe mit, sechs Flugzeuge hatten je zwölf „JW"- Minen, und die übriggebliebene Lancaster sollte den Angriff zur späteren Auswertung filmen.

Wing Commander J. Tait, der Kommandeur der No 617 Squadron, hatte den Angriffsplan entworfen. Die Maschinen mit den „Tallboy"-Superbomben sollten mit einem Zielanflug aus südlicher Richtung ihre Last zuerst abwerfen. Wie üblich mußte der Angriffsplan ein Reihe von manchmal widersprüchlichen Faktoren berücksichtigen. Die Flugdauer der „Tallboy"-Bombe vom geplanten Abwurf in 3355 m Höhe bis zum Aufschlag belief sich auf etwa 26 Sekunden, und wenn sie detonierte, würde sie Bruchstücke und Wasser hoch in die Luft schleudern. Die Explosionen von mehreren derartigen Bomben und der durch Brände entstehende Rauch könnte für die nachfolgenden Flugzeuge bei ihrem Bombenanflug das Ziel verbergen. Dieser Umstand sowie die Notwendigkeit der Verhinderung eines konzentrierten deutschen Flakabwehrfeuers auf einzelne Flugzeuge erforderte einen konzentrierten Angriff, bei dem das letzte Flugzeug seine Bombe möglichst innerhalb von 26 Sekunden nach dem Abwurf aus der Führungsmaschine auf die Reise schickte. Andererseits versuchten die Bombenzieler allesamt denselben Zielpunkt anzuvisieren, nämlich die Mitte des Schlachtschiffs, so daß im letzten Teil des Bombenanflugs mehrere Flugzeuge auf demselben oder auf konvergierendem Steuerkurs fliegen würden. Folgten die Flugzeuge zu dicht aufeinander, bestand die Gefahr von Zusammenstößen oder der Unterbrechung der Bombenanflüge, falls eine Maschine in die Turbulenzen des Luftschraubenstrahls der vorherigen geriet.

Taits Plan sah vor, daß die Flugzeuge in vier V-förmigen Wellen mit je fünf Flugzeugen angreifen. Die Bomberwellen sollten im Abstand von etwa 750 m aufeinander folgen; damit war die gesamte Formation 2,25 km lang und benötigte bei einer Angriffsgeschwindigkeit von 375 km/h etwa 22 Sekunden für den Zielüberflug. Das stellte sicher, daß die letzte Lancaster ihre Bombe mehrere Sekunden vor dem Aufschlag der „Tallboy" aus der Führungsmaschine abwarf, wodurch alle Flugzeuge eine ungetrübte Sicht auf das Ziel haben müßten. Das bedeutete ebenfalls, daß die deutschen Kanoniere ihr Feuer nicht auf einzelne Flugzeuge konzentrieren konnten, weil sie sonst den anderen Maschinen den ungehinderten Zielanflug ermöglichen würden. Damit sie sich nicht gegenseitig behinderten, sollte zwischen benachbarten Bombern jeder Welle ein Höhenunterschied von gut 15 m eingehalten werden. Außerdem sollten die nachfolgenden Wellen jeweils 305 m höher fliegen, um den Luftschraubenstrahl der vorherigen zu vermeiden. Bei diesem Angriff warf die am tiefsten fliegende Maschine die Bombe aus 3460 m und die am höchsten fliegende in der letzten Welle aus 5340 m Höhe ab.

Die sechs Flugzeuge mit „JW"-Bomben griffen in zwei Wellen wenige Minuten später an, wobei sie beim Zielanflug den Fjord von Südosten nach Nordwesten durchquerten und ihre Last aus Höhen zwischen 3050 und 3660 m abwarfen. Diese Reihenfolge des Angriffs erwies sich als notwendig, weil die Minen unbedingt das Wasser erst nach Detonation der letzten „Tallboy" erreichen durften, denn sonst würde die Explosion die Mine bekämpfen.

Als die Lancaster den Kaa-Fjord erreichten, gab es schon einen gut ausgebildeten Rauchvorhang der Deutschen, weswegen die Bombenzieler auf den vermuteten Liegeplatz des Schlachtschiffs oder auf das durch den Rauch sichtbar werdende Mündungsfeuer zielen mußten. Einige Bomber warfen ihre Last nicht beim ersten Anflug ab und nahmen einen zweiten Anlauf; zum Glück für diese Besatzungen verhüllte der Rauchvorhang über dem Schlachtschiff auch die Lancaster vor den Flakschützen. Keine deutschen Jäger griffen ins Geschehen ein, und kein Bomber erlitt Beschädigungen.

Es besteht wenig Zweifel, daß der Rauchvorhang die *Tirpitz* an jenem Tage vor der Vernichtung schützte. Nur ein Schlag der „Tallboy" streifte das Schlachtschiff, dennoch hatte er verheerende Wirkung. Die Bombe schlug auf der Steuerbordseite des Vordecks zwischen Bug und dem vorderen Geschützturm ein, ging durch die Bordwand und detonierte etwas seitlich unter dem Schiff. Die Explosion riß ein großes Stück aus der Bugbeplattung unter der Wasserlinie auf einer Länge von etwa 17 m weg. Fast in gesamten Bugbereich gab es verbreitet Wassereinbruch, und bei den Gegenflutungsmaßnahmen zur Wiederherstellung einer gleichlastigen Lage wurden etwa 1500 m^3 Wasser aufgenommen, wodurch sich der Tiefgang der *Tirpitz* um fast drei Meter erhöhte. Die Wucht dieses Nahtreffers und mehrerer weiterer beeinträchtigten die Anlagen im gesamten Schiff; zum Beispiel verursachte die starke Vibration Schäden an den Hauptmaschinen, und der größte Teil der optischen Entfernungsmesser wurde außer Betrieb gesetzt. Obwohl das Schlachtschiff noch schwimmen konnte, war es kaum seetüchtig und gewiß nicht einsatzfähig.

Die Angriffsmethode der „brutalen Gewalt" mit der „Tallboy" erwies sich offensichtlich als Erfolg. Doch welche Ergebnisse erzielten die ausgeklügelteren „Johnny Walker"-Minen? Wäre eine davon am Schiffsrumpf explodiert, wäre der Waffe der gleiche Ruhm zuteil geworden wie der Flatterbombe, die die deutschen Staudämme zerstörte. Es sollte aber nicht sein. In der nächsten Stunde wanderten die „JW"-Minen ziellos und unbemerkt den Fjord auf und ab. Als dann der letzte Wasserstoff verbraucht war, zerstörten sie sich eine nach der anderen selbst, ohne Schaden zu verursachen. Bei ihrem totalen Versagen gab es nur einen versöhnlichen Faktor: sie bewahrte das Geheimnis ihres Operationsprinzips und gab der deutschen Marine nicht den geringsten Hinweis darauf, was versucht worden war.

Nach dem Angriff schätzten Ingenieure der deutschen Marine ein, daß zur Wiederherstellung der vollen Gefechtsbereitschaft der *Tirpitz* ein Großteil des Bugabschnitts neu aufgebaut werden müßte. Das bedeutete mindestens neun Monate ununterbrochene Arbeit in einem voll ausgestatteten Dock und die *Tirpitz* mußte zurück nach Deutschland gebracht werden. In der damaligen Kriegssituation betrachtete man das als nicht durchführbar, und man entschied sich dafür, Notreparaturen durchzuführen und das Schiff im 300 km südlicher gelegenen Tromsø-Fjord zu postieren. Dort sollte das Schlachtschiff als eine schwimmende Gefechtsbatterie zur Verstärkung der Landverteidigungskräfte dieses Gebietes dienen. Die deutsche Kriegsmarine unternahm große Anstrengungen, die wahren Ausmaße der Schäden an der *Tirpitz* geheimzuhalten, denn solange sie als eine Bedrohung angesehen wurde, band sie beträchtliche Marinekräfte der Alliierten. Es dauerte mehrere Wochen, bis Informationen über die Schäden zum britischen Marinegeheimdienst durchsickerten, und in dieser Zeit blieb das Schlachtschiff ein vorrangiges Ziel.

Die Verlegung zum Tromsø-Fjord fand Mitte Oktober statt. Sie sollte das Schicksal des Schlachtschiffs besiegeln, denn der neue Standort befand sich gerade noch im Aktionsradius der von Stützpunkten in Schottland operierenden Lancaster. Eine Anzahl dieser Maschinen erhielt stärkere Motoren und Zusatztanks, womit ihre Treibstoffkapazität auf 10 940 l erhöht wurde. Zur Kompensierung des zusätzlichen Gewichts wurde der mittlere Rumpfrückenturm wie auch die Kanonen und Munition des Buggeschützturms sowie alle für die Mission nicht für notwendig erachtete Ausrüstungen vom Flugzeug entfernt.

In der letzten Oktoberwoche waren diese Modifikationen ausgeführt, und am 29. startete ein Verband von 37 Lancaster von Lossiemouth zu einem weiteren Angriff auf das Schlachtschiff. Jetzt ankerte das Schiff in zu seichtem Wasser für die „JW"-Mine, deshalb trugen alle Flugzeuge je eine „Tallboy". Die deutsche Kriegsmarine hatte noch nicht die Raucherzeugungsausrüstung nach Tromsø verlagert, doch bei dieser Gelegenheit spielte das keine Rolle. Die Maschinen kamen über dem Zielgebiet an und fanden das Kriegsschiff in Wolken gehüllt vor. 32 Besatzungen richteten ihre Bombe auf den Ort aus, an dem die *Tirpitz* vermutet wurde, erzielten jedoch keine Treffer. Eine Superbombe detonierte zwar nur etwa 25 m von der Backbordseite des Schiffs entfernt und verursachte Schäden an einer Schiffsschraubenwelle und an einem Ruder.

Kurz nach dem Angriff erfuhr der RAF-Nachrichtendienst, daß die Luftwaffe eine FW 190-Jägerstaffel zum 65 km von Tromsø entfernten Flugplatz Bardufoss verlegt hatte, von dem sie bei Angriffen auf die *Tirpitz* eingreifen konnte. Das Schlachtschiff stellte noch immer ein vorrangiges Ziel dar, und wenn der nächste Angriff von Erfolg gekrönt sein sollte, mußte die RAF das Element der Überraschung so lange wie möglich aufrechterhalten, bevor der Angriffsverband im Zielgebiet eintraf. Als Teil der allgemeinen Bemühungen, die ständigen Veränderungen in der deutschen Radarkette zu verfolgen, hatten elektronische Aufklärungs-Flugzeuge die Positionen und Erfassungssektoren der Stationen entlang der norwegischen Küste festgestellt. Die deutschen Stationen waren so positioniert, daß sie die Küste anfliegende Flugzeuge in Höhen von 1525 m und darüber erfaßte. Blieb jedoch ein angreifender Verband in 460 m Höhe oder darunter, so gab es etwa in der Mitte der norwegischen Küste einen Spalt in dem Radarvorhang, durch den die Flugzeuge unbemerkt schlüpfen konnten. Beim nächsten Angriff planten die Bomber, durch diese Lücke in der Radarerfassung in 460 m Höhe zu fliegen, weiter Ostkurs beizubehalten und über die Berge ins neutrale Schweden einzufliegen. Dann sollten die Maschinen Nordostkurs einschlagen und die Gebirgsbarriere zwischen sich und den deutschen Radarstationen ausnutzen, bis sie ihren Aufstieg zum Bombenzielanflug einleiteten.

Am 12. November startete ein Verband von 29 Lancaster zum Angriff auf das Schlachtschiff und schlug die geplante Route ein. Einige Bomber wurden dennoch beim Überqueren der Küste entdeckt, und die Meldung wurde an die *Tirpitz* weitergegeben, daß eventuell ein neuer Angriff bevorstand. Die Planer der RAF wußten allerdings nicht, daß die Jäger in Bardufoss keine wirkliche Gefahr für die Angreifer darstellten. Die Einheit hatte ihre ausgedienten Messerschmitt Bf 109 erst wenige Tage zuvor mit Focke Wulf 190 getauscht, und die Piloten, von denen viele direkt von der Ausbildung kamen und über nur wenig Flugerfahrung verfügten, benötigten eine Umstellungsperiode, bevor sie mit ihren neuen Fahrzeugen richtig umgehen konnten. Der Auftrag des Staffelkommandeurs, Oberleutnant Werner Gayko, lautete, daß seine Einheit außer in einem Notfall nur für die Verteidigung des Flugplatzes und der unmittelbaren Umgebung verantwortlich sei. Für Gayko bestand eine solche Notfallsituation nicht, er hatte nämlich keinen Auftrag erhalten, das Schlachtschiff zu unterstützen.

Beim Überfliegen der charakteristischen Form des 342 m über dem Meeresspiegel gelegenen Sees Torneträsk in Nordschweden begaben sich die Bomber in Angriffsformation, und die Piloten gaben Vollgas, um auf die Angriffshöhe zu steigen.

Um 9.05 kam die Bomberformation in Sichtweite der Beobachtungsposten auf der *Tirpitz*. Zu diesem Zeitpunkt stand das Schlachtschiff bereits in voller Gefechtsbereitschaft, Schotten dicht und die Waffen geladen zum Himmel gerichtet. Selbst die vier 38-cm-Geschütze in den beiden vorderen Geschütztürmen waren geladen, die Kanonenrohre auf Maximalhöhe und auf die Angreifer ausgerichtet. Als die Lancaster in

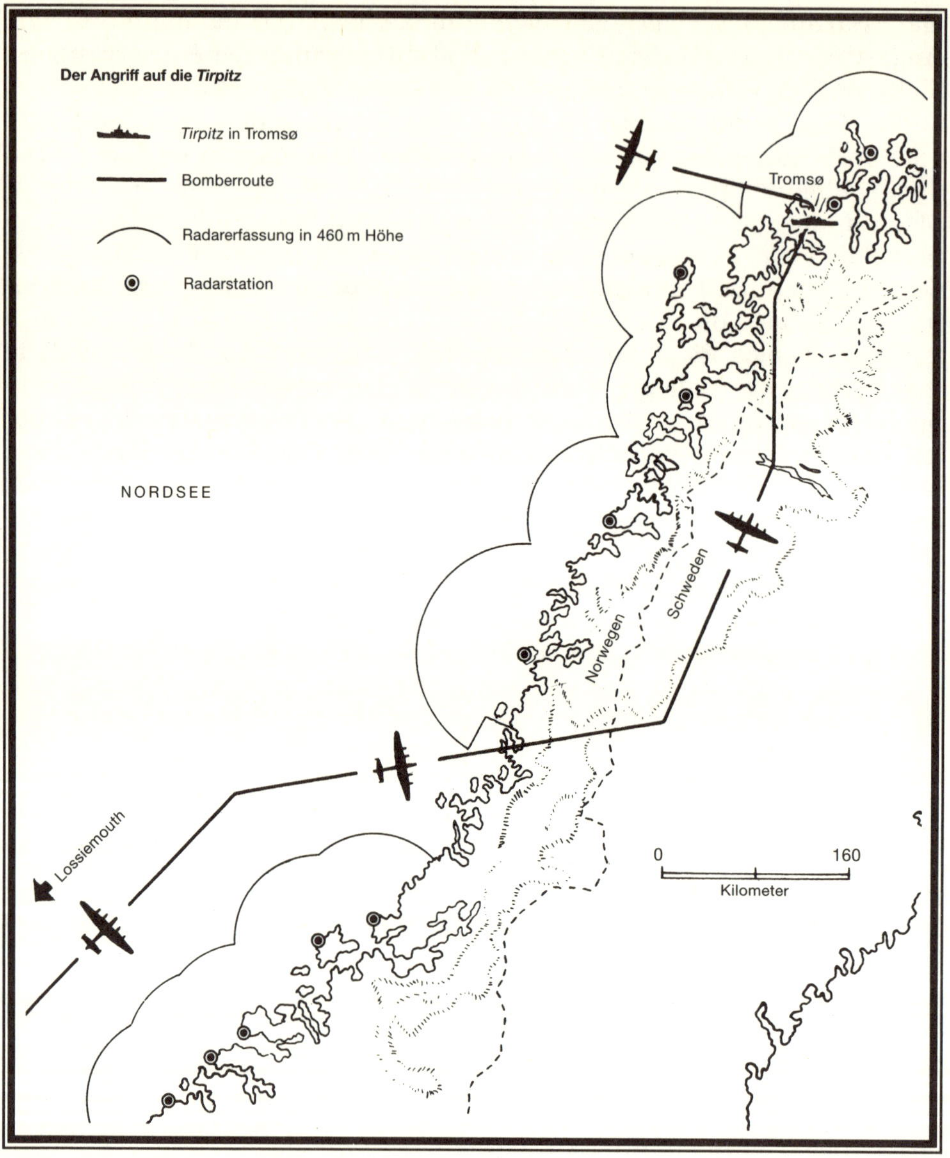

die Reichweite (21 km) der großen Schiffskanonen kamen, feuerten die Waffen ihre tonnenschweren Granaten auf die Flugzeuge ab. Der ohrenbetäubende Geschützdonner hallte wider und wider von den Bergwänden des Fjords, dann senkten sich die Rohre zum Nachladen. Vier große schwarze Rauchwolken tauchten in der Nähe der Bomber am Himmel auf, doch nicht so nahe, daß einer etwas abbekam. Als sich die Entfernung verringerte, nahmen auch die 10,5-cm-Kanonen an der Kampfhandlung teil, bald gefolgt von den Streifen von roter und grüner Leuchtspurmunition der automatischen 37-mm-Waffen.

Tait nutzte für diesen Angriff dieselbe Taktik wie bei den vorherigen zwei Angriffen, wobei die Flugzeuge in Wellen mit geringem Abstand und zunehmender Höhe anflogen. Und wie es der Zufall wollte, behinderten dieses Mal weder Wolken noch ein Rauchvorhang die Angreifer. Die erste Welle Lancaster erreichte den Bombenabwurfpunkt und im Gleichklang fielen die „Tallboy"-Superbomben aus den fünf Maschinen. Zunächst langsam, doch immer schneller werdend hielten die riesigen in einer Salve abgelassenen Bomben auf das Schlachtschiff zu. Sieben Sekunden darauf klinkte die zweite Welle die Bomben aus, dann die dritte und schließlich die vierte Welle.

Drei „Tallboy"-Bomben erzielten Volltreffer auf das Schiff. Erstaunlicherweise verursachte eine davon keinen ernsthaften Schaden; sie prallte vom gepanzerten Deck nahe dem „B"-Turm ab, zerbrach, spie brennende Ladung aus und rutschte von Deck. Der Kopf der Waffe wurde später in einer Schlammbank in 180 m Entfernung vom Aufschlagpunkt entdeckt. Die anderen beiden Bomben richteten dagegen katastrophalen Schaden an; sie schlugen mittschiffs im Abstand von knapp 20 m auf der Backbordseite ein. Sie drangen in den Schiffsrumpf ein, wo sie detonierten. Zusammen mit einem oder mehreren gleichzeitigen Nahtreffern rissen die Explosionen ein etwa 60 m langes Loch in die Backbordseite.

Wassermassen strömten unkontrolliert in das Schlachtschiff, und trotz des Gegenflutens zur Korrektur der Backbordschlagseite verstärkte sich diese ständig, bis sie 20 Grad erreichte. So stabilisierte sich das Schiff kurzzeitig, wobei ein Kimmkiel hart gegen eine Schlammbank auf dem Meeresboden drückte; dann vergrößerte sich die Schlagseite wieder langsam. Auf den Unterdecks wüteten mehrere Brände. Einer erreichte ein Magazin, das explodierte und dabei den massiven „C"-Turm aus der Verankerung riß und über die Seite schleuderte. Die Krängung ging gnadenlos weiter, bis das Schiff mit den Aufbauten im Schlamm auf dem Grund des Fjords festsaß und ein Teil des Rumpfes aus dem Wasser ragte. Vom Beginn des Angriffs bis zu dieser Ruhestellung des Schiffes vergingen etwa zehn Minuten. Von den 1500 Seeleuten an Bord des Kriegsschiffs fand etwa die Hälfte den Tod.

Bei der Royal Air Force herrschte beträchtlicher Jubel über die Zerstörung des letzten verbliebenen modernen Schlachtschiffs der deutschen Kriegsmarine mittels Luftangriff. Die Kampfhandlung zeigte, daß kein Kriegsschiff, wie groß, wie gut bewaffnet oder wie gut von Torpedoschutznetzen geschützt es auch sein mag, einen Luftschlag überleben kann. Der Triumph wurde keineswegs gedämpft durch den nörgelnden Kommentar eines hohen britischen Marineoffiziers, der den Erfolg der Luftstreitkräfte herunterspielen wollte, indem er den zwar den Tatsachen entsprechenden doch völlig unwichtigen Fakt betonte, daß die *Tirpitz* nicht versenkt worden sei, weil noch ein Teil des Rumpfes (die Unterseite) noch aus dem Wasser ragte. Die Flieger konnten es sich leisten, diese hanebüchene Bemerkung mit einem Lachen abzutun.

10

STÖREN UND ZERSTÖREN

Ende 1943 verschaffte sich Royal Air Force Bomber Command eine neue Möglichkeit zur Unterstützung der Nachtangriffe: No 100 Group, eine Einheit mit der Aufgabe, die Wirksamkeit der deutschen Luftverteidigung zu verringern. Der Gruppenkommandeur, Air Vice-Marshal Edward Addison, plante, die Verteidigungskräfte auf zweierlei Arten zu schwächen. Erstens durch die Störung und Irreführung der deutschen Radarsysteme und die Blockierung der Funkkanäle wollte er es den deutschen Nachtjägern und Flakschützen erschweren, die Bomber zu finden und zu bekämpfen. Zweitens würde die Gruppe den Operationen der deutschen Nachtabfangjäger Beschränkungen auferlegen, indem eigene Nachtjäger mit großer Reichweite die deutschen Gegenspieler zum Kampf stellten und ihre Flugplätze angriffen. In Anerkennung der Doppelrolle der Gruppe lautete ihr offizieller Leitspruch „Stören und Zerstören".

Im Herbst 1944 machte sich No 100 Group während der Nachtangriffe auf Ziele in Deutschland bemerkbar. Die Rolle der Formation nannte sich „Bomberunterstützung" (was heute „Verteidigungsniederhaltung" heißt). Die Störeinheit der No 100 Group umfaßte vier Staffeln umgebauter schwerer Bomber: No 171 mit Halifax, No 199 mit Stirling (später umgestellt auf Halifax), No 214 mit „Fliegenden Festungen" und No 233 mit Liberator (später umgestellt auf „Fliegende Festungen"). Diese Flugzeuge waren modifiziert, um eine Vielfalt spezialisierter elektronischer Störausrüstung aufzunehmen: „Mandrel" und „Carpet" zur Störung des deutschen Bodenradars, „Piperack" zur Störung des luftgestützten Abfangradars der Nachtjäger und „Jostle" zur Störung ihrer Funksprechkanäle. Außerdem wurden mehrere Maschinen umgebaut für den Transport von großen Mengen von „Window"-Metallfolie zur Schaffung Tausender falscher Ziele auf den Feindradarschirmen, um die Verteidigungskräfte abzulenken und zu verwirren.

Das zerstörerische Element der Gruppe umfaßte sieben Staffeln Mosquito-Nachtjäger. Zusätzlich zu ihrem normalen luftgestützten Abfangradar verfügten einige Flugzeuge über „Serrate"- oder „Perfectos"-Zielsuchgeräte. „Serrate" erfaßte die Signale des Radars der deutschen Nachtjäger und gab eine Positionsorientierung, die es den Mosquito-Besatzungen möglich machte, auf die Quelle zuzusteuern. „Perfectos" war sogar noch intelligenter: Das Gerät sandte Signale, die die Freund-Feind-Kenngeräte deutscher Flugzeuge im Umkreis von etwa 25 km in Betrieb setzte, und deren codiertes Rückantwortsignal verriet den genauen

Standort. „Perfectos“ stellte die drei für eine erfolgreiche Abfangaktion notwendigen Informationen zur Verfügung: es gab die relative Position und Entfernung an und bot auch eine positive Feind-Identifikation des beobachteten Flugzeugs. Der letzte Faktor erwies sich als besonders wertvoll, da die Mosquito tief in feindlichem Territorium operierten, wo es ein paar deutsche Nachtjäger in einem Himmelsabschnitt mit mehreren hundert eigenen Bombern geben konnte. Die Nachtjäger der deutschen Luftwaffe konnten nun nicht mehr über ihrem Heimatland fliegen und sich nur um das Auffinden und Abschießen von Bombern kümmern: jetzt konnten diese Jäger jederzeit zu Gejagten werden.

Neben dem Auffinden von deutschen Nachtjägern in der Luft, spezialisierten sich zwei Mosquito-Einheiten, No 23 und No 515 Squadron auf Nachtangriffsmissionen gegen feindliche Nachtjägerstützpunkte. Diese Maschinen kreisten stundenlang über feindlichen Flugplätzen und bombardierten oder beschossen jede Bewegung am Boden.

Zur elektronischen Aufklärungsunterstützung für diese Operationen besaß die Gruppe ihre eigene „Ferret“-Staffel, No 192, mit Halifax-, Wellington- und Mosquito-Flugzeugen, die über Spezialgeräte zur Erfassung von Signalen von den unterschiedlichen deutschen Radarsystemen verfügten.

Die Störeinheiten der No 100 Group flogen vier grundsätzliche Missionstypen zur Unterstützung der Nachtbomber: den „Mandrel“-Schirm, den „Window Spoof“, die Störbegleitung und die Zielunterstützung. Beim „Mandrel“-Schirm beteiligten sich zwischen zehn und sechzehn Maschinen, die paarweise hart an der Grenze zum Feindterritorium in einem Abstand von jeweils 25 km zwischen den Paaren flogen. Jedes Flugzeug hatte mehrere „Mandrel“ Sender, und der Zweck der Operation war die Schaffung einer etwa 160 km langen Störwand, die die deutschen Frühwarnradarstationen daran hinderten, hinter dem Schirm Flugbewegungen auszumachen. Gewöhnlich wurde der „Mandrel“-Schirm genutzt, um das Anfliegen einer Bomberstreitmacht zu verbergen, doch

CONSOLIDATED LIBERATOR B.VI (B-24H)

Typ: zehnsitziges Funkstörflugzeug
Triebwerk: vier Pratt & Whitney R-1830 14-Zylinder-Sternmotoren mit je 1200 PS beim Start
Bewaffnung: vier Browning 12,7-mm-Maschinengewehre, je zwei in Drehtürmen im Heck und auf dem Rumpfrücken; manchmal trugen die Flugzeuge eine kleine Anzahl von Zielmarkierer-Bomben, um ihre Scheinangriffe glaubwürdig zu machen. Sie waren mit unterschiedlichen Arten von Radar- und Funkstörausrüstungen ausgestattet und für einige bestimmte Operationen benötigten sie große Mengen „Window“ an Bord.
Leistung: maximale Dauermarschgeschwindigkeit 447 km/h in 7600 m Höhe
Normale Startmasse bei Kampfeinsätzen: 25 368 kg
Abmessungen: Spannweite 33,53 m; Länge 20,47 m; Tragflügelfläche 97,36 m²
Datum der Indienststellung von B-24H: Juni 1943

wenn kein Angriff geplant war, baute man ihn auf, um die Feindbeobachter glauben zu machen, daß ein Angriff bevorstand, und so den Feind zur Alarmierung von Nachtjägern zwang, die mit ihren unnötigen Starts die schwindenden Flugbenzinreserven verschwendeten.

Der „Window Spoof" umfaßte bis zu 24 Flugzeuge in zwei Formationen von je zwölf Maschinen. In jeder Formation flogen die Maschinen in Reihe nebeneinander in einem Abstand von 4 km zwischen den einzelnen Flugzeugen, und die zweite Formation folgte etwa 50 km hinter der ersten. Jedes Flugzeug ließ dreißig Bündel „Window"-Düppel pro Minute ab, ein Bündel alle zwei Sekunden. Auf diese Weise konnte die Formation auf dem Feindradar die Illusion eines Bomberstroms von etwa 500 Maschinen produzieren. Das Ziel der Taktik bestand darin, die Nachtjäger von den wirklichen Bomberformationen wegzulocken (jeder richtige Bomberstrom ließ ebenfalls „Window"-Düppel ab, wenngleich nicht so viel, so daß es unmöglich war, die wirklichen Angriffe von den Täuschungsmanövern zu unterscheiden).

Bei der Störbegleitung flogen „Fliegende Festungen" und Liberator der No 100 Group über dem Hauptbomberstrom und störten mit „Jostle"- und „Piperack"-Sendern die Funkkanäle der deutschen Nachtjäger sowie ihren luftgestützten Abfangradar. Wenn die Maschinen der Störbegleitung über dem Zielgebiet ankamen, übernahmen sie oft die Zielunterstützungsrolle, bei der sie das Gebiet umkreisten und ihre „Carpet"-Sender zur Störung der vom deutschen Flakkontrollradar verwendeten Frequenzen aktivierten.

Sergeant Kenneth Stone, Bordschütze in einer Liberator der No 233 Squadron, beschrieb seine Eindrücke über die Einsatztypen seiner Einheit:

> Die „Window Spoof"-Aktionen wurden von wenigen Flugzeugen ausgeführt, die die Metallstreifen abwarfen, um eine große Zahl von Flugzeugen auf dem Feindradar zu simulieren. Die Operation war sehr genau ausgearbeitet; es gab einen Treffpunkt auf sicherem Gebiet, und die Einhaltung der Zeitvorgaben war entscheidend für den Erfolg. Kam eine Besatzung mehr als zwei Minuten zu spät, dann mußte die Mission abgebrochen werden, denn ein zurückgebliebenes Flugzeug deckte den Schwindel auf den Radarschirmen eindeutig auf. Alle Flugzeuge mußten gemeinsam einfliegen und „Window"-Düppel in regelmäßigen Abständen abwerfen. Die Maschinen flogen einen „Korkenzieher"-Kurs, um „Window" wirksamer zu verteilen und den Eindruck von einem größeren Flugverband zu erwecken. Im allgemeinen zeigten sich sechs Düppel abwerfende Maschinen auf dem Radar mit 300 und mehr Punkten. Das Zielgebiet für das Täuschungsmanöver wurde so ausgewählt, daß es die Verteidigungskräfte in diesem Gebiet band und das echte Ziel ungeschützt ließ, oder schlimmstenfalls wenigstens die Verteidigungskräfte zersplitterte und einen Teil von ihnen nutzlos operieren ließ. Es gab zwei Methoden, diese Art Täuschungsmanöver zu beenden. Entweder flogen wir bis zum falschen Ziel weiter und setzten dort Zielmarkierungen; oder wir stellten kurz vor dem Zielgebiet unsere „Window"-Aktivitäten ein und tauchten mit großer Geschwindigkeit weg. Es besteht kein Zweifel daran, daß

„Window Spoof“ seinen Zweck sehr gut erfüllte, die Verteidigungskräfte täuschte und ihre Anstrengungen auf falsche Ziele lenkte. Die Abschußrate für „Window“-Maschinen lag nicht so hoch wie man erwarten könnte, denn die feindlichen Jäger jagten dem Düppel hinterher und konnten die wirklichen Flugzeuge nicht ausmachen.

Nach Stones Meinung bargen die von seiner Einheit geflogenen Zielunterstützungsoperationen die größten Gefahren, weswegen auch diese Missionen nach strengem Rotationsprinzip an die Besatzungen verteilt wurden:

Das allgemeine Prinzip beinhaltete, das Ziel von fünf Minuten vor Beginn der Anfangszielmarkierung bis fünf Minuten nach Ende der Bombardierung zu decken. Die große Gefahr bestand darin, daß man die ganze Zeit dableiben mußte, während die Bomberjungs anflogen, die Bomben abwarfen und sich wieder aus dem Staub machten! Fünfzehn Minuten erschienen wie eine Ewigkeit, wenn man sich über dem Inferno da unten befand. Die Unterstützungsflugzeuge flogen im allgemeinen etwa 600 m bis 1200 m über dem Bomberstrom und störten den Radar der Flak und der Suchscheinwerfer, die Funkfrequenzen der Nachtjäger, den Nachtjägerradar usw. – mit anderen Worten, sie lenkten die Verteidigungskräfte in der entscheidendsten Zeit von den Bombern ab.

Der Leser gewinnt einen Eindruck von der Art und Weise, wie sich die Taktik der No 100 Group in die Taktiken der übrigen Kräfte von Bomber Command einfügte, aus der Beschreibung einer mehr oder weniger typischen Operation aus der Endzeit des Krieges, der Nachtoperation am 20./21. März 1945. Die Ziele waren die Ölraffinerien in Böhlen bei Leipzig und in Hemmingstedt bei Hamburg; Böhlen sollte von 235 schweren Bombern angegriffen werden, Hemmingstedt von 166.

Die erste Kampfhandlung von Bomber Command in jener Nacht beinhaltete einen großangelegten Störangriff auf Berlin, der 21.14 Uhr mit 35 Mosquito begann. Die schnell und hoch fliegenden Mosquito benötigten keine Unterstützung von den Störeinheiten der No 100 Group. Als die Angreifer anflogen, schwärmten Nachtjäger-Mosquito der Staffeln No 23 und 515 über Deutschland aus und strebten auf die Nachtjäger-

DE HAVILLAND MOSQUITO NF.30

Typ: zweisitziger Nachtjäger
Triebwerk: zwei Rolls-Royce Merlin 76 V12 Reihenmotor mit je 1535 PS beim Start
Bewaffnung: vier Hispano 20-mm-Kanonen im unteren Teil des Bugs
Leistung: Höchstgeschwindigkeit 655 km/h in 8500 m Höhe; Steigzeit auf 4570 m Höhe 7 Minuten 30 Sekunden
Normale Startmasse bei Kampfeinsätzen: 9060 kg
Abmessungen: Spannweite 17,04 m; Länge 14,66 m; Tragflügelfläche 42,18 m^2
Datum der Indienststellung von Mosquito NF.30: März 1944

JUNKERS Ju 88G-6

Typ: dreisitziger Nachtjäger
Triebwerk: zwei Junkers Jumo 211J Reihenmotor mit je 1410 PS beim Start
Bewaffnung: vier MG 151 20-mm-Kanonen unter dem Rumpf; einige Flugzeuge hatten zwei weitere MG 151 Kanonen, die schräg nach oben und vorwärts feuerten
Leistung: Höchstgeschwindigkeit 626 km/h in 9140 m Höhe; anfängliche Steiggeschwindigkeit von 504 m/min
Abmessungen: Spannweite 20,08 m; Länge 15,89 m; Tragflügelfläche 54,53 m^2
Datum der Indienststellung von Ju 88G-6: Sommer 1944

stützpunkte zu, die wahrscheinlich in dieser Nacht aktiv werden würden. Nach Erreichen ihres Zielgebiets kreisten sie und warteten darauf, sich auf startende oder landende Flugzeuge zu stürzen.

Kurz nach 1.00 Uhr überquerten die Hauptangriffskräfte mit Ziel Böhlen die französische Küste und schlugen einen südöstlichen Kurs ein. Auf einem fast parallelen Kurs, nur etwas weiter südlich, flog zur gleichen Zeit eine Scheinangriffsstreitmacht von 64 Lancaster und Halifax über Frankreich. Diese Maschinen gehörten zu Einsatzumschulungseinheiten und wurden von Besatzungen in der Endphase ihrer Ausbildung geflogen.

Die elektronischen Täuschungsmanöver der No 100 Group begannen 2.05 Uhr morgens. In einer 130 km langen Linie über Frankreich und knapp innerhalb des von den Alliierten gehaltenen Gebiets stellten sieben Paare Halifax der Staffeln No 171 und No 199 ihre „Mandrel"-Geräte ein, um eine Störwand zu errichten, die den Anflug der inzwischen in zwei getrennte Teile aufgegliederten Angriffskräfte mit Ziel Böhlen verdeckte.

Außerhalb des Deckmantels des „Mandrel"-Schirms flogen unterdessen im vollen Blickfeld des Feindradars die Scheinangriffskräfte mit von Ausbildungseinheiten geflogenen Maschinen quer über Frankreich. Deutsche Nachtjäger gingen auf Position, um sich dem drohenden Eindringen von Feinden entgegenzustellen, doch 2.55 Uhr machten die Scheinangreifer kurz vor der deutschen Grenze kehrt und flogen mit den Bombern zurück zu ihren Stützpunkten. Ein paar Minuten später brachen viel weiter im Norden die zwei Angriffsverbände für Böhlen durch den „Mandrel"-Störschirm und überquerten den Rhein in von Deutschen gehaltenes Gebiet. 30 km vor den Bombern flogen vier Halifax von No 171 Squadron und sieben Liberator von No 223 Squadron und warfen „Window" ab, um die wahre Stärke der Angriffskräfte zu verschleiern. Vor jedem Bomberstrom und an dessen Flanken begannen 33 Mosquito-Nachtjäger der No 100 Group ihr tödliches Versteckspiel mit ihren feindlichen Gegenspielern.

Kurz vor 3.00 Uhr erfaßte eine Mosquito von No 85 Squadron mit dem Piloten Flight Lieutenant Chapman und Radaroperator Flight Sergeant Stockley auf dem „Perfectos"-Gerät die Freund-Feind-Kennsignale eines Feindflugzeuges in 18 km Entfernung. Chapman berichtete später:

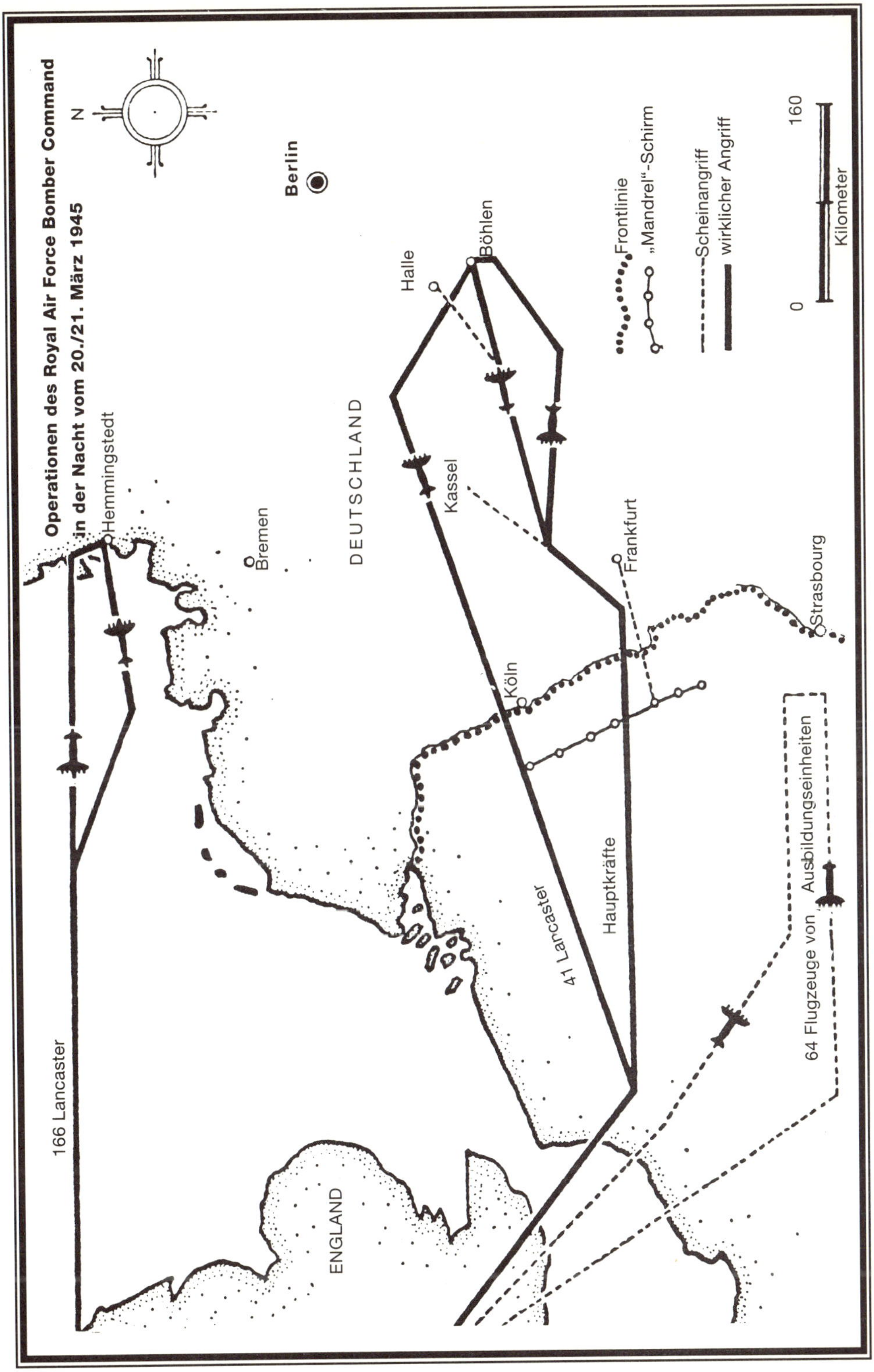
Operationen des Royal Air Force Bomber Command
in der Nacht vom 20./21. März 1945
N
Berlin
Hemmingstedt
Bremen
DEUTSCHLAND
Halle
Böhlen
Kassel
Frankfurt
Köln
Strasbourg
Frontlinie
„Mandrel"-Schirm
Scheinangriff
wirklicher Angriff
0
160
Kilometer
166 Lancaster
41 Lancaster
Hauptkräfte
ENGLAND
64 Flugzeuge von Ausbildungseinheiten

> 02.55 Uhr kurz nach dem Überfliegen von Hamm auf dem Weg zum Begleitschutz des Bomberstroms bekamen wir einen „Perfectos"-Kontakt im 18-km-Bereich – Höhe 3660 m. Entfernung wurde auf 1,6 km reduziert, doch kein AI-[Radar]-Kontakt erreicht und die Entfernung erhöhte sich wieder. In der Annahme, daß der Kontakt unten sein müsse, gingen wir in einer engen Sturzflugkurve nach Backbord auf 2745 m herunter, und nahmen endlich die D/F-Peilung des Zielmaschinenkurses im 12-km-Bereich auf. Wir näherten uns dem 9-km-Bereich auf einem Kurs von 120 ° und ein AI-Kontakt wurde hergestellt ... Die Zielmaschine befand sich noch immer im geraden Steigflug und wurde mit Nachtsichtgläsern als eine Me 110 identifiziert. Ich ging auf 180 m direkt achtern heran, als der Deutsche eine Backbordkurve einleitete. Ich wählte ½-Ring-Ablenkung mit einem drei-Sekunden-Feuerstoß, worauf das Feindflugzeug auf zufriedenstellendste Weise am Backbordmotor explodierte. Es explodierte 03.05 Uhr am Boden in Position 40 – 50 km NW von Kassel.

Von Anfang bis Ende dauerte die Auseinandersetzung zehn Minuten, und, wie wir gesehen haben, benötigte die Mosquito-Besatzung bei dieser Art Operation eine längere Jagd, bevor sie in Feuerposition gelangte.

Die Ablenkungsmanöver waren in dieser Nacht erfolgreich. Die deutsche Jägereinsatzleitung unterschätzte die Stärke der beiden auf Böhlen zusteuernden Verbände gewaltig; sie schätzte ihre Stärke auf je 30 Maschinen und glaubte sogar, daß es sich um „Window"-Scheinangriffe handeln könnte. Erst als die Angreifer den Rhein überflogen und Meldungen von Bodenbeobachtungsstationen eingingen, wurde klar, daß der südliche Bomberverband weit größer als vermutet war: die elektronischen Störmaßnahmen konnten das Dröhnen von 800 Flugzeugmotoren nicht verdecken.

Inzwischen befanden sich 89 deutsche Nachtjäger in der Luft und kreisten über dem Wartefunkfeuer, bis die Einsatzleitungen sie über die Luftlage aufklärten und sie gegen die Bomber leiteten.

In jener Nacht bestand die Absicht der Aktivitäten der No 100 Group darin, den Eindruck zu vermitteln, daß die Angriffsformationen Kassel als Hauptziel anflogen, und bald nach dem Eindringen in deutsches Gebiet schlug der Hauptverband einen Nordostkurs auf diese Stadt ein. Die deutsche Jägereinsatzleitung schluckte den Köder und befahl fast allen Nachtjägern, die Funkfeuer *Silberfuchs, Werner* und *Kormoran* in der Nähe von Kassel anzusteuern. Die restlichen Nachtjäger, eine einzige Gruppe von Ju 88, wurden nach Funkfeuer *Otto* bei Frankfurt beordert, um einer möglichen Bedrohung dieser Stadt zu begegnen. Bald darauf kamen Berichte aus Kassel, daß die Stadt unmittelbar von einem Bombenangriff bedroht sei, als Pfadfinder-Leuchtkugeln über deren Himmel auftauchten und einige Bomben detonierten.

Deutsche Nachtjäger wurden über die Stadt befohlen, doch hier handelte es sich nicht um einen regulären Angriff, sondern um einen Scheinangriff von Mosquito-Bombern mit Unterstützung von Liberator- und Halifax-Maschinen der No 100 Group, die „Window" abwarfen. Im Verlauf dieses Ablenkungsmanövers schoß ein deutscher Nachtjäger eine Liberator der No 233 Squadron ab; nur ein Besatzungsmitglied überlebte.

Inzwischen hatte der Hauptverband etwa 40 km südlich von Kassel Kurs auf Böhlen genommen. Die Besatzungsmitglieder der Liberator hatten ihr Leben nicht umsonst geopfert, denn der Scheinangriff auf Kassel hielt den größten Teil der deutschen Nachtjäger fast eine halbe Stunde nutzlos in diesem Gebiet. Erst 3.00 Uhr erkannte die deutsche Jägereinsatzleitung die Täuschung und schickte die Kräfte zur Verfolgung des Angriffsverbands. Sechs Minuten später wurde Leipzig, die Böhlen am nächsten gelegene Stadt, als wahrscheinliches Ziel angegeben, doch zu dieser Zeit befand sich die Spitze des Bomberstroms nur noch 50 km – acht Flugminuten – vom Ziel entfernt.

Noch immer hatte die No 100 Group nicht das letzte aus ihrer Trickkiste genommen. Kurz vor Böhlen trennten sich sechs Halifax und „Fliegende Festungen" vom Hauptverband und legten eine „Window"-Spur zum bedeutenden Ölraffineriekomplex in Leuna 30 km nordwestlich von Böhlen. Zwölf Lancaster-Bomber begleiteten die Störflugzeuge, um der Täuschung mehr Glaubwürdigkeit zu verleihen. Als die Scheinangreifer über dem Komplex ankamen, warfen sie weitere Zielmarkierungen ab und die Lancaster entledigten sich ihrer Bombenlast. Leuna lag direkt auf der Route der deutschen Nachtjäger, die nach Osten strömten, und der Scheinangriff verzögerte ihre Ankunft am wirklichen Ziel weiter.

Die 211 Lancaster mit Zielzuweisung Böhlen erreichten ihr Angriffsziel und führten einen konzentrierten 11-Minuten-Angriff aus. Die fünf „Fliegenden Festungen" und die Liberator, die Störbegleitschutz entlang der Strecke zum Ziel leisteten, kreisten jetzt während der gesamten Angriffszeit über der Raffinerie in ihrer Zielunterstützungsrolle. Erst 4.10 Uhr, als die letzten Angriffsbomber Böhlen verließen, kamen die ersten deutschen Nachtjäger im Zielgebiet an. Ihr gestörter Radar hatte jedoch enorme Schwierigkeiten, unter den Massen von „Window"-Punkten die wirklichen Opfer auszumachen., Während sich die Bomber von Böhlen nach Westen zurückzogen, hatten die Halifax der No 100 Group, die für den „Mandrel"-Schirm zuständig gewesen waren, zur weiteren Vergrößerung der Verwirrung der Verteidigungskräfte eine weitere Rolle zu spielen. Sie inszenierten jetzt einen „Window Spoof"-Scheinangriff auf Frankfurt und warfen Zielmarkierungen ab, um die Eröffnung eines Großangriffs auf die Stadt zu simulieren.

Nach der Rückkehr der Böhlen-Angreifer über den Rhein in Freundesland war für Bomber Command dennoch erst die halbe Arbeit für die Nacht getan. Während sich die Aufmerksamkeit der Verteidigungskräfte auf Mitteldeutschland konzentrierte, flogen die 166 Lancaster mit Zielzuweisung Hemmingstedt in niedriger Höhe ein und bewahrten strikte Funkstille. Kurz vor Erreichen des Ziels stiegen die Bomber über den Radarhorizont auf und begannen ihren Steigflug auf die Angriffshöhe von 4575 m. Jede Maschine warf große Mengen „Window" ab, um auf dem

Radarschirm den Eindruck eines weiteren Scheinangriffs zu erwecken. 4.23 Uhr begann der Bombenabwurf auf die Raffinerie mit Funkstörunterstützung von einer „Fliegenden Festung“ und einer Liberator der No 100 Group. Wegen des Anflugs im Tiefflug und dem gekonnten Einsatz von „Window“ schätzte die deutsche Seite die Stärke dieser Kräfte falsch ein, und die Bomber befanden sich bereits geraume Zeit auf dem Heimweg, bevor die ersten Flugwegaufzeichnungen von „schwachen Formationen“ im Zielgebiet gemeldet wurden. Die im Alarmstart mobilisierten Nachtjäger versuchten einzugreifen, doch es kam kaum zu Abfangaktionen, und nur ein Bomber wurde abgeschossen.

Bei den zwei Angriffen wurden die Ölraffinerien in Böhlen und Hemmingstedt schwer getroffen; sie konnten die Produktion vor Kriegsende nicht wieder aufnehmen. Die Kampfhandlungen jener Nacht kosteten Bomber Command dreizehn Maschinen, einschließlich einer Liberator und einer „Fliegenden Festung“ der No 100 Group. Acht der Abschüsse wurden Angriffen der Nachtjäger zugeschrieben und einer der Flak, zwei Bomber stürzten nach einem Zusammenstoß ab, und die Ursache des Verlusts der übrigen zwei Flugzeuge ließ sich nicht ermitteln.

In jener Nacht fochten die Mosquito der No 100 Group mehrere Luftkämpfe mit deutschen Nachtjägern aus, doch nur zwei der Nachtjäger wurden abgeschossen – und beide gingen auf das Konto von Chapman und Stockley. Die Bordschützen der Bomber verbuchten den Abschuß zwei weiterer feindlicher Nachtjäger, doch nach deutschen Quellen verlor die Luftwaffe in diesen Auseinandersetzungen sieben Nachtjäger. Das Schicksal der verbliebenen drei Maschinen wird wahrscheinlich kaum ans Tageslicht kommen, jedoch es fällt nicht schwer, Vermutungen anzustellen: ein übermüdeter Pilot, der eine schnelle Landung auf einem spärlich beleuchteten Flugplatz versucht, über dem Mosquito patrouillieren, konnte seinen Landeanflug falsch einschätzen und abstürzen; eine tieffliegende Besatzung, die auf diese Weise versucht, nicht von Mosquito abgefangen zu werden, könnte gegen einen Berg rasen; eine Nachtjägerbesatzung schaltete vielleicht ihre Freund-Feind-Kennung ab, um ihre Position nicht an „Perfectos“ zu verraten, und wurde dann vom eigenen Flakfeuer vom Himmel geholt. Solche Verluste, die häufig vorkamen, resultierten gewiß auch aus den verschiedenen Anstrengungen der No 100 Group wie auch denen ihrer Nachtjäger. Zu diesem Zeitpunkt des Krieges waren die vielseitigen Mosquito zum Fluch der deutschen Nachtjäger geworden.

Als der Krieg in Europa im Mai 1945 zu Ende ging, hatte die No 100 Group ihre taktischen Fähigkeit perfektioniert. Viele der Techniken der elektronischen Kriegsführung, die sie zur Unterstützung von Bomberangriffen eingeführt hatte, erwiesen mehr als 45 Jahre später am Himmel über Irak erneut ihre Nützlichkeit.

11

NEUJAHRSTAGPARTY

Operation „Bodenplatte", der massive Angriff der Luftwaffe auf alliierte Flugplätze in Frankreich, Holland und Belgien, sollte ursprünglich die alliierten Luftstreitkräfte ausschalten, wenn die deutsche Armee im Dezember 1944 ihre großangelegte Gegenoffensive in den Ardennen startet. Sie diente der Rückeroberung des wichtigen Hafens von Antwerpen. Tatsächlich fand der Angriff auf die Flugplätze einige Wochen nach Beginn der Ardennenoffensive statt. Sie erreichte jedoch ganz andere Ergebnisse als die von den Militärstrategen der deutschen Luftwaffe angestrebten …

Im Spätherbst 1944 erarbeiteten Offiziere des Generalstabs der deutschen Armee detaillierte Pläne für die Operation „Wacht am Rhein", eine großangelegte Gegenoffensive im Westen. Eine Angriffsstreitmacht von 200 000 Mann, einschließlich sieben Panzerdivisionen, sollte den schwach besetzten Ardennensektor der US-Front durchbrechen und zum Hafen von Antwerpen vorstoßen.

Bei der bevorstehenden Operation waren für die Luftwaffe drei Hauptaufgaben vorgesehen. Die erste und wichtigste bestand in einem massiven Beschuß von Erdzielen auf frontnahen alliierten Flugplätzen am Morgen der Offensive mit dem Ziel, so viele Flugzeuge wie möglich zu zerstören; die zweite bestand darin, das Kampfgebiet abzuriegeln, damit keine alliierten Flugzeuge deutsche Bodentruppen und Transportflugzeuge angreifen können; und die dritte sah vor, Bodenangriffsmissionen zur Unterstützung der vorrückenden deutschen Truppen zu fliegen.

Adolf Hitler hatte die Planung der „Wacht am Rhein" persönlich überwacht, und die Stabsoffiziere der Luftwaffe wurden erst zu einem relativ späten Zeitpunkt hinzugezogen, als es um Einzelheiten der Planung für die Luftoperationen zur Unterstützung des Projektes ging. Die Masse der Flugzeuge, die gegen die frontnahen Flugplätze der Alliierten in der Operation „Bodenplatte" einzusetzen waren, sollten von den Tagjägereinheiten der Luftverteidigung des Reiches abgestellt werden.

Als Generalleutnant Adolf Galland, der Inspekteur der Jäger, den Plan vernahm, war er entsetzt und äußerte das auch unumwunden. Seiner Meinung nach stellte das einen groben Fehleinsatz der Luftverteidigungseinheiten dar. Er betonte, die Bekämpfung von Bodenzielen stelle eine Spezialaufgabe dar, der die meisten Piloten nicht gewachsen seien, ganz gewiß nicht die neuen, deren verkürzte Ausbildung und geringe Flugerfahrung lediglich auf eine Luftverteidigungsrolle beschränkt sei. Außerdem hätte die Mehrzahl der Jägergeschwader-, Gruppen- und Staffelführer nicht die erforderliche Ausbildung, um Formationen zu führen, die aus niedriger Höhe Bodenziele angreifen. Galland argumentierte, ein solcher Angriff könne nur wenig bewirken, und es bestünde das ernsthafte Risiko, daß die Angreifer selbst die schwereren Verluste hinnehmen müßten. Aber die Einwände des Jagdflieger-Asses fielen auf taube Ohren.

Im Dezember wurden die zur Operation „Bodenplatte" abgestellten Jäger- und Bodenangriffseinheiten auf Flugplätze im westlichen Deutschland verlegt. Um die Verschiebung geheim zu halten, flogen die Maschinen im Tiefflug zu ihren neuen Stützpunkten, damit sie unter dem Radar der Alliierten blieben, und es wurde strenge Funkstille bewahrt. Jede Einheit ließ ihre Funker an ihren alten Standorten zurück mit dem Befehl, die bisherige Funktätigkeit durch vorgetäuschte Übertragungen aufrecht zu erhalten.

Am 14. Dezember wurden die Kommandeure der Jäger- und Bodenangriffsgruppen von Operation „Bodenplatte" ins Hauptquartier des Jagdkorps II in Altenkirchen einbestellt, wo sie an einer streng geheimen Einsatzbesprechung zur geplanten Operation teilnahmen. Generalmajor Dietrich Peltz, der die angreifenden Streitkräfte kommandierte, informierte seine überraschten Zuhörer darüber, daß ihre Einheiten auf eine Serie fast zeitgleicher Angriffe auf 18 frontnahe Flugplätze der Alliierten in Frankreich, Holland und Belgien vorzubereiten seien. Über 1000 deutsche Flugzeuge sollten sich an der Operation beteiligen, die das Ziel verfolgte, den Widerstand der alliierten Luftstreitkräfte in der Anfangsphase der Bodenoffensive zu unterdrücken.

Zwei Tage später, vor dem Morgengrauen des 16. Dezember, kündeten massive Artilleriebombardements von der Eröffnung der „Wacht am Rhein". Angriffseinheiten zogen vorwärts und überrannten an verschiedenen Punkten schnell die alliierten Stellungen. Die Codeworte, die die Operation „Bodenplatte" ausgelöst hätten, wurden jedoch nicht gesendet, und die dafür vorgesehenen Einheiten blieben am Boden. Die Landoffensive wurde an diesem Tag eingeleitet, weil der Wetterbericht mehrere Tage niedrige Wolken und schlechte Sicht über dem Kampfgebiet vorausgesagt hatte. Das war für die deutschen Armeekommandeure ein Geschenk des Himmels, denn sie wußten, daß derartiges Wetter ihnen die alliierten Flugzeuge viel effektiver vom Halse halten würde, als das die Luftwaffe je schaffen könnte.

In den beiden Wochen nach der Einsatzbesprechung von Altenkirchen flogen die für „Bodenplatte" eingeteilten Einheiten Luftverteidigungs- und Bodenangriffsmissionen zur Unterstützung der Offensive, allerdings mit geringer Intensität wegen des schlechten Wetters. Da die Kommandeure nichts mehr von einem Angriff auf die alliierten Flugplätze gehört hatten, nahmen sie an, die Operation sei ad acta gelegt worden. Um so größer war ihre Überraschung, als am Nachmittag des 31. Dezember das Vorwarnsignal erfolgte, das sie darüber informierte, daß der Angriff am nächsten Morgen kurz nach Tagesanbruch erfolgen sollte.

MESSERSCHMITT Bf 109K-4

Typ: einsitziger Höhenjäger
Triebwerk: ein Daimler Benz DB 605 ASCM 12-Zylinder-Reihenmotor mit 2000 PS beim Start
Bewaffnung: eine MK 108 30-mm-Kanone in der Propellernabe; zwei MG 151 15-mm-Kanonen über dem Motor, synchronisiert zum Feuern durch den Propeller
Leistung: Höchstgeschwindigkeit 608 km/h in Meeresspiegelhöhe; 727 km/h in 6000 m Höhe; anfängliche Steiggeschwindigkeit von 1463 m/min
Normale Startmasse bei Kampfeinsätzen: 3386 kg
Abmessungen: Spannweite 9,97 m; Länge 8,85 m; Tragflügelfläche 16,17 m^2
Datum der Indienststellung von Bf 109K-4: Oktober 1944

An diesem Abend gab es für die deutschen Piloten eine Einsatzbesprechung zur Operation „Bodenplatte" und zur Aufgabe jeder Einheit. Dann wurden sie zeitig zu Bett befohlen, um richtig ausgeschlafen zu sein. Die Auslösung der Operation am Neujahrstag erfolgte auf der Grundlage des Wetterberichtes, der klaren Himmel über den alliierten Flugplätzen für den folgenden Morgen voraussagte. Und wenn viele auf den Zielflugplätzen nach den Silvesterfeiern mit einem Kater herumliefen und kaum die Kraft zum Kämpfen hatten, war das nur um so besser.

Am Neujahrstag kurz nach Mitternacht führten vier Arado Ar 234 Bomber vom Kampfgeschwader 76 die erste Nachtbombardierungsmission der Welt mit Düsenflugzeugen aus. Die Maschinen zogen einen Kreis über Rotterdam und Antwerpen, dann flogen sie über Brüssel und Lüttich, wo sie ihre Bomben aufs Geratewohl fallen ließen. In Wahrheit stellten die Bomben ein Ablenkungsmanöver dar, um den Argwohn der Alliierten auszuräumen, falls die Flugzeuge auf ihrem Radar erschienen. Der eigentliche Sinn der Mission bestand in einer letztmaligen Wetterüberprüfung über dem Zielgebiet, damit die Operation „Bodenplatte" starten konnte. Die Düsenbomberpiloten meldeten, der Himmel über Holland und Belgien sei klar und wolkenlos.

In den frühen Morgenstunden wurden die Piloten von Operation „Bodenplatte" noch in der Dunkelheit geweckt und erhielten letzte Instruktionen. Gleich nach dem Morgengrauen starteten die Angriffseinheiten und begaben sich zu ihren Sammelpunkten. Die Luftkämpfe der vorangegangenen Wochen hatten von den Angriffskräften ihren Tribut gefordert, und so starteten zu diesem Angriff nur 900 Jäger und Jagdbomber, meistenteils Messerschmitt Bf 109 und Focke Wulf FW 190. Es waren etwas weniger als ursprünglich geplant, dennoch handelte es sich um eine ansehnliche Angriffsstreitmacht.

Repräsentativ für die erfolgreicheren Angriffe an diesem Morgen war der von Jagdgeschwader drei gegen die Royal Air Force Basis in Eindhoven in Holland. Dieser Flugplatz beherbergte acht Staffeln Typhoon-Jagdbomber von No 124 und No 143 Wing und drei taktische Aufklärerstaffeln von No 39 Wing mit Spitfire und Mustang. Wie viele frontnahe Flugplätze der Alliierten war auch dieser stark überbelegt. Da standen über 150 Maschinen herum, und es kamen noch besuchsweise parkende Maschinen hinzu. Den RAF-Kommandeuren wäre es sicher lieber gewesen, hätten sie ihre Einheiten über eine größere Fläche verteilen können, aber sie hatten keine Wahl: mitten im europäischen Winter konnten nur Allwetterflugplätze mit festen Start- und Landebahnen für den Dauerbetrieb genutzt werden, und davon gab es in den frontnahen Gebieten nicht allzu viele.

Die Angriffskräfte auf Eindhoven umfaßten die I., II. und IV. Gruppe des Jagdgeschwaders 3. Die ersten beiden Gruppen flogen Bf 109, einschließlich einiger Exemplare der neuesten K-4 Version, und die IV. Gruppe FW 190. Die drei Gruppen formierten sich über dem kleinen Ort Lippstadt, und von dort operierten die achtzehn 4-Maschinen-Einheiten als Halbstaffeln hintereinander. Sie flogen im Tiefflug fast auf direktem Kurs nach dem 225 km entfernten Eindhoven. Wegen der niedrigen Flughöhe und der absoluten Funkstille hatten die Angreifer den Vorteil eines Überraschungsangriffes auf ihr Ziel.

Jagdgeschwader 3 erreichte Eindhoven gerade als 16 mit Bomben beladene Typhoon der No 438 Squadron und No 440 Squadron zu einer Operation starten wollten. Die Maschinen befanden sich alle beieinander am Windrichtungsende der Rollbahn, und die beiden ersten hatten mit dem Start begonnen, als die Angreifer ihre Erdzielbekämpfung einleiteten. Die Typhoon des Führers wurde arg zerschossen, und das letzte, was der tödlich verletzte Pilot zu tun vermochte, war das Gas wegnehmen und die Maschine von der Startbahn lenken. Sein Flügelmann setzte den Start fort, aber er wurde kurz nach dem Abheben abgeschossen und getötet. Als die Piloten der übrigen Typhoon sahen, was passierte, lösten sie ihre Gurte, verließen fluchtartig ihre Cockpits und rannten von ihren Maschinen weg, bevor die auch zerschossen wurden. Die beiden angegriffenen Einheiten hatten kanadische Besatzungen, und in offiziellen kanadischen Geschichtsdokumenten ist nachzulesen, daß die Messerschmitt und Focke Wulf „das Rollfeld wohlgeordnet, systematisch und gut geführt angriffen“.

Die Erdzielbeschießungen von Eindhoven dauerten etwa 20 Minuten, wobei 30 Typhoon und Aufklärungsflugzeuge zerstört und weitere 14 Maschinen beschädigt wurden. Nachdem sie sich von ihrem ersten Schrecken erholt hatten, schlugen die Flakverteidiger der Alliierten hart zurück, und ihre Anstrengungen sowie Gefechte mit eingreifenden alliierten Jägern kostete das JG 3 etwa 20 Maschinen bei ihrem Rückzug. Ähnlich zerstörerische Angriffe erfolgten auf die Flugplätze Brüssel/Evère, Brüssel/Melsbroek, St.-Denis-Westrem und Maldegem. Auf dem südlichsten angegriffenen Flugplatz, Metz-Frescaty, trafen die Jäger vom Jagdgeschwader 53 die Thunderbolt der 365th Fighter Group auf dem Boden an und zerstörten etwa 20 von ihnen.

Anderswo hatten die Angriffskräfte weit weniger Erfolg. Zum Beispiel wurde die US Army Air Force Basis von Asch in Belgien, wo die 352nd und 366th Fighter Group mit Mustang bzw. Thunderbolt und drei Spitfire-Staffeln der Royal Air Force stationiert waren, von drei Gruppen des Jagdgeschwaders 11, zwei davon mit FW 190 und eine mit Bf 109, attackiert. Die Angreifer hatten das Pech, eben in dem Moment einzutreffen, als acht Thunderbolt bereits gestartet und zur Formation für eine Mission gruppiert waren. Als die Amerikaner die Angreifer sahen, entledigten sie sich ihrer Bomben und eilten zurück, um ihre Basis zu verteidigen. Leutnant Georg Füdreder, ein Bf 109 Pilot bei der II. Gruppe, erinnert sich:

> Wegen stellenweisen Nebels starteten wir später als geplant, und ich denke, das hat den Erfolg unserer Mission erheblich beeinträchtigt. Die Gruppe bildete eine Formation und nahm geführt von zwei Ju 188 Pfadfindern Kurs auf das Zielgebiet... Ich bemerkte nicht, ob Flugzeuge von unserer oder der feindlichen Flak beim Zielanflug getroffen wurden, aber als wir uns dem Ziel näherten, erinnere ich mich an einen Funkspruch, daß jemand getroffen sei. Ganz kurz vor dem Ziel zogen wir nach oben und fächerten nach links und rechts über den Flugplatz aus, um einen Überblick zu erhalten, dann setzten wir unseren Beschießungsgang an. Ich zog nach oben und ging direkt zum Angriff über. Mein Anflug war zu steil, um die Thunderbolt auf der Ostseite des Landeplatzes zu treffen, so zielte ich auf vier oder fünf zweimotorige Maschinen in der nordwestlichen Ecke. Ich setzte eine scharfe 180 °-Wende an, um die Thunderbolt auf der Ostseite zu erwischen, als Leuchtspurgeschosse an mir vorbeizischten. Zuerst hielt ich es für Flak, dann sah ich zu meiner Überraschung 2 Thunderbolt hinter mir. Eine feuerte aus allen Rohren auf mich, traf aber nicht gut. Ich zog scharf nach Backbord, und ihre Geschosse flogen achtern an mir vorbei. Mein Verfolger und seine Nummer 2 gaben die Jagd auf und nahmen Kurs auf Westen. Ich begann, sie zu verfolgen, brach das aber ab, um einen letzten Angriff auf den Flugplatz in südlicher Richtung auszuführen. Zu diesem Zeitpunkt sah ich kein anderes Flugzeug über dem Flugplatz oder in dessen Nähe. Schwarze Rauchschwaden erhoben sich von der südlichen Hälfte des Flugplatzes. Sie kamen von mehreren brennenden Flugzeugen. Ich legte meinen Zielanflug wegen des Rauches etwas höher an, dennoch mußte ich durch den Qualm am Südende des Flugplatzes.

Colonel Harold Holt, Kommandeur der 366th Fighter Group, beschrieb die Aktion von seinem Blickwinkel auf dem Boden in Asch:

> Der Feind wurde sofort von einer Achterkette unserer Thunderbolt, die gerade aufgestiegen waren und sich formiert hatten, in einen Kampf verwickelt. Sie ließen ihre Bomben fallen, griffen die feindlichen Flugzeuge an und hinderten sie daran, unsere gänzlich ungeschützten Maschinen am Boden zu treffen. Der ganze Luftzirkus fand etwa in Baumwipfelhöhe direkt über der Start- und Landebahn statt. Dröhnende Motoren, feuerspeiende Maschinengewehre und brennende Flugzeuge, die am Boden zerschellten, hatten den Krieg direkt vor unsere Haustür gebracht! Die Zufahrten um die Start- und Landebahn waren von Zuschauern gesäumt, die sich lange

genug aus ihren Schützenlöchern hervortrauten, um die Flugschau zu beobachten. Aber ein auf sie zurasendes Flugzeug ließ sie schnell wieder in ihren Löchern verschwinden. Schließlich kann freundliches Feuer genauso viel Schaden anrichten wie feindliches Blei ...

Die Angreifer zerstörten sieben Spitfire und einige Dakota-Transportflugzeuge und beschädigten mehrere weitere Maschinen. Sie schossen auch vier Mustang ab, die sich ihnen zum Kampf gestellt hatten. Aber das Jagdgeschwader 11 mußte dafür schwere Schläge der verteidigenden Jäger und Flakgeschütze einstecken. Fast die Hälfte der etwa 60 Maschinen gingen verloren. Unter den getöteten Piloten befanden sich zwei Asse der Luftverteidigung, der Geschwaderkommandeur Oberstleutnant Günther Specht, der 32 Abschüsse erzielte, und Hauptmann Horst-Günther von Fassong, mit 136 Abschüssen. In einigen Fällen fanden die deutschen Formationen ihre zugewiesenen Ziele überhaupt nicht, und daher waren die Angriffe auf die Flugplätze Volkel, Antwerpen/Deurne und Le Culot totale Fehlschläge.

Bezüglich der Anzahl zerstörter alliierter Flugzeuge durch den Luftwaffenangriff wurden unterschiedliche Angaben veröffentlicht. Die offizielle Geschichte der Royal Air Force gibt 144 zerstörte und 84 beschädigte Flugzeuge „im britischen Bereich“ an, aber es ist nicht ersichtlich, ob die Zahlen sich nur auf die am Boden zerstörten Maschinen beziehen oder auch auf die im Laufe der zahlreichen Luftkämpfe an diesem Vormittag vernichteten Flugzeuge. Die Dokumente der US Army Air Forces sind noch ungenauer. Es ist von etwa 30 USA AF Maschinen, die zerstört wurden, und einer Reihe beschädigter Flugzeuge die Rede, wobei wiederum nicht klar ist, ob die Zahlen auch die im Luftkampf verlorenen enthalten. Auf der Grundlage der bestmöglichen Informationsquellen, sieht es so aus, als hätten die Alliierten zwischen 174 und 250 zerstörte und zwischen 84 und 120 beschädigte Maschinen an jenem Vormittag zu verzeichnen gehabt. Betrachtet man den großangelegten Rahmen des Kampfes, so waren die Verluste an alliierten Piloten mit weniger als 20 äußerst gering. In wenigen Wochen nach dem Angriff waren alle alliierten Kampfeinheiten wieder auf dem Stand vor dem Angriff, nachdem sie durch Neuzugänge und reparierte Maschinen aus den Reserveeinheiten alle Verluste ergänzt hatten.

Aus erhaltenen deutschen Quellen wissen wir, daß die Angriffe auf die Flugplätze die Luftwaffe 237 getötete, vermißte oder gefangene, sowie 18 verwundete Piloten kostete. Unter ihnen befanden sich drei Geschwaderkommandeure, sechs Gruppenkommandeure und elf Staffelkommandeure – erfahrene Führer im Kampf, die sich nicht mehr ersetzen ließen. Es gibt keine erhaltenen offiziellen Verlustangaben der Luftwaffe zu dieser Operation. Geht man von der großen Anzahl der Pilotenverluste aus, ist zu vermuten, daß es mindestens 300, also etwa ein Drittel der eingesetzten Maschinen waren. So erlitt die Luftwaffe größere Verluste an

Flugzeugen, als sie selbst vernichtete, und verlor mehr als zehnmal so viele Piloten wie die Alliierten. Das stellte die zahlenmäßig größte Einbuße dar – auch proportional –, die je von einer großen Angriffsstreitmacht von Flugzeugen zu verzeichnen war.

Operation „Bodenplatte“ erwies sich als Katastrophe für die Luftwaffe, von der sich mehrere Einheiten nie wieder erholten. Durch die Zerstörung eines Gutes, das die Alliierten in dieser Phase des Krieges im Überfluß besaßen – nämlich Kampfflugzeuge –, brachte sich die Luftwaffe um etwas, was sie sich am wenigsten zu verlieren leisten konnte – ausgebildete Piloten. Diese Aktion demonstriert erneut die Gefahren beim Einsatz von Luftpersonal ohne entsprechende Gefechtsausbildung. Gut verteidigte Militärflugplätze mit hoher Kampfbereitschaft sind keine leichten Ziele. Selbst mit gut dafür ausgebildeten Angriffskräften kann eine Tiefflugattacke auf ein solches Ziel risikovoll sein. Wenn so eine Operation nicht genauestens geplant und mit Präzision ausgeführt wird, verlieren die Angreifer mehr Maschinen, als sie zerstören. Genau das geschah bei der Operation „Bodenplatte“.

12

HANOI IM VISIER

Am 10. Mai 1972 nahmen Flugzeuge der US Air Force und US Navy die Bombenangriffe auf Ziele in Nordvietnam nach einer Pause von mehr als 3 ½ Jahren wieder auf. An diesem Tag führten Flugzeuge der Air Force vom Typ F-4 Phantom mit militärischer Präzision geplante Angriffe auf zwei Ziele in der Nähe von Hanoi aus, einen davon mit den neu entwickelten „intelligenten" Waffen mit elektro-optischen und lasergestützten Zielsuchköpfen. Dieses Kapitel beleuchtet diese Kampfhandlungen und die Taktik der geballten Ladung, die von den Angriffsflugzeugen verfolgt wurde. Eine wichtige Neuerung in diesem Krieg stellte vom Gesichtspunkt des Geschichtsschreibers die Installation von Tonbandgeräten in Kampfflugzeugen dar; die in diesem Kapitel wiedergegebenen Gespräche während des Kampfes stammen sämtlich von dieser Quelle.

Bei den Luftangriffen auf Nordvietnam im Frühjahr 1972 nutzte die US Air Force Basen in Thailand. Die als Bomber konfigurierten F-4 Phantom kamen vom 8th Tactical Fighter Wing in Ubon; die für Aufklärung und Luftkämpfe ausgelegten Phantom stammten vom 432nd Tactical Reconnaissance Wing in Udorn; und die EB-66 Radarstörflugzeuge, die F-105F „Wild Weasel" zur Verteidigungsniederhaltung und die EC-121 Warning Star fliegenden Kommando- und Einsatzleitflugzeuge kamen vom 388th Tactical Fighter Wing in Korat. Die Rettungs- und Bergungsflugzeuge zur Aufnahme von abgeschossenen Besatzungen stellte das 56th Special Operations Wing in Nakhon Phanom, während die KC-135 Tankflugzeuge, die den Hochgeschwindigkeitsjets vor dem Einflug in den feindlichen Luftraum und bei ihrem Rückflug Treibstoff lieferten, ihre Einsätze von den Basen U Tapao und Don Muang flogen.

Am 10. Mai stellten die wichtige Paul-Doumer-Brücke über den Roten Fluß (Hong Ha) östlich von Hanoi und der in ihrer Nähe gelegene Rangierbahnhof Yen Vien die Ziele der Air Force dar. Um 7.30 Uhr starteten sieben KC-135 Tankflugzeuge (sechs benötigte Flugzeuge plus eine Maschine als Reserve) mit je 75 Tonnen Treibstoff von U Tapao aus. In der Zwischenzeit führte eine RF-4C Phantom einen Wetteraufklärungsflug über dem Luftraum Hanoi aus; die verschlüsselte Meldung von klarem Himmel über den Zielgebieten gab das Startzeichen für die Angriffsvorbereitungen.

An der Spitze der Angriffskräfte beim Eindringen in den feindlichen Luftraum standen zwei Einheiten mit je vier für den Luftkampf ausgerüsteten Phantom in „Oyster"[Auster]- und „Balter"[Klumpen]-Formation. Diese verließen Udorn 8.05 Uhr auf einem Nordkurs. Vier weitere Phantom-Schwärme mit der gleichen Konfiguration folgten ihnen nach; ihre Aufgabe bestand im Begleitschutz für unterschiedliche Teile der Angriffsstreitmacht über dem feindlichen Gebiet. Als letzte stiegen von Udorn zwei RF-4C auf, um nach dem Angriff Luftaufnahmen der Ziele zu machen.

Aus Korat starteten vier EB-66 Destroyer Radarstörflugzeuge, um Ferndeckung für den Angriff zu liefern. Drei Schwärme „Wild Weasel" F-105G Thunderchief folgten ihnen; ihre Aufgabe bestand in der Verteidigungsniederhaltung während der Angriffe; wegen der Bedeutung dieser Mission startete jeder „Wild Weasel"-Schwarm mit fünf Flugzeugen, d. h. einschließlich einer Reservemaschine, die kurz vor dem feindlichen Luftraum abdrehen würde, wenn alle anderen kampfeinsatzfähig blieben.

Von Ubon hoben zehn Phantom-Schwärme mit je vier Maschinen ab. Zwei führten Düppelbomben mit, um mit den Metallstreifen eine Schneise der Radar-Desorientierung entlang der Route zu den Zielen zu schaffen. Zum Angriff auf die wichtige Paul-Doumer-Brücke über den Roten Fluß wurden die im „Goatee"[Spitzbart]-Schwarm fliegenden Maschinen mit je zwei 906-kg-EOGB beladen. Die Maschinen der „Napkin"[Serviette]-, „Biloxi"[Biloxi-Indianer]- und „Jingle"[Bimmel]-Schwärme trugen je zwei 906-kg-LGB. Das bedeutete den Ersteinsatz der zwei neuen „intelligenten" Waffen gegen ein Ziel in Nordvietnam. Weitere vier Phantom-Schwärme mit Angriffsziel Rangierbahnhof Yen Vien führten konventionelle, ungelenkte 225-kg-Bomben mit.

Um 8.50 Uhr befand sich die gesamte Armada in der Luft und flog nach Norden. Von den insgesamt mehr als 110 Flugzeugen sollten nicht weniger als 88 in den feindlichen Luftraum eindringen. Über Nordthailand tankten die Maschinen mit Hilfe der sechs KC-135 Tankflugzeuge, die im Rendezvousgebiet warteten, auf und flogen dann über Laos. Jedoch waren mittlerweile die zwei Schwärme, die an der Spitze des Angriffs stehen sollten, geschwächt. Zwei Maschinen aus dem „Balter"-Schwarm mußten wegen technischer Probleme umkehren. Eine Phantom des „Oyster"-Schwarms mit Radarausfall entschied sich zur Fortsetzung der Mission, wenngleich mit reduzierter Einsatzfähigkeit.

Die beiden Schwärme überquerten 9.20 Uhr die nordvietnamesische Grenze und nahmen Kurs auf ihre Patrouillenroute nordwestlich von Hanoi. Der Plan sah vor, eine Barrierepatrouille aufzubauen, wobei der „Oyster"-Schwarm auf niedriger Höhe flog und der „Balter"-Schwarm in 6700 m Höhe etwas dahinter und im vollen Erfassungskreis der Feindradarstationen. Wenn sich MiG-Jäger gegen den „Balter"-Schwarm wandten, mußten sie über den im Hinterhalt lauernden „Oyster"-Schwarm fliegen. Drei Minuten nach Überqueren der Grenze erhielten die Phantom-Besatzungen die Warnung vom über Laos befindlichen Radarstreifenflugzeug EC-121 Warning Star, daß Feindmaschinen aufge-

McDONNELL F-4E PHANTOM

Typ: zweisitziges Mehrzweckkampfflugzeug
Triebwerk: zwei General Electric J79-GE-17 Nachbrenner-Strahltriebwerke mit je 8109 kg Nachbrennerschub
Bewaffnung: eine M61A1 20-mm-Kanone; vier AIM-7E Sparrow Radarlenkraketen und vier AIM-9G Sidewinder IR-Lenkraketen (Luft-Luft); zwei 906-kg-EOGB oder zwei 906-kg-LGB (bei den Präzisionangriffen während der Aktion am 10. Mai 1972); neun 225-kg-Bomben (bei normalen Angriffen)
Leistung: Höchstgeschwindigkeit Mach 2,17 (2300 km/h) in 10 970 m Höhe; maximale Steiggeschwindigkeit 15 180 m/min
Maximale Startmasse bei Kampfeinsätzen: 27 993 kg
Abmessungen: Spannweite 11,68 m; Länge 19,20 m; Tragflügelfläche 49,25 m^2
Datum der Indienststellung von F-4E: Juni 1967

stiegen seien. Ähnliche Informationen kamen vom als Radarkontrollschiff im Golf von Tonking operierenden Kreuzer USS *Chicago.*

Anfangs hielten die MiG Abstand von den Eindringlingen, doch um 9.42 befahl die nordvietnamesische Einsatzleitung schließlich den Jägern, in Aktion zu treten. Ein Warnruf von der *Chicago* ermöglichte es Major Bob Lodge, dem „Oyster"-Schwarmführer, einzudrehen und die MiG frontal anzufliegen. Das gab seinem Schwarm einen deutlichen taktischen Vorteil, denn die Phantom konnten die MiG auf große Entfernung mit Sparrow-Raketen bekämpfen, während die feindlichen Jäger mit ihren nicht so modernen Raketen über kein wirksames Mittel der Feuererwiderung verfügten.

Auf 610 m heruntergegangen warfen die Phantom ihre Außentanks ab und beschleunigten auf Kampfgeschwindigkeit. In einem Luftkampf gehört gewöhnlich der Sieg der Seite, die den Gegner zuerst ausmacht. Lodge hielt seine Einheit auf niedriger Höhe, um so lange wie möglich außer Sichtweite zu bleiben, während die vier Feindjäger in 4575 m Höhe schräg von vorn anflogen. Die beiden Einheiten trafen sich nicht direkt frontal, dennoch betrug ihre kombinierte Näherungsgeschwindigkeit mehr als 1600 km/h oder knapp einen Kilometer alle zwei Sekunden. Tonbandaufnahmen in den Jägern zeichneten die Worte auf, als die MiG auf ihrem Radar auftauchte:

„Oyster 2 hat Kontakt!"

„Oyster 1 hat einen Kontakt Null-Fünf-Null [Richtung] auf 25 [km]"

„Oyster 3 mit Kontakt, Bob!"

„Gut, wir haben sie!"

„Oyster 1 an der Schnauze, 20 km, 15 [Grad] hoch …"

Die Phantom besaßen „Combat Tree", ein Gerät, das nach dem gleichen Prinzip wie das britische „Perfectos" aus dem II. Weltkrieg (siehe Kapitel 10). „Combat Tree" übertrug Signale, die die Freund-Feind-Kenntransponder in den MiG auslösten und ihre verschlüsselten Antwortsignale aufnahm. Im Zusammenhang mit dieser Mission erwies sich das Gerät als lebenswichtig, denn es lieferte den Beweis dafür, daß es sich bei

MIKOJAN-GUREWITSCH MiG-19 („FARMER")

Typ: einsitziger Abfangjäger und Luftüberlegenheitsjäger
Triebwerk: zwei Tumanskij RD-9-B Nachbrenner-Strahltriebwerke mit je 3246 kg Nachbrennerschub
Bewaffnung: drei NR-30 30-mm-Kanonen
Leistung: Höchstgeschwindigkeit Mach 1,4 (1448 km/h) in 10 000 m Höhe
Startmasse bei Kampfeinsätzen: 7384 kg (ohne Waffenzuladung)
Abmessungen: Spannweite 9,00 m; Länge 13,00 m; Tragflügelfläche 24,99 m^2
Datum der Indienststellung von MiG-19: 1953

den Flugzeugen auf dem Radarschirm um Feindmaschinen handelte. Und *das* wiederum bedeutete, sie konnten aus großer Entfernung mit Radarzielsuchraketen bekämpft werden, ohne daß man auf Sichtweite zur Bestätigung ihrer Identität heranfliegen mußte. In den drei „Oyster"-Jägern mit einsatzfähigem Radar nahm der Back-Seater (WSO) die Zielerfassung einer Feindmaschine vor und bereitete die Sparrow-Raketen zum Einsatz vor.

Bob Lodge nahm seinen Jäger zur Vorbereitung des Raketenstarts in einen flachen Steigflug und die anderen Phantom folgten nach. Als die führende MiG in Schußweite kam, drückte Lodge den Startknopf für die erste Sparrow. Mit einer Rauchfahne hinter sich beschleunigte die 204-kg-Rakete von den 1130 km/h der Phantom in 2,3 Sekunden auf mehr als 3200 km/h. Der Motor stellte sich dann ab, und die Waffe sollte eigentlich auf das Ziel zustreben, doch statt dessen explodierte sie in einer Rauchwolke. Lodge betätigte zum zweiten Male den Startknopf, und eine weitere Sparrow zog davon in Richtung Ziel.

Ein paar Hundert Meter rechts von Lodge feuerte Lieutenant John Markle in „Oyster 2" ebenfalls zwei Sparrow-Raketen mit ähnlichen Ergebnissen ab, wie er später zu Protokoll gab:

> Unsere erste Rakete bekam offensichtlich keine Raketenmotorzündung. Die zweite Rakete verließ das Flugzeug und ging beim Steigflug leicht nach rechts. Wir hielten weiter unsere Position zu „Oyster 1" mit einer flachen Rechtskurve, Bug leicht nach oben. Als ich den Raketenflug überprüfte, zeigte die Spur leicht nach links auf das Radarziel zu.

MIKOJAN-GUREWITSCH MiG-21bis („FISHBED-J")

Typ: einsitziger Abfangjäger und Luftüberlegenheitsjäger
Triebwerk: ein Tumanskij R-25 Nachbrenner-Strahltriebwerk mit je 7475 kg Nachbrennerschub
Bewaffnung: eine Gsch-23 23-mm-Kanone; bis zu vier K-13 IR-Luft-Luft-Lenkraketen
Leistung: Höchstgeschwindigkeit Mach 2 (2124 km/h) in 11 000 m Höhe
Maximale Startmasse bei Kampfeinsätzen: 9966 kg
Abmessungen: Spannweite 7,16 m; Länge 15,77 m; Tragflügelfläche 49,24 m^2
Datum der Indienststellung von MiG-21bis: 1970

Captain Steve Ritchie in „Oyster 3“, 2750 m links von Lodge, schoß ebenfalls eine Sparrow ab, doch auch sie erwies sich als Blindgänger: der Motor zündete nicht und sie fiel vom Jäger wie eine Bombe ab. Von den fünf abgefeuerten Sparrow funktionierten also drei nicht richtig. Die zwei Raketen, die wie angekündigt arbeiteten, erzielten jedoch verheerende Resultate. Das Tonbandgerät in Markles Maschine fing seine Reaktion ein, als er seine Rakete neben dem Feindflugzeug explodieren sah:

„Oh richtig! ... Jetzt! ... Gut! ... *Wuuuuhuuu!*“ Darauf folgte eine kurze Pause zur Beruhigung, wonach der Pilot über Funk meldete, „‚Oyster 2‘ Treffer erzielt!“

Aus der Führungsmaschine erwiderte Lodge, „Ich auch!“

Steve Eaves, Markles Back-Seater bestätigte, daß er den vom Führer erzielten Abschuß gesehen hatte: „Verstanden, er brennt und geht ein Uhr runter!“

Captain Roger Locher, Lodges WSO sah plötzlich ein paar kleine Wölkchen, als die zwei Raketen weit vor ihm detonierten. Einige Sekunden später erblickte er die zwei getroffenen nordvietnamesischen Jäger, MiG-21, die vom Himmel fielen. Der eine überschlug sich und ging in einem flachen Sturzflug nach unten, dem anderen fehlte ein Teil der Tragfläche, und er trudelte außer Kontrolle im steilen Sturzflug zu Boden.

Die beiden MiG-21, die den Sparrow-Angriff überstanden hatten, jagten über die Phantom hinweg, als diese in enge Kurvenflüge nach rechts zogen, um zu Folgeangriffen hinter die Gegner zu gelangen. Als sich Lodge aus der Kurve rollte, befand er sich nur 180 m hinter einer MiG, ein Anblick, den Locher im hinteren Sitz nie vergessen wird:

> Wir befanden uns in seinem Strahlstrom. Da war er, [Nach]Brennerflamme hinter sich, das glänzendste Flugzeug, was es je zu sehen gab. Er ging mit einer Chandelle nach rechts, wir gleich dahinter.

Die Phantom hat keine Bordkanone, und für einen Raketenangriff war es zu nahe, also ging Lodge aus der Kurve heraus, um auf Schußentfernung zum Feindjäger zu kommen. Es schien nur eine Frage der Zeit, bis diese MiG auch vom Himmel geholt würde. Doch dann stiegen ohne Vorwarnung zwei MiG-19 steil von unten hoch und mischten sich in den Kampf ein. Die Neuankömmlinge, wahrscheinlich die von Leutnant Le Thanh Dao und Leutnant Vu Van Hop geflogenen Maschinen der 3. Kompanie, schoben sich in Feuerposition hinter die Phantom von Lodge, als Markle seinem Führer eine Warnung zubrüllte: „OK, ein Bandit ... du hast einen Banditen auf 10 Uhr, Bob, gleiche Höhe!“ Die MiG-19 gingen an Lodge vorbei und näherten sich dann von rechts.

Weitere Alarmrufe kamen von den anderen Phantom: „Bob, hinten rechts, hinten rechts, Bob. Hinten rechts!“

Lodges Aufmerksamkeit richtete sich auf die MiG-21 vor ihm, zu der es inzwischen genügend Abstand für einen Raketeneindrehschuß gab. Inzwischen eröffnete die führende MiG-19 mit der Bordkanone das Feuer

Bomber gegen die *Tirpitz*
Oben: Das 42 900-Tonnen-Schlachtschiff *Tirpitz* mit seiner starken Hauptbewaffnung von acht 38-cm-Kanonen. Bei den letzten Kampfhandlungen am 12. November benutzte es die vier Waffen in den beiden vorderen Geschütztürmen zur Selbstverteidigung.

Unten: Eine Nahaufnahme der „Tallboy"-Bombe. Treffer mit zwei dieser Waffen rissen ein großes Stück der Panzerung auf der Backbordseite der *Tirpitz* ab, und der nachfolgende Wassereinbruch ließ das Schlachtschiff kentern.

Stören und Zerstören
Links: Air Vice-Marshal Edward Addison, Kommandeur der No 100 Group, hier in seinem Hauptquartier in Bylaugh Hall bei Dereham, Norfolk. (Addison)

Oben: Ein Radarstörungsflugzeug vom Typ B-24 Liberator der No 233 Squadron.

Unten: Ein hochleistungsfähiger Funkstörsender vom Typ „Jostle“, hier auf seinem speziell modifizierten Transporter zu sehen. Diesen Störsender führten die „Fliegenden Festungen“ und die Liberator der No 100 Group mit.

Oben: Ein Halifax elektronischer Aufklärer (ELINT) der No 192 Squadron.

Unten: Mosquito Nachtjäger der No 85 Squadron mit Spezialausrüstung zur Auffindung von deutschen Nachtjägern aus großer Entfernung.

Gegenüber, oben: Ein Messerschmitt Bf 110 Nachtjäger, der von einer Mosquito der No 85 Squadron abgeschossen wird.

Gegenüber, unten: Ein Junkers Ju 88G Nachtjäger. (Obert)

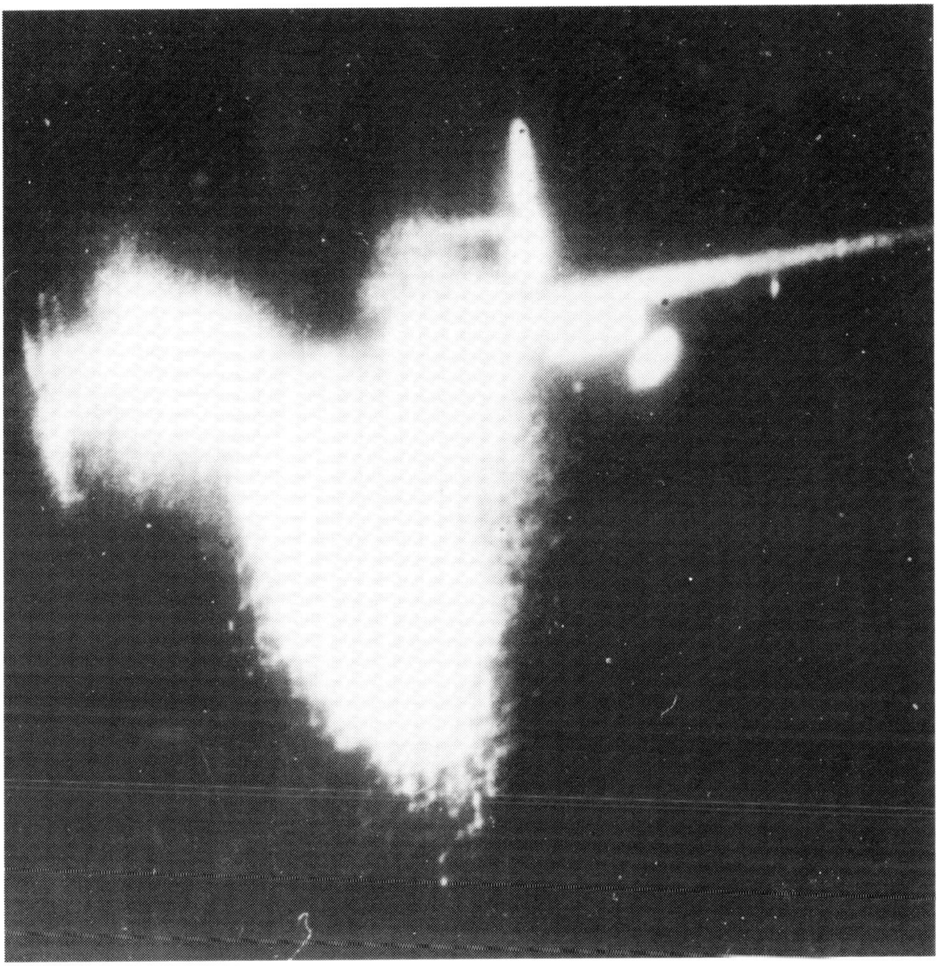

Neujahrstagsparty
Unten: General Adolf Galland, Inspekteur der Jäger, sprach sich entschieden dagegen aus, einen großen Teil der Heimatverteidigungsjäger für die Operation „Bodenplatte" abzustellen, doch ohne Erfolg.

Gegenüber rechts: Oberstleutnant Günther Specht (der Kamera am nächsten), Kommandeur des Jagdgeschwaders 11, und Oberstleutnant Johann Kogler (mit Schirmmütze), Kommandeur des Jagdgeschwaders 6, wurden beide während der Operation „Bodenplatte" abgeschossen. Specht kam ums Leben, Kogler wurde Kriegsgefangener. In diesem Stadium des Krieges konnten es sich die Jagdfliegerkräfte der Luftwaffe nicht leisten, so erfahrene Kommandeure zu verlieren. (Kogler)

Gegenüber unten: Eine Messerschmitt Bf 109G der III. Gruppe des Jagdgeschwaders 53, eine der Einheiten, die während der Operation „Bodenplatte" den US-Flugplatz in Metz-Frescaty angriffen. (via Schliephake)

Hanoi im Visier
Oben: Colonel Carl Miller führte den Angriff der F-4 Phantom auf die Paul-Doumer-Brücke bei Hanoi am 10. Mai 1972 an. (Miller)

Gegenüber oben: Eine F-4D Phantom des 8th Tactical Fighter Wing, die beim Angriff am 10. Mai teilnahm. Man sieht die assymetrische Zuladung bei mit Laserzielmarkierungsgondeln ausgestatteten Flugzeugen: von rechts nach links: 906-kg-Laserlenkrakete, Pave Knife Laserzielmarkierungsgondel, Centreline 2270-Liter-Treibstofftank, 906-kg-LGB, 1400-Liter-Treibstofftank. (USAF)

Gegenüber unten: Eine nordvietnamesische SA-2 „Guideline" Rakete auf ihrer Startrampe. Dank geschickter Taktik und Störung des Raketenlenkradars traf keine der bei den Kampfhandlungen am 10. Mai abgeschossenen Waffen ein Flugzeug.

680

Oben: Die Paul-Doumer-Straßen-Eisenbahnbrücke über den Roten Fluß bei Hanoi in einer Aufnahme nach dem Krieg. Die hell gefärbten Teile der Brückenkonstruktion zeigen die Abschnitte, die bei den verschiedenen Bombenangriffen beschädigt und später ersetzt wurden. (Lye)

Unten: Nordvietnamesische MiG-19 „Farmer" Jäger schossen in den Kämpfen am 10. Mai zwei Phantom ab. Diese Jagdflugzeuge erwiesen sich als äußerst wendig, und in jedem Fall führten die Piloten Gelegenheitsangriffe auf die US-Jäger vom Boden aus.

Operation „Schwarzer Bock"
Rechts: Blick aus dem Cockpit einer Vulcan beim Annäherungsmanöver an ein Victor B(K). 2 Tankflugzeug.

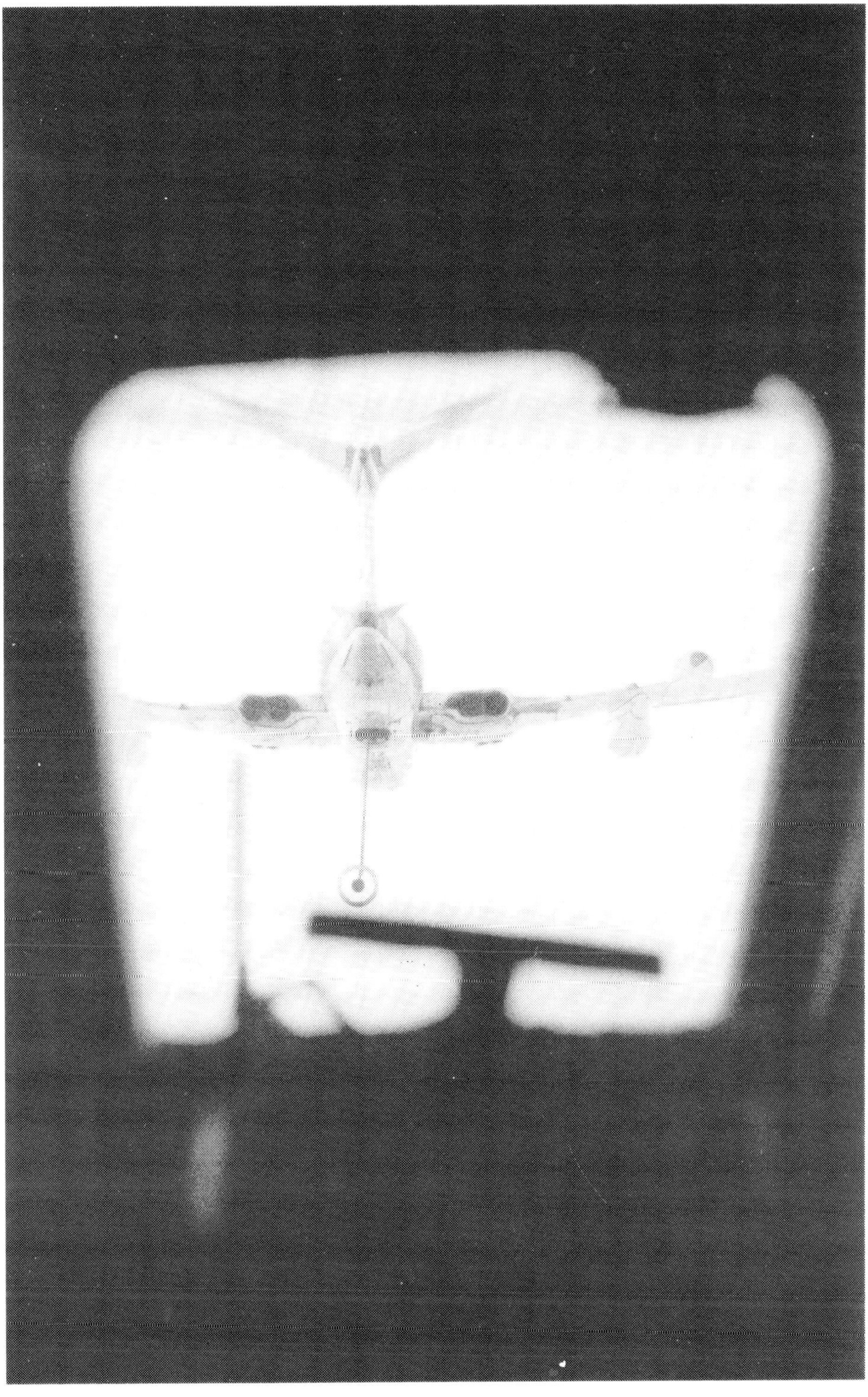

Oben und unten: Die Vulcan bei ihrer Landung in Wideawake nach der Mission zu den Falkland-Inseln im Mai 1982 (MoD)

Gegenüber, oben: Ein Victor-Tankflugzeug bei der Landung auf dem Flugplatz Wideawake, Ascension Island, nach einer Luftbetankungsmission.

Gegenüber, unten: Flight Lieutenant Martin Withers nach Rückkehr vom Angriff auf den Flugplatz von Port Stanley. (MoD)

Countdown zum „Wüstensturm"
Oben: McDonnell Douglas F-15C Eagle Jäger gaben Begleitschutz während des Anfangsangriffs und schossen vier irakische Maschinen ab. (USAF)

Unten: Boeing E-3 Sentry AWACS Flugzeuge beobachteten die Luftangriffskräfte der Verbündeten und leiteten Begleitjäger in Angriffspositionen gegen irakische Flugzeuge. (USAF)

Oben: Royal Air Force Panavia Tornado GR.1 mit je zwei JP.233 Flugplatz-Streuminen-Containern unter dem Rumpf. (Panavia)

Unten: Eine General Dynamics F-111F des 48th Tactical Fighter Wing kurz vor dem Start zu einer Mission. Bodenpersonal entfernt die Sicherungssplinte von den vier 906-kg-Laserlenkbomben. (UASF)

Tornado-Spionageflugzeuge ziehen in den Krieg
Ein von einer Tornado GR.1A aufgenommenes Infrarot-Zeilenscannerbild zeigt irakische Schützengräben westlich von Wadi al Khirr in der Dunkelheit der frühen Morgenstunden des 26. Januar 1991. Im Bild sind Fahrzeugspuren, obwohl sie eigentlich mehr oder weniger gerade verlaufen, in einer verlängerten S-Form zu sehen. Das liegt an der Verzerrung, die durch die Erfassung von Horizont zu Horizont verursacht wird. Diese Verzerrungen verringern jedoch keineswegs den militärischen Wert der Aufnahme. (MoD)

auf die Phantom. Die wuchtigen 30-mm-Geschosse schlossen schnell die Lücke zwischen den beiden Maschinen und Markles Warnschreie an seinen Führer wurden schriller: „Er feuert — er feuert auf dich!“

In der angegriffenen Phantom überschlugen sich nun die Ereignisse in verwirrendem Tempo. Roger Locher durchlebt die Szene erneut:

> Ein oder zwei Sekunden später – *Whumm!* Getroffen. Ich blickte auf und sah die MiG [die MiG-21 vor ihm] abdrehen. Ich dachte, wir wären im Flug zusammengestoßen, denn das entsprach genau meiner Vorstellung, wie sich eine Kollision anfühlen würde. Wir sagten beide „Oh, Scheiße!“ und mein „Oh, Scheiße!“ kam, weil sich der Kerl vor uns aus dem Staub machte.

Weitere 30-mm-Granaten schlugen in die Phantom ein, und endlich erkannte Locher, was passierte. Der Jäger wurde schnell langsamer und er fühlte, wie er gewaltig nach rechts agierte. Das gesamte Rumpfheck stand in Flammen, und als sich das Feuer weiter nach vorn fraß, begann die Hitze den Plast von Lochers Kanzeldach zu rösten, das sich nun dunkelorange verfärbte. Rauch drang ins Cockpit.

Um die verurteilte Phantom ging der Luftkampf weiter. Die MiG-21, die sich Lodge gerade vornehmen wollte, entkam. Die vierte Maschine aus der ursprünglichen Feindformation hatte jedoch weniger Glück. Steve Ritchie in „Oyster 3“ rollte sich etwa 1½ km hinter ihr in eine perfekte Feuerposition und schickte zwei Sparrow in schneller Folge auf die Reise. Erneut nahm die erste Rakete das Ziel nicht auf, doch die andere gelangte perfekt ins Ziel. Sie detonierte direkt unter dem Jäger aus der Sowjetproduktion, riß Teile von ihm ab, wobei die MiG rasch an Geschwindigkeit verlor. Als die Phantom an ihrem Opfer vorüberflog, sah Chuck DeBellevue im Rücksitz einen schwarzen Schatten links vorbeihuschen, weniger als 100 m entfernt – der gegnerische Pilot. DeBellevue triumphierte über Funk: „‚Oyster 3‘ hat einen Platscher [Feindflugzeug abgeschossen]!“

DeBellevues Triumphieren war das letzte, was Roger Locher hörte, bevor er von seiner Phantom absprang. Inzwischen stürzte das brennende Flugzeug in rasantem Tempo kopfüber nach unten. Locher packte den Schleudersitzgriff zwischen seinen Beinen mit beiden Händen und zerrte kräftig:

> Wir waren zu der Zeit unter negativem *g*. Mein Arsch war vom Sitz weg; es drückte mich gegen das Kanzeldach. Ich sah das Dach abfliegen, dann fiel ich unter negativem g raus. Der Wind pfiff mächtig; ich sah wieder etwas. Dann *Klatsch!* – der Fallschirm ging auf. Und *Buuum!* – donnerten zwei MiG-19 an mir vorbei.

Die anderen Maschinen des „Oyster“-Schwarms beobachteten mit Schrekken, wie die Phantom vom Himmel stürzte, in der Hoffnung auf einen kurzen Blick auf einen oder mehrere Fallschirme, um Überlebende anzuzeigen. Sie sahen keine. Der Jäger befand sich in Rückenlage, als Locher absprang, und wahrscheinlich versperrte die Rauchfahne hinter dem Flugzeug die Sicht auf ihn. Es erscheint sicher, daß sich Lodge noch im Cockpit befand, als sich der Jäger in den Boden bohrte.

Erschüttert durch den Verlust ihres Führers, behielten die Überlebenden des „Oyster“-Schwarms ihre hohe Geschwindigkeit bei, als sie wieder auf niedrige Höhe heruntergingen und sich rasch aus dem Gebiet zurückzogen. Zwei Maschinen des „Balter“-Schwarms hatten auch eine Auseinandersetzung mit MiG-Jägern, doch dabei erlitten beide Seiten keine Verluste. Dieses Kampfgeplänkel war nicht entscheidend, doch für die Angriffskräfte, die sich nun Hanoi näherten, zeigten sie ein wichtiges Ergebnis: sie banden die MiG im Gebiet nordwestlich der Stadt, wodurch die Hauptangriffskräfte ihre Ziele ohne Störung durch feindliche Jäger anfliegen konnten.

Jetzt begann die zweite Phase der Kampfhandlungen, die das Ziel der Schwächung der Kampfkraft der Boden-Luft-Raketen (SAM) und der Bodenabwehrstellungen der Verteidigungskräfte Hanois verfolgte. Vier EB-66E Distanzstörungsflugzeuge, vier „Wild Weasel“ F-105G und acht F-4 Düppelbomber übernahmen diese Aufgabe.

Als erstes machten sich die EB-66 bemerkbar. Jedes Flugzeug verfügte über eine Batterie von 18 Radarstörgeräten, und sie spielten eine ähnliche Rolle wie die Zielunterstützung der Liberator der No 100 Group im II. Weltkrieg (siehe Kapitel 10). 9.45 Uhr erreichten die Maschinen in 9150 m Höhe ihre Kreisflugpositionen leicht außerhalb der Reichweite des Raketengürtels um Hanoi und begannen mit der Störung des Feindradars. Gleichzeitig teilten sich vier „Wild Weasel“ F-105G in zwei Paare und flogen im Tiefflug in das verteidigte Gebiet ein. Ihre Rolle bestand darin, die Radaranlagen der feindlichen Boden-Luft-Raketenbasen zu bekämpfen, wenn sie aktiviert wurden. Jede Maschine trug drei Anti-Funkmeß-Raketen – zwei Shrike mit kurzer Reichweite und eine Langstrecken-Standard ARM[Anti-Funkmeß-Rakete]. Major Don Kilgus, der bei dieser Art Operation dabei war, beschrieb die eingesetzte Taktik:

> Wenn wir eine aktivierte Station gefunden hatten, nahmen wir den Nachbrenner und erhöhten die Geschwindigkeit auf 840 bis 965 km/h. Geschwindigkeit gab uns das Überlebens- und Manöverpotential, denn wenn wir mit dem „*g*-Ziehen“ begannen, wurde die Maschine langsamer. Die Thud [F-105] war ein Superflugzeug, doch man konnte damit nicht gerade die schärfsten Kurven der Welt fliegen, deshalb mußte man vorbauen, wenn man ein heftiges Manöver machen wollte. Daher zündeten wir den Brenner, zogen hoch und gingen gleichzeitig in die Kurve, um die Feuerparameter für die Rakete festzustellen. Anzeigenadeln verrieten, wohin sich die Shrike orientierte, und vermittelten eine Angabe von Entfernung plus/minus etwa 20 Prozent. Wenn ein Angriff von ganz oben angesagt war, gingen wir von 4575 m aus in einem 30-Grad-Steigflug hoch. Oder wenn wir uns in Zielnähe befanden, dann stürzten wir uns kopfüber in den Kampf und schoben ihnen die Rakete die Kehle runter.

Die „Wild Weasel“ sahen sich selbst auch möglichen Raketenangriffen gegenüber, und ihre Aufgabe war gewiß nichts für ein Hasenherz.

Während die F-105 mit den SAM-Batterien ein tödliches Versteckspiel trieben, begann die nächste Phase der Kampfhandlungen. Acht Phantom flogen mit jeweils neun Düppelbomben Hanoi aus Südwesten in 7930 m Höhe an. Diese Flugzeuge erfüllten eine ähnliche Aufgabe wie die „Window Spoof“-Kräfte im II. Weltkrieg (siehe ebenfalls Kapitel 10). 9.47 Uhr drangen diese Maschinen in die von Boden-Luft-Raketen verteidigte Zone um Hanoi ein, und jede warf eine einzelne Düppelbombe ab. Nach kurzem Fall sprengte sich die Bombenhülle, und jede Waffe spukte millionenfach Metallstreifen aus, jeder dünner als ein menschliches Haar. In 15-Sekunden-Abstand warf jedes Flugzeug auf der Strecke zur feindlichen Hauptstadt eine weitere Düppelbombe ab.

Während dieses Manövers bildeten die Phantom die sogenannte „Jamming-Pod-Formation“, wobei jeweils vier Flugzeuge auf einer Linie nebeneinander in 600 m horizontaler Entfernung und seitlich nach oben gestuft mit jeweils 180 m vertikalem Höhenunterschied zwischen benachbarten Flugzeugen flogen. Diese Formation bot ein hohes Maß an Schutz vor SA-2, das einzige Langstreckenraketensystem, das zu dieser Zeit von den Nordvietnamesen genutzt wurde. Jede Phantom hatte unter dem Rumpf einen Störbehälter, und die Breitbandstörung von der Vier-Maschinen-Formation erzeugte einen Keil von überlappenden Leuchtpunkten auf den feindlichen Flak- und SAM-Kontrollradarschirmen. Die SAM-Mannschaften konnten die ankommende Formation zwar sehen, konnten aber die einzelnen Flugzeuge nicht genau ausmachen, um sie zu bekämpfen.

So sah zumindest die Theorie aus. Es klappte nur, wenn die Besatzungen ihre Position in der Formation behielten. Beim Anflug auf die feindliche Hauptstadt beobachteten die Besatzungen die orangefarbenen oder weißen Rauchwolken am Boden, die von den abgeschossenen Raketen zurückblieben. In der Startphase hinterließ jede Rakete eine Rauchfahne, doch danach war nichts mehr zu sehen, bis die Rakete selbst in Sicht kam. Captain William Byrns erinnert sich:

> Eine SAM kam auf uns zu, und jemand schrie „Aufpassen!“ Ich drehte mich um und zog instinktiv den Knüppel zurück. Das war nicht meine normale Reaktion – ich hätte nach unten gehen sollen. Aber wahrscheinlich hat Gott meine Hand gelenkt und mich in die andere Richtung fliegen lassen. Die Rakete zog unten an meiner Maschine vorbei, unter der nächsten F-4 und explodierte weit jenseits von ihr. Wäre ich nach unten gegangen, hätte sie uns voll erwischt, und wir wären wahrscheinlich nicht rausgekommen.

Mehrere Besatzungen durchlebten ähnliche Schrecksekunden, und einige Maschinen wurden durchgeschüttelt, als die Raketen in etwa 100 m Entfernung detonierten. Doch der Schutzkokon der Störung gab ein hohes Maß an Sicherheit: nur ein Düppelbomber erhielt Treffer von Raketensplittern, ohne großen Schaden zu nehmen.

Nach Abwurf der letzten Düppelbomben drehten die beiden Schwärme aus dem Zielgebiet ab. Sie hinterließen mehr als siebzig Düppelwolken, die sich nun ausbreiteten und einen 3 km breiten, fast 2 km tiefen und knapp 30 km langen Korridor bildeten. Am Ende dieses Korridors lag die Paul-Doumer-Brücke.

Fünf Minuten hinter den Düppelbombern drangen die ersten der Hauptangriffsformationen in die Raketenzone Hanoi ein. Durch den zu ihrer Unterstützung gelegten Düppelkorridor flogen die Angreifer in 3965 m Höhe mit 1000 km/h auf ihr Ziel, die Paul-Doumer-Brücke, zu. Die Schwärme „Goatee", „Napkin", „Biloxi" und „Jingle", jeder mit vier Phantom in Jamming-Pod-Formation folgten einander im Abstand von 3 km.

Vor den Phantom und weit unter ihnen scherte ein frisches Team von vier „Wild Weasel" F-105 paarweise aus und hielten nach aktivierten SAM-Stellungen Ausschau. Doch trotz dieser Bedrängung und der Radarstörung durch die Phantom und die sie unterstützenden EB-66 legten die Verteidigungsbatterien ein beeindruckendes Schauspiel der Vergeltung an den Tag. Das Positionshalten in einer Jamming-Pod-Formation beim Angriff durch Boden-Luft-Raketen wurde verglichen mit der Situation, wenn man zum ersten Mal mit den Fingern eine Kerze löscht – es war eine unnatürliche Handlung und erforderte Mut zur Überwindung der eigenen Grundinstinkte. Captain Lynn High kommentierte:

> Wir mußten in der Formation sitzen und die Zähne zusammenbeißen, wenn die SAM durch die Formation schossen. Man brauchte Nerven wie Stahlseile, eine Rakete direkt auf sich zurasen zu sehen, selbst wenn man wußte, daß sie nach aller Wahrscheinlichkeit nicht treffen würde, und wenn sie detonierte, würde sie zu früh oder zu spät explodieren. Ich beobachtete, wie das mit etwa sechs SAM passierte.

Mittlerweile leitete der führende Angriffsschwarm, „Goatee" seinen Bombenzielanflug auf die Paul-Doumer-Brücke mit elektro-optisch gelenkten Bomben (EOGB). Diese Waffen orientierten sich am Bildkontrast des Ziels gegenüber seinem Hintergrund, und die Phantom sollten die Brücke auf der Breitseite von Süden aus angreifen. In jeder Maschine bediente der Back-Seater ein kleines Handkontrollgerät, um die Brücke ins Zielvisier auf seinem Bildschirm zu bekommen und drückte einen Knopf, um das Zielbild in die Zielerfassungsvorrichtung der ersten Bombe einzugeben. Dann schaltete er auf die zweite Bombe um und wiederholte das Ganze. Colonel Carl Miller, der Schwarmführer, ging mit seiner Maschine in einen 30-Grad-Sinkflug, und die übrigen drei Flugzeuge folgten nach. In 3660 m Höhe klinkten die Phantom ihre Bomben in einer Salve aus.

Während des Golfkrieges demonstrierten die neuesten EOGB-Typen ein beeindruckendes Maß an Genauigkeit. Frühere Waffen dieser Art waren jedoch weit weniger wirksam, und bei dieser Gelegenheit zeigten sie eine miserable Leistung. Der verzweifelte Miller beobachtete, wie seine Bomben ihre eigenen getrennten Wege gingen:

> Eine machte eine 90-Grad-Wendung in Richtung Stadtzentrum von Hanoi. Ich glaube, sie schlug beim Bahnhof ein. Wohin die andere ging, weiß ich nicht. Bei den EOGB handelte es sich um eine Waffe, deren Kurs nach dem Start nicht mehr beeinflußt werden konnte. Sie sollten nach dem Start die Zielorientierung beibehalten, was aber nicht der Fall war.

Nach dem Bombenabwurf wandten sich die Maschinen des „Goatee"-Schwarms nach Westen und setzten ihre Nachbrenner ein, um so schnell wie möglich das verteidigte Gebiet zu verlassen. Gleichzeitig rasten die Schwärme „Biloxi", „Jingle" und „Napkin" auf einen Punkt unmittelbar östlich der Brücke zu, bereit zum Angriff auf die gesamte Brückenlänge mit ihren Laserlenkbomben (LGB). Beim Eindrehen in die Angriffsposition blickte Major Bill Driggers nach links, um das Ergebnis des EOGB-Angriffs des „Goatee"-Schwarms zu betrachten. Er hatte erwartet, die Bomben rings um die Brücke explodieren und Teile der Brückenstruktur zerstören zu sehen, doch die Realität sah ganz anders aus:

> Als wir zum Angriff auf die Brücke eindrehten, sah ich große Wasserfontänen im Roten Fluß. Die ersten EOGB fielen zu kurz; die es bis zur Brücke schafften, fielen durch die Lücken zwischen den Pfeilern. Zwei, drei Bomben sah ich im Wasser auf der anderen Seite explodieren.

Keine einzige EOGB kam im Ziel an – ein bitter enttäuschendes Ergebnis beim ersten Kampfeinsatz dieser teueren Waffen über Nordvietnam.

Paarweise zogen die Phantom des „Napkin"-Schwarms in ihren 45-Grad-Angriffssturzflug. Die 37-mm- und 57-mm-Flakkanonen eröffneten um das Ziel ein starkes Verteidigungsfeuer, und farbenfrohe Linien von Leuchtspurmunition, akzentuiert von stationären Wölkchen aus explodierenden Granaten, kreuzten den Himmel östlich von Hanoi. In 3660 m Höhe ließen die Phantom ihre Bomben fallen und fingen sich aus dem Sturzflug ab. In der Führungsmaschine jedes Paares bediente der Back-Seater einen kleinen Kontrollstick, um den Laser-Zielbeleuchter auf dem erforderlichen Zielpunkt zu halten. Ein Lasersuchkopf im Bug jeder Bombe steuerte die Waffe auf den derartig markierten Punkt. Die erste Salve von vier Bomben explodierte an der Brücke oder im Fluß darunter, und schleuderte Rauch, Gischt und Trümmer Dutzende Meter durch die Luft.

An der Spitze des „Biloxi"-Schwarms, dem nächsten in der Angriffsformation, bemerkte Captain Lynn High, daß die feindliche Luftabwehr auf einen falschen Teil des Himmels zielte:

> Die vietnamesischen Kanoniere erwarteten offensichtlich, daß wir die Bomben aus niedrigerer Höhe abwarfen: sie konzentrierten ihr Feuer auf ein Punkt 2290 bis 2745 m über dem Ziel. Von oben sah es aus, als ob ein gewaltiges Indianerzelt über Hanoi schwebte. Doch wir klinkten unsere Bomben in größerer Höhe aus – wir hielten uns da raus.

Die acht 906-kg-Bomben des Schwarms wirbelten weitere Säulen an Rauch, Trümmern und Gischt im Umkreis der Brücke auf.

Der „Jingle"-Schwarm warf seine Bomben zuletzt ab, und Captain Mike van Wagenen saß am Steuer der letzten Maschine, die die Brücke angriff:

> So viel passierte, es war einfach unmöglich, alles zu erfassen. Der menschliche Verstand kann nur eine begrenzte Zahl von Informationen gleichzeitig verarbeiten, deshalb schaltet er eine Menge einfach ab. Der Funk schien zu verstummen, von der Radarwarneinrichtung kam kein Laut, alles schien in Stille zu verfallen, als ich die Doumer-Brücke in meinen Visiersignalgeber nahm. Wir hörten einfach auf, an andere Dinge um uns herum zu denken. Mein Back-Seater rief die Flughöhen ab: 15 ... 14 ... 13 [Tausend Fuß] ... Der Signalgeber verfolgte die Brücke, ich hatte die Parameter, wie ich sie sehen wollte und warf beide Bomben ab.

Van Wagenen zog am Steuerknüppel und beobachtete, wie der Horizont rasch unter der Windschutzscheibe verschwand, während die *g*-Kräfte ihn hart in den Sitz drückten:

> Als wir uns vom Ziel entfernten, war es, als ob man das Stereo anstellt; langsam kamen die Sinne zurück, und man konnte die Radarwarnung, die Funkmeldungen und alles andere hören. Der menschliche Computer arbeitete wieder. Ich wich hart nach links und rechts aus, erfaßte Mike [Captain Mike Messett, seinen Formationsführer] und schloß zu ihm auf. Dann rollte ich nach rechts zurück, um zu sehen, wohin meine Bomben geflogen waren. Es sah so aus, als ob alle vier, Mikes und meine, den ersten Bogen auf der Ostseite des Flusses getroffen hatten. Ich sah noch einmal hin, ob der Bogen noch stand, doch ich konnte es nicht erkennen, es gab zu viel Qualm.

Als van Wagenen die Brücke verließ, war keiner der Brückenbögen eingestürzt, obwohl mehrere LGB Volltreffer auf die Konstruktion trafen und schwere Schäden verursachten. Zwei Bögen am Ostende waren jedoch auseinandergebrochen, und die Brücke war für Fahrzeuge unpassierbar.

Beim Abflug aus dem Zielgebiet hatten einige Phantom kurze Berührungen mit MiG. Lieutenant Rick Bates erinnert sich:

> Als wir vom Ziel abdrehten, passierten wir eine Thud [F-105] gefolgt von einer MiG, gefolgt von einer Thud. Dann bemerkte ich eine MiG-21, die aussah, als ob sie versuchte, uns zu stellen. Aber wir waren so verflucht schnell, daß sie keine Chance hatte ... Diese drei, vier Minuten waren *[sic]* das absolute und totale Chaos, was mich anbetrifft; mein Puls war etwa acht Millionen die Minute ...

Als die Phantom vom Brückenangriff das Ziel verließen, begann die Angriffsformation für den Rangierbahnhof Yen Vien ihren Flug durch den vorher angelegten Düppelkorridor. Die sechzehn F-4 Bomber folgten auf der gleichen Strecke wie die Brückenangreifer, und Major Kelly Irving zeigte sich überrascht über die Leichtigkeit, mit der er der Düppellinie durch das verteidigte Gebiet folgen konnte:

> Ich war beeindruckt, wie gut es sich auf meinem Abfangradar zeigte. Deshalb sahen wir zu, daß wir uns darin positionierten. Das war ein Geschenk des Himmels – wir flogen da durch wie auf einer Straße.

Die Bomber flogen das Ziel in 4575 m Höhe an, zogen auf 6100 m hoch und zogen in Staffel rechts, als sie sich in ihren 45-Grad-Sturzflugangriff schälten. Captain Jim Shaw im Führungsschwarm erinnert sich:

> Wir folgten den anderen drei den Schlot hinunter, und Bud Pratt [sein Pilot] ließ die Bomben ab. Als wir uns abfingen, blickte ich zurück und sah, wie einige Bomben am Südabschnitt ziemlich saubere Arbeit leisteten. Im Zielgebiet veränderten wir alle zehn Sekunden etwas – Richtung, Höhe oder Geschwindigkeit – um das radargestützte Feuer zu überlisten.

Diese Beachtung von Kleinigkeiten erwies sich als notwendig, denn als Shaw das Zielgebiet verließ, geriet sein Schwarm plötzlich in schweres Feuer:

> Der Führer kam ungeschoren durch, Nr. 2 flog durch einiges durch, Nr. 3 konnte es nicht vermeiden. Wir brachen nach links aus und gingen dann sehr scharf nach rechts zurück. Ich bekam eine Menge der ganzen Farbpalette von Qualmwölkchen zu sehen. Je größer das Kaliber, desto dunkler der Qualm: weiße Wölkchen waren von 23 mm, hellgraue von 35 mm, graue von 57 mm und schwarze von 85 mm. Vorher erklärt jeder Schwarmführer, daß er vom Ziel einen weiten Bogen fliegt, damit die hinter ihm kommenden mit engerer Kurve abkürzen können und zur gegenseitigen Unterstützung zusammenfinden. Doch wenn auf sie geschossen wurde, machten die wenigsten Führer eine Kurve, wie ihre Flügelleute es sich wünschten. Wir gingen da mit Affenzahn raus und brauchten eine Weile, um den Schwarm wieder in Formation zu bringen. Jeder zeigte gesteigertes Interesse, von den Leuten wegzukommen, denen er gerade selber Scheußliches angetan hatte.

Die Angriffe auf beide Punkte waren nun abgeschlossen, doch es mußte noch eine weitere lästige Pflicht erfüllt werden. Nördlich von Hanoi gingen zwei Aufklärungs-Phantom RF-4C in Position, um Luftaufnahmen des Terrains zur Schadensfeststellung zu schießen. Die Flugzeuge beschleunigten auf 1200 km/h und blieben kurz unter Schallgeschwindigkeit, um ein gewisses Maß an Manövrierfähigkeit zu behalten. Sie flogen ihre Ziele zwischen 1220 und 1830 m an und veränderten ständig ihre Höhe, um den Feindkanonieren eine möglichst schwierige Aufgabe zu stellen. Major Sid Rogers führte das Paar an, und Captain Don Pickard flog als sein Flügelmann hinter und etwa 300 m rechts von seinem Führer. Pickard erinnert sich:

Als wir den Bahnhof überflogen, schoß Himmel und Hölle auf uns. Wir begannen mit Ausweichmanövern, und beim Anflug auf Hanoi sah ich eine Spur von schwarzen Wölkchen von berstenden Granaten hinter Sid. Ich sagte zu meinem Back-Seater, Chuck Irwing, „Mein Gott, sieh dir das Zeug hinter dem Führer an!“ Chuck erwiderte, „Zum Glück kannst du das Zeug hinter uns nicht sehen ... !“

Augenblicke später bemerkte Pickard eine MiG-17 etwa 450 m hinter sich auf der linken Seite, die versuchte, in Feuerposition zu gelangen. Aber die zwei Phantom ließen den langsameren Jäger bald zurück. Südlich von Hanoi feuerte eine SAM-Batterie auf Pickards Maschine. Der Pilot bemerkte die Rakete nicht, bis sie detonierte, und die Phantom von der Wucht der Explosion durchgeschüttelt wurde:

Ich sah die SAM nicht, wohl aber eine ganze Menge roter Sachen, wie Leuchtspurmunition, aber nach außen gehend, die an meinem Bug vorbeiflogen [die heißen Bruchstücke des Gefechtskopfes]. Ich duckte mich; es sah aus, als ob wir sie abbekommen würden.

Gleich einem Wunder verfehlten sämtliche Gefechtskopfbruchstücke die Maschine.

10.14 Uhr befanden sich alle Bomber, Aufklärungsflugzeuge und die „Wild Weasel“ und Störunterstützungsflugzeuge auf dem Weg aus dem Zielgebiet. Vier Phantom-Schwärme deckten den Rückzug: einer patrouillierte nordwestlich von Hanoi, einer südsüdwestlich, einer südsüdöstlich und einer auf der Rückzugsroute nahe der laotischen Grenze.

Die früheren Kampfhandlungen der MiG hatten langsam nachgelassen, und jetzt war von den Verteidigungsjägern kaum ein Zeichen zu entdecken. Verleitet durch diese Inaktivität, flog ein Schwarm westlich von Hanoi in 2440 m Höhe und versuchte, die nordvietnamesischen Jäger in den Kampf zu locken. Die Kriegslist klappte nur zu gut. Plötzlich zog eine MiG-19 steil nach oben in Feuerposition hinter einer Phantom und führte einen Gelegenheitsangriff aus. Explodierende 30-mm-Granaten rissen Teile aus deren linken Tragfläche heraus; der Jäger rollte in einen Sturzflug und zerschellte auf dem Boden. Es gab keine Überlebenden. Die übrigen Phantom kurvten rachsüchtig dem Angreifer nach, und eine feuerte Raketen aus extremer Entfernung, doch der nordvietnamesische Pilot verstand sein Geschäft, tauchte ab und verschwand so plötzlich, wie er gekommen war.

11.15 Uhr befanden sich die Maschinen der Angreifer wieder in den Stützpunkten. Das 8th Tactical Fighter Wing in Ubon hatte vierzig F-4 zum Legen des Düppelkorridors für die Angriffe auf die Paul-Doumer-Brücke und den Rangierbahnhof Yen Vien ausgeschickt; als Zeugnis für die Effektivität der „Jamming-Pod-Formation“ kann angesehen werden, daß alle Maschinen durch den dichtesten Teil des Verteidigungsgürtels geflogen waren und ohne Ausnahme zurückkehrten, obwohl eine geringere Schäden davontrug. Das 388th Tactical Fighter Wing in Korat schickte zwölf F-105, vier EB-66 und eine EC-121 zur Unterstützung der Operation; diese Maschinen kehrten auch sicher zurück. Das 432nd Tactical Reconnaissance Wing in Udorn schickte 28 F-4 und drei RF-4C; seine zwei von MiG-19 abgeschossenen F-4 waren die einzigen in der Mission verlorenen Flugzeuge. Drei nordvietnamesische MiG-21-Jäger wurden abgeschossen, alle vom „Oyster"-Schwarm in der anfänglichen Begegnung.

Am folgenden Tag führten Phantom mit LGB einen zweiten Schlag gegen die Paul-Doumer-Brücke, bei dem sie ihre Waffen auf das beschädigte Ostende der Brücke konzentrierten. Nach weiteren Treffern stürzte der unterbrochene Bogen in den Roten Fluß.

Reichlich drei Wochen später gab es ein interessantes Nachspiel zu dieser Kampfhandlung. Wir erinnern uns, daß Captain Roger Locher aus seiner brennenden Phantom abgesprungen war, kurz bevor sie sich in den Boden bohrte. Tief im Feindesland vermied er die Gefangennahme und lebte von eßbaren Pflanzen, die er fand. Am 1. Juni nahm Locher schließlich Funkkontakt mit einer US-Maschine auf, und am folgenden Tag holte ihn eine großangelegte Rettungsoperation aus dem Feindgebiet. Als ihn ein „Jolly Green Giant"-Hubschrauber aufnahm, hatte er 14 kg abgenommen und war vom Hunger geschwächt. Es stellte einen Rekord für den Vietnamkrieg dar und gehört zu den erfolgreichsten Kampfvermeidungsepisoden der Geschichte, daß ein Flugzeugbesatzungsmitglied 23 Tage tief in Feindesland ohne Unterstützung in Freiheit überlebte und eine erfolgreiche Rettung einleitete. Die Rettungsaktion stellte auch für die Retter einen Rekord auf, denn die Hubschrauber drangen tiefer in Nordvietnam ein als zu jeder anderen derartigen Mission während des Krieges.

13

OPERATION „SCHWARZER BOCK“

Nach der argentinischen Besetzung der Falkland-Inseln Anfang April 1982 entsandte die britische Regierung einen großen Flottenverband zur Wiedereinnahme der Inseln. Auf dem Flugplatz Waddington in Lincolnshire erhielten die drei dort stationierten Avro Vulcan Bombereinheiten, Nos 44, 50 und 101 Squadrons, den Befehl, Flugzeuge und Besatzungen für Missionen mit erweiterter Reichweite über dem Südatlantik vorzubereiten. Der Codename für die Operation lautete „Schwarzer Bock“ [Black Buck] ...

Als die Planer von der Royal Air Force eine Machbarkeitsstudie für den Einsatz der ziemlich alten Vulcan, dem einzigen verfügbaren Langstreckenbombertyp, bei der Unterstützung der Operation zur Wiedereinnahme der Falkland-Inseln vornahmen, wurde klar, daß dies keine einfache Entscheidung sein würde. Die Entfernung von Port Stanley, der Hauptstadt, vom nächstgelegenen Flugplatz auf Ascension Island betrug 6250 km, d. h. etwa die Entfernung London – Karatschi (Pakistan). Die 12 500 km für Hin- und Rückflug bedeuteten eine beträchtlich längere Strecke als bei allen bisherigen Kampfbombereinsätzen in der Geschichte. Zu seinen besten Zeiten hatte man den Deltaflügelbomber zwar zum Auftanken in der Luft modifiziert, doch das System wurde bereits mehr als 10 Jahre nicht mehr verwendet, und kaum eine der gegenwärtigen Generationen von Flugzeugbesatzungen hatte dafür eine Ausbildung erhalten.

Selbst wenn man also das Auftanksystem des Bombers in der Luft wiederbeleben würde, erforderte es eine gewaltige Unterstützungsoperation durch Tankflugzeuge, eine mit Bomben beladene Vulcan zu den Falkland-Inseln und zurück zu bringen. Dazu wurden nicht weniger als zehn Victor-Tankflugzeugeinsätze benötigt, um den Bomber zu versorgen, dazu noch das Tankflugzeug, das mit der Vulcan in den fernen Süden fliegt, und ein weiteres, das den Bomber nach erfolgtem Einsatz wieder trifft und für den letzten Abschnitt des Rückfluges Treibstoff liefert. Die große Frage erhob sich: würde der Schaden, den eine einzige Vulcan beim Feind anrichten konnte, die Kosten und den Aufwand zur Durchführung der Operation rechtfertigen?

Während die Frage des eventuellen Einsatzes der Vulcan noch geprüft wurde, begannen bereits die Arbeiten zur Vorbereitung von sechs Bombern für die Operation „für alle Fälle“. Zunächst ging man an die Aufpolierung der Luftauftankungssysteme, und danach begannen die ausgewählten Vulcan-Besatzungen die Ausbildung zur Luftauftankung mit

Victor-Tankflugzeugen. Als die Planung der Operation ins Detail ging, tauchten eine Reihe von Problemen auf. Zu den größten gehörte die Unzulänglichkeit des Navigationssystems der Vulcan für die unerwartete Mission. Das Flugzeug war dafür ausgerüstet, in Gebieten zu operieren, in denen es genügend Landkonturen gab, mit deren Hilfe der H2S-Bombardierungsradar Standortbestimmungen vornehmen konnte, und das Radar- und Navigationscomputersystem war völlig ungeeignet für den Einsatz über der konturenlosen Einöde des Südatlantik, wo es nur selten Festpunkte gab. Der Bomber mußte jedoch, wenn der Treibstoff knapp wurde, zu einem schnellen und genauen Rendezvous mit dem Tankflugzeug in der Lage sein, das während des Rückflugs die Tanks wieder auffüllen sollte. Zur Beseitigung dieses Mangels wurden die Vulcan und die Victor-Tankflugzeuge als Teil des Vorbereitungsprogramms für die Operation mit Carousel-Trägheitsnavigationssystemen ausgestattet.

Bei ausreichender Zeit ist es im Fall von sehr komplizierten Militäroperationen üblich, vorher einen Probelauf durchzuführen. Im Fall der Operationen „Schwarzer Bock“ gab es genügend Zeit, dennoch wurde kein Versuch gemacht, einen vollen Tauglichkeitstest für die Luftbetankung vorzunehmen. Ein Pilot erklärte später dazu:

> Ein Probelauf hätte genau die gleiche Mühe gemacht wie die Mission selbst, deshalb entschieden wir uns für die Mission. Wären die Probleme zu groß geworden, hätten wir die Mission abgebrochen und das Ganze als Probe bezeichnet …

Als der April zur Neige ging, stellte sich heraus, daß es wahrscheinlich keine diplomatische Lösung der Krise zwischen Großbritannien und Argentinien geben würde. Die Sache mußte mit militärischen Mitteln geklärt werden. In der letzten Aprilwoche flogen daher zwei besonders präparierte Vulcan mit je 21 454-kg-Bomben an Bord nach Wideawake. Die Besatzungen hatten bereits ihre Zielzuweisung für den ersten Angriff erhalten, die Startbahn des Flugplatzes von Port Stanley. Kurz nach ihrer Ankunft auf Ascension Island erfuhren sie, daß die Mission am frühen Morgen des 1. Mai stattfinden sollte. Eine Vulcan erhielt den Einsatzbefehl für die Mission; die andere würde gleichzeitig starten und als Reserve dienen, falls die erste Maschine ausfiele.

Ab 22.50 Uhr Ortszeit Ascension Island (19.50 Uhr nach der Zeit in Port Stanley) donnerten am 30. April vom Flugplatz Wideawake die zwei Vulcan-Bomber und die elf Victor-Tankflugzeuge (einschließlich einer Reservemaschine in der Luft) in einminütigem Abstand in die Luft. Als die Flugzeuge mit eingeschalteten Warnblinkern Kurs nach Süden nahmen, machte sich die Voraussicht der Planer, Reserven einzuplanen, sofort bezahlt. Kurz nach dem Start stellte sich heraus, daß die erste Vulcan die Kabine nicht druckfest machen konnte; dazu erwies sich der Tankleitungsschlauch einer Victor als nicht einsatzfähig. Beide Flugzeuge brachen daraufhin die Mission ab und kehrten nach Wideawake

AVRO VULCAN B.2

Typ: fünfsitziger mittlerer Bomber (ein sechstes Besatzungsmitglied, ein Luftbetankungsexperte, war bei den „Black Buck"-Missionen an Bord)
Triebwerk: vier Rolls-Royce (Bristol) Olympus 301 Strahltriebwerke mit je 9060 kg Schub
Bewaffnung: normale operative Bombenzuladung 9513 kg (bei konventionellen Angriffen); bei einigen „Black Buck"-Missionen war das Flugzeug mit zwei oder vier Shrike Antifunkmeß-Raketen ausgestattet.
Leistung: Marschgeschwindigkeit Mach 0,93 (1138 km/h) in 13 700 m Höhe; Angriffsaktionsradius ohne Luftbetankung 2776 km; Dienstgipfelhöhe 26 270 m
Normale Startmasse bei Kampfeinsätzen: 90 600 kg
Abmessungen: Spannweite 33,83 m; Länge (mit Bugbetankungssonde) 32,16 m; Tragflügelfläche 368,27 m^2
Datum der Indienststellung von Vulcan B.2: Frühjahr 1960

zurück. Jetzt blieben keine Reserven mehr für den Fall eines weiteren größeren Ausfalls; dennoch setzten die Maschinen ihren Flug nach Süden fort.

Als der Kapitän der Reserve-Vulcan, Flight Lieutenant Martin Withers, die Nachricht erhielt, daß das erste Flugzeug die Mission abgebrochen hatte, trat im Bordfunk eine lange, nachdenkliche Pause ein, wie sich die Besatzungsmitglieder erinnern. Dann kommentierte Withers trocken, „Sieht aus, als hätten wir was zu tun bekommen, Jungs ..." Keine weitere Diskussion war notwendig, denn die Reservemannschaft hatte genau so gründliche Einweisungen für die Mission bekommen wie die Besatzung der nun ausgefallenen Vulcan.

Die Schar der großen Jets flog 105 Minuten nach Süden, dann übergaben etwa 1400 km von Ascension entfernt vier Victor anderen vier ihren Reservetreibstoff und kehrten um. Eine weitere Victor tankte die Vulcan auf.

Schon zu diesem frühen Zeitpunkt zeigte sich ein Problem, das mit Fortdauer der Operation zunehmende Schwierigkeiten bereiten sollte. Der lockere Verband aus der Vulcan und den sie begleitenden Victor flog mit einer Kompromißmarschgeschwindigkeit, die sich für beide Seiten nicht als optimal erwies; außerdem hatte man mit 9455 m die höchste Flughöhe gewählt, bei der noch eine Luftbetankung erfolgen konnte. Für einen optimalen Treibstoffverbrauch wäre aber eine größere Höhe angebracht gewesen. Daher verbrauchten die Maschinen den Treibstoff etwas schneller als erwartet. Die vier Victor, die beim ersten Transfer Treibstoff übergeben hatten, mußten tief in die eigenen Reserven gehen, um die erforderliche Menge an die weiterfliegenden Maschinen zu geben; das würde einige Stunden später ein weiteres Problem verursachen.

Der zweite Treibstofftransfer fand 2½ Stunden nach dem Start statt, etwa 1850 km südlich von Ascension. Eine Victor füllte die Treibstofftanks der Vulcan auf und schlug den Rückweg ein. Bald darauf übergaben zwei Victor den drei weiterfliegenden Victor Treibstoff und kehrten ebenfalls um.

Vier Stunden nach dem Start kam es zu beängstigenden Szenen in Wideawake, als die vier Victor, die als erste ihre Treibstoffreserven weitergegeben hatten, fast gleichzeitig am Flugplatz ankamen. Allen Maschinen war der Treibstoff fast ausgegangen. Die einfache Ost-West-Start- und Landebahn verläuft zwischen felsigem Gelände und konnte nur vom westlichen Ende verlassen oder angeflogen werden. Wie es der Zufall wollte, wehte ein Ostwind, was bedeutete, daß jede Victor bei der Landung bis ans entgegengesetzte Ende der Landebahn gelangte. Unter normalen Umständen wäre jede Maschine gelandet, hätte gehalten, sich gedreht, wäre die ganze Strecke bis zum Ausgang zurückgerollt und hätte dann für die nächste Maschine die Bahn freigemacht. Doch jetzt herrschten keine normale Bedingungen, denn bei Einhaltung der normalen Prozedur wäre den letzten beiden Maschinen der Treibstoff völlig ausgegangen, bevor sie Gelegenheit zur Landung hatten.

Die Alternative war nicht ideal, aber es war der einzig gangbare Weg unter den Umständen. Die erste Victor landete, rollte bis ans abgelegene Ende der Landebahn und hielt an; die zweite Maschine landete und stoppte kurz hinter der ersten; danach landete das dritte Tankflugzeug und kam knapp hinter der zweiten zum Stehen. Als Staffelführer Martin Todd am Steuer der vierten Victor zur Landung ansetzte, war die Bühne reif für das Luftfahrtspendant zu einem Autobahnstau. Hätte es seitens des Piloten eine Fehleinschätzung gegeben oder wäre ein relativ geringer technischer Mangel am Flugzeug aufgetreten, hätte die Royal Air Force ein Viertel der verfügbaren Tankflugzeugflotte im Südatlantik verloren. Außerdem sollten zwei dieser Maschinen Treibstoff für das Flugzeug liefern, daß in einigen Stunden vom fernen Süden zurückkehren würde; wenn irgend ein Umstand dies verhinderte, dann müßte der gesamte Verband zurückgerufen werden.

Todd setzte seine Victor fest auf der Landebahn auf und betätigte den Griff zur Auslösung des großen Bremsfallschirms der Maschine. Sein Körper wurde gegen die Sitzgurte gedrückt, und das Flugzeug ver-

HANDLEY PAGE VICTOR K.2

Typ: fünfsitziges Luftbetankungsflugzeug
Triebwerk: vier Rolls-Royce Conway 201 mit je 9332 kg Schub
Bewaffnung: keine
Treibstoffkapazität: 57 531 kg
Leistung: Marschgeschwindigkeit Mach 0,92 (1126 km/h) in 13 700 m Höhe
Normale Startmasse bei Kampfeinsätzen: 108 720 kg
Abmessungen: Spannweite 35,66 m; Länge 35,03 m; Tragflügelfläche 241,27 m^2
Datum der Indienststellung von Victor K.2: März 1972 (umgebautes B.2R Erkundungsflugzeug)

langsamte sich rasch. Vor ihm standen die drei Victor, unsichtbar in der Dunkelheit, abgesehen vom hartnäckigen Blinken ihrer Zusammenstoßwarnlichter. Später kommentiert er:

> Da waren die anderen drei am Ende der Landebahn und warteten darauf, daß wir anhielten. Wenn die Bremsen versagt hätten oder so was – Herrgott, ich will gar nicht daran denken …

Doch es gab kein Mißgeschick. Todd stoppte weit vor den anderen drei Maschinen, vollführte mit seiner Victor einen Halbkreis und rollte zum Ausgang der Landebahn. Die übrigen drei Tankflugzeuge folgten ihm erleichtert.

Als sich dieses Drama abspielte begann 3060 km südlich von Ascension der dritte Treibstofftransfer. Flight Lieutenant Alan Skelton übergab seine Treibstoffreserven an die anderen beiden Victor und nahm Kurs auf Ascension. Kurz darauf stellte er jedoch fest, daß sein Flugzeugtank ein Leck hatte. Die auslaufende Menge war nicht groß, und unter normalen Umständen hätte es keine Rolle gespielt, doch er befand sich weit entfernt von Ascension und hatte tief in seine eigenen Treibstoffreserven gegriffen, um so viel wie möglich an die anderen weiterzugeben. Skeltons Besatzung übermittelte per Funk nach Ascension die Bitte um Entsendung eines Tankflugzeuges, um sie auf dem Rückweg zur Insel zu versorgen.

Der nach Süden fliegende Verband bestand jetzt nur noch aus zwei Victor und der einzelnen Vulcan. 5½ Stunden und 4350 km nach dem Start gab es eine weitere Luftauftankung. Und erneut trat ein unerwartetes Problem auf. Staffelführer Bob Tuxford, Kapitän einer der Victor, erklärte:

> Es gibt ein ungeschriebenes Gesetz bei der Luftauftankung, eine Variation des Gesetzes vom Maximalschaden, das lautet, „Wenn du auf wirklich scheußliches Wetter treffen solltest, dann passiert das genau zu dem Zeitpunkt, wenn du auftanken mußt.“ Das war hier der Fall, und das „wirklich scheußliche Wetter“ erschien wie auf Bestellung in Form eines heftigen Tropensturms genau zu dem Zeitpunkt, als der letzte Treibstofftransfer nach Plan stattfinden sollte.

Aus dem Cockpit der Vulcan beobachtete Martin Withers die schemenhaften Konturen einer Victor ein paar Hundert Meter links von ihm, die von einer anderen Treibstoff aufnehmen wollte:

> Es gab schreckliche Turbulenzen, wir waren mal in der Wolke, mal draußen, es gab elektrische Spannungen, Elmsfeuer tanzte um das Cockpit. Die Victor versuchte dabei eine Luftbetankung – und hatte enorme Probleme damit. Wir konnten die zwei Maschinen herumhüpfen sehen, der Tankschlauch und der Korb gingen ca. 6 m auf und nieder.

Schließlich gelang es Flight Lieutenant Steve Biglands nach hervorragenden Flugmanövern, die Betankungssonde in den hinter Tuxfords Maschine schwebenden Betankungskorb zu stoßen. Die Treibstoffübertragung begann, doch der Triumph war nur von kurzer Dauer. Plötzlich gab Biglands per Funk die knappe Mitteilung, seine Betankungssonde sei zerbrochen. Das gefährdete die gesamte Operation, denn das Tankflugzeug konnte nun während des Fluges keinen Treibstoff mehr aufnehmen, so daß er ohne Frage die Vulcan nicht in den äußersten Süden begleiten konnte. Die einzige Alternative bestand darin, daß die verbliebenen zwei Victor ihre Rollen tauschen, also Biglands seine Treibstoffreserven an Tuxford weitergab, damit letzterer die Vulcan weiter begleiten konnte.

Am Ende des Transfers befanden sich die letzten beiden Flugzeuge über 4800 km südlich von Ascension, und die Vulcan war nur noch eine gute Stunde von ihrem Angriffsziel entfernt. In der Victor gab es eine ernsthafte Diskussion, ob man die Mission fortsetzen könne. Bob Tuxford fuhr fort:

> Wir hatten beträchtlich weniger Treibstoff als wir haben sollten. Jetzt galt es zu entscheiden: entweder weitermachen, der Vulcan den benötigten Treibstoff für den Angriff geben und dabei die eigene Position gefährden, denn wenn wir auf dem Weg zurück keinen Treibstoff mehr bekämen, würden wir in den „Bach" fallen; oder sofort umkehren, während wir beide noch genügend Treibstoff für den Rückflug nach Ascension hatten. Ich war der Kapitän der Maschine und mußte die Entscheidung treffen, doch ich fragte die Besatzung nach ihrer Meinung. Einer nach dem anderen erklärten sie, „Wir müssen die Mission fortführen."

Weil der Funkverkehr auf ein absolutes Minimum beschränkt werden mußte, wußte die Vulcan-Besatzung überhaupt nichts von den Problemen, die die Tankflugzeugbesatzung quälten. Die beiden Maschinen schlossen sich ca. 650 km nordöstlich von Port Stanley zu einem letzten Luftauftankmanöver vor dem Ziel zusammen. Die Betankung verlief normal bis zu dem Zeitpunkt, als der Vulcan noch 2725 kg an der vollen Tankfüllung fehlten. Martin Withers stellte beunruhigt fest, daß die roten Anzeigelichter an der Unterseite der Victor das Ende der Betankung meldete. Withers brach die Funkstille mit einer kurzen Bitte um mehr Treibstoff, doch Tuxford teilte ihm knapp mit, es gäbe nicht mehr. Später kommentierte der Betankungskapitän:

> Nicht vertraut mit dem Betankungsspiel und ohne zu ahnen, wie weit ich schon gegangen war mit dem, was ich ihm gegeben hatte, wußte er nur, daß er eine bestimmte Menge Treibstoff brauchte. Wenn er nur gehört hätte, wie sehr wir in meiner Maschine schon darüber diskutiert hatten, wie weit wir uns entblößen könnten, um ihn ins Ziel zu bringen …

Mit der getroffenen Entscheidung mußte die Victor-Besatzung nun der bedrohlichen Lage ins Auge sehen: wenn sie kein weiteres Tankflugzeug rufen könnten, das ihnen Treibstoff gibt, würde ihre Maschine unweigerlich etwa 600 km südlich von Ascension ins Meer stürzen. Wegen der

Notwendigkeit, die argentinischen Streitkräften auf den Falkland-Inseln nichts von dem geplanten Vorhaben wissen zu lassen, benutzte die Besatzung ihren Kurzwellenfunk erst, nachdem die Vulcan ihren Angriff ausgeführt hatte, um die Basis von den Treibstoffproblemen zu unterrichten. Obwohl Withers weniger Treibstoff als geplant hatte, reichte es für die Durchführung der Operation aus, und er wußte, daß sich ein Victor-Tankflugzeug und ein Reserveflugzeug mit ihm auf dem Rückflug zur Luftbetankung treffen sollten.

470 km vor Port Stanley nahm Withers das Gas zurück, und die Vulcan begann einen langsamen Sinkflug, um unter dem Horizont der feindlichen Frühwarnradaranlagen auf den Falkland-Inseln zu bleiben. Bei 610 m ging er in den Horizontalflug in Richtung auf das Angriffsziel über. Flight Lieutenant Bob Wright, der Radaroperator, aktivierte einige Sekunden sein Radargerät und beobachtete die Rücksignale vom Gipfel des Mt. Usborne, dem höchsten Punkt auf East Falkland. Das brachte die herzerfrischende Bestätigung, daß die Carousel-Trägheitsnavigationsausrüstung den Bomber während der langen Flugzeit über Wasser fast haargenau auf der geplanten Route gehalten hatte.

Kurz nach 4.00 Uhr (Ortszeit), schob Withers 75 km vor dem Ziel die Gashebel nach vorn, um die vier Olympus-Motoren der Vulcan auf volle Schubkraft zu bringen. Bei wachsender Geschwindigkeit brachte er den Bomber auf einen steilen Steigflug zur Erreichung der angewiesenen Angriffshöhe von 3050 m. Danach ging er zum Horizontalflug über und ließ die Geschwindigkeit auf 645 km/h ansteigen, bevor er das Gas etwas zurücknahm, um das Tempo zu halten. Nun aktivierte der Radaroperator erneut sein Gerät, und die Besatzung ging zum Bombenanflug über. Der Angriff war auf den Mittelpunkt der Startbahn gerichtet, wobei die Maschine mit einem Winkel von 30 Grad zu deren Länge einflog. Dabei berücksichtigte man das alte Zielsystem der Vulcan aus den 50er Jahren, das auf diese Weise wenigstens einen Treffer auf die Startbahn mit größter Wahrscheinlichkeit garantierte. (Mit einem Angriff längs der Startbahn ließen sich zwar mehrere Treffer erzielen, wenn alles perfekt lief, doch schon bei einem kleinen Fehler hätten alle Bomben das Ziel verfehlt.)

Während des Bombenzielanflugs konnte Withers in der Dunkelheit unter ihm nichts vom Angriffsziel entdecken. Seine Aufgabe bestand darin, so genau und weich wie möglich die vom Computer erzeugten links/rechts-Steuersignale auf dem Display vor sich zu befolgen. Später erinnerte er sich:

> Es war eine ruhige Nacht, alles verlief planmäßig, die Steuersignale stabil, und die Entfernung verringerte sich schön. Alle Vorbereitungen waren getroffen, und 16 km vor dem Ziel öffneten wir die Bombentüren. Ich erwartete Flak oder vielleicht Raketen, doch nichts passierte. Der AEO [Bordelektronikoffizier] sagte nichts von Verteidigungsstellungen, und ich fragte nicht danach – das überließ ich ihm vollkommen. Ich konzentrierte mich voll und ganz auf mein Flugzeug.

Tatsächlich bereiteten die argentinischen Verteidigungskräfte die Bekämpfung des auf den Flugplatz zuhaltenden Flugzeugs vor. Flight Lieutenant Hugh Prior, der AEO der Vulcan, nahm Signale vom Kanonenkontrollradar auf, das den Bomber zu erfassen versuchte; er betätigte einen Schalter zur Aktivierung der Radarstörung, und die Signale verschwanden.

Als die Vulcan den Bombenabwurfpunkt erreichte, löste der Angriffscomputer den Bombenwurfmechanismus, und die 21 Bomben wurden in ¼-Sekunden-Abständen abgeworfen. Nachdem die letzte Bombe das Flugzeug verlassen hatte, befahl Withers das Schließen der Bombentüren, und er gab Gas. Dann nahm er den Bomber in eine steile Wendekurve, um das verteidigte Gebiet so schnell wie möglich zu verlassen. Nach einem 20-Sekunden-Fall explodierten die Bomben in einer sauberen Linie quer durch das Flugplatzgelände.

Beim Abdrehen blickte Flying Officer Pete Taylor, der Kopilot, nach rechts und machte in Port Stanley die Straßenbeleuchtung aus. Dann sah er viel näher eine Serie von Blitzen in schneller Folge unter der dünnen Wolkenschicht über dem Flugplatz. Nach der letzten Bombe kehrte die Dunkelheit wieder zurück; die Männer in der Vulcan fühlten das Krachen der entfernten Explosionen, hörten sie aber nicht.

Niemand, der in jener Nacht in Port Stanley war, wird je das Getöse jener Detonationen vergessen. Künstler Tony Chater und seine Frau Ann hörten die Explosionen in ihren Betten im Stadtzentrum:

> Ich war halb wach zu der Zeit, und das ganze Haus bebte. Es fühlte sich wie ein Erdbeben an, doch dann hörten wir das *Buum, buum, buum, buum* der explodierenden Bomben, ziemlich gedämpft. Kurz darauf machte ich in der Ferne noch das Geräusch eines Flugzeuges aus.

Für die Falkländer erwies sich das Krachen beim Eröffnungsangriff als enormer Auftrieb für die Moral. Chater fuhr fort:

> Es herrschte großer Jubel in Stanley. Von da an fühlten wir uns sehr überzeugt, daß die britischen Truppen uns zu Hilfe kommen würden.

Die Vulcan war bereits weit außer Reichweite und im Steigflug, als die um den Flugplatz gelegenen argentinischen Flakstellungen endlich aufwachten. Ihre lautstarke, aber ineffektive Trotzreaktion setzte sich einige Minuten fort, bis dann eine Kanone nach der anderen das Feuer einstellte.

In der Bomberkabine herrschte kein ähnlicher Jubel wie bei den Bürgern von Port Stanley. Die Nervenanspannung der letzten acht Stunden hatte der Besatzung fast alle emotionale Energie genommen, und später faßte Withers die Stimmung zusammen:

> Nach dem Angriff war die Besatzung sehr ruhig, ziemlich traurig. Wir hatten gerade einen heißen Krieg eingeleitet. Es war alles ziemlich kaltblütig

gewesen, sich dort 4.30 Uhr zum Bombenabwurf einzuschleichen. Doch wir hatten einen Auftrag zu erledigen, und glaubten, der Auftrag lohne sich, ausgeführt zu werden.

Die Bomben schnitten einen Pfad der Verwüstung mitten über den Flugplatz. Die erste Bombe landete auf der Startbahn nahe ihrem Mittelpunkt, durchschlug die Oberfläche und riß bei der Detonation einen riesigen Krater mit beträchtlichen Aufwürfen am Rand. Die zweite Bombe streifte den südlichen Rand der Startbahn und verursachte ähnliche Schäden. Eine weitere Bombe in der Reihe detonierte zwischen dem einzigen Reparaturhangar des Flugplatzes und einem in der Nähe geparkten Pucará-Angriffsflugzeug und beschädigte beide. Und eine Bombe zertrümmerte sämtliche Fenster im Kontrollturm und schüttelte das Gebäude kräftig durch. Drei argentinische Militärangehörige kamen ums Leben, mehrere erlitten Verletzungen. Angesichts des Alters und der bekannten Grenzen des Angriffssystems der Vulcan, war eigentlich kein effektiverer Schlag zu erwarten gewesen.

Die Vulcan befand sich auf dem Rückweg, als Hugh Prior das Codewort „Superzündung“ übermittelte, um anzuzeigen, daß der Angriff erfolgte und erfolgreich schien. Das Signal war für Bob Tuxfords Victor das Zeichen, die Funkstille abzubrechen und die Basis zu informieren, daß die Maschine nicht genügend Treibstoff habe, um Ascension zu erreichen; ein Tankflugzeug wurde dringend angefordert. Die Besatzung stand ganz allein da – selbst ein kleiner Ausfall konnte eine Katastrophe bedeuten. Später kommentierte Tuxford:

> Es war ein langer, trostloser Rückflug. Wir diskutierten dies und das, einschließlich der praktischen Aspekte eines Absprungs von einer Victor ins Meer – für eine Bauchlandung auf See hatte die Maschine nicht die richtige Form. Wir hatten den Radar aktiviert, um vielleicht ein paar Schiffe im entsprechenden Gebiet zu finden, doch es befand sich wirklich keines am richtigen Ort.

Letzten Endes hatte Tuxford ein erfolgreiches Rendezvous mit dem sofort zu seiner Hilfe aufgestiegenen Tankflugzeug. Ebenso Alan Skelton, dessen Maschine, wie wir uns erinnern, ein Leck im Treibstofftank aufwies.

Gut vier Stunden nach dem Angriff erreichte die Vulcan ihren geplanten Betankungspunkt vor der Küste Brasiliens. Die Sonne stand hoch am Himmel, als Martin Withers die weiße Unterseite einer Victor vor sich in Position gehen sah. Der Tanker ging in den Horizontalflug über, den Tankschlauch einladend hinter sich her ziehend. Das war, wie Withers später kommentierte, „der herrlichste Anblick der Welt“.

Withers ging langsam an die Victor heran und schob seine Betankungssonde in den Korb am Ende des Schlauches. Anfangs floß der kostbare Treibstoff problemlos in die Tanks des Bombers, doch mit steigendem Druck begann er, aus dem Verbindungsteil auszutreten. Die durchsichtige Flüssigkeit strömte über die Windschutzscheibe der Maschine, und selbst mit eingeschalteten Hochgeschwindigkeitswischern konnten die Piloten nur die verwaschenen Umrisse des Flugzeuges vor sich ausmachen. Die Sicht nach vorn war etwa vergleichbar mit der aus einem Auto, das gerade eine Waschanlage durchläuft.

Bei einem normalen Trainingsflug hätte Withers das Gas weggenommen, den Kontakt abgebrochen und wäre dann wieder nach vorn gegangen, um die Sonde richtig in den Betankungskorb einzupassen. Doch sein Bomber hatte wenig Benzin, und es konnte sein, daß die Betankungssonde oder der Korb beschädigt waren. Unterbrach er den Kontakt jetzt, dann konnte er nicht sicher sein, ihn wiederherstellen zu können. Etwas Benzin ging zwar verloren, doch der größte Teil floß in die Tanks des Bombers. Jede Minute, die Withers den prekären Kontakt aufrechterhalten konnte, nahm sein Bomber eine weitere Tonne Treibstoff auf.

Dann kam Hilfe von unerwarteter Seite. Bob Wright, der Navigator der Vulcan, stand auf der Leiter zwischen den Pilotensitzen und beobachtete die Operation. Während das Benzin über das Kanzeldach schäumte, bemerkte er fast auf gleicher Ebene mit seinen Augen unten in der Mitte der Windschutzscheibe einen schmalen Streifen im Glas, den der Luftstrom frei von Treibstoff hielt. Durch diesen Streifen konnte er das Tankflugzeug klar sehen, und so konnte er den Piloten einen laufenden Kommentar über die relative Position des Flugzeugs vor ihnen geben und sie so bei der Kontakthaltung unterstützen.

Withers benötigte zehn Minuten zur Aufnahme des erforderlichen Treibstoffs. Dann nahm er Gas weg, um den Kontakt mit dem Tankflugzeug abzubrechen, und als sich die Sonde aus dem Korb zurückzog, versperrte ein Ventil die Benzinzufuhr zum Schlauch. In einem Augenblick pustete der Luftstrom den Treibstoff von der Windschutzscheibe, und plötzlich waren Sonnenschein und blauer Himmel außerhalb des Cockpits des Bombers zu sehen. Withers fühlte sich, als hätte man ihm eine schwere Last von den Schultern genommen:

> Nachdem das Benzin an Bord war, erwiesen sich die anderen vier Stunden zurück nach Ascension als ein bißchen langweilig. Die Spannung war nun weg, und wir wußten, wir würden es schaffen. Diese vier Stunden kamen uns vor wie eine Ewigkeit.

Die Vulcan landete etwas über sechzehn Stunden nach ihrem Start wieder in Wideawake. Später wurde Martin Withers mit dem Kriegsverdienstkreuz für Flieger ausgezeichnet in Anerkennung seiner Führungsqualitäten, die er beim Angriff gezeigt hatte, während Bob Tuxford das RAF-Verdienstkreuz wegen der selbstlosen Art und Weise, in der er und seine Besatzung die Mission unterstützten, erhielt.

So endete die erste Mission „Schwarzer Bock“ einer Vulcan. Die Operation ging an die äußerste Grenze der Leistungsfähigkeit des Bombers, der Victor-Tankflugzeuge und aller beteiligten Besatzungen. Im Nachhinein läßt sich sagen, daß sich der für die Operation verwendete Aufwand als völlig unverhältnismäßig im Vergleich zu dem auf dem Flugplatz von Port Stanley angerichteten Zerstörungen erwies. Und doch – wie oft im Luftkrieg der Fall – übte der Flugplatzangriff eine psychologische Wirkung auf den Feind aus, die ebenfalls völlig unverhältnismäßig zum verursachten physischen Schaden war. Der Angriff demonstrierte dem Oberkommando der argentinischen Luftwaffe, daß die Vulcan die Fähigkeit besaßen, jederzeit Ziele auf dem argentinischen Festland anzugreifen. Am folgenden Tag wurde die einzige spezialisierte Abfangstaffel der Argentinier, *Grupo 8* mit Mirage III Jägern, von Rio Gallegos im Süden des Landes abgezogen, wohin sie verlegt worden war, um die Operationen über den Falkland-Inseln zu unterstützen. Zur Begegnung der neuen Bedrohung verlegte man die Einheit nach Comodoro Rivadavia viel weiter im Norden, und abgesehen von einem einzigen Geplänkel gegen Ende des Konflikts spielte *Grupo 8* keine weitere Rolle bei den Kämpfen. Tatsächlich gestand die argentinische Luftwaffe in der Schlacht um die Luftüberlegenheit über den Falkland-Inseln ihre Niederlage ein. Von diesem Zeitpunkt an konnten die Sea Harrier der Royal Navy feindliche Jagdbomber und Angriffsflugzeuge angreifen, ohne sich Sorgen zu machen, selbst von feindlichen Jägern angegriffen zu werden. Das war das „entscheidende“ Resultat dieser ersten Mission „Schwarzer Bock“, und *das* rechtfertigte auch die gewaltigen Anstrengungen, die bei diesem Vorhaben unternommen wurden.

14

COUNTDOWN ZUM „WÜSTENSTURM“

Ende November 1990 verabschiedete der UN-Sicherheitsrat die Resolution 678, die erklärte, daß die Mitgliedsstaaten „alle notwendigen Mittel“ zu ihrer Vertreibung einsetzen könnten, wenn sich die irakischen Streitkräfte nicht bis zum 15. Januar des folgenden Jahres zurückgezogen hätten. Präsident Saddam Hussein glaubte, seine Streitkräfte seien stark genug, das besetzte Gebiet zu halten, und entschied sich dafür, die gegen ihn verbündeten Mächte wegen ihrer seiner Meinung nach leeren Drohungen herauszufordern. Als der Termin näher rückte, wurde klar, daß kein Maß an Diplomatie die Krise lösen konnte. Was der irakische Diktator großmäulig als die „Mutter aller Schlachten“ bezeichnete, stand unmittelbar bevor. Die Kampfhandlungen, die in der ersten Nacht des Konflikts stattfanden, lieferten einen lebendigen Einblick in die Natur des Luftkriegs im letzten Jahrzehnt des 20. Jahrhunderts.

In der zweiten Hälfte des Jahres 1990 verlegten die gegen Irak verbündeten Nationen große Truppenverbände und ein riesiges Kontingent an Flugzeugen nach Saudi-Arabien und die angrenzenden Staaten. Im Januar 1991 waren die Vorbereitungen für die Operation „Wüstensturm“, dem großangelegten Luftangriff auf Ziele in Irak weit gediehen. Als die Frist des Sicherheitsrates verstrich, legten die Kommandostäbe der Verbündeten die endgültigen Pläne für den Angriff fest, der mit einem massiven Luftschlag in den frühen Morgenstunden des 17. Januar beginnen sollte.

Während der gesamten Spannungsperiode hatten Boeing E-3 Sentry AWACS der amerikanischen und saudiarabischen Luftstreitkräfte rund um die Uhr Patrouillenflüge unternommen, um die Bewegungen der irakischen Flugzeuge zu beobachten und Frühwarnung bei einem möglichen Angriff auf Saudi-Arabien selbst zu liefern. Zur Begegnung einer solchen Bedrohung gab es ständige Patrouillen der modernsten Kampfflugzeuge der westlichen Luftwaffen – F-14 Tomcat, F-15 Eagle, F/A-18 Hornet, Tornado F.3 und Mirage 2000. Nach Ablauf der Frist behielten die AWACS-Flugzeuge und die Kampfflugzeuge ihre Einsatzpläne bei, um die irakischen Verteidigungskräfte über die bevorstehenden Aktionen im Dunkeln zu halten.

Der Hauptangriff auf das irakische Luftverteidigungssystem und auf militärische Ziele in Irak und Kuwait sollte am 17. Januar um 3.00 Uhr morgens Ortszeit Bagdad beginnen. Sie wurde als „H-Stunde“ für die Operation bezeichnet. Das erste Flugzeug, das speziell für den Angriff auf Irak aufstieg, startete am 16. Januar um 6.35 Uhr morgens Ortszeit von Barksdale, Louisiana (H-Stunde minus 11 Stunden 25 Minuten). Sieben B-52 Stratofortress des 2nd Bomb Wing, bestückt mit je fünf AGM-86 Cruise Missiles, starteten zu einem Schlag auf mehr als 11 000 km entfernte Ziele im Nordirak. Gut sieben Stunden später (H minus 4 Stunden) begannen weit entfernt im Indischen Ozean weitere zwanzig B-52 von ihrer Inselbasis Diego Garcia ihren Angriffsflug.

Als nächstes starteten (H minus 2 Stunden) die langsamsten in dieser Nacht zum Einsatz kommenden Angriffskräfte – acht Kampfhubschrauber vom Typ AH-64 Apache der Task Force „Normandy“ der 101st Airborne Division der US Army. Mit ihnen flogen zwei Air Force MH-53J „Pave Low“ Schwerlasthubschrauber mit Spezialelektronikausrüstung, die als Navigations-„Mutterschiffe“ für die Operation dienen sollten. Die Hubschrauberstreitmacht verließ 1.00 Uhr den Flugplatz Al Jouf im Norden Saudi-Arabiens.

Die Mission der Kampfhubschrauber beinhaltete die Zerstörung von zwei strategisch plazierter Luftabwehrradaranlagen westlich von Bagdad; damit sollte ein Luftkorridor eröffnet werden, durch den Hochgeschwindigkeitskampfjets auf dem Weg zu ihren Zielen ungesehen passieren konnten. Die Helikopter sollten die Radaranlagen ausschalten, kurz bevor die Jets deren Erfassungsbereich erreichten. Die Erfordernis, einen Überraschungseffekt und ein Höchstmaß an Wahrscheinlichkeit der Zerstörung der Radarstationen zu erreichen sowie die Notwendigkeit einer sofortigen Einschätzung der Schäden nach dem Angriff führte zur Entscheidung, Kampfhubschrauber statt Flügelflugzeuge einzusetzen. Zusätzlich zu einem großen äußeren Treibstofftank führte jeder Hubschrauber acht Laserlenkraketen vom Typ Hellfire, eine Gondel mit neunzehn ungelenkten 70-mm-Raketen und eine eingebaute Bewaffnung in Form einer 30-mm-Kanone in einem unter dem Bug befindlichen Geschützturm mit. Die Besatzungen beobachteten mit Nachtsichtgläsern das umliegende Gelände und die „Mutterschiffe“ das Gelände vor ihnen, während die geschwärzten Apache dicht über dem Wüstenboden mit maßvollen 190 km/h nach Norden flogen. Kurz darauf begannen die ersten der 160 Tankflugzeuge – KC-135, KC-10, KA-6A, Victor und VC-10 – zu starten und zu Positionen zu fliegen, wo sie Auftankunterstützung für die Anfangswellen der Angriffsflugzeuge liefern konnten.

Um 1.31 Uhr, H minus 1 Stunde 29 Minuten, machte sich die erste Cruise Missile vom Typ Tomahawk vom Deck des Kreuzers USS *San Jacinto* vom nördlichen Ende des Roten Meeres mit beeindruckendem Getöse auf den Weg. Nach Verlassen der Startrampe entfalteten sich die Flügel der Rakete, sie ging auf eine niedrige Höhe und strebte ihrem in den Angriffscomputer eingegebenen Punktziel zu. Bald danach beteiligten sich der Kreuzer *Bunker Hill,* dann die Schlachtschiffe *Wisconsin* und *Missouri* im Persischen Golf an der Bombardierung. In dieser Nacht feuerten die vier Schiffe insgesamt 52 Cruise Missiles ab.

Nachdem die ersten seegestützten Raketen auf den Weg geschickt wurden, trafen die sieben B-52, die direkt von den Vereinigten Staaten eingeflogen waren, bei ihren Raketenstartpunkten über dem Norden Saudi-Arabiens an. Die schweren Bomber starteten insgesamt 35 Cruise Missiles, die auf die Zerstörung von acht Verbindungs-, Luftabwehr- und Flugplatzziele im Gebiet von Mosul programmiert waren. Während die Cruise Missiles auf niedrige Höhe gingen und über Irak dahinjagten, kehrten die großen Bomber um und begannen ihren langen Rückweg nach Barksdale. Ihre ununterbrochene Gesamtflugzeit betrug 34 Stunden 20 Minuten; damit stellte dies die längste Bombenmission aller Zeiten dar und übertraf den bestehenden Rekord, den (im vorherigen Kapitel beschriebenen) der Vulcan zu den Falkland-Inseln, ganz erheblich.

2.15 Uhr, H minus 45 Minuten, starteten die ersten Bomber – F-117A, F-111, F-15E, A-6 und Tornado, mit F-14, F-15 und F-18 als „Schrotflintenbegleitung" zum Schutz vor feindlichen Jägern. F-4G Phantom, A-7 Corsair, EF-111 Raven und EA-6B Prowlers begleiteten die Angriffsverbände zur Niederhaltung der Luftabwehr in den Zielgebieten. Wing Commander John Broadbent beschrieb seinen Start vom Flugplatz Muharraq in Bahrain an der Spitze einer Einheit von acht RAF-Tornado:

> Wir rollten unter Funkstille heraus und starteten einzeln auf ein grünes Licht vom Kontrollturm. Dann stiegen wir hintereinander auf 3000 m trafen mit den Victor-Tankflugzeugen zusammen, die vor uns aufgestiegen waren. Wir nahmen entlang der Route zum Ziel Treibstoff auf.

Während die Cruise Missiles zielstrebig auf ihrer vorprogrammierten Flugbahn vorankamen, gingen die F-117A Tarnkappenflugzeuge ungesehen in Position, um die zugewiesenen Ziele zu bekämpfen. Gleichzeitig leiteten die Verbände von Angriffsflugzeugen ihr Eindringen im Tiefflug auf irakisches Territorium ein, und eine davon völlig verschiedene und sichtbarere Luftkampfoperation entfaltete sich nun über den irakischen SAM-Verteidigungsstellungen. Zeitlich genau abgestimmt, drangen kurz vor den Kampfbombern eine Vielzahl von unbemannten Drohnen mit echoverstärkender Ausrüstung in die raketenverteidigten Zonen ein, die eine Radarsignatur ähnlich der eines normal großen Flugzeugs hatten. 38 unbemannte Drohnen vom Typ Northrop BQM-74 wurden von Bodenstandorten im Norden Saudi-Arabiens gestartet und überflogen die Grenze zu Irak in mittlerer Höhe und mit einer Geschwindigkeit um 900 km/h. Ihr Antrieb bestand aus einen Turbojet mit 82 kg Schubkraft; das 1,50 m große Gerät war als entbehrliche Zieldrohne konstruiert, und das sollte nun im wahrsten Sinne des Worts seine Aufgabe sein. Einige Drohnen nahmen Kurs auf den Raketengürtel um Basra im Osten des Landes, während andere die Flugplatzkomplexe H2 und H3 im Westen anflogen. Die Drohnen drangen in Gruppen von drei oder vier in die verteidigten Gebiete ein und erweckten so die Illusion von Kampfflugzeugen in taktischer Formation.

Gleichzeitig kam eine weitere Art von Täuschungsmittel, die taktische luftgestartete Drohne (TALD) der US Navy, zum Einsatz, um die Raketen- und Kanonenstellungen im Gebiet von Bagdad zu aktivieren. Jede an der Operation teilnehmende A-6 Intruder der US Navy führte acht dieser leichtgewichtigen Drohnen ohne Eigenantrieb unter den Tragflächen. Die Flugzeuge ließen die Drohnen aus Höhen um 6100 m ab; die TALD entfalteten ihre Flügel, sobald sie sich von den Startflugzeugen entfernten, und begannen ihren stummen Gleitflug auf das verteidigte Gebiet.

Die ankommenden Drohnen stellten aufreizend leichte Ziele dar, und die irakischen Bodenbatterien schossen Salve auf Salve der teuren und unersetzbaren SAM auf sie ab. Gut ausgebildete SAM-Mannschaften wären vielleicht nicht mit einer so einfachen Kriegslist zu täuschen gewesen, doch offensichtlich waren die Bedienungsmannschaften in jener Nacht nicht in dieser Kategorie. Die erste unabhängige Bestätigung, daß der Krieg begonnen hatte, kam 2.37 Uhr Ortszeit Bagdad, als CNN Television die inzwischen berühmten Bilder übertrug, auf denen Leuchtspurgeschosse auf ihren Bahnen über dem Nachthimmel der irakischen Hauptstadt zu sehen sind, verstärkt durch gelegentliche Explosionen von Granaten oder Raketen. Das war 23 Minuten vor der H-Stunde und damit lange vor dem wirklichen Angriff auf Ziele in der Hauptstadt, und wir können fast sicher sein, daß die Fernsehkameras in Wirklichkeit die Reaktion der Irakis auf den TALD-“Angriff“ filmten.

In jener Nacht erfreuten sich die Bodenabwehrkräfte an einer Art „Tontaubenschießen“ und verursachten ein großes Blutbad unter den amerikanischen Drohnen. Zum Unglück für mehrere der Verteidigungskräfte hatten diese besonderen „Tontauben“ einen unheilvolleren Zweck. Als die irakischen SAM-Stellungen in volle Verteidigungshandlungen verwickelt waren, begann die zweite Phase der Operation. Hinter den Drohnen und etwas tiefer befanden sich mehrere F-4G „Wild Weasel“ und F/A-18 mit den Hochgeschwindigkeits-Antifunkmeß-Raketen AGM-88 HARM. Diese sind so ausgelegt, daß sie aktivierte gegnerische Waffenlenkradaranlagen erfassen und anfliegen; sie wurden in großer Zahl gestartet. Für kurze Zeit befanden sich nicht weniger als 200 HARM in der Luft und steuerten rasch auf die feindlichen Strahlenquellen zu.

Der ausgefeilt geplante „Täuschungs- und Vernichtungs-“Angriff zerstörte oder beschädigte die Waffenlenkradaranlagen von mehreren SAM-Stellungen, wodurch die betreffende Raketenbatterie so lange außer Gefecht gesetzt war, bis der Radar repariert oder ersetzt werden konnte. In anderen Stellungen hatte die Batterie sämtliche sofort gefechtsbereiten Raketen abgeschossen, und mehrere Minuten wurden benötigt, um die Nachladeraketen auf ihre Startrampen zu bugsieren und sie einsatzbereit zu machen; diese Anlagen waren immer noch mit dieser Aufgabe beschäftigt, als die Angriffskräfte der Verbündeten auf dem Weg zu ihren Zielen über sie hinwegflogen.

PANAVIA TORNADO GR.1

Typ: zweisitziges Schwenkflügel-Angriffs- und Aufklärungsflugzeug
Triebwerk: zwei Turbo-Union RB199 Turbofan-Nachbrenner-Strahltriebwerke mit je 6795 kg Nachbrennerschub
Bewaffnung: zwei JP233 Flugplatz-Streubomben-Container mit zusammen 4666 kg (wurde von allen Tornado GR.1 beim ersten Schlag des Krieges mitgeführt); zwei Mauser 27-mm-Kanonen; zwei AIM-9L Sidewinder IR-Lenkraketen zur Selbstverteidigung
Leistung: Höchstgeschwindigkeit 1094 km/h mit voller Waffenzuladung in geringer Höhe; in großer Höhe über Mach 2,2 (2333 km/h)
Normale Startmasse bei Kampfeinsätzen: 27 180 kg
Abmessungen: Spannweite (Tragflächen in vorderster Stellung) 13,89 m, (Tragflächen in hinterster Stellung) 8,58 m; Länge 16,70 m; Tragflügelfläche (Tragflächen in vorderster Stellung) 30,00 m²
Datum der Indienststellung von Tornado GR.1: Juni 1979

Inzwischen erreichten die Apache-Hubschrauber der Task Force „Normandy“ bei den Feuerstellungen der zwei Radarstationen, die sie bekämpfen sollten (diese waren lang genug unbehelligt gelassen worden, um die sich nähernden Drohnen zu melden). Der Hubschrauberangriff begann 2.38 Uhr, H minus 22. Unter Nutzung von IR-Nachtsichtsystemen zur Lasermarkierung der Ziele feuerten die Kampfhubschrauber ihre Hellcat-Raketen aus etwa 5 km Entfernung ab, gingen dann auf 2,5 km heran, um ihre ungelenkten Raketen zu zünden. Die verschiedenen Teile der Ziele wurden streng nach Priorität zerstört: zunächst die Stromgeneratoren, dann die Verbindungseinrichtungen, zum Schluß die Radaranlagen selbst. In weniger als zwei Minuten feuerten die Apache 27 Hellfire-Raketen, etwa 100 70-mm-Raketen sowie ca. 4000 30-mm-Geschosse und verwandelten damit beide Radarstationen in rauchende Ruinen. Nach der Erfüllung des Kampfauftrags wendeten die Helikopter und flogen auf derselben Route zurück in Freundesland.

Mittlerweile befanden sich die Verbände der Angriffsflugzeuge bereits bei ihrem Tiefflugeinbruch in irakisches Territorium. Zunächst gab es keine sichtbare Reaktion seitens der Luftabwehrkräfte, und mehrere Angriffsbesatzungen fühlten ein Hauch von Surrealität bei der ganzen Aktion. Lieutenant Dave Giachetti, WSO in einer der acht F-111F des 48th Tactical Fighter Wing, die chemische Waffenlagerbunker in Ad Diwaniyah bei Bagdad angreifen sollten, erinnert sich:

> Ich fand es etwas unheimlich, weil draußen alles so ruhig und so still blieb. Wir drangen im Tiefflug mit TFR [Geländefolgeradar] ein. In den Siedlungen brannte überall das Licht; die Straßenbeleuchtung war eingeschaltet. Auf unserer Route flogen wir eine Zeitlang parallel zu einer Straße; darauf fuhren Autos mit eingeschalteten Scheinwerfern. Wir flogen in 120 m Höhe mit 1000 km/h auf unser Ziel zu, und dachte, Mann, die merken nicht einmal, daß wir kommen!

Flight Lieutenant „Moose“ Poole, Navigator in einer RAF-Tornado mit Kurs auf den Flugplatz Al Taqaddum, hatte ebenfalls Schwierigkeiten, mit der Tatsache fertig zu werden, daß er wirklich in jener Nacht einen Kampfeinsatz flog:

> Der Mond schien nicht, und es herrschte tiefste Dunkelheit. Der Boden war so flach wie der Busen einer Hexe, und das Flugzeug schien stillzustehen. Draußen gab es keine visuellen Anhaltspunkte; das einzige Licht kam von meinen Instrumenten. Ich fühlte mich langsam losgelöst von der Realität – genauso wie in einem Simulator, der einen Kampfeinsatz vorgaukelt. Ich mußte mir immer wieder sagen, das ist kein Simulatoreinsatz – das ist eine reale Mission.

Jede Besatzung wurde auf die eigene Weise mit der Wirklichkeit fertig. Wing Commander Jerry Witts an der Spitze von vier Tornado auf dem Weg zur Bekämpfung des Flugplatzes Mudaysis fand seinen Moment der Wahrheit einige Minuten nach dem Eindringen in Irak, als ihm beunruhigend klar wurde, daß Krieg nicht gerade gesundheitsfördernd sein könnte:

> Wir hatten gerade ohne Licht still und heimlich die Grenze überquert, als wir auf dem RHWR [Radarortungs- und Warnempfänger] etwas bekamen, das wie ein Fulcrum-Strahl [MiG-29 Radar] auf 2 Uhr aussah. Wenn mich zu diesem Zeitpunkt des Krieges etwas beunruhigte, dann waren es die Look-down-Abschußfähigkeiten der Fulcrum. Wir vollführten ein Ausweichmanöver, und der Strahl wanderte entsprechend um das Flugzeug, genau das, was man erwarten würde, wenn er hinter unserem Heck in Position ginge. Ich dachte, Jesus – ich bin doch erst fünf Minuten im Krieg …

Kurz darauf verschwand der „Flucrum-Radarstrahl“. Mit großer Wahrscheinlichkeit handelte es sich um einen falschen Alarm.

In der Zwischenzeit befanden sich die Eingangssalven der Cruise Missiles von den Schiffen und den B-52 im Endstadium ihres Zielanfluges. Nur ein relativ geringer Prozentsatz dieser Raketen besaß einen hochexplosiven Gefechtskopf zum Frontalangriff auf das Luftabwehrsystem

LOCKHEED F-117A

Typ: einsitziges Tarnkappen-Präzisionsangriffsflugzeug
Triebwerk: zwei General Electric F404-GE-F1D2 Strahltriebwerke ohne Nachbrenner mit je 4892 kg Schub
Bewaffnung: Typische operative Bombenzuladung sind zwei 906-kg-LGBs oder vier 225-kg-LGBs. Keine Abwehrbewaffnung.
Leistung: geheimgehalten, wahrscheinliche Höchstgeschwindigkeit hoher Unterschall
Normale Startmasse bei Kampfeinsätzen: 23 783 kg
Abmessungen: Spannweite 13,21 m; Länge 20,09 m; Tragflügelfläche 84,79 m^2
Datum der Indienststellung von F-117A: Frühjahr 1982

des Feindes; die meisten Tomahawk trugen Kampfladungen, die zwar nicht tödlich sind, aber so ausgelegt waren, daß sie eine verheerende Wirkung auf das irakische Abwehrsystem hatten. Ihre Nutzlast bestand aus einer großen Zahl von kleinen Spulen von 13 mm x 19 mm Größe, umwickelt mit einer langen elektrisch leitenden Graphitfaser, ähnlich dünnem elektrischen Draht. Bei einer detaillierten Analyse des irakischen Luftabwehrsystems hatten Aufklärungsoffiziere der Verbündeten eine größere Schwäche entdeckt, die ausgenutzt werden konnte: die Computer und die Operationszentren wurden aus dem öffentlichen Netz mit Strom versorgt. Wenn sie von der Stromversorgung abgeschnitten werden könnten, bräche das gesamte Kontrollsystem zusammen, bis die Notstromversorgung hergestellt wäre – und wichtige Informationen über den sich entfaltenden Luftkampf würde verlorengehen, wenn die Computer „abstürzten". Mehrere Cruise Missiles waren zum Tiefflug über Kraftwerke und Überlandleitungen programmiert, über denen sie die Spulen ausspuckten. In der Luft wickelten sich die Spulen schnell ab, und die langen Graphitfasern drifteten langsam zu Boden. Fiel die Faser auf einen Hochspannungsleiter, verursachte sie einen massiven Kurzschluß, der ernste örtliche Schäden am elektrischen Leitungssystem anrichtete. Im Gegensatz zu den ausgefeilten elektronischen Gegenmaßnahmensystemen, die ebenfalls in jener Nacht eingesetzt wurden, stellte dies eine einfache, doch äußerst wirksame „elektrische Gegenmaßnahme" dar.

In einer weiteren Maßnahme zur Vorbereitung des Pfades für die anderen Angriffskräfte warf 2.51 Uhr (H minus 9) ein F-117A Tarnkappenbomber Laserlenkbomben auf ein wichtiges Operationszentrum der irakischen Luftverteidigung im Südwesten des Landes ab. Der erste Angriff durch bemannte Flugzeuge auf Bagdad selbst fand 3.00 Uhr statt, zur H-Stunde, als ein Tarnkappenflugzeug ein Kommunikationszentrum in der Stadt angriff. In jener Nacht griffen F-117A insgesamt 34 Ziele an, die mit verschiedenen Aspekten des Luftabwehrsystems der Irakis verbunden waren.

Als die Angriffskräfte zunehmend tiefer in Irak vordrangen, hatten die US-Begleitjäger ihre ersten Begegnungen mit feindlichen Maschinen. Captain Steve Tate der 71st Tactical Fighter Squadron führte einen zum Schutz für Angriffsflugzeuge mit Ziel Bagdad abgestellten Schwarm von vier F-15C Eagle an. Von seiner Patrouillenroute über Saudi-Arabien meldete das E-3 AWACS Flugzeug, das Tates Flug überwachte, daß sich ein nicht identifiziertes Flugzeug offensichtlich dem dritten Flugzeug im Schwarm näherte. Tate erinnerte sich später:

> Meine Nummer 3 hatte sich gerade nach Süden gewandt, während ich auf Nordostkurs ein anderes Muster flog. Ich weiß nicht, ob das nicht identifizierte Flugzeug ihn verfolgte, aber ich erfaßte ihn [mit Radar], fand die Bestätigung, daß es sich um ein Feindflugzeug handelte, und feuerte eine Rakete ab.

McDONNELL DOUGLAS F-15C EAGLE

Typ: einsitziger Luftüberlegenheitsjäger
Triebwerk: zwei Pratt & Whitney F100-PW-220 Turbofan-Nachbrenner-Strahltriebwerke mit je 10 623 kg Nachbrennerschub
Bewaffnung: Bei normalen Einsätzen bestand die Bewaffnung aus vier AIM-7M Radarlenkraketen, vier AIM-9M Sidewinder IR-Lenkraketen und einer internen M61A1 20-mm-Kanone.
Leistung: Höchstgeschwindigkeit (in großer Höhe) über Mach 2,5 (3057 km/h), (in geringer Höhe) 1482 km/h
Normale Startmasse bei Kampfeinsätzen: 20 217 kg
Abmessungen: Spannweite 13,05 m; Länge 19,43 m; Tragflügelfläche 56,49 m^2
Datum der Indienststellung von F-15C: Februar 1979

Aus einer Entfernung von 19 km schoß Tates AIM-7 Sparrow auf das irakische Flugzeug zu – das inzwischen als eine Mirage F.1 identifiziert worden war –, und kurz darauf sah der amerikanische Pilot einen Feuerball, als die Waffe aufschlug:

> Als das Flugzeug explodierte, erhellte sich der ganze Himmel. Es brannte die ganze Zeit, bis es auf den Boden auftraf, und dort zerbarst es in tausend Stücke.

Nach diesem Anfangserfolg hatten die marodierenden F-15 mehrere flüchtige Radarkontakte mit irakischen Maschinen. Wegen der Anwesenheit der Angriffskräfte der Verbündeten in deren Nähe gab jedoch der AWACS-Einsatzleiter den amerikanischen Jägern nicht die Erlaubnis, mit ihren Langstreckenraketen anzugreifen: die Sparrow konnte für Freund oder Feind tödlich sein, und es war äußerst wichtig sicherzustellen, daß sich kein Flugzeug der Verbündeten in der Nähe der bekämpften Maschine befand. Captain Larry Pitts des 33rd Tactical Fighter Wing, in jener Nacht im Pilotensitz einer F-15, erinnert sich:

MIKOJAN-GUREWITSCH MiG-29 („FULCRUM“)

Typ: einsitziger Abfangjäger
Triebwerk: zwei Isotow ID-33 Turbofan-Nachbrenner-Triebwerke mit je 8607 kg Nachbrennerschub
Bewaffnung: bis zu sechs Luft-Luft-Raketen an Unterflügelstationen, bestehend aus R-27 Radarlenkraketen mittlerer Reichweite (AA-10 „Alamo“) und R-73 (AA-11) oder R-60 (AA-8) IR-Lenkraketen; eine 30-mm-Kanone
Leistung: Höchstgeschwindigkeit (in großer Höhe) Mach 2,3 (2446 km/h)
Normale Startmasse bei Kampfeinsätzen: 27 180 kg
Abmessungen: Spannweite 11,36 m; Länge 17,32 m; Tragflügelfläche 35,20 m^2
Datum der Indienststellung von MiG-29: 1982

Unsere Radarschirme waren voll mit eigenen Maschinen – 60 bis 80 von ihnen! Die Nachtbedingungen in Verbindung mit dem schlechten Wetter erschwerten es, Raketen abzufeuern, selbst wenn die F-15 Ziele aufnahm. Es gab einfach zu viele Freundmaschinen da draußen.

Dann jedoch entfernte sich eine MiG-29 lang genug von den verbündeten Flugzeugen, um als Angriffsziel dienen zu können, und Captain Jon Kelk des 33rd TFW zerstörte sie mit einer Sparrow. Fünf Minuten später erzielte Captain Robert Grater von derselben Einheit den ersten Doppelabschuß des Krieges – er zerstörte zwei Mirage F.1 in schneller Folge, ebenfalls mit Sparrow-Raketen. Über Vietnam hatte die semiaktive Radarzielsuch-Rakete gelegentlich eine enttäuschende Leistung geboten, doch über Irak erwies sich die verwendete verbesserte Version als hocheffektive Waffe.

An der Spitze des Kurs auf Al Asad haltenden Tornado-Verbands beobachtete Wing Commander Ian Travers Smith einen irakischen Jäger beim Absturz:

Wir hatten überhaupt keine Aktivitäten gesehen – keine Flak. Das erste Zeichen, daß ich mich wirklich im Krieg befand, kam, als plötzlich ein Flugzeug in Flammen aufging. Es gab einen dahinjagenden Wolkenfetzen in mittlerer Höhe und dann diesen großen Feuerball, der vom Himmel fiel, wobei Teile abfielen.

Einigen Jägern der Irakis gelang es, sich in jener Nacht den Angriffsflugzeugen der Verbündeten zu nähern, doch letztere führten Luft-Luft-Raketen zur Selbstverteidigung mit, und sie waren wohl in der Lage, sich zu verteidigen. Einer 12-Maschinen-Einheit von F-15E Strike Eagle des 4th Fighter Wing, die im Tiefflug einen Startplatz für Scud-Raketen in der Nähe des Flugplatzes H2 angriff, näherten sich zwei MiG-29. Anscheinend bei dem Versuch, in eine Angriffsposition hinter einer mit hoher Geschwindigkeit etwa 30 m über dem Boden fliegenden F-15E zu gelangen, verschätzte sich ein irakischer Pilot bei seiner Höhe. Die MiG bohrte sich in den Boden und explodierte, ohne daß von einer Seite ein Schuß abgegeben wurde.

Die Störungen im Kontroll- und Meldesystem der irakischen Luftabwehr in dieser Nacht verhinderten, daß ein Großteil der Angriffskräfte nicht beim Anflug über das Land beobachtet werden konnte. Deshalb gab es bei mehreren Zielen wenig oder keine Vorwarnung vom Anflug der Angreifer, bis die Bomben detonierten. Der gleichzeitige Angriff auf die Flugplätze begann H plus 1 Stunde, um 4.00 Uhr.

Das 48th Tactical Wing, die kampfstärkste Nachtpräzisionsangriffseinheit der US Air Force schickte 53 F-111F in Schwärmen von vier bis sechs Maschinen zur Bekämpfung von zwölf unterschiedlichen Zielen. Dazu gehörten die größeren Flugplätze von Balad und Jalibah in Irak, und von Ali Al Salem und Al Jaber in Kuwait, wo nach Vermutungen schwere Flugzeugbunker Scud-Raketen enthielten. F-111F griffen auch chemische Waffenlagerbunker am Flugplatz H-3, in Salman Pak und Ad Diwaniyah an.

Sechs F-111F attackierten den Flugplatz in Balad, wobei zwei Flugzeuge elektro-optische Lenkbomben vom Typ GBU-15 auf den Wartungskomplex abwarfen, während die übrigen vier große Mengen Streuminen an den Enden jeder Start- und Landebahn und bei den Flugzeugbunkern legten. Weiter westlich griffen ebenfalls sechs F-111F mit LGB die chemischen Waffenlagerbunker beim Flugplatz H-3 an. Als sie sich vom Ziel zurückzogen, attackierten vier Tornado der königlichen saudiarabischen Luftwaffe die Start- und Landebahnen an. Dieser Angriff wurde von den Verteidigungsniederhaltungskräften des im Roten Meer befindlichen Flugzeugträgers USS *John F. Kennedy* mit drei EA-6B Störungsflugzeugen, zehn A-7 mit HARM und vier F-14 Jägern unterstützt.

Am östlichen Ende der Kriegszone führte Lieutenant-Colonel Tommy Crawford sechs F-111F gegen den Flugplatz Ali Al Salem in Kuwait. Sein Ziel bildeten die schweren Flugzeugbunker (HAS) neben dem Flugplatz, in denen man Scud-Raketen vermutete. Beim Anflug flogen die Bomber über irakische Armee-Einheiten, die eine beunruhigende Menge an Leuchtspurgeschossen in den Himmel jagten. Crawford erinnert sich:

> Wegen der SAM-Bedrohung unternahmen wir einen Tieffliegerangriff – es befanden sich mehrere SA-6 Startrampen in diesem Gebiet. Unsere Absicht bestand darin, in 300m anzufliegen, bis uns SA-6-Signale auf dem RHWR zum Tiefergehen zwang. Doch es gab dermaßen viel Flak – ich faßte es nicht, wieviel es davon gab –, daß wir die Grenze bei 600 m überflogen, und in dieser Höhe blieben wir auch, bis wir die Bomben abwarfen. Es sah so aus, als ob alle 50 Meter ein Kerl mit einer Kanone bereitstand, der auf uns schoß – das war das verfluchteste Unabhängigkeitstagsfeuerwerk, das es je gab. Beim Anfliegen der Grenze erschien es wie eine solide Feuerwand, doch man hat keine Wahrnehmung der Tiefe, deshalb sah es viel schlimmer aus, als es in Wirklichkeit war. Nach der Grenze schien es, als ob die Flak vor uns losfeuerten, wenn wir vorbeikamen, und dann hatte es den Anschein, als ob es an den Seiten und hinter uns schlimmer war als vor uns.

Die F-111F warfen ihre GBU-24 Laserlenkbomben auf die Bunker aus etwa 6,5 km Entfernung und drehten dann vom Ziel ab, während der WSO den Laserstrahl auf den Bunker hielt, bis die Bomben auftrafen. Die Besatzungen empfanden die Flak als beträchtliche Ablenkung, und nur drei Bunker wurden getroffen; die Einheit kehrte an den folgenden Tagen zurück, um die restlichen drei zu zerstören.

Andere F-111F-Besatzungen hatten wenig Schwierigkeiten mit der Luftabwehr. Lieutenant Dave Giachettis Ziel waren die chemischen Waffenlagerbunker in Ad Diwaniyah. Vier Flugzeuge hatten bereits einige Bunker mit Laserlenkbomben getroffen und die Konstruktion aufgerissen; danach flog er mit der zweiten Abteilung von vier Flugzeugen an, um einen Folgeangriff auszuführen:

> Unsere erste Mission war sehr einfach. Andere hatten die Bunker vor uns bereits durchschlagen; vier Maschinen griffen als erste die Bunker an. Dann kam kurz dahinter unser Vierer-Schwarm. Jedes Flugzeug warf vier Kanister CBU-89 Stoffbeutelminen [Container mit einer großen Anzahl von Streuminen] auf das Ziel.

Als Führer der drei Tornado, die den Flugplatz Al Asad angriffen, gehörte Ian Travers Smith zu denjenigen, die unbehelligt das Ziel anfliegen konnten:

> Es gab ein paar Probleme mit meinem Autopiloten, also mußte ich die Maschine manuell fliegen. Ich hatte den Kopf nach unten im Cockpit, als wir beim IP [Anfangspunkt] für den Zielanflug ankamen, der fast entlang der Tallinie verlief. Dann blickte ich auf und traute meinen Augen nicht: sämtliche Lichter der Startbahn und der Rollbahn waren eingeschaltet – der ganze Flugplatz war beleuchtet. Wir hatten sie wirklich völlig überrascht. Ich konnte meinen Zielpunkt sehen, überhaupt kein Problem. Wir wurden absolut eingewiesen; alle Richtungssymbole waren am richtigen Ort. Bis wir mit dem Bombenabwurf begannen, wurde nicht auf uns geschossen, soweit ich mich erinnere. Dann, als wir auf halbem Wege über dem Flugplatz waren, sah ich mich um und entdeckte all diese blitzenden weißen Lichter. Erst als wir uns 30km vom Ziel entfernt auf dem Rückweg befanden, dämmerte es mir, daß die „blitzenden Lichter" das Mündungsfeuer von auf uns schießenden Kanonen waren.

In Al Asad bestand der Zweck des Angriffs darin, die Rollbahnen zwischen den schweren Bunkern und den Startbahnen zu unterbrechen. Dazu verfügten die Tornado über die spezielle JP.233 Startbahnbekämpfungsmine. Die Waffe wurde in zwei großen Kanistern unter dem Rumpf mitgeführt und bestand aus 60 Startbahnkrater verursachenden Bömbchen und 430 Streuminen, die über einen Zeitraum von sechs Sekunden abgelassen wurden. Hatte die Waffe das Flugzeug verlassen, öffnete sich eine kleiner Fallschirm, der den Fall abbremste. Jede Kraterbombe wog 26 kg und hatte etwa die Größe und Form des Preßlufthammers eines Straßenarbeiters ohne die Spitze. Wenn die Bombe auf die Oberfläche auftraf, riß eine Primärsprengladung ein rundes Loch in den Beton, dann wurde ein sekundärer Gefechtskopf durch dieses Loch in das Unterbett geschossen. Durch die Detonation in dem begrenzten Raum zwischen der Unterseite des Betons und dem Unterbett erzeugte die Sekundärladung einen unterirdischen Hohlraum mit einer Schicht geschwächten Betons und einer großen Menge Trümmer darüber. Falls ein Flugzeug während des Rollens oder bei Start und Landung über die unterhöhlte Stelle fuhr, dann brach diese ein und „amputierte" ein oder mehrere Fahrgestellbeine. Zur Abschreckung von Reparaturarbeiten an diesen Stellen kamen die mit abgeworfenen 430 Streuminen zwischen den Betontrümmern auf der Oberfläche zu liegen. In den folgenden Stunden explodierten diese in unregelmäßigen Abständen oder bei jeglicher Ortsveränderung.

Auf dem Flugplatz Mudaysis erwies sich das Eindringen im Tiefflug von drei Tornado als ähnlicher Überraschungserfolg, und erst als die ersten Bomben detonierten, gab es Abwehrfeuer. Flight Lieutenant Ian Long am Ende der Angriffsbomber beobachtete, wie die Bomben aus einer Tornado vor ihm quer über dem Flugplatz detonierten:

> Seine Bomben explodierten vor uns mit einem wirklich grellen Blitz. Das war ein erfreulicher Anblick – es bestätigte, daß ich mich auf richtigem Kurs auf mein Ziel befand. Anscheinend lief alles nach Plan. Ich bemerkte beim Zielanflug kein Flakfeuer.

Einige Sekunden später begann der Angriffscomputer in Longs Maschine mit der Ausgabe der Bömbchen aus den Behältern unter dem Rumpf:

> Es gab eine Menge greller Blitze, die vom Boden reflektiert wurden, als die vom Flugzeug abgelassenen Waffen zündeten. Es war unglaublich hell um das Cockpit. Als wir über das Ziel flogen, kamen allerhand funkelnde Lichter von links und gingen hinter uns weg, und gelegentlich zischte ein roter Ball an mir vorbei. Das war ziemlich aufregend!

Bei den anderen zwei von den Tornado angegriffenen Zielen, Tallil und Al Taqaddum, sah die Sache ganz anders aus. Dort hatten bereits andere Angreifer ihre Last auf die Flugplätze abgeworfen, bevor die Tornado kamen; die Luftabwehr stand in voller Alarmbereitschaft (die Maschinen mit den JP. 233 mußten als letzte angreifen, sonst hätten vielleicht die Bomben von den folgenden Flugzeugen die Streuminen gezündet, die auf Start- und Landebahnen sowie Rollbahnen gelegt wurden). Flight Lieutenant Rupert Clark, Pilot einer Tornado beim Angriff auf Tallil, erinnert sich:

> Vor uns stand diese dichte Flakwand. Offensichtlich handelte es sich nicht um gezieltes Feuer, sondern nur ein Dauerfeuer quer über den Himmel. Darunter waren riesige Dinger, die langsam und majestätisch wie römische Kerzen hochgingen. Andere wiederum spritzten nur so herum. Manche waren rot, andere weiß. Als ich beim Bombenanflug war, griff die Maschine meines Bosses zur Linken schon an; ich sah einen Teppich von Explosionen, als die Waffen auftrafen und explodierten. Und dann kam Nick Heard an die Reihe. Danach sah ich Rickey Corbellis Nachbrenner vor mir aufleuchten, als er zum Angriff beschleunigte. Ich konnte sehen, in was für Hölle ich hineinflog, und entschied, nicht umzukehren – ich würde durch die Flak durchfliegen und meine Waffen abwerfen. Eigentlich gab es da nichts zu entscheiden, alle meine Kumpel waren schon durchgegangen, also blieb mir auch nichts anderes übrig. Doch es tatsächlich bewußt tun, war eine meiner schwersten Entscheidungen. Es war der schrecklichste Moment in meinem Leben. Mein Ziel befand sich im dicksten Flakfeuer, deshalb ging ich etwas nach rechts, um den Leuchtspurgeschossen auszuweichen. Ich spürte, wie meine Waffen sich ausklinkten und sah die Blitze hinter mir, als sie detonierten, danach hörte ich das dumpfe Geräusch der

> losgehenden Kanister. Ich gab volles Rohr, um zu entkommen, und der Jet ging nach vorn los: wir hatten gerade fünf Tonnen an Gewicht und obendrein noch eine Menge Luftwiderstand verloren.

Als Clark und die anderen drei Tornado Tallil verließen, flog eine zweite Einheit von vier Maschinen zum Angriff auf andere Teile des Rollbahnnetzwerks an. Nachdem jede Einheit vom Ziel abdrehte kam der schreckliche Moment der Wahrheit, als der Führer zu entdecken versuchte, ob eines seiner Flugzeuge der feindlichen Flak oder den Raketen zum Opfer gefallen war. Wing Commander John Broadbent, der Führer des Tallil-Angriffs, beschrieb die schmerzhaften Augenblicke, nachdem er seine Besatzungen um Rückmeldung bat:

> Ich sagte, „Bristol-Formation, melden." Zurück kamen die Antworten „2, 3, 4 (Pause) 6, 7, 8." „Bristol 5, melden?" Nichts. Bristol 5 waren meine alten Freunde Buckers und Paddy [die Staffelführer Gordon Buckley und Paddy Teakle]. Ich dachte, Jesus – die sind runtergefallen. Das war wirklich niederdrückend, und die ganze Strecke zurück über Irak versuchte ich, damit fertig zu werden. Nach dem Überqueren der Grenze gingen wir auf Höhe, um das Tankflugzeug zu treffen. Und dann hörten wir eine sehr schwache Stimme über Funk: „Bristol 5 meldet sich." Sie hatten nur Probleme mit dem Funksender gehabt.

Die Anfangswelle der Luftschläge auf Irak und Kuwait waren ein voller Erfolg: die Luftwaffe der Verbündeten hatte 671 Einsätze mit bemannten Flugzeugen geflogen, und alle Flugzeuge kehrten sicher zurück. Auf diese Weise begann der Luftkrieg am Golf. Die anfänglichen Angriffe zerstörten wichtige Teile des Kommando- und Kontrollsystems der irakischen Luftabwehr und ebneten damit den Weg für die Herstellung der Luftüberlegenheit der Verbündeten innerhalb weniger Tage, und der Luftherrschaft kurz darauf. Die Irakis lernten auf die grausamste Art und Weise, welch massive Zerstörungen durch moderne Luftstreitkräfte angerichtet werden, wenn es keine wirksame Luftabwehr zur Verhinderung derselben gibt.

15

TORNADO-SPIONAGEFLUGZEUGE ZIEHEN IN DEN KRIEG

Seit dem ersten Aufklärungseinsatz eines Düsenflugzeugs im Sommer 1944 (siehe Kapitel 8) hat sich auf diesem Gebiet vieles verändert. Heute handelt es sich dabei um ein vielschichtiges Unterfangen: Flugzeuge und Drohnen überfliegen das feindliche Territorium extrem hoch oder extrem niedrig, spezielle Fernaufklärer beobachten das Feindgebiet außerhalb der Reichweite der Flugabwehr oder hören es von dort ab, Satelliten sammeln weit über der Kampfzone Informationen. Während des jüngsten Golfkrieges entsandte die RAF ihren Aufklärer vom Typ Tornado GR.1A erstmals zu einen Kampfeinsatz. Diese mit Spitzentechnik ausgerüsteten Flugzeuge verwenden keine konventionellen optischen Kameras mehr. Sie setzen statt dessen ein elektro-optisches System ein, das – im Prinzip wie eine einfache Videokamera – Luftbilder des überflogenen Terrains aufzeichnet. Somit besteht die Hauptausbeute der Luftaufklärung heute nicht mehr aus gewöhnlichen Fotos, sondern aus elektro-optischem Bildmaterial.

Im Januar 1991, einige Tage vor Beginn des Luftschlages gegen den Irak, verstärkten sechs Tornado GR.1A mit neun aus Nos 2 und 13 Squadrons abgestellten Besatzungen die im saudi-arabischen Dhahran stationierte Tornado-Abteilung der RAF. Die GR.1A ist für die Aufklärung in niedriger Flughöhe bei Nacht oder schlechtem Wetter optimiert und besitzt keine optischen Kameras mit konventionellem Filmmaterial. Statt der Bordkanonen und Munitionsmagazine der Kampfversion des Tornados verfügt die GR.1A über ein fest installiertes elektro-optisches Aufklärungssystem. Als Hauptsensor dient ein senkrecht zur Flugrichtung von Horizont zu Horizont einlesender Infrarot-Zeilenscanner vom Typ Vinten 4000 in einer kleinen Kuppel unter dem Rumpf. Zwei am Rumpf angebrachte British Aerospace/Vinten Infrarotsensoren erweitern das Beobachtungsfeld zu beiden Seiten. Die von diesen drei Sensoren eingefangenen elektronischen Bilder werden dann in sechs unabhängige Videorecorder eingespeist.

Infrarotfotografie mit konventionellem Filmmaterial finden wir schon seit geraumer Zeit. Ihr großer taktischer Vorteil besteht in den Einsatzmöglichkeiten von grellem Sonnenlicht bis zu pechschwarzer Nacht; hierbei braucht keine künstliche Beleuchtung (d. h. Leuchtraketen) eingesetzt zu werden, die den Aufklärer verraten könnte. Eine andere bewährte Technik stellt die elektronische Verbindung des Aufklärungssystems mit dem Navigationscomputer dar, der in einer Ecke jeder Aufnahme eine kleine Textbox mit Angaben zur Position und Kurs des Flugzeugs sowie weiteren Details zum Zeitpunkt der Aufnahme einblendet. Außerdem kann der Navigator beim Überfliegen des Zielgebietes per Knopfdruck auf ein beliebiges Bild von besonderem Interesse ein „Ereigniszeichen“ setzen, was die spätere Auswertung der Bilder beträchtlich erleichtert. Im Aufklärungssystem der Tornado finden sich all diese Elemente in verbesserter Ausführung.

Das elektro-optische System bietet zwar nicht die gestochen scharfen Bilder, die traditionelle Kameras unter optimalen Lichtbedingungen liefern, doch für die militärische Aufklärungsarbeit fällt dies kaum ins Gewicht. Der Vorteil des neuen Systems liegt in der Reduzierung der Zeitspanne zwischen Aufnahme und Analyse. Die Bilder müssen zur Ansicht nicht entwickelt oder gedruckt werden. Bereits im Flugzeug sichtet der Navigator das aktuelle Videomaterial auf dem Bildschirm (und nachts sind Dinge zu erkennen, die das bloße Auge nicht sieht) und gibt wichtige Entdeckungen sofort per Funk weiter. Er kann sogar während des Fluges Aufnahmeteile mehrfach betrachten, wenn er bestimmte Objekte auf dem Boden eindeutig identifizieren möchte. Nach der Landung lassen sich die Videoaufnahmen zur Auswertung sofort abspielen.

Im Golfkrieg operierten die GR.1A-Tornado als Teil des vielschichtigen Aufklärungsapparates der Verbündeten. Er bestand aus verschiedenen Drohnentypen, einigen F-14 mit Aufklärungsgondeln, mehreren Phantom RF-4C sowie Lockheed TR-1 und U2. Boeing E-8A (J-STARS) mit ihrem leistungsfähigen Seitensichtradar überwachten Bodenaktivitäten, wie Transporte tief in feindlichem Gebiet. Die elektronische Aufklärung oblag den Boeing RC-135 „Rivet Joint“, Lockheed EP-3E „Aries“ Orion und BAe Nimrod R.1. In regelmäßigen Abständen überwachten amerikanische Satelliten mit ihren geheimen Aufklärungssensoren das Territorium.

Jedes einzelne System – die hoch- und tieffliegenden Flugzeuge und Drohnen, die Radaraufklärer, die elektronischen Aufklärungsflugzeuge sowie die Satelliten – besaß eine ganz besondere Stärke bei der Informationsbeschaffung. Der Vorzug der Tornado bestand in der Fähigkeit, relativ kurzfristig spezielle Gebiete oder Verkehrswege auszukundschaften, und das auch nachts oder unter einer dichten Wolkendecke (wo der Einsatz höherfliegender Systeme mit optischer oder Infrarot-Ausrüstung nicht möglich ist).

Zur Vermeidung von optischen Zielsuchsystemen flogen die GR.1As nur nachts. Sie erkundeten einzeln das feindliche Territorium, meist mit rund 1000 km/h, wobei ihr Geländefolgeradar eine konstante Flughöhe von 65 m sicherte. Der Aufklärer verfügte in normaler Ausführung zur Selbstverteidigung über einige Sidewinder-Raketen AIM-9L, doch die Besatzungen hielten die Bedrohung durch irakische Kampfflugzeuge für so gering, daß sie gern auf die Raketen verzichteten, und so Gewicht sparten und den Luftwiderstand verringerten.

In der dritten Kriegsnacht, vom 18. zum 19. Januar, flogen die Tornados ihren ersten Einsatz. Kurz nach Einbruch der Dunkelheit starteten drei von ihnen in Dhahran, um eine getrennte Erkundung der Gebiete vorzunehmen, aus denen „Scud“-Raketen nach Israel oder Saudi-Arabien abgefeuert wurden. Squadron Leader Dick Garwood und Squadron Leader John Hill schlossen ihre Suche über der Gegend südlich von Habbaniyah ohne Zwischenfälle ab. Die Auswertung des Bildmaterials nach der Landung offenbarte einen „Scud“-Startwagen im Freien. F15-E Kampfbomber flogen das Zielgebiet an, konnten aber das Startgerät wegen der niedrigen Wolken nicht ausmachen.

Weitere GR.1A beteiligten sich in jener Nacht an der „Scud“-Jagd. Flight Lieutenant Brian Robinson und Flight Lieutenant Gordon Walker durchsuchten das Gebiet von Wadi al Khirr. Die nachfolgende Auswertung der Aufnahmen zeigte mindestens zwei getarnte Stellungen, in denen sich vielleicht „Scud“-Hilfsfahrzeuge befanden.

In der Nacht vom 19. zum 20. Januar hatten Flight Lieutenant Mike Stanway und Squadron Leader Roger Bennett eine kurze Auseinandersetzung mit der irakischen Luftverteidigung. Sie erkundeten den westlichen Teil der Fernverkehrsstraße Bagdad-Ar Rutbah, ein Abschußgebiet für „Scud“-Raketen nach Israel. Stanway flog mit Hilfe des Kartenmonitors die im Dunkeln liegende Straße ab. Nur gelegentlich tauchten die Scheinwerfer eines Fahrzeugs auf. Doch 35 km östlich von Ar Rutbah nahm der bis dahin normal verlaufene Flug einen etwas aufregenderen Verlauf, wie Bennett später erläuterte:

> Plötzlich bemerkte ich auf 8 Uhr links hinter mir ein helles Leuchten. Ich dachte an eine IR-Lenkrakete, entweder eine von der Schulter abgeschossene oder eine SA-9. Das Geschoß bewegte sich mit beunruhigender Zielsicherheit auf uns zu. Mike kippte in einem Ausweichmanöver scharf nach links ab und drehte in einer Steigflugkurve nach oben. Ich entschied mich für Leuchtraketen – doch wegen eines defekten Gebers ließen sie sich nicht abfeuern. Glücklicherweise reichte schon das Flugmanöver allein aus. Die Rakete zischte an uns vorüber und detonierte in einiger Entfernung.

Die Aufnahmen zeigten dann tatsächlich einen Abschußbunker für „Scud“-Raketen, vor dem ein Mann steht. Ganz offensichtlich hatte er oder jemand in seiner Nähe die SAM abgefeuert, denn wie sich von den Bildern ablesen ließ, flog Stanway sofort danach die scharfe Kurve zur Vermeidung der aufsteigenden Rakete.

Fast ausnahmslos waren es die speziell geschulten Bildauswerter im Aufklärungszentrum in Dhahran, die auf ihren riesigen Bildschirmen die „Scud“-Raketen im vergrößerten Bildmaterial ausmachten, und nicht die Flugnavigatoren, wie Bennett konstatierte:

Ein Auswerter fand den getarnten Bunker. Nachdem er ihn uns gezeigt hatte, ließ er sich kaum noch übersehen. Doch nur ein Experte konnte ihn finden. Zwar suchte jeder nach „Scud“-Raketen, aber sie standen nicht einfach so herum und warteten auf Entdeckung. Nach jedem Abschuß zerstreuten sich die Fahrzeuge und gingen wieder in Deckung.

Der denkwürdigste Einsatz von Mike Stanway und Roger Bennett fand in den frühen Morgenstunden des 26. Februar statt, zwei Tage nach Beginn der Bodenoffensive der Verbündeten. Eigentlich sollten sie für zwei andere Tornados mit Spezialaufgaben die Einsatzreserve in der Luft bilden. Doch auf dem Weg zum Einsatzort erhielten sie den Befehl zu einer Luftaufklärung entlang der Hauptverkehrsstraßen zwischen An Nasiriyah, Al Amarah, Basra und Jalibah im Osten Iraks.

Zunächst einmal mußte sich die Besatzung zur Luftbetankung über dem Norden Saudi-Arabiens mit einem Victor-Tankflugzeug treffen, was sich als ziemlich schwierig herausstellte. Örtliche Gewitter verursachten heftige Turbulenzen, und eine dichte Wolkendecke reichte von 8000 m bis unter 900 m. Bennett erinnert sich:

Üblicherweise tanken wir bei ungefähr 3000 Metern. Die Victor hatte schon alle möglichen Höhen durchprobiert, aber bei 900 Metern befand sie sich immer noch in Wolken und Turbulenzen. Wir fanden den Tanker mit unserem Angriffsradar, den wir als AI-Abfangradar einsetzten. Die Sicht betrug nur um die 100 Meter, und es blitzte und donnerte, als wir in 900 Meter Höhe den Tankvorgang einleiteten. Durch die starken Turbulenzen bewegte sich die Victor heftig auf und ab, und es bestand ein beträchtliches Kollisionsrisiko, zumal sich das wirklich üble Wetter immer weiter verschlechterte. Nur mit Mühe bekam Mike die Betankungssonde in den Korb, sie schnappte jedoch sofort wieder heraus. Beim zweiten Mal konnten wir endlich mit dem Tanken beginnen, doch dann fiel die Sonde erneut heraus. Ich blickte auf die Tankanzeige und sagte: „In Ordnung, das reicht.“ Mit etwa 7½ t Treibstoff im Tank verließen wir den Tanker, stiegen durch das Wetter hindurch auf 8000 Meter und nahmen Kurs nach Norden.

Kurz vor der irakischen Grenze ging die Tornado auf Tiefflughöhe und steuerte Tallil an. Bennett fuhr fort:

Das Wetter sah noch immer ziemlich mies aus, und wir kamen erst ab 300 m unter die Wolkendecke. Bei 60 m hatten wir klare Sicht, keine Turbulenzen mehr und eine dichte Wolkendecke über uns – ideale Bedingungen für einen Aufklärungsflug mit der GR.1A !

Bei Tallil erfaßte ein SA-8-Raketenkontrollradar das Flugzeug. Stanway nahm die Tornado in eine steile Kurve, und Bennett streute Düppel aus, wonach die Erfassung verschwand. Zwei weit geöffnete Augenpaare suchten den Himmel nach einer Rakete ab, doch es war offensichtlich keine abgefeuert worden.

Zu Anfang der Aufklärungsmission befand sich auf der Straße von An Nasiriyah nach Al Amarah kaum Verkehr. Kurz vor Al Amarah nahm die Maschine Kurs nach Süden und folgte der Straße nach Basra. Die Besatzung sah hier eine mäßige Verkehrsdichte; die meisten Fahrzeuge bewegten sich nach Norden:

> Als wir diese Straße abflogen, gerieten wir in Abwehrfeuer, aber es war glücklicherweise kein Verfolgungsfeuer – und ungezielt. Offensichtlich feuerten die Irakis auf das Motorengeräusch, doch bei unseren 1000 km/h und 60 m Flughöhe hörten sie das erst, als wir längst vorbei waren. So gingen all die Leuchtspurgeschosse hinter uns hoch – es sah wirklich hübsch aus!

Kurz vor Basra schlug die Besatzung wiederum einen neuen Kurs ein, diesmal nach Westen entlang der Straße nach An Nasiriyah.

> Auf der Straße nach An Nasiriyah, einem Teil der Verkehrsschlagader von Basra nach Bagdad, drängten sich die Fahrzeuge. Es sah aus wie auf einer Stadtautobahn zur Hauptverkehrszeit. Wir brauchten gar nicht auf den Monitor schauen, ein Blick aus der Kanzel genügte. Die Fahrzeuge fuhren mit Licht, das sie abschalteten, sobald sie uns hörten. Wahrscheinlich rechneten sie mit einem Bombenangriff. Es handelte sich um alle möglichen Arten von Militärfahrzeugen, manche transportierten auch Panzer. Sie krochen im Abstand von etwa fünf Metern untereinander fast im Schrittempo nach Westen. Wir hielten die ganze Zeit Ausschau nach Boden-Luft-Raketen, aber keine kam zu uns hoch.

Wie die Besatzung später erfuhr, stießen sie per Zufall auf den Beginn des massiven Rückzugs der irakischen Truppen aus Kuwait, den der irakische Präsident Saddam Hussein wenige Stunden zuvor angeordnet hatte. In Anlehnung an dessen „Mutter aller Schlachten“ hieß er später die „Mutter aller Rückzüge“. Bennett meldete seine Entdeckung per Funk einer AWACS, die sämtliche Truppenbewegungen in dieser Gegend überwachte. Selbst nach weiteren 100 km erreichte die Tornado noch nicht die Spitze des Konvois. Da ihr Einsatzbefehl hier endete, schwenkte sie nach Süden in Richtung Basis. Nach mehr als einer Stunde Tiefflug über dem Irak dämmerte es bereits, als Stanway und Bennett das Feindgebiet verließen. Die letzten 40 Minuten Heimflug im Tageslicht blieben ihre einzigen Tageinsatzminuten während des gesamten Krieges.

Die irakische Verkehrskonzentration wurde auch von den Boeing E-8 J-STARS Radarflugzeugen über Saudi-Arabien beobachtet, und mehrere Schwärme B-52-Bomber erhielten umgehend den geänderten Einsatzbefehl, die Fahrzeugkonzentrationen anzugreifen.

125 Aufklärungseinsätze flogen die Tornado GR.1A im Golfkrieg, von denen der Großteil als „erfolgreich“ eingestuft wurden. Wie den meisten militärischen Aufklärungsoperationen fehlte ihnen das Aufre-

gende und Spektakuläre der aggressiveren Formen des Luftkampfes. Und dennoch: durch die Bestimmung angriffswürdiger Ziele erhöhten die Aufklärungsflugzeuge die Schlagkraft der Luftangriffe der Verbündeten ganz erheblich.

Finale

Für dieses Buch wählte der Autor fünfzehn bemerkenswerte Luftkampfhandlungen mit der Absicht aus, die wahrhaft vielgestaltige Natur der Luftkriegsführung zu vermitteln. In den acht Jahrzehnten seit seinen ersten Anfängen erweisen sich die Veränderungen im Militärflugwesen als außerordentlich weitreichend. In der Tat war die Luftfahrt selbst Motor des Fortschritts in verschiedenen Bereichen der Technik. Doch nie reichte es aus, einfach hervorragende militärische Ausrüstungen zu produzieren, die nahe an der Grenze des technisch Möglichen operieren. Derartige Ausrüstungen wären zu wenig nütze, gäbe es nicht die Tapferkeit, die Entschlossenheit und den Erfindergeist all jener, die den Himmel zu ihrer Kampfarena erwählten. Wie die Beispiele zeigen, gab es diese menschlichen Qualitäten nie zu knapp.

GLOSSAR ZU TEIL II

AEO	Bordelektronikoffizier
AI	Luftabfangradar (Airborne interception [radar])
ASV	Luft-Boden-Radar (Air-to-surface vessel [radar])
Back-Seater	Waffensystemoffizier, s. a. WSO, Teil I
BG	Bombergruppe (Bomb Group), aus mehreren Geschwadern bestehende Einheit
Düppel	Vom Flugzeug abgelassene Metallstreifen zur Orientierung des gegnerischen Radars auf falsche Ziele
ELINT	Elektronische Aufklärung (Electronic intelligence)
EOGB	Elektro-optisch gelenkte Bombe (Electro-optically guided bomb)
Ferret	Für ELINT-Missionen ausgerüstetes Flugzeug
FG	Jägergruppe (Fighter Group), aus mehreren Geschwadern bestehende Einheit
Fritz-X	Deutsche Lenkbombe zum Einsatz gegen gepanzerte Kriegsschiffe
GCI	Bodenabfangradar (Ground controlled interception [radar])
Geschwader	Luftwaffeneinheit des II. Weltkrieges mit einer Sollstärke von etwa 96 Flugzeugen
Gruppe	Luftwaffeneinheit mit etwa 30 Flugzeugen Sollstärke
H2S	Zwischen 1942 und Anfang der 60er Jahre in mehreren Versionen produzierter Mikrowellen-Bodenkartier-Radar an Bord von RAF-Bombern
HARM	US-amerikanische Hochgeschwindigkeits-Antifunkmeß-Rakete (High Speed Anti-Radiation Missile) zur Erfassung und Bekämpfung aktivierter gegnerischer Waffenlenkradaranlagen
HAS	Schwerer Flugzeugbunker (Hardened aircraft shelter)
Infrarot-Zeilenscanner	In der Tornado GR. 1A und anderen Flugzeugen installiertes Aufklärungssystem zur Erzeugung von elektro-optischem Bildmaterial der Zielgebiete auf Videobändern zur späteren Analyse
JG	Jagdgeschwader der Luftwaffe
„Johnny Walker“	Codename für eine eigenbewegliche 225-kg-Unterwassermine, eine von der RAF zur Schiffsbekämpfung eingesetzte Waffe
JP.233	Von RAF-Flugzeugen des Typs Tornado GR. 1 abgeworfene Startbahnbekämpfungsmine, die mit

Startbahnkrater verursachenden Sprengladungen und Streuminen die Aufräumarbeiten verzögert

KG Kampfgruppe der Luftwaffe

LGB Laserlenkbombe (Laser-Guided Bomb)

„Mandrel“ Radarstörgerät zum Einsatz gegen die deutschen Freya-, Mammut- und Wassermann-Frühwarnsysteme im II. Weltkrieg

Mark 24 Mine erste Generation eines luftgestützten akustischen Zielsuchtorpedos gegen U-Boote

RHWR Radarortungs- und Warnempfänger (Radar homing and warning receiver)

SAM Boden-Luft-Flugabwehrrakete (Surface-to-air missile)

SD-2 Deutsche 2-kg-Splitterbombe, die in großer Zahl bei Angriffen auf parkende Flugzeuge und andere „weiche“ Ziele abgeworfen wurde; Ersteinsatz in großer Zahl während der Anfangsphase des Überfalls auf die Sowjetunion

Shrike Früher Typ einer US-Anti-Funkmeß-Rakete, die im Vietnamkrieg eingesetzt wurde und auf die Erfassung der Radarsignale von feindlichen Feuerleitstellen ausgelegt war

Sidewinder In USA entwickelte, Infrarot-zielsuchende gelenkte Luft-Luft-Rakete

Sparrow In USA entwickelte Luft-Luft-Rakete mit semiaktiver Radarzielortung

Standard ARM Standard-Anti-Funkmeßrakete; von den US-Streitkräften im Vietnamkrieg genutzte Langstreckenwaffe, die auf die Erfassung der Radarsignale von feindlichen Feuerleitstellen ausgelegt war

TALD Taktische luftgestartete Drohne (Tactical Air Launched Decoy), eine Radarablenkungsdrohne ohne Eigenantrieb, die von Flugzeugen der US-Kriegsmarine aus großer Höhe abgeworfen wurde, worauf sich ihre Flügel entfalteten und sie einen vorprogrammierten Kurs in feindliches Territorium einschlug, um die Luftabwehrkräfte zum Eingreifen zu verleiten

„Tallboy“ Codename für die schwere britische 5450-kg-Bombe

TFR Geländefolgeradar (Terrain-following radar)

„Ultra“ Erfolgreiches Dechiffriersystem der Alliierten zum Entziffern kriegswichtiger deutscher und japanischer Botschaften

„Window“ Britischer Codename für Düppel während des II. Weltkrieges

„Window Spoof“ Täuschungsmanöver, bei dem einige Flugzeuge große Mengen Düppel abwerfen, was auf dem Feindradar wie eine große Streitmacht angreifender Bomber aussieht

WSO Waffensystemoffizier (Weapon systems officer), Mitglied der Besatzung in F- 111F und anderen Kampfflugzeugen der US-Luftstreitkräfte

INDEX FÜR TEIL II

Ad Diwaniyah, 153, 157, 158
AGM-86, 150, 154 – 155
Aichi D3A1 „Val“, 84, 89
Al Asad, 157, 158, 159
Al Jaber 157
Al Jouf, 150
Al Taqaddum, 153, 160
Albacore, USS, 87
Aldergrove, 54
Ali Al Salem, 157, 158
Altenkirchen, 118
Antwerpen, 117, 119
Antwerpen/Deurne, 122
Anzio, 63 – 64
Arado Ar 234, 93 – 97, 119
Archangelsk, 99, 102
Ascension Island, 138 ff.
Asch, 120 – 121
Athabaskan, HMCS, 60
Augusta (Italy), 60
Avro: Lancaster, 99 – 107, 111, 115; Vulcan, 138 – 148, 151

Bader, Douglas, Squadron Leader, 30, 31, 35, 37, 40, 72
Bagdad, 149, 150, 151 – 153, 155, 164, 166
Balad, 157
Balke, Paul, Oberfeldwebel, 64
Banham, A., Squadron Leader, 39
Bardufoss, 104, 105
Barksdale, 149, 151
Basra, 151, 165, 166
Bates, Rick, Lieutenant, 134
Bennett, John, Squadron Leader, 164 – 166
Bergamo, 64
Berlin, 15, 68 ff.
Biala-Podlaska, 49
Biglands, Steve, Flight Lieutenant, 142 – 143
Bismarck, 98
Bockholt, Ludwig, Kapitänleutnant, 16 ff.
„Bodenplatte“, Operation, 117 – 123

Boeing: B-17 „Fliegende Festung“, 70 – 81, 108, 110, 115, 116; B-29 Superfortress, 83; B-52 Stratfortress, 150, 154, 166;
E-3 Sentry, 149, 155; E-8 (J-STARS), 163, 166;
KC-135, 124, 125, 150;
RC-135, 163
Böhlen, 111, 112, 114 – 116
Brewster, C., Commander, 87
British Aerospace: Nimrod, 163; Sea Harrier, 148
Broadbent, John, Wing Commander, 151, 160
Brüssel/Evère, 120
Brüssel/Melsbroek, 120
Buckinghampalast, 32 – 33
Buckley, Gordon, Squadron Leader, 161
Bunker Hill, USS, (Flugzeugträger), 88
Bunker Hill, USS, (Kreuzer), 150
Byrns, William, Captain, 131

Carder, Lieutenant, 79
Carousel, Trägheitsnavigationssystem, 139, 144
„Carpet“, Störsender, 108, 110
Cavalla, USS, 89
Chapman, Flight Lieutenant, 112, 116
Chater, Tony, 145
Cherbourg, 95
Chicago, USS, 125
Chiyoda, 90
Churchill, Winston, 35
Clark, Rupert, Flight Lieutenant, 160
Cognac, 60
„Combat Tree“, 126
Consolidated: Catalina, 54, 55; Liberator, 54 – 57, 70, 78, 80 – 81, 108 ff., 130
Cormeilles-en-Vexin, 42
Cowpens, USS, 87

Crawford, Tommy, Lieutenant-Colonel, 158
Curry, Ed, Captain, 77
Curtiss SB2C Helldiver, 82, 89

D-Tag, 65, 66, 92, 97
Dassault Mirage III, 148
Dassault-Breguet: Mirage 2000, 149; Mirage F.1, 155, 157
Davies, USS, 63
De Havilland Mosquito, 109, 111, 112 – 114, 116
DeBellevue, Chuck, 129
Dhahran, 162, 164, 165
Diego Garcia, 150
Döberitz, 76
Don Muang, 124
Dornier: Do 17, 28, 29 – 38, 40, 43, 44; Do 217, 59 – 60, 61, 63 – 66
Douglas: Dakota, 121; EB-66, 124, 125, 130, 132, 136; SBD Dauntless, 82, 89
Driggers, Bill, Major, 133
Dungeness, 34

Eaves, Steve, 128
Egret, HMS, 60
Eindhoven, 119, 120
Elihu Yale, 64
Empress of Scotland, 53
England, Luftschlacht um, 27 ff.
Eniwetok, Atoll, 82
Enterprise, USS, 89 – 90
Erkner, 68, 78
Essex, USS, 87

Fairey: Albacore, 99; Barracuda, 99
Fassong, Horst-Günther von, Hauptmann, 122
Focke Wulf: FW 190, 71 ff., 104, 105, 119 – 121; FW 200, 65

Frankfurt, 115
Frey, Hugo, Hauptmann, 80
Friedrichshafen, 16
Füdreder, Georg, Leutnant, 121

Galland, Adolf, Generalleutnant, 117–118
Garwood, Dick, Squadron Leader, 164
Gayco, Werner, Oberleutnant, 105
Geleitzüge: HX.237, 54; SC.129, 54
General Dynamics: EF-111, 151; F-111, 151, 153, 157–158
Genshagen, 68, 78
Giachetti, Dave, Lieutenant, 153, 158
Götz, Horst, Oberleutnant, 92–94, 96, 97
Grater, Robert, Captain, 156
Greswell, Jeaff, Group Captain, 53–54
„großes Geschwader", 30, 31, 35, 37, 40–41
Grumman: A-6 Intruder, 151; EA-6 Prowler, 151, 158; F4F Wildcat, 56; F6F Hellcat, 82, 85–91; F-14 Tomcat, 149, 151, 158, 163; KA-6 Intruder, 150; TBF Avenger, 56, 82, 89, 90
Guam, 83, 89
Gunning, Pilot Officer, 29

H2S, 139
Hackl, Anton, Hauptmann, 74
Handley Page: Halifax, 108, 109, 111, 112, 114, 115; Victor, 138 ff., 150, 165
Hanoi, 124–137
Harrison, John, Lieutenant, 75
Haselünne, 74, 79, 81
Hawker: Hurricane, 29 ff.; Typhoon, 119, 120
Heinkel: He 111, 34, 36–39, 44, 63; He 177, 63, 65
Hemmingstedt, 111, 115–116
Henschel Hs 293, 58 ff.
Hermichen, Rolf, Hauptmann, 73
High, Lynn, Captain, 132, 133
Hill, John, Squadron Leader, 164
Hitler, Adolf, 41, 42, 44, 117
Hiyo, 90
Holland, Bob, Pilot Officer, 34
Holle, Alexander, Generalleutnant, 65
Holmes, Ray, Sergeant, 32–33
Holt, Harold, Colonel, 121
Holtzendorff, Admiral von, 16
Hornet, USS, 87
Howell, Lieutenant, 79
Hussein, Saddam, 149, 166

Iffland, Hans, Leutnant, 77
Indiana, USS, 88
Irving, Kelly, Major, 135
Irwin, Chuck, 136
Italia, 62

Jalibah, 157, 165
Jamboli, 15, 18, 22
John F. Kennedy, USS, 158
„Johnny Walker" Mine, 100–102, 103, 104
Johnson, Robert, Lieutenant, 73
Jope, Bernhard, Major, 61–62
Jones, USS, 63
„Jostle", Störsender, 108, 110
Joubert, Sir Philip, Air Chief Marshal, 54
JP.233, 159–160
Junkers: Ju 87, 50, 58; Ju 88, 42 ff., 63, 65, 71, 92, 112, 114; Ju 188, 92, 121
Jüterbog, 17
Juvincourt, 94, 96
„JW" mine, *siehe* „Johnny Walker" Mine

Kaa Fjord, 103
Karolinen, Inselgruppe, 83, 86
Kassel, 114
Kelk, Jon, Captain, 156
Khartoum, 22
Kilgus, Don, Major, 130
King George V, HMS, 98
Kleinmachnow, 68, 78
Kogler, Hans, Major, 76
Korat, 124, 125
Kretschmer, Wolfgang, Oberleutnant, 75–76

L57, 16–17
L59, Afrikamission, 15–26
Landguard, HMS, 60
Layton, Don, 20, 21, 23–25, 26
Le Culot, 122
Le Thanh Dao, Leutnant, 128
Lemberg, 47
Lettow-Vorbeck, Paul von, General, 15, 16, 25
Leuna, 115
Lindmayr, Alois, Major, 28, 31, 33, 43
Locher, Roger, Captain, 128, 129, 137
Lockheed: EC-121 Warning Star, 124, 125, 136; EP-3 Orion, 163; F-117, 151, 154, 155; P-38 Lightning, 68; TR-1, 163; U-2, 163
Ling-Temco-Vought A-7 Corsair, 151, 158
Lodge, Bob, Major, 125–128, 130
Lomza-Süd, 47
London, Hafen von, Luftwaffenangriff, 34
London, Luftwaffenangriffe, 27 ff.
Long, Ian, Flight Lieutenant, 159–160
Loos, Gerhard, Oberleutnant, 79
Losigkeit, Fritz, Hauptmann, 34
Lossiemouth, 104
Luftwaffe-Einheiten: EG 210, 40; Fliegerkorps X, 65–66; JG 1, 72, 75; JG 3, 76, 77, 119, 120; JG 11, 72, 74, 80, 121–122; JG 26, 34; JG 27, 47, 49; JG 53, 48, 50, 120; JG 54, 37, 72, 74, 79; JG 302, 76; Jagdkorps II, 118; KG 2, 38; KG 3, 35, 37, 43, 48; KG 26, 63; KG 40, 63; KG 51, 47–48 KG 53, 36; KG 55, 39; KG 76, 28–33, 42, 119; KG 100, 59 ff.; KG 200, 66; LG 2, 28; Luftflotte 2, 27; Luftflotte 3, 92; NJG 5, 79, 81; StG 77, 50; Sturmstaffel 1, 76; ZG 26, 76, 81; ZG 76, 76
Lukesch, Dieter, Leutnant, 42–43, 45–46

McDonnell: F-4 Phantom, 124–137, 151, 152; RF-4 Phantom, 135, 137, 163
McDonnell Douglas: AH-64 Apache, 150; F-15 Eagle, 149, 151, 155, 156, 157, 164;